Der basische Herdofenprozeß

Eine Studie

von

Carl Dichmann

Ingenieur-Chemiker

Zweite, verbesserte Auflage

Mit 42 Textfiguren

Springer-Verlag Berlin Heidelberg GmbH

1920

ISBN 978-3-662-24342-8 ISBN 978-3-662-26459-1 (eBook)
DOI 10.1007/978-3-662-26459-1

Ursprünglich erschienen bei Julius Springer in Berlin 1920.

Vorwort.

In mehr als 20jähriger Praxis im Herdofenbetriebe traten mir häufig Fragen entgegen, auf welche ich eine befriedigende Antwort nicht zu finden vermochte. Eine Pause in der praktischen Tätigkeit veranlaßte mich, diese Fragen im Zusammenhange zu untersuchen, und ich zog hierzu die einschlägige Literatur zu Rate soweit sie mir zugänglich war. Die dann noch verbleibenden Lücken suchte ich auszufüllen, so gut ich es vermochte. So entstanden diese Blätter, und wenn ich sie hiermit der Öffentlichkeit übergebe, so geschieht das aus dem Grunde, weil die Literatur über den Herdofenprozeß immer noch sehr dürftig ist, trotzdem dieser Prozeß in der Eisenindustrie von Tag zu Tag an Bedeutung gewinnt, und weil ich hoffe, hierdurch zu weiteren Arbeiten zur Aufhellung der strittigen Probleme anzuregen.

Ich ließ mich von dem Bestreben leiten, die Bedingungen ausfindig zu machen, welche die beste Ausnützung aller Rohmaterialien gestatten. Da nun ein Vorgang nur dann vollständig erkannt und beherrscht wird, wenn man die Einflüsse aller Faktoren, welche sich am Geschehen desselben beteiligen, auch quantitativ zu bestimmen vermag, so wandte ich dieser quantitativen Seite besondere Aufmerksamkeit zu. Hierdurch erwuchs allerdings die Notwendigkeit, zahlreiche Rechnungen aufzunehmen, die sich mit den elementarsten Hilfsmitteln ausführen lassen.

Im Betriebe vermißte ich die Lösung der Frage der Ausnutzung des Brennstoffes, daher beschäftigte ich mich eingehender mit der Theorie der Vergasungsvorgänge. Die ermittelten Resultate scheinen mir der Beachtung wert, obgleich ich noch nicht in der Lage war, alle Schlußfolgerungen durch eigene Versuche nachzuprüfen. Die betreffenden Ausführungen werden vielen wohl zu breit und zu elementar erscheinen, ich ließ sie dennoch ungekürzt, da sie gestatten dürften, sich wiederum schnell zu orientieren, wenn einmal das Gedächtnis versagt, was bei den vielen in Betracht kommenden Werten leicht geschehen kann. Alle entwickelten Formeln sind überdies, soweit sie allgemeine Gültigkeit haben, im Anhange zusammengestellt, so daß man sich ihrer bedienen kann, auch ohne sie im Texte aufsuchen zu müssen.

Als Unterlage für die chemische Seite des eigentlichen Herdofenbetriebes selbst diente mir meine im Jahre 1905 in „Stahl und Eisen" veröffentlichte Arbeit über die Verarbeitung flüssigen Roheisens im basisch zugestellten Herdofen, die ich indessen erweiterte. Dabei erschien es mir notwendig, bei der Berechnung des Eisenoxydbedarfes für die Abscheidung der Reduktionsstoffe einige Änderungen vorzunehmen, und zwar auch diejenigen Mengen an Eisenoxydul zu berücksichtigen, welche in der Schlacke verbleiben, die durch die einzelnen Reduktionsstoffe erzeugt werden muß. Hierdurch sind die Zahlen für den Bedarf an Eisenoxyd für das Silizium größer, für den Kohlenstoff aber kleiner geworden, während umgekehrt der Zubrand für das Silizium geringer, für den Kohlenstoff aber größer erscheint, als in der erwähnten Abhandlung.

Die meisten Anregungen verdanke ich zwei lehrreichen Büchern, und zwar dem I. Teile des Leitfadens zur Eisenhüttenkunde, der „Feuerungskunde" von Th. Beckert, welcher durch seine Hinweise und seine Tabellen der Werte der spezifischen Wärmen der Gase bei verschiedenen Temperaturen die Möglichkeit zur Errechnung der Reaktionstemperaturen gab, und dem Buche „The Manufactury of Iron & Steel" von H. H. Campbell, welches eine Fülle neuer Gesichtspunkte eröffnete.

Diesen sowie den vielen übrigen Herren, welche im Texte genannt sind, sage ich hiermit verbindlichsten Dank!

Riga, November 1909.

Carl Dichmann.

Vorwort zur zweiten Auflage.

Für die zweite Auflage des vorliegenden Buches mußte Verfasser sich darauf besckränken, einige inzwischen gereifte Gedanken über das Wesen der Flamme und der Reduktion des Eisens, sowie einige neuere Erfahrungen aus dem Generatorbetriebe und dem Erzroheisenprozeß aufzunehmen, von denen er annimmt, daß sie von Interesse sein werden. Dagegen mußte von einer Neuberechnung aller Zahlenwerte auf Grund neuerer Angaben für die spezifische Wärme und die Verbindungswärme der einzelnen Stoffe, die eigentlich geplant war, abgesehen werden. Es dürfte dies auch ziemlich belanglos sein, da nicht zu erwarten ist, daß der Charakter der betrachteten Erscheinungen durch Berücksichtigung der neueren Arbeiten auf diesem Gebiete in wesentlich anderem Lichte erscheinen könnte.

Auch eine Umarbeitung des Kapitels „Der basische Herdofenprozeß und die Windfrischverfahren" mußte der anormalen Zeiten wegen unterbleiben, da es nicht möglich war, die heute geltenden Unterlagen für diese Frage zu beschaffen. In der vorliegenden Form ist das Kapitel allerdings nicht viel mehr als eine historische Reminiszenz, allein sie führt die sonst allzu leicht in Vergessenheit geratende Tatsache vor, daß erst sehr kurze Zeit verflossen ist, seit wir jene märchenhaft billigen Preise hatten, Preise, bei denen wir doch alle unser sehr gutes Auskommen gehabt haben. Möchte die Erinnerung daran mithelfen zu Bestrebungen anzuregen, das Wirtschaftsleben bald wieder in gesunde Bahnen zurück zu lenken!

Im Juli 1920.

Der Verfasser.

Inhaltsverzeichnis.

Anhang.

Druckfehlerverzeichnis.

Seite 42 Zeile 14 von oben lies „$\frac{6322 \cdot 100}{8080}$“ statt „$\frac{6322,100}{8080}$“.

„ 52 „ 9 von unten lies „CO_2 : 7,00 cbm N“ statt „CO : 7,00 cbm N“.

„ 54 „ 15 von oben lies „4 kg H$\frac{4}{0,0899}$“ statt „4 kg H $-\frac{4}{0,0899}$“.

„ 60 links Zeile 8 von oben lies „8,8 + 0,5“ statt „3,8 + 0,5“.

„ 60 rechts „ 5 „ „ „ „CmHn“ statt „CmH_4“.

„ 60 „ „ 12 „ „ „ „ab freies O“ statt „ab feines O“.

„ 60 „ „ 18 und 19 von unten lies „$\frac{10,4 \cdot 100}{114,2}$“ statt „$\frac{10,4 \cdot 100}{114 \cdot 2}$“.

„ 67 Zeile 4 von oben lies „+ 15,6 %“ statt „+ 1,56 %“.

„ 155 „ 22 „ „ „ „Schlacke“ statt „Schacke“.

„ 170 Tabelle, Rubrik Schlacke, Zeile 1 lies u. a.

„$\left|\frac{Al_2O_3}{\%}\right|$“ und „$\left|\frac{MgO}{\%}\right|$“ statt „$\left|\frac{Al_2O}{\%}\right|$“ und „$\left|\frac{Mg}{\%}\right|$“.

„ 173 Zeile 10 von unten lies „verhindern“ statt „verändern“.

„ 225 „ 14 von oben lies „Erzsatz“ statt „Ersatz“.

„ 237 „ 11 von unten lies „gebundenem“ statt „gebundenen“.

„ 277 „ 20 „ „ „ „0,3% SiO_2“ statt „1,603 SiO_2“.

1. Einleitung.

Alle metallurgischen Prozesse beruhen auf chemischen Reaktionen, die an sich sehr einfach sind. Das Verständnis derselben wird aber dadurch erschwert, daß sie umkehrbar sind und daß fast immer Bedingungen eintreten, welche diese Reaktionen bald in der einen Richtung, bald in der entgegengesetzten verlaufen lassen. Erst in neuerer Zeit hat man begonnen, den Gründen hierfür nachzuspüren, und damit hat man denn auch die Erklärung für viele Vorgänge gefunden, die vorher rätselhaft waren.

Stahl und Flußeisen bestehen meist aus 99 und mehr Prozent Eisen und nur 1 oder noch weniger Prozent verschiedener Beimengungen, von denen wiederum die Hauptmenge aus Elementen gebildet wird, deren Anwesenheit notwendig ist, um dem Metall die gewünschten Eigenschaften zu geben. Die Erzeugung eines so hochprozentigen Eisenmetalles aus den Erzen ist bisher auf direktem Wege nicht möglich gewesen, man erhält aus ihnen vielmehr heutzutage im Großbetriebe als erstes Produkt stets ein Metall mit 4 und mehr Prozent Beimengungen, welches „Roheisen" genannt wird. Um Roheisen in Stahl umzuwandeln, muß man ihm die überschüssigen Beimengungen entziehen, was durch Oxydation derselben durch Sauerstoff geschieht, den man entweder atmosphärischer Luft oder chemischen Verbindungen entnehmen kann.

Die Massenherstellung von Stahl geschieht heute hauptsächlich nach zwei Verfahren: dem Windfrischen in der Bessemerbirne und dem Herdfrischen im Herd- oder Martinofen. Nach beiden Verfahren wird der Stahl in flüssigem Zustande erhalten, darauf auf Blöcke vergossen, denen man hernach durch Walzen oder Schmieden die Form gibt, in welcher das Material vom Konsumenten verlangt wird.

Die Einwirkung des Sauerstoffes auf die Beimengungen im Eisen erfolgt nur bei hohen Temperaturen, und damit der Stahl den Flüssigkeitsgrad besitzt, der ein glattes Vergießen ermöglicht, muß er gar auf annähernd 1600° erhitzt werden. Es ist daher für die Stahlfabrikation oberste Bedingung, Wärme von hoher Intensität in entsprechender Menge zur Verfügung zu haben.

Beim Windfrischen in seinen beiden typischen Formen, dem sauren oder Bessemerprozeß und dem basischen oder Thomasverfahren wird dem Umwandlungsapparat oder „Konverter" ein großer Teil der erforderlichen Wärme von anderen Apparaten geliefert. Der Rohstoff, das Roheisen, wird ihm nämlich vom Hochofen, vom Kupolofen oder vom Flammofen in flüssiger Form zugeführt, und in dieser besitzt es bereits eine Temperatur von mindestens 1250°, welche für den Beginn der Reaktionen ausreicht. Nach dem Einbringen des flüssigen Roheisens in den Konverter wird Luft durch dasselbe geblasen, deren Sauerstoffgehalt die Beimengungen angreift. Mit ihrer Abscheidung erhöht sich aber der Schmelzpunkt des Metalles und dadurch entsteht ein Wärmebedarf, der gedeckt werden muß. Dies kann nur in der Weise geschehen, daß man zur Verarbeitung solche Roheisensorten wählt, welche Stoffe enthalten, die bei der Oxydation oder Verbrennung durch kalte Luft große Wärmemengen entwickeln. Letztere Bedingung wird im wesentlichen nur von zwei Stoffen erfüllt, nämlich von Silizium und Phosphor. Beide werden in allen Roheisensorten angetroffen, doch in den verschiedensten Mengen.

Die Oxydation des Siliziums und Phosphors im Eisen erfolgt nun unter ganz bestimmten Bedingungen, welche es mit sich bringen, daß im sauren Konverter nur das Silizium, im basischen in der Hauptsache nur der Phosphor als Wärmeerzeuger wirksam werden kann, daher ist man in der Auswahl der Stoffe, welche die Wärme liefern sollen, auf das äußerste beschränkt. Außerdem aber muß man noch die Menge des betreffenden Stoffes so groß nehmen, daß ihr Gehalt an Energie ausreicht, den gesamten Energiebedarf zu decken, der durch die Erhöhung des Schmelzpunktes des Metalles einerseits und durch reichlich auftretende Wärmeverluste andererseits bedingt wird. Aus diesen Gründen verlangen die Windfrischverfahren Einsätze von ganz bestimmter Zusammensetzung, welche Abweichungen nur in sehr engen Grenzen zuläßt.

Es gibt viele Roheisensorten, welche den Bedingungen nicht genügen, die die Windfrischprozesse an ihr Rohmaterial stellen müssen, und weiter gibt es große Mengen sog. Altmaterials, d. h. zum Gebrauch untauglich gewordener Eisensorten der verschiedensten Herkunft, deren Wiederverwertung erwünscht ist, die ihrer Zusammensetzung nach aber für die Verarbeitung im Konverter nicht recht geeignet sind. Ein Verfahren, welches die Umwandlung solcher Materialien in Stahl gestatten soll, kann sich nur auf Apparate stützen, welche die erforderliche Wärme zu liefern vermögen, ohne auf die Mithilfe von Stoffen aus dem Einsatze angewiesen zu sein. Es bedarf der Öfen, welche die Erreichung der höchsten Temperaturen gestatten, und solche wurden der Industrie erst mit der Erfindung der Regenerativgasfeuerung zur Verfügung gestellt.

Wie schon der Name besagt, muß diesen Öfen der Brennstoff in Gasform zugeführt werden. Dadurch ist man erst imstande, die Feuerung vollständig zu beherrschen, d. h. in jedem Augenblicke die

Zufuhr von Heizgas und von Verbrennungsluft zu regeln und dadurch gerade soviel Wärme zu erzeugen, als für den angestrebten Zweck erforderlich ist.

Brennbare Gase werden von der Natur nur an wenigen Stellen geliefert; die natürlichen Brennstoffe haben meist feste Form und müssen erst künstlich in die Gasform übergeführt werden. Dies geschieht in den Gaserzeugern oder Generatoren, aus welchen die Gase den eigentlichen Öfen durch die Gasleitungen zugeführt werden.

Die Temperaturen, welche bei der Verbrennung solcher Gase mit kalter Luft erzeugt werden können, liegen meist weit unter der Höhe, welche für die Stahlerzeugung erforderlich ist. Durch Vorwärmung der Verbrennungsluft, eventuell auch der Gase läßt sich aber die Verbrennungstemperatur stark steigern und damit besteht, wie H. H. Campbell in seinem Buche „The Manufactury of Iron and Steel" treffend sagt, „das Problem für den Herdofen nicht darin, die erforderliche hohe Temperatur zu erreichen, sondern darin, sie in der Gewalt zu behalten und Gewölbe und Köpfe vor dem Abschmelzen zu bewahren."

Die erwähnte Vorwärmung geschieht zweckmäßig durch die Abhitze der Abgase, von deren Wärme dem Prozesse auf diese Weise ein Teil wieder zugeführt werden kann, der ihm sonst unwiederbringlich verloren gehen würde.

Der Prozeß der Regeneration zerfällt in zwei Teile. Zunächst wird den Abgasen die überschüssige Wärme dadurch entzogen, daß sie durch Kammern oder Regeneratoren geführt werden, die aus feuerfestem Material aufgeführt und mit einem Gitterwerk aus gleichem Material angefüllt sind, das enge Kanäle bildet. Dieses Gitterwerk wird durch die Abgase angewärmt, während letztere selbst sich entsprechend abkühlen. Schließlich tritt zwischen der Temperatur der Abgase und derjenigen des Gitterwerkes für jeden Teil der Kammern ein Gleichgewichtszustand ein.

Um nun die vom Gitterwerk aufgenommene Wärme wieder dem Ofen zuzuführen, muß der zweite Teil der Operation ausgeführt werden. Der Strom der Abgase wird abgestellt und in andere, kalte Kammern geführt, während durch die vorgewärmten Kammern die Luft- und Gasströme geschickt werden, welche in den Ofen zur Verbrennung ziehen. Damit die geschilderte Operation regelmäßig geschehen kann, müssen die Kammern in entsprechender Anzahl angeordnet sein. Der Wechsel der Richtung der Gasströme geschieht durch besondere Umschaltevorrichtungen, welche in bestimmten Zwischenräumen in Tätigkeit gesetzt werden. Auf diese Weise wird das ganze Ofensystem schließlich in einen Beharrungszustand gebracht und in demselben erhalten.

Es strömen nun sowohl Gas als Luft in stark vorgewärmtem Zustande in den Verbrennungsraum, der bei Öfen der betrachteten Art „Herdraum" genannt wird, und vereinigen sich hier zur Flamme. Letztere umspült den daselbst vorhandenen Einsatz, bzw. bestreicht

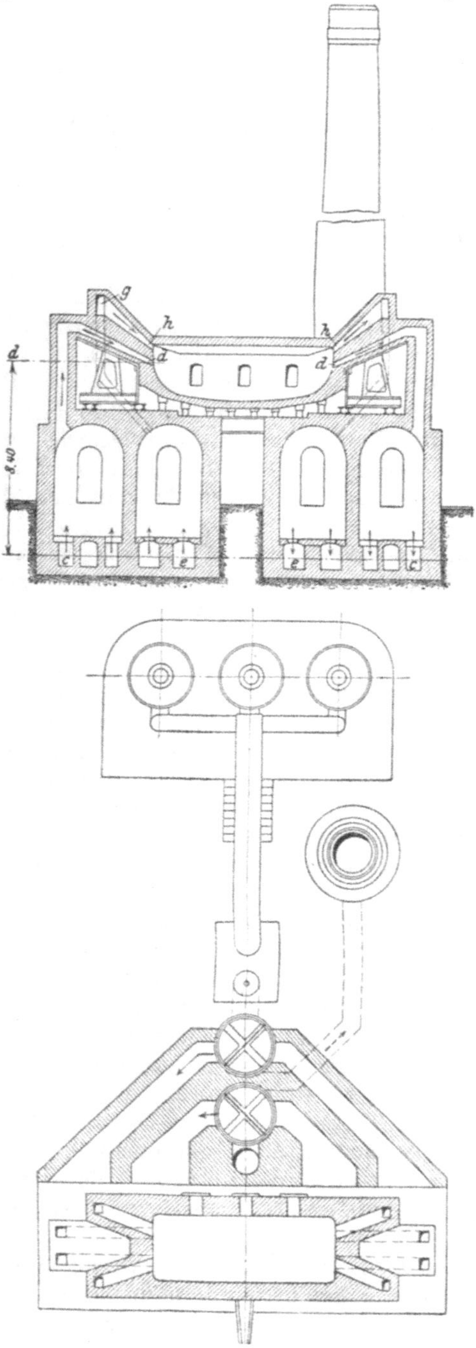

Fig. 1a.

seine Oberfläche, nachdem er eingeschmolzen ist, und so ist Gelegenheit gegeben, daß die in der Flamme freigemachte Energie auf dem direktesten Wege auf das Schmelzgut übergehen kann. Die Wärmeübertragung geschieht hiernach im Herdofen von der Oberfläche aus, und da die heißeren Teile des Bades leichter sind und daher oben schwimmen, so kann die Wärme in die kälteren unteren Schichten nur durch Leitung gelangen, solange das Metall ruhig fließt. Die gleichmäßige Erwärmung der gesamten Metallmasse wird um so langsamer erfolgen, je tiefer das Bad ist. Findet aber aus irgend einem Grunde eine Bewegung des Bades statt, welche die kälteren Teile an die Oberfläche und damit in direkte Berührung mit der Flamme bringt, so wird hierdurch die Wärmeübertragung begünstigt und damit auch die Ausnützung des Brennstoffes größer werden.

Die Produkte der Flamme, die Abgase, ziehen aus dem Herdraum in die erwähnten Regeneratorkammern und aus diesen, immer noch mit einer beträchtlichen Wärmemenge beladen, durch den Kamin ins Freie ab.

Die übliche Anordnung der wesentlichen Teile einer Herdofenanlage, nämlich der Generatoren, der Gasleitung, der Umschaltevorrichtung, der Kammern, des Herdraums und des Kamins sind aus der beigefügten Zeichnung ersichtlich. (Siehe Fig. 1a und 1b auf Seite 4 und 5.)

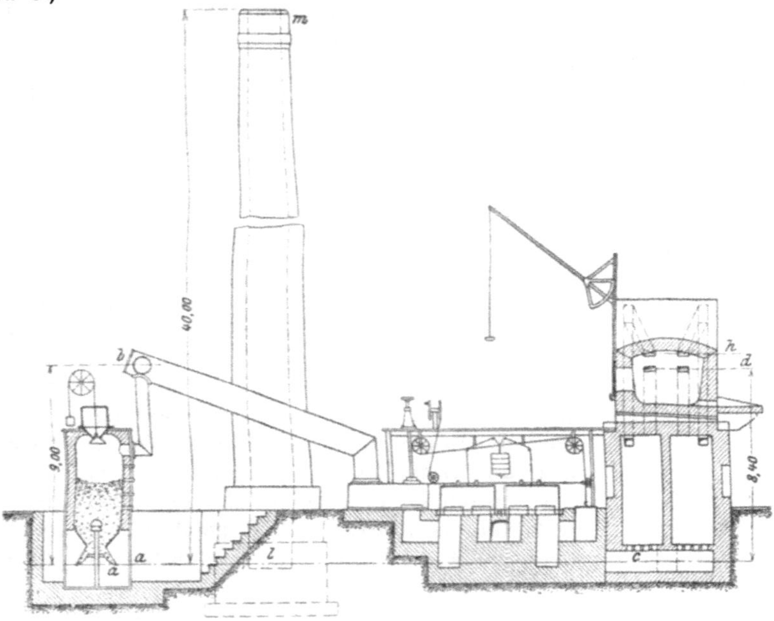

Fig. 1b.

2. Physikalische Bedingungen in einem Herdofensystem. Auftrieb.

Denkt man sich das ganze System mit Luft von gewöhnlicher Temperatur angefüllt und bei *a* und *m* mit der Atmosphäre verbunden, so wird überall der Atmosphärendruck herrschen und der Inhalt wird sich in der Ruhelage befinden. Werden aber einzelne Teile des Ofensystems mit Gasen angefüllt, welche leichter sind als die Luft, so wird das Gleichgewicht gestört. Ein Gewichtsunterschied kann herbeigeführt werden durch von der Luft abweichende Zusammensetzung des Gases, durch Erwärmung desselben oder beides zugleich. Sowie aber das Gas im Ofensystem leichter wird als die dasselbe umgebende Atmosphäre, muß ein Auftrieb entstehen, dessen Größe in folgender Weise berechnet werden kann.

Nimmt man beispielsweise an, der Generator und die Gasleitung seien mit einem Gase angefüllt, das eine mittlere Temperatur von 800° besitzt, so findet man nach der Formel

$$v_t = v_0 (1 + \alpha t)$$
$$v_t = 1 (1 + 0{,}00367 \times 800)$$
$$v_t = 3{,}936,$$

daß durch die Erwärmung auf die angegebene Höhe das Volum von 1 cbm Gas auf 3,936 cbm erhöht worden ist. Besaß das Gas bei Normalbedingungen, das ist bei einer Temperatur von 0° und unter einem Druck von 760 mm Quecksilbersäule ein Gewicht von 1,18 kg für den Kubikmeter, so wird das Gewicht für 1 cbm desselben Gases bei $800^\circ = \frac{1{,}18}{3{,}936} = \sim 0{,}3$ kg.

Man kann sich nun das Stück $a\,b$ in der Zeichnung, d. h. den Generator und die Gasleitung bis zu ihrem höchsten Punkt b, als den einen Schenkel eines Paares kommunizierender Röhren vorstellen, welcher mit dem Gas von 0,3 kg für den cbm angefüllt ist, während der andere gleich lange Schenkel Luft von gewöhnlicher Temperatur enthält. Die Anordnung ist nebenstehend skizziert. Die Länge der Rohrschenkel, d. h. der Abstand der Feuerung von dem höchsten Punkt b der Mitte der Gasleitung betrage 9 m und Schenkel $a\,b$, der das Gas enthält, sei bei b durch eine elastische Membran abgeschlossen, während der mit kalter Luft gefüllte Schenkel $a_1\,b_1$ oben offen sei. Auf b und b_1 wirkt der gleiche Luftdruck p.

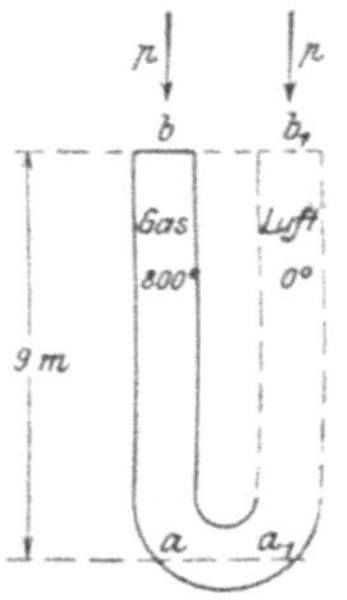

Fig. 2.

Es ist dann der Druck, welcher auf 1 qm Grundfläche in a_1 von der Luftsäule $a_1\,b_1$ ausgeübt wird, gleich $p +$ Gewicht von 9 cbm Luft, und da 1 cbm Luft 1,2937 kg wiegt, erhält man:

Druck in $a_1 = p + 9 \times 1{,}2937 \qquad = p + 11{,}64$ kg

„ „ $a = p +$ Gewicht der Gassäule $a\,b$

$= p + 9{,}0 \times 0{,}3$ kg $= p + 2{,}7$ „

Druckunterschied: 8,94 kg

Dieser Druckunterschied wird Auftrieb genannt. Im vorstehend betrachteten Fall ist ein Wert zu 8,9 kg für den Quadratmeter ermittelt worden, was, da 1 cbm Wasser 1000 kg wiegt, dem Druck einer Wassersäule von 8,9 mm Höhe entspricht. Der in Frage stehende Auftrieb muß zur Folge haben, daß im Rohrsystem $a\,b\,a_1\,b_1$, sowie bei b eine Verbindung mit der äußeren Luft hergestellt wird, eine Bewegung der Gase eintritt: es wird bei a_1 fortwährend frische Luft zuströmen in dem Maße als bei b die in $a\,b$ entstandenen Gase abströmen können.

Bei Herdöfen gelangt das Gas aus den Generatoren in die Leitungen, in denen es zu den Kammern abwärts geführt wird, um dann wieder zu den Brennern aufzusteigen, außerdem erleidet es auf dem ganzen Wege Temperaturänderungen. Man kann sich den ganzen

Weg, den die Gase zurückzulegen haben, als ein System kommunizierender Röhren denken, und wenn man sowohl die Höhenverhältnisse der einzelnen Rohrstränge als auch die in ihnen herrschenden mittleren Temperaturen kennt, so kann man den Auftrieb berechnen, welcher das Gas zum Eintritt in den Herdraum zwingt.

Es seien nun im folgenden die Rechnungen für die in der Zeichnung angegebenen Höhenverhältnisse durchgeführt, und zwar

1. für das Gas } in den Brenneröffnungen
2. für die Luft } der Einströmungsseite,
3. für die Abgase im Kamin.

1. Auftrieb für das Gas.

Der senkrechte Abstand der Feuerstelle im Generator von der Mitte der höchsten Stelle der Gasleitung und die mittlere Gastemperatur in diesem Stück seien wie vorhin zu 9 m und 800° angenommen. Die Höhendifferenz zwischen der erwähnten Stelle der Gasleitung

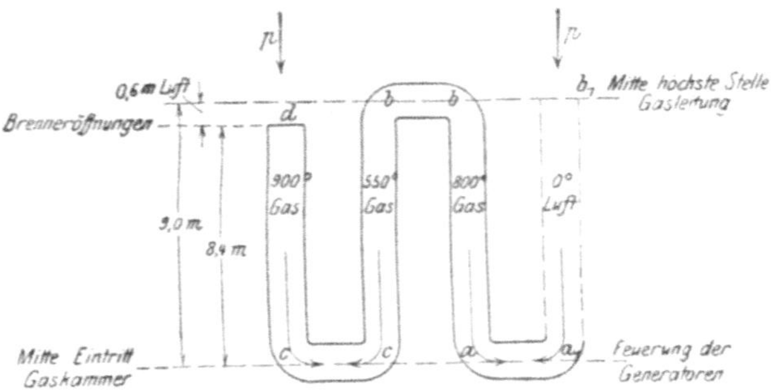

Fig. 3.

und der Eintrittsstelle der Gase in die Kammern betrage ebenfalls 9 m, die mittlere Gastemperatur aber sei in diesem Stück 550°. Die Brenneröffnungen seien endlich 8,4 m über der Eintrittsstelle der Gase in die Kammern angeordnet und die Gase würden in denselben von 550° auf 1200° erhitzt, ihre mittlere Temperatur betrage 900°.

Man kann sich alsdann den Weg der Gase wie nebenstehend skizziert vorstellen.

In dieser Skizze bedeuten $a_1\,b_1$ und $a\,b$ die bereits betrachteten Teile, also den Generator und die Gasleitung bis zu ihrem höchsten Punkt, $b\,c$ die Gasleitung bis an die Kammern und $c\,d$ den Weg der Gase durch die Kammern bis zur Brenneröffnung.

Die Volumina und die Gewichte eines Kubikmeters der Gase entsprechen nun, bedingt durch die mittleren Temperaturen,

im Strang	$a\,b$: $800^\circ = 3{,}936$	faches Vol.	entspr.	0,3	kg	f. d.	cbm
„ „	$b\,c$: $550^\circ = 3{,}01$	„ „	„	0,388	„	„ „	„
„ „	$c\,d$: $900^\circ = 4{,}3$	„ „	„	0,273	„	„ „	„

Die Gewichte der einzelnen Gassäulen sind:

in $a_1 b_1$: Luft $p + 9\text{ m} \times 1{,}2937 = p + 11{,}64$ kg wirkt in der Skizze von rechts nach links, erhält daher positives Vorzeichen	$+ p + 11{,}64$ kg
in $a\,b$: Gas $9\text{ m} \times 0{,}3 = 2{,}7$ kg wirkt in der Skizze von links nach rechts, also dem obigen Druck entgegen, erhält daher negatives Vorzeichen	$- 2{,}7$ kg
in $b\,c$: Gas $9\text{ m} \times 0{,}388 = 3{,}49$ kg wirkt in der Skizze von rechts nach links, daher	$+ 3{,}49$ kg
in $c\,d$: Gas: $8{,}4\text{ m} \times 0{,}273 = 2{,}28$; Luft: $0{,}6\text{ m} \times 1{,}2927 = 0{,}78 + p$; Sa. Gewicht $3{,}06 + p$ wirkt in der Skizze von links nach rechts, daher	$- 3{,}06\text{ kg} - p$
Summa der Gewichte	$+ p + 15{,}13\text{ kg} - 5{,}76\text{ kg} - p$

oder $15{,}13 - 5{,}76 = 9{,}37$ kg für den Quadratmeter oder 9,37 mm Wasserdruck-Auftrieb in den Brenneröffnungen.

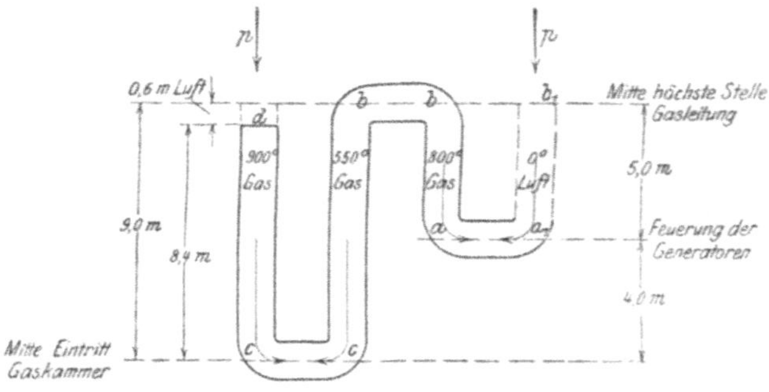

Fig. 4.

Ordnet man, wie es bei vielen neueren Anlagen geschieht, die Generatoren höher an, beispielsweise um 4 Meter, während die übrigen Verhältnisse bestehen bleiben, so ändert sich der natürliche Auftrieb wie folgt:

Es sind die Gewichte der einzelnen Gassäulen:

in $a_1 b_1$	Luft	$p + 5\text{ m} \times 1{,}2937 =$	$+ p + 6{,}46$ kg	
in $a\,b$	Gas	$5 \times 0{,}3 =$		$- 1{,}5$ kg
in $b\,c$	Gas	$9 \times 0{,}388 =$	$+ 3{,}49$ kg	
in $c\,d$	Gas	$8{,}4 \times 0{,}272 = 2{,}286$ kg		
	Luft	$0{,}6 \times 1{,}2937 = 0{,}776\text{ kg} + p$		
		Summa $3{,}061\text{ kg} + p$		$- 3{,}061\text{ kg} - p$
		Summa	$+ p + 9{,}95$ kg	$- 4{,}561\text{ kg} - p$

oder 5,39 kg pro Quadratmeter oder 5,39 mm Wasserdruck. Der Auftrieb ist nun gegen die vorige Anordnung der Generatoren um $9{,}37 - 5{,}39 = 4$ mm gesunken.

2. Auftrieb der Luft.

Da die Luft kalt in den Ofen gelangt und die Eintrittsöffnung in nächster Nähe der Luftkammer angeordnet ist, kann zur Berechnung des Auftriebes ein aus nur 2 Schenkeln bestehendes kommunizierendes Rohrsystem angenommen werden, bei welchem die Schenkellänge gleich ist der Niveaudifferenz zwischen dem Lufteintritt in die Kammer und dem Luftschlitz im Brenner, für vorliegenden Fall 9 m betragend. Der eine Schenkel ist mit kalter, der andere mit Luft von einer mittleren Temperatur von angenommen 600° angefüllt. Auf beide Schenkel wirkt oben der gleiche Luftdruck p.

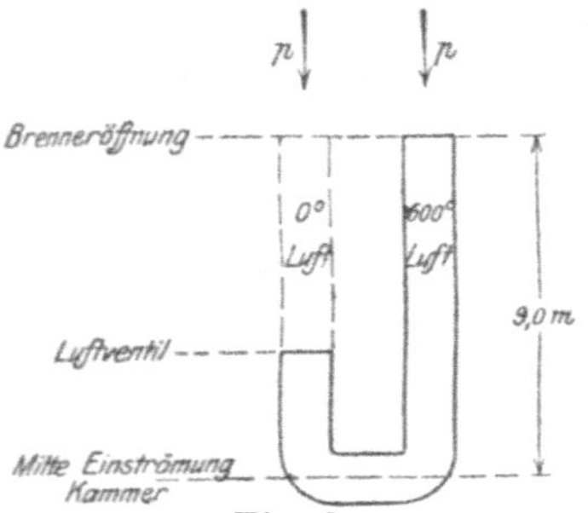

Fig. 5.

Bei 0° ist das Luftvolum 1 und das Gewicht von 1 cbm 1,29 kg. Bei 600° ist das Luftvolum 3,2 und sein Gewicht 0,404 kg.

Das Gewicht der Luft im kalten Schenkel ist	$9 \times 1{,}29 =$	11,61 kg
Das Gewicht der Luft im warmen Schenkel ist	$9 \times 0{,}404 =$	3,64 kg
Der Auftrieb der Luft beträgt also		$\sim$ 8 kg

für den Quadratmeter, oder allgemein 8 mm Wasserdruck.

3. Auftrieb der Abgase.

Als Grundlage für die Berechnung des Auftriebes der Abgase kann ein zweischenkliges kommunizierendes Rohr angenommen werden, dessen Schenkellänge gleich der Kaminhöhe ist, im vorliegenden Falle also 40 m beträgt.

Die Abgase sollen bei 0° und 760 mm ein Gewicht von 1,36 kg für den Kubikmeter haben und bei d und h mit 1700°, bei l mit 700°, im Mittel also im Stück del, mit 1200° durch das System strömen, während ihre mittlere Temperatur im Kamin $lm = 600°$ betragen soll. Das Gewicht der Gassäule im linken Schenkel ist

31 cbm Luft $\times$ 1,2937 =	40 kg
9 cbm Gas von 1200° = 5,4 faches Volum $9 \times \frac{1{,}36}{5{,}4} =$	2,3 „
Gewicht Total	42,3 kg.

Im rechten Schenkel sind Abgase von 600°, ihr Volum beträgt daher das 3,2fache ihres Volums bei 0° und ihr Gewicht $\frac{1{,}36}{3{,}2} = 0{,}43$ kg für den Kubikmeter, folglich ist das Gewicht der ganzen Säule Abgase im rechten Schenkel für den Quadratmeter Querschnitt $40 \times 0{,}43 = 17{,}2$ kg.

Der Gewichtsunterschied beider Gassäulen oder der Auftrieb im Kamin beträgt somit . . . . 25,1 kg

für 1 qm Querschnitt oder 25,1 mm Wassersäule.

Die berechneten treibenden Kräfte

1. 9,37 bzw. 5,39 mm Wasserdruck in *d* für das Gas,
2. 8 mm Wasserdruck in *h* für die Luft,
3. 25,1 mm Wasserdruck in *m* für die Abgase

müßten im Ofensystem auftreten, wenn dasselbe mit Gasen der angenommenen Zusammensetzung und Temperatur angefüllt ist, und man sich diese Gase, etwa durch Verschluß der Öffnungen bei *d*, *h* und *m* in die Ruhelage gebracht denkt.

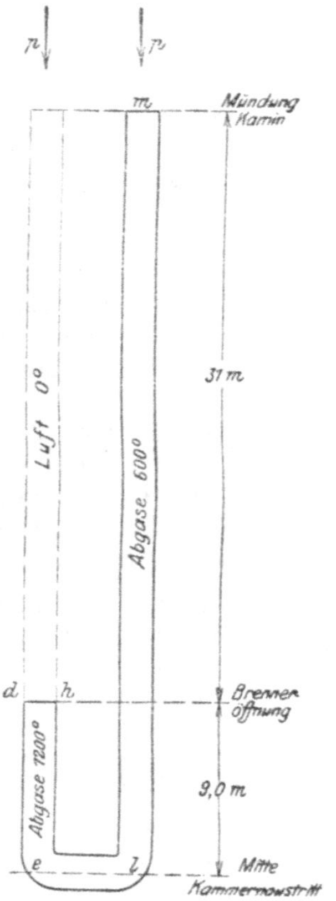

Fig. 6.

Sind aber die Öffnungen frei, so werden diese Kräfte die Ursache sein, daß ein beständiger Strom von Gasen den ganzen Ofen durchfließt. Die Bewegung desselben wird um so lebhafter sein, und dementsprechend der Ofengang um so besser, je größer, bis zu einer gewissen Grenze natürlich, die treibenden Kräfte werden.

Vorstehende Berechnungen zeigen, daß für gleiche Temperatur und gleiche Zusammensetzung der Gase der Auftrieb in einem bestimmten Ofenteil mit der Höhendifferenz zwischen Einströmungs- und Ausströmungsstelle steigt und fällt, und geben so die Mittel an, wie man seine Größe dem verlangten Zwecke anpassen kann. Im betrachteten Beispiel wurden aus mehreren Komponenten Kräfte erhalten, welche die sub 1—3 aufgeführten Werte aufweisen und welche alle in der gleichen Richtung tätig sind. Man könnte daher geneigt sein, als Resultierende aller Kräfte, welche die Bewegung der Heizgase durch den Ofen veranlaßt, die Summe von 1 und 3 anzusehen, während für die Luft die Summe von 2 und 3 in Frage käme.

Aus dem Umstande, daß bei Herdöfen alle Teile, vor allem aber die Kammern, möglichst symmetrisch angeordnet werden, würde nun folgen, daß für eine bestimmte Kaminhöhe die Wahl niedriger Kammern gegenüber höheren zwar eine Verminderung des Auftriebes auf der Einströmungsseite zur Folge haben müßte, daß aber gleichzeitig der Auftrieb in der Abströmungsseite um annähernd denselben Betrag erhöht werden müßte, da ja die niedrigeren Kammern nun die nutzbare Kaminhöhe entsprechend vergrößern. Die Summe der Kräfte aber würde stets dieselbe bleiben, einerlei ob man hohe oder niedrige Kammern wählt, und damit wäre für die Größe des gesamten Auftriebes nur die nutzbare Höhe der Kaminsäule maßgebend, während die Anordnung der einzelnen Teile der Wege der Gase innerhalb des Ofensystems ohne Bedeutung sein müßte und daher beliebig gewählt werden könnte. Die leichte Beweglichkeit der Gase läßt annehmen, daß der Druck sich im ganzen Ofensystem schnell ausgleichen müßte, und da der Anteil der Essenwirkung an dem gesamten Auftriebe der bei weitem größte ist, müßten die Gase von ihm durch den ganzen Ofen gesaugt werden.

In Wirklichkeit liegen aber die Verhältnisse anders. H. H. Campbell äußert sich zu dieser Frage in seinem Buche folgendermaßen:

„Sowohl Gas als Luft sollen in den Verbrennungsraum mit einem positiven Druck treten, welcher sie zur Berührung miteinander zwingt und die resultierende Flamme derart durch den Ofen treibt, daß der Kaminzug sie am anderen Ende des Herdraumes durch die Öffnungen für die Ausströmung abziehen kann, ohne daß sie an das Gewölbe anschlägt.

Die bei vielen Hüttenleuten herrschende Ansicht, daß der Kamin die Gase in den Ofen zieht, ist vollständig irrtümlich. Die Gase werden in den Ofen nicht hineingezogen, sie werden vielmehr hineingetrieben, und zwar durch den Auftrieb, der in den weißglühenden Zügen vor den Köpfen entsteht.

Die Richtigkeit vorstehender Ansicht wird einleuchtend, wenn man beachtet, daß außer dem Auftrieb noch ein zweiter Umstand die Bewegung des Gases beeinflußt, und dieser wird von den Widerständen gebildet, welche infolge der Bewegung der Gase entstehen und sich fühlbar machen, indem sie dieselbe hemmen. Diese Widerstände aber setzen sich einem Druckausgleich entgegen.

Nun ist es bei Herdöfen nicht möglich, den Herdraum vollkommen gegen die Atmosphäre abzuschließen, und wenn man selbst undichte Stellen bei den Verschlüssen der Einsatztüren vermeiden könnte, so bleibt doch die Notwendigkeit, diese Türen zwecks Kontrolle und Regulierung der Vorgänge im Herdraum zeitweise zu öffnen. Dadurch müssen Erscheinungen auftreten, wie sie Ströme einer beliebigen Flüssigkeit zeigen, wenn diese ein System kommunizierender Röhren durchläuft, das eine Leckstelle besitzt, sei es, daß sie beständig vorhanden ist, oder plötzlich entsteht. Bei Überdruck vor der Leckstelle wird dann aus derselben Flüssigkeit austreten, während bei Unterdruck der Flüssigkeitsstrom daselbst unterbrochen würde und Luft in die Leckstelle eintreten müßte.

Aus diesem Grunde kann der Weg der Gase in einem Herdofen nicht mit einem einzigen geschlossenen System kommunizierender Röhren verglichen werden, sondern man muß mindestens zwei solcher Systeme annehmen, und zwar eins für die Einströmungsseite, das zweite für die Abströmungsseite, wie es bei den vorstehenden Berechnungen geschehen ist. Die Bewegung der Gasströme aber muß so geleitet werden, daß der Zufluß dem Abfluß genau das Gleichgewicht hält und der Herdraum selbst zu einem neutralen Stücke wird, das von den Produkten der Verbrennung der Gase stets gerade gefüllt gehalten wird. Wollte man dem Kaminzug eine irgend erhebliche Wirkung auf die Zufuhr der Gase zum Herdraume einräumen, so wäre eine Störung der Führung der Flamme oder gar ein zeitweises vollständiges Ausbleiben dieser selbst nicht zu vermeiden.

Bedingung für einen guten Ofengang ist, daß die erwähnten Widerstände gegen die Bewegung der Gase den treibenden Kräften angepaßt sind. Daher hat man beim Entwurf und beim Bau der Öfen Rücksicht darauf zu nehmen, daß die Widerstände auf das tunlichst geringste Maß beschränkt bleiben, und dies läßt sich dadurch erreichen, daß man alle Querschnitte genügend groß dimensioniert, damit die Gase dort, wo dies nicht gerade erforderlich ist, nicht zu große Geschwindigkeiten anzunehmen brauchen; daß man Richtungsänderungen der Gasströme tunlichst vermeidet und daß man endlich die Packungen der Kammern so wählt, daß sie den Durchgang der Gase möglichst wenig hemmen, also möglichst durchgehende Öffnungen anordnet, dagegen versetzte Züge, welche die Gase zu Zickzacklinien zwingen, vermeidet.

Die Widerstände auf der Einströmungsseite können, außer durch entsprechend gewähltem Auftrieb, auch noch dadurch überwunden werden, daß man die Gase unter Druck eintreten läßt. Für das Heizgas ist diese Bedingung meistens erfüllt, da die neueren Generatoren stets mit Unterwind betrieben werden, der es schließlich gestattet, den Gasen jeden beliebigen Druck zu erteilen. Für die Luftzufuhr ist dagegen der Antrieb bei der überwiegenden Mehrzahl der Öfen nur dem natürlichen Auftrieb überlassen, und dieser genügt zuweilen schon bei neuen Öfen nicht, bei länger im Betriebe befindlichen versagt er manchmal dadurch, daß die Packungen der Kammern sich im Laufe der Kampagne versetzen, wodurch die Widerstände erhöht werden. Damit aber entsteht Luftmangel, welcher die übelsten Folgen nach sich zieht. Der Ofengang wird matt und die Erzeugung fällt, so daß man schließlich zur Außerbetriebsetzung des Ofens gezwungen wird. Durch Zufuhr auch der Luft unter Druck, was durch Anwendung eines Gebläses leicht geschehen kann, und wodurch die Menge derselben wieder auf das erforderliche Maß gebracht wird, kann dann dem Übel abgeholfen werden. Diese künstliche Erhöhung der Zufuhr von Gas und Luft erreicht ihre natürliche Grenze in dem Absaugevermögen des Kamins, denn wenn sie soweit getrieben wird, daß die Flamme zu den Türen herrausschlägt, wird jegliche Arbeit am Ofen unmöglich.

Über die absoluten und relativen Mengen von Gas und Luft, welche in den Ofen geschickt werden müssen, kann erst Aufschluß gewonnen werden, nachdem Zusammensetzung und Luftbedarf der Heizgase bekannt sind, und daher müssen zunächst die Vorgänge bei der Vergasung der Brennstoffe und die Eigenschaften der so entstandenen Gase betrachtet werden.

3. Allgemeines über Generatorgas.

Die Gaserzeuger oder Generatoren haben die Aufgabe, den Brennstoff aus dem festen in den gasförmigen Zustand überzuführen. Die Möglichkeit hierzu wird im wesentlichen durch die Eigenschaft des Kohlenstoffes, des Hauptbestandteiles aller unserer festen Brennstoffe, geboten, sich mit Sauerstoff zu einem brennbaren Gas, dem Kohlenoxyd CO, zu vereinigen.

Dieses Gas CO ist es, dessen Herstellung in den Generatoren von alters her angestrebt wurde, und es bildet den überwiegenden und neuerdings am meisten geschätzten Teil aller brennbaren Bestandteile des Generatorgases.

Der Kohlenstoff bildet mit Sauerstoff außer dem CO bekanntlich noch eine zweite Verbindung, das Kohlendioxyd CO_2, in der Sprache der Technik meist Kohlensäure genannt. Diese ist das Produkt der vollständigen Verbrennung des Kohlenstoffes, welches keiner weiteren Wärmeentwickelung mehr fähig ist, und welches daher als wertlos durch den Kamin ins Freie gelassen wird, nachdem man einen mehr oder weniger bedeutenden Teil seiner Eigenwärme ausgenützt hat.

Bei der Vereinigung des Kohlenstoffes mit Sauerstoff entsteht nach der älteren Ansicht immer zuerst CO_2, das Produkt der vollkommenen Verbrennung. Kommt aber diese Kohlensäure in Berührung mit glühendem Kohlenstoff, so nimmt sie Kohlenstoff auf, und verwandelt sich in das brennbare CO.

Diese Anschauung zeichnete den Weg vor, den man einschlagen mußte, um aus Kohlenstoff im festen Zustande einen guten gasförmigen Brennstoff zu erzeugen. Man mußte den Kohlenstoff zunächst verbrennen, wobei eine große Menge Wärme entwickelt wird. Wenn man nun den Kohlenstoff in dicker Schicht zur Anwendung brachte, und die Verbrennungsprodukte zwang, diese Schicht zu durchstreichen, so mußte sie schließlich ins Glühen geraten und so befähigt werden, das anfangs gebildete Kohlendioxyd in Kohlenoxyd zu verwandeln. Es war dann nur noch darauf zu sehen, daß die Schicht auch dick genug gewählt wurde, um möglichst vollständige Umwandlung der ganzen gebildeten CO_2-Menge zu bewirken.

In neuerer Zeit hat man erkannt, daß Kohlenstoff sich mit Sauerstoff auch direckt zu CO vereinigt, wenn die Reaktionstemperatur genügend hoch ist; es müßte daher auch möglich sein Kohlenoxyd zu erzeugen, wenn der Kohlenstoff in dünner Schicht zur Anwendung gebracht wird. Bei solcher Anordnung ist es aber schwierig, den Sauerstoff derart zuzuführen, daß er sofort vollständig vom Kohlenstoff absorbiert wird, denn in der aus einzelnen Stücken gebildeten Kohlenstoffschicht müssen Zwischenräume auftreten, durch die gasförmiger Sauerstoff leicht unverändert hindurchgehen kann. Geschieht dies jedoch, so muß der freie Sauerstoff im Gasraum sofort neben sich gebildetes Kohlenoxyd angreifen und verbrennen, und dabei wird wiederum CO_2 entstehen, d. h. derselbe Stoff, der nach der älteren Anschauung das erste Produkt der Einwirkung von Sauerstoff auf Kohlenstoff ist. Dieser Stoff aber kann nur durch die Einwirkung von glühendem Kohlenstoff in das brennbare CO zurück verwandelt werden.

Als Mittel zur Korrektur der Unvollkommenheiten, welche bei der Erzeugung des Kohlenoxydes vorkommen können, erweist sich somit in allen Fällen glühender Kohlenstoff, und um seine Wirkung auf das Maximum zu bringen, erscheint es zweckmäßig, ihn dem Gasraum direkt vorzulagern, und zwar derart, daß

1. der glühende Kohlenstoff den Gasraum vollständig abschließt und allen dorthin strebenden Gasen den Zutritt nur durch sich selbst gestattet,

2. er dabei aber auch in einer Menge zur Anwendung gelangt, welche sicher ausreicht, sämtliche ankommenden Gasmoleküle auf ihre Zusammensetzung zu prüfen, sie zur Berührung mit Kohlenstoff zu zwingen und vollständig mit ihm zu sättigen, ehe sie den Reaktionsraum verlassen und in den eigentlichen Gasraum eintreten können.

Hierdurch wird die Schicht glühenden Kohlenstoffes zu einer Sicherheitsvorrichtung, welche einem vollkommenen Filter für die Gase gleicht.

Die Apparate, in welchen diese Reaktionen vor sich gehen sollen, die Generatoren, müssen gegen die Atmosphäre gasdicht abgeschlossen werden können, und ihre Auskleidung muß geeignet sein, hohe Temperaturen zu vertragen. Sie müssen Öffnungen zur Zufuhr der festen Brennstoffen und des gasförmigen Sauerstoffes wie zur Abfuhr der erzeugten Gase und der Asche haben. Es ist theoretisch gleichgültig, an welcher Stelle die Vergasung erfolgt und welchen Weg die Gase nehmen, und man hat Konstruktionen, welche in dieser Hinsicht die verschiedensten Anordnungen aufweisen. Für die Erzeugung von Gasen zu Heizzwecken wählt man aber wohl immer die einfachste Form, wonach die Vergasung unten erfolgt und die Gase sich, dem natürlichen Auftriebe gemäß, von unten nach oben bewegen. Die Sauerstoffzufuhr findet daher unten statt, wo auch die Asche abgeführt wird, während die Zufuhr des frischen Brennstoffes wie auch die Abfuhr der gebildeten Gase oben erfolgt. Der Brennstoff sinkt daher im Generator allmählich nieder und seine Bewegung ist derjenigen der Gase entgegengesetzt.

Die Brennstoffschicht ruhte früher auf Rosten, deren Zwischenräume dem Sauerstoff den Eintritt in den Apparat gestatteten. Die Reaktionszone lag dann auf oder gleich über den Roststäben, und sobald sich auf diesen eine gewisse Aschenmenge angesammelt hatte, mußte der Betrieb unterbrochen werden, um die Asche zu entfernen, und mit ihr ging die Eigenwärme des abgezogenen Materials und oft auch ein nicht unbeträchtlicher Teil des verwendeten Brennstoffes verloren. Jetzt ersetzt man den Rost häufig durch eine natürliche Säule aus der im Generator entstandenen Asche, durch welche der zur Vergasung erforderliche Sauerstoff getrieben wird. Dieser entzieht dabei der Aschensäule ihre Eigenwärme und führt dieselbe dem Generator wieder zu, verbrennt auch die letzten in der Asche enthaltenen Kohlenstoffteilchen und dadurch wird ein Abfallprodukt erzeugt, das praktisch oft frei von Kohlenstoff ist. Eine solche Anordnung gestattet auch, Vorrichtungen anzubringen, vermittelst welcher die Asche auch während des Betriebes entfernt werden kann, so daß der Generatorbetrieb nun ein kontinuierlicher wird.

Die Vereinigung von Sauerstoff und Kohlenstoff liefert, wie schon erwähnt, eine große Menge freier Wärme, welche zum größten Teil von den erzeugten Gasen aufgenommen und fortgeführt wird. Da diese Gase den ihnen entgegenkommenden Kohlenstoff umspülen, geben sie ihm so lange Wärme ab, bis ein Gleichgewichtszustand zwischen ihnen eingetreten ist. Entsprechend der Aufnahmefähigkeit des Brennstoffes für Wärme wird sich die Temperatur im Generator in seinen verschiedenen Höhenzonen verschieden gestalten, und bei genügender Mächtigkeit der Beschickungssäule wird der Brennstoff fast auf diejenige Temperatur angewärmt sein, welche in der Reaktionszone herrscht, wenn er in diese gelangt.

Die für die Generatoren verwendeten Brennstoffe enthalten aber niemals nur Kohlenstoff und Aschenbestandteile, sondern stets noch Wasser und Wasserstoff in chemischen Verbindungen, und sie haben die Eigenschaft, beim Erhitzen ihre Zusammensetzung zu ändern. Bei Temperaturen bis zu etwas mehr als 100^0 lassen sie zunächst das hygroskopische Wasser in Dampfform entweichen, bei höheren Temperaturen auch das chemisch gebundene. Mit diesem zugleich entwickeln sich aber schon Dämpfe und Gase aus den Wasserstoffverbindungen, den sog. bituminösen Stoffen, und bei genügend hoher Temperatur gelingt es, diese letzteren fast vollständig auszutreiben. Die Entfernung der bituminösen Stoffe aus den Brennstoffen durch Erhitzen derselben wird trockene Destilation genannt, und sie wird im großen in Meilern, in den Retorten der Gasanstalten und in den Koksöfen ausgeführt, wobei man einerseits brennbare Gase erhält, welche entweichen, und andererseits praktisch reinen Kohlenstoff (Holzkohle oder Koks), welcher in dem Apparat zurückbleibt.

Im Generator erleidet der Brennstoff die gleichen Veränderungen, denn so wie er in den Apparat hineingelangt, wird er von den heißen Gasen der Wärmebehandlung ausgesetzt. Es bilden sich aus ihm daher alle oben erwähnten Stoffe, d. h. Wasserdampf und Leucht- oder Destillationsgas, welche sich den von unten aufsteigenden Produkten der Vergasung beimengen. Der Brennstoff selbst aber geht mehr und mehr in praktisch reinen Kohlenstoff über, bis er als solcher in den Vergasungsraum gelangt und hier selbst vom Sauerstoff in die Gasform übergeführt wird, worauf nur noch die Aschenbestandteile übrig bleiben, die schließlich aus dem Generator entfernt werden müssen.

So bildet denn das laufend vom Generator erzeugte Gas eine Mischung aus den Produkten folgender Prozesse:

1. der Vergasung oder unvollständigen Verbrennung des Kohlenstoffes,
2. der Entgasung oder trockenen Destillation } des rohen
3. der Trocknung } Brennstoffes.

4. Die Rohstoffe für den Generatorbetrieb.

a) Die festen Brennstoffe.

Die am häufigsten angewendeten festen Brennstoffe sind Holzkohle, Koks, Anthrazit, Steinkohle, Braunkohle, Torf und Holz; ihrem Kohlenstoffgehalt nach ordnen sie sich ungefähr in die aufgeführte Reihenfolge ein. Für die Erzeugung von Generatorgas kommen von ihnen in der Hauptsache nur Steinkohle und Braunkohle in Betracht, Torf und Holz nur in Ausnahmefällen, d. h. in Gegenden, wo anderer Brennstoff nicht gut beschafft werden kann.

Es erübrigt sich, an dieser Stelle eine nähere Beschreibung dieser Brennstoffe zu geben, etwa durch Anführung von Elementaranalysen, da es bis heute nicht gelungen ist, einen Zusammenhang zwischen der Elementarzusammensetzung des Brennstoffes und der Zusammensetzung der Generatorgase aufzufinden, die aus diesem Brennstoff entstehen. Für den hier zu betrachtenden Zweck genügen allgemeine Angaben über die Eigenschaften dieser Brennmaterialien. Sie alle enthalten Bestandteile, welche bei der Verbrennung gasförmige Verbindungen liefern, und solche, welche als feste Stoffe hinterbleiben und die Asche bilden. Die erstgenannte Gruppe umfaßt neben Wasser, welches einfach aus der Atmosphäre aufgenommen ist und hygroskopisches Wasser genannt wird, viele meist sehr komplizierte Verbindungen der Elemente Kohlenstoff, Wasserstoff, Sauerstoff, Stickstoff und zuweilen auch etwas Schwefel. Werden diese Brennstoffe erwärmt, so verflüchtigt sich bereits bei niedriger Temperatur das hygroskopische Wasser in Form von Wasserdampf, bei stärkerer Erhitzung aber beginnt die trockene Destillation, d. h. die Umwandlung der komplizierten Verbindungen von Wasserstoff und Sauerstoff mit Kohlenstoff in einfachere, welche bei der verwendeten Temperatur gasförmig sind und entweichen, und in einen festen Rückstand.

Wird die Temperatur hoch genug gesteigert und der Brennstoff ihr lange genug ausgesetzt, so können die Elemente Sauerstoff und Schwefel, soweit sie nicht von den Aschenbestandteilen festgehalten werden, und Wasserstoff so gut wie vollständig ausgetrieben werden, und es verbleibt ein Rückstand, der in der Hauptsache Kohlenstoff ist, welcher nur noch die Aschenbestandteile als Verunreinigungen enthält.

Die bei der trockenen Destillation enthaltenen Gase sind brennbar und können daher zu Heizzwecken dienen. Sie bestehen hauptsächlich aus freiem Wasserstoff und Kohlenwasserstoffen, neben kleinen Mengen von Kohlensäure und Kohlenoxyd, enthalten somit auch Kohlenstoff. Von der Gesamtmenge an Kohlenstoff aber, welche im Brennstoff enthalten ist, kann durch die trockene Destillation nur ein kleiner Teil in die Gasform übergeführt werden, die Hauptmenge verbleibt in dem erwähnten Rückstande.

Läßt man nun auf diesen Rückstand Sauerstoff einwirken, so kann auch der Kohlenstoffgehalt desselben vollständig in die Gasform übergeführt werden, so daß schließlich von dem Brennstoffe nur noch die Aschenbestandteile übrig bleiben. Führt man die Vergasung der zuletzt betrachteten Kohlenstoffmenge derart aus, daß in der Hauptsache nur das brennbare Kohlenoxyd entsteht, so gelingt es, den Brennstoff in brennbare Gase und Aschenbestandteile zu zerlegen, von denen erstere oft bequemer und besser ausgenützt werden können als der beste Brennstoff selbst.

b) Der zur Vergasung erforderliche Sauerstoff

wird dem Generator in zwei Formen zugeführt: in Gestalt von atmosphärischer Luft und von Wasserdampf. Die atmosphärische Luft ist in ihrer Zusammensetzung wohl Schwankungen ausgesetzt, dieselben sind aber, besonders wenn die Luft in trockenem Zustande betrachtet wird, sehr unbedeutend, so daß man für technische Rechnungen immer annimmt, daß die Luft aus

$$\begin{array}{rl} & 21 \text{ Raumteilen O} \\ \text{und} & 79 \quad\text{„}\quad \text{N} \\ \hline & 100 \text{ Raumteilen Luft} \end{array} \quad \text{besteht.}$$

Es kommen somit auf 1 Raumteil O $= \frac{79}{21}$ N oder 3,762 Raumteile Stickstoff.

Von diesen beiden Gasen beteiligt sich nur der Sauerstoff an den Umsetzungen, wogegen der Stickstoff als überflüssiger und untätiger Ballast mitgeführt werden muß.

Wenn daher zur Erzeugung eines Gases atmosphärische Luft verwendet wurde, so muß in diesem Gase Stickstoff vorhanden sein; ferner muß sich Sauerstoff in freier oder gebundener Form nachweisen lassen, und endlich muß die Stickstoffmenge, welche aus der Luft stammt, zu der aus derselben Quelle stammenden Sauerstoffmenge in einem bestimmten Verhältnis stehen, welches durch die Formel

$$N = 3{,}762\,O \quad (1)$$

ausgedrückt wird.

Da die relativen Mengen von O und N in späteren Rechnungen häufig Berücksichtigung finden müssen, so ist eine Tabelle der Stickstoff-Volumina für die Werte 1 bis 1000 O zusammengestellt worden, welche als Anhang beigefügt ist, aus der man für jeden beliebigen Wert von O bzw. N in diesen Grenzen den ihm entsprechenden Wert für N bzw. O entnehmen kann.

Die atmosphärische Luft ist nun fast nie trocken, sondern enthält meist gewisse Mengen von Wasserdampf, die von der Temperatur und dem Sättigungsgrade der Luft mit Wasserdampf abhängen und sich aus ihnen berechnen lassen. In den hierzu zu benutzenden Tabellen wird gewöhnlich die Dampfmenge angegeben, die in der Volum- oder Gewichtseinheit des Dampfluftgemisches bei voller Sättigung mit Dampf enthalten ist. Es ist aber für die hier auszuführenden Rechnungen bequemer, die Zahlen zu kennen, welche die Dampfmengen angeben, die 1 cbm trockene Luft von 0° und 760 mm Druck aufzunehmen imstande ist, wenn diese Luftmenge auf höhere Temperaturen erwärmt wird. F. H. Weiß gibt in seinem Buche „Kondensation“, S. 323 folgende Zahlen:

1 kg Luft kann aufnehmen

bel	0°	10°	20°	30°	40°
Dampf	0,0037	0,0073	0,0114	0,0268	0,0477 kg

woraus sich unter Berücksichtigung dessen, daß 1 cbm Luft von 0° und 760 mm 1,293 kg wiegt
und 1 cbm Wasserdampf von 0° und 760 m 0,8051 kg wiegen müßte, ergibt, daß

1 cbm trockener Luft aufnehmen kann

bei t =	0°	10°	20°	30°	40°
Dampf	0,0035	0,0070	0,0109	0,0258	0,0458 cbm

von 0° und 760 mm Druck.

Diese Aufstellung zeigt, daß der Dampfgehalt der mit Feuchtigkeit gesättigten Luft mit zunehmender Temperatur stark anwächst und bei 40° das 13fache des Gehaltes bei 0° beträgt. Da man im Sommer zuweilen 30 bis 40° Wärme und mit Wasserdampf reichlich beladene Luft haben kann, so kann es auch vorkommen, daß man mit jedem Kubikmeter Luft, den man als für die Feuerung erforderlich berechnete, wobei man die Luft auf trockenen Zustand und Normalbedingungen bezog, bis etwa 0,04 cbm Dampf in dieselbe erhalten kann. Dieser Betrag ist zwar nicht sehr bedeutend, kann aber in einigen Fällen doch Berücksichtigung erheischen.

Die zweite Quelle für gasförmigen Sauerstoff für die Vergasung bildet der Wasserdampf, gleichviel ob derselbe der Luft als natürliche Feuchtigkeit anhaftet oder aber absichtlich hinzugefügt wurde. Über die Wirkungsweise des Wasserdampfes bei der Vergasung, seine Zersetzung und die Qualität des entstehenden Gases wird später gesprocken werden.

5. Die Reaktionen bei der Vergasung im Generator. Stöchiometrische Beziehungen.

a) Kohlendioxyd CO_2, Verhältnis von C zu O und Gasvolum, das aus 1 kg C erhalten wird.

Kohlenstoff verbindet sich mit Sauerstoff zu Kohlensäure oder Kohlendioxyd nach der Gleichung

$$C + 2\,O = CO_2,$$

welche besagt, daß nach den Regeln der Stöchiometrie

$$12 \text{ kg C mit } 32 \text{ kg O} = 44 \text{ kg } CO_2 \text{ bilden.}$$

Diese Art der Rechnung ist zur Bestimmung der äquivalenten Mengen der aufeinander wirkenden Stoffe für alle chemischen Vorgänge gebräuchlich. Es ist aber umständlich, Gewichtsbestimmungen von Gasen auszuführen, und diese geschehen gewöhnlich in der Weise, daß man das Volum des Gases mißt und die erhaltene Zahl mit dem Gewichte der Volumeinheit des Gases multipliziert. Da sich aber die Volumina der Gase mit wechselndem Druck und wechselnder Temperatur ändern, so sind die Zahlen für die bei dem Versuch gemessenen Volumina immer erst auf den Normalzustand von 0° und 760 mm Druck umzurechnen, wenn man ihre absoluten Gewichte in der oben erwähnten Weise ermitteln will. Es ist schon vor vielen Jahren darauf hingewiesen worden, daß man die Rechnung für Reaktionen von Gasen untereinander, und damit auch die Erkenntnis der Vorgänge, bedeutend vereinfachen kann, wenn man statt mit den Gewichten, mit den Volumina der aufeinander einwirkenden Gase rechnet. Zu diesem Zweck sind in der Folge die Molekularformeln in Anwendung gekommen, welche direkt die Mengenverhältnisse der verwendeten wie auch der entstehenden Stoffe nach dem Volum angeben. Für die Beurteilung der Vorgänge bei der technischen Generatorgaserzeugung aber haben diese Formeln noch viel zu wenig Eingang gefunden.

Werden die für die Erzeugung von CO_2 aus C und O oben ermittelten äquivalenten Gewichte von O = 32 kg
CO_2 = 44 „

durch die bzw. Gewichte von 1 cbm O = 1,4304
bei Normalbedingungen

1 cbm CO_2 = 1,9781

bei Normalbedingungen
dividiert, so ergibt sich

$$32:1,4304 = 22,3 \text{ cbm O}^{*})$$
$$44:1,9781 = 22,3 \text{ cbm } CO_2{}^{*}).$$

Dieses Resultat bedeutet, daß

22,3 cbm O, wenn sie mit C verbunden werden,
23,3 cbm CO_2 ergeben, oder mit anderen Worten, daß
aus 1 cbm O = 1 cbm CO_2 entsteht. (2.)

Da O und CO_2 ferner innerhalb der in Betracht kommenden Temperaturen als permanente Gase anzusehen sind, welche sämtlich ihr Volum mit wechselndem Druck und wechselnder Temperatur gleichmäßig ändern, so folgt, daß obige Beziehung nicht nur für den Normalzustand gilt, sondern gültig bleibt für alle Fälle, bei welchen sich O und CO_2 unter gleichen Bedingungen befinden. Dasselbe gilt für alle übrigen zu betrachtenden Gase, und hiermit wird der Vorteil deutlich ersichtlich, den die Rechnung mit den Volumina gewährt. Als Beispiel kann gleich folgende Anwendung dienen:

Bei der Verbrennung des Kohlenstoffes gelangt nicht reiner Sauerstoff zur Verwendung, sondern atmosphärische Luft, welche neben 21 O — 79 N enthält. Findet die Oxydation des C mit genau der theoretischen erforderlichen Sauerstoffmenge statt, so entstehen aus den 21 Raumteilen O — 21 Raumteile CO_2, während die 79 Raumteile N unverändert bleiben. Folglich entsteht bei der Reaktion ein Gas der Zusammensetzung

21% CO_2
79% N
100% Verbrennungsgas.

In diesem Gas ist der Stickstoffgehalt bestimmt durch die Formel

$$N = \frac{79}{21} CO_2 = 3,762\ CO_2 \quad (3).$$

In einfacher Weise läßt sich ferner die Gasmenge bestimmen, welche man aus der Gewichtseinheit Kohlenstoff erhält.

*) Eigentlich erhält man hiernach 22,37 cbm O und 22,24 cbm CO_2, was aber ungenau ist, da die verwendeten Atomgewichte O 16 und C 12 nicht genaue, sondern nur angenäherte Werte sind.

Da 12 kg C = 44 kg oder 22,3 cbm CO_2 entwickeln, so erhält man aus 1 kg C

$$\frac{22{,}3}{12} = 1{,}86 \text{ cbm } CO_2 \text{ von Normalbedingungen } 0^\circ/760 \text{ mm} \quad (4)$$

und da, falls die Verbrennung durch Luft in der theoretisch erforderlichen Menge geschah, hierzu

$$N = 3{,}762\, CO_2 = 3{,}762 \times 1{,}86 = 7{,}00 \text{ cbm } N$$

gehören, so ist das Volum der Verbrennungsgase von 1 kg C mit Luft bei Normalbedingungen

$$1{,}86 \text{ cbm } CO_2 + 7{,}00 \text{ cbm } N = 8{,}86 \text{ cbm} \quad (5).$$

b) CO-Bildung. Luftgas.

Denkt man sich die Bildung von CO nach der Gleichung C + O = CO, so geben 12 kg C mit 16 kg O = 28 kg CO.

Dividiert man abermals durch die Gewichte von 1 cbm O bzw. CO, so erhält man:

$$\frac{16}{1{,}4304} = 11{,}15 \text{ cbm O}$$

$$\frac{28}{1{,}2555} = 22{,}3 \text{ cbm CO.}$$

Es ergeben hier 11,15 cbm O — 22,3 cbm CO und dies bedeutet, daß

$$\left.\begin{array}{l} 1 \text{ cbm O} = 2 \text{ cbm CO ergibt, oder} \\ \text{daß für 1 cbm CO} = {}^1/_2 \text{ cbm O erforderlich ist} \end{array}\right\} (6).$$

Würde zur Herstellung des Gases wiederum Luft verwendet, so würde

aus 21 cbm O × 2 = 42 cbm CO
und 79 cbm N blieben 79 cbm N

aus 100 cbm Luft entständen also 121 cbm Gas, und dies hätte die Zusammensetzung

$$\frac{42 \times 100}{121} = 34{,}7 \text{ Raumteile CO}$$

$$\frac{79 \times 100}{121} = 65{,}3 \quad \text{"} \quad N$$

100,0 Raumteile Luftgas (7).

In diesem Gase ist der N-Gehalt durch die Formel

$$N = 3{,}762 \frac{CO}{2} \quad (8)$$

bestimmt, da ja zur Herstellung von 1 cbm CO nur $^1/_2$ cbm O erforderlich ist.

Zur Bestimmung des Volums CO, welches aus 1 kg C erhalten wird, ist die aus 12 kg C erhaltene Gasmenge von 22,3 cbm zu benützen, und es ergibt sich

$$\frac{22,3}{12} = 1,86 \text{ cbm CO (9).}$$

Hierzu gehören

$$N = 3,762 \times \frac{CO}{2} = 3,762 \times \frac{1,86}{2} = 3,5 \text{ cbm N}$$

und die gesamte Luftgasmenge von 0° und 760 mm beträgt für 1 kg C

$$1,86 \text{ cbm CO} + 3,50 \text{ cbm N} = 5,36 \text{ cbm Luftgas (10).}$$

c) Gleichzeitige Bildung von CO_2 und CO bei der Verbrennung des C durch Luft.

Geschieht die Verbrennung von reinem Kohlenstoff durch Luft in der Weise, daß gleichzeitig CO_2 und CO auftreten, so wird der N-Gehalt zu bestimmen sein nach der Formel

$$N = 3,762 \left(CO_2 + \frac{CO}{2}\right) \text{ (11),}$$

die sich durch einfache Addition der Formeln (3) und (8) ergibt.

Ebenso erhält man das gesamte Gasvolum V zu

$$V = CO_2 + CO + 3,762 \left(CO_2 + \frac{CO}{2}\right).$$

d) Vergasung des reinen C durch Wasserdampf.

Wasserdampf ist unter bestimmten, später näher zu erörternden Verhältnissen ebenfalls befähigt, Kohlenstoff anzugreifen und zu vergasen. Wasser entsteht bekanntlich aus der Vereinigung von Wasserstoff mit Sauerstoff nach der Gleichung

$$2\,H + O = H_2O,$$

wobei 2 kg H mit 16 kg O — 18 kg Wasser ergeben. Das Wasser erscheint bei seiner Bildung zunächst in Dampfform, und es kann auch nur in dieser Form zur Vergasung des Kohlenstoffes angewendet werden. Das Gewicht eines Kubikmeters Wasserdampf, rechnerisch auf den Zustand von 0° und 760 mm bezogen, ist zu 0,8051 kg ermittelt worden, während 1 cbm H unter gleichen Bedingungen 0,0899 kg wiegt. Durch Division der Äquivalentgewichte durch die angegebenen Zahlen erhält man:

$$\frac{2}{0{,}0899} = 22{,}3 \text{ cbm H}$$

$$\frac{16}{1{,}4304} = 11{,}15 \text{ cbm O}$$

$$\frac{18}{0{,}8051} = 22{,}3 \text{ cbm Wasserdampf},$$

aus welchen Zahlen man sofort ableitet, daß

1 cbm O + 2 cbm H = 2 cbm Wasserdampf ergeben (12).

Umgekehrt werden, wenn 1 cbm Wasserdampf zersetzt wird, 1 cbm H und $^1/_2$ cbm O erhalten werden müssen.

Der Sauerstoff aus dem Wasserdampf bringt keinen Stickstoff mit sich, wohl aber H, und die Beziehung zwischen diesen beiden Gasen ist

$$O = \frac{H}{2} \quad (13).$$

e) Erzeugung von CO und H aus C und Wasserdampf, Wassergas I.

Die Einwirkung von Wasserdampf auf C ist nach folgender Formel denkbar

$$C + H_2O = CO + 2\,H,$$

wobei

$$12 \text{ kg C} + 18 \text{ kg } H_2O = 28 \text{ kg CO} + 2 \text{ kg H}$$

ergeben. Durch Division durch die Gasgewichte bei Normalbedingungen findet man

$$\frac{18}{0{,}8051} = 22{,}3 \text{ cbm } H_2O \text{ Dampf},$$

geben

$$\frac{28}{1{,}2555} = 22{,}3 \text{ cbm CO}$$

und

$$\frac{2}{0{,}0899} = 22{,}3 \text{ cbm H}$$

oder Kohlenstoff + 1 cbm Wasserdampf = 1 cbm CO + 1 cbm H.

Unter Benutzung der Formeln (12) und (6), welche in den Tabellen im Anhang graphisch dargestellt sind, kann man das Resultat auch einfacher finden. Denkt man sich nämlich 1 cbm Dampf in seine Bestandteile zerlegt, so erhält man

0,5 cbm O und 1 cbm H.

Ins Gas geht nun unverändert 1 cbm H, während 0,5 cbm O an C gebunden wird und mit diesem nach Formel (6)

$$2 \times 0{,}5 \text{ cbm} = 1 \text{ cbm CO}$$

bildet, so daß ein Gas entsteht, welches

$$1 \text{ cbm CO} + 1 \text{ cbm H} \text{ enthält.}$$

Die volumprozentige Zusammensetzung dieses Gases wird daher

50% CO
50% H
100%

und es wird charakterisiert durch die Formel

$$H = CO \quad (14).$$

Auch hier muß man, wie bei der Vergasung durch Luft, aus 1 kg C = 1,86 cbm CO von 0° und 760 mm erhalten, an Stelle des Stickstoffgehaltes aber, der nun fehlt, muß Wasserstoff in gleichem Volum wie CO auftreten, und die Gasmenge, die aus 1 kg C erhalten wird, muß, bei Normalbedingungen gemessen,

$$1{,}86 \text{ cbm CO} + 1{,}86 \text{ cbm H} = 3{,}72 \text{ cbm}$$

betragen.

f) Erzeugung von CO_2 und H aus reinem C und Wasserdampf, Wassergas II.

Die Einwirkung von Wasserdampf auf Kohlenstoff ist auch nach folgender Formel denkbar:

$$C + 2\,H_2O = CO_2 + 4\,H.$$

Denkt man sich nach Formel (12) 2 Volum Wasserdampf in seine Bestandteile zerlegt, so erhält man 2 Volum H und 1 Volum O, von denen ersteres im freien Zustande ins Gas übergeht, letzteres aber zuerst mit C verbunden werden muß. Da CO_2 entsteht, so muß nach Formel (2) aus 1 Volum O auch 1 Volum CO_2 entstehen, und die Gaszusammensetzung wird sein

$$1 \text{ Vol. } CO_2 + 2 \text{ Vol. H}$$

oder

33,3% CO_2
66,7% H.

Das Charakteristikum für dieses Gas wird daher sein

$$CO_2 = \frac{H}{2} \text{ oder } H = 2\,CO_2 \quad (15).$$

Da 1 kg C — 1,86 cbm CO_2 liefert (4), so wird unter Berücksichtigung der Formel (15) das Gasvolum von 1 kg C zu

$$1{,}86 \text{ cbm } CO_2 + 3{,}72 \text{ cbm } H = 5{,}58 \text{ cbm}$$

Gas gefunden.

Die sub e) und f) betrachteten Gase werden „Wassergas“ genannt und sind praktisch nicht in dieser Reinheit herzustellen.

g) Mischgas.

Ein Gemenge der sub a) und b), e) und f) betrachteten Gase wird Mischgas genannt. Man kann sich dasselbe entstanden denken aus einer Mischung der einzelnen, in getrennten Apparaten erzeugten Gase, oder auch durch Herstellung in einem einzigen Apparat, in welchem der Kohlenstoff durch gemeinsame Einwirkung von Luft und Wasserdampf vergast wurde. Es ergibt sich dann sofort die Überlegung, daß für jeden Raumteil Sauerstoff, welcher aus der Luft stammt, im Gase ein entsprechendes Volum N vorhanden sein muß, wogegen für den Sauerstoff, welcher aus der Wasserzersetzung herstammt, eine entsprechende Wasserstoffmenge auftreten wird. Die Stickstoffmenge im Gas wird daher nicht mehr der Formel (11) $N = 3{,}762 \times \left(CO_2 + \frac{CO}{2}\right)$ entsprechen, sondern kleiner sein, und zwar um das 3,762 fache des Betrages an O, der aus dem Wasser stammt. Dieser aber ist nach Formel (13) $= \frac{H}{2}$, und hiermit ergibt sich das Charakteristikum für Mischgas zu

$$N = 3{,}762\left(CO_2 + \frac{CO}{2} - \frac{H}{2}\right). \qquad (16)$$

Beispiel.

Es sei ein Gas der Zusammensetzung

$$CO_2\ 8\% + CO\ 24{,}9\% + H\ 11{,}0\% + N\ 56{,}1\%$$

gegeben. In diesem Gase ist

$$\begin{aligned} CO_2 &= 8\% \\ \frac{CO}{2} &= 12{,}45 \\ \hline CO_2 + \frac{CO}{2} &= 20{,}45 \\ -\frac{H}{2} &= -\ 5{,}5 \\ \hline CO_2 + \frac{CO}{2} - \frac{H}{2} &= 14{,}95\% \end{aligned}$$

$N = 3{,}762 \times 14{,}95 = 56{,}2\%$ (aus der Tabelle O:N zu ersehen), wogegen in der Gasanalyse 56,1% angegeben war.

Dieses Gas ist daher reines Mischgas.

h) Kohlenstoffgehalt der Gase.

Es ist sub (4) und (9) festgestellt worden, daß

aus 1 kg C — 1,86 cbm CO_2

und ebenso — 1,86 cbm CO erhalten werden.

In 1 cbm dieser C-haltigen Gase, bei Normalbedingungen gemessen sind, daher enthalten

$$1:1,86 = 0,538 \text{ kg C} \quad (17).$$

6. Thermische Bedingungen für die Vergasung des Kohlenstoffes.

Die bisher betrachteten Reaktionen finden in der angegebenen Weise nicht immer und nicht unter allen Bedingungen statt, denn ihr Verlauf wird häufig ernstlich gestört. Der wesentlichste Faktor dabei ist die während des Prozesses herrschende Temperatur. So beginnt beispielsweise bei der Einwirkung der Luft auf C nach Versuchen verschiedener Forscher die Reaktion: $C + 2\,O = CO_2$ bei etwa 375°, bei dieser Temperatur wird aber nur etwa 0,5% der vorhandenen Sauerstoffmenge verbraucht, während 20,5% unangegriffen bleiben. Mit steigender Temperatur wächst die Menge des verbrauchten Sauerstoffes und damit gleichzeitig die Menge des erzeugten CO_2. Bei etwa 495° wird bereits sämtliches vorhandene O vom C aufgenommen, doch entsteht neben CO_2 bereits eine Spur von CO. Die Bildung von CO_2 hat ihr Maximum bei dieser Temperatur, von da ab beginnt stärkere gleichzeitige CO-Bildung. Bei 1000° aber ist die CO_2-Bildung praktisch gleich O geworden, und sämtlicher O wird vom C unter Bildung von CO aufgenommen, wie aus der auf S. 27 angeführten Tabelle der Versuchsergebnisse von Naumann und Ernst zu ersehen, welche aus

Einwirkung von Luftsauerstoff auf Kohlenstoff bei verschiedenen Temperaturen. Gasmengen auf Normalbedingungen (0° u. 760 mm bezogen).
Versuche von Naumann und Ernst (Ferd. Fischer, Techn. d. Brennst., S. 201).

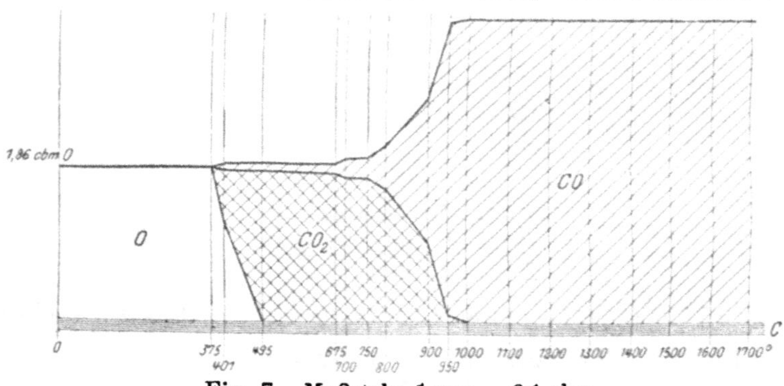

Fig. 7. Maßstab: 1 mm = 0,1 cbm.

Ferd. Fischers Technologie der Brennstoffe, S. 201, entnommen ist. Es wurde Luft über in einer Porzellanröhre befindlichen erhitzten Koks geleitet, die Temperaturen wurden mit dem Le Chatelier-Pyrometer gemessen.

Dasselbe unter Berücksichtigung der Veränderung der Volumina durch die Temperaturen.

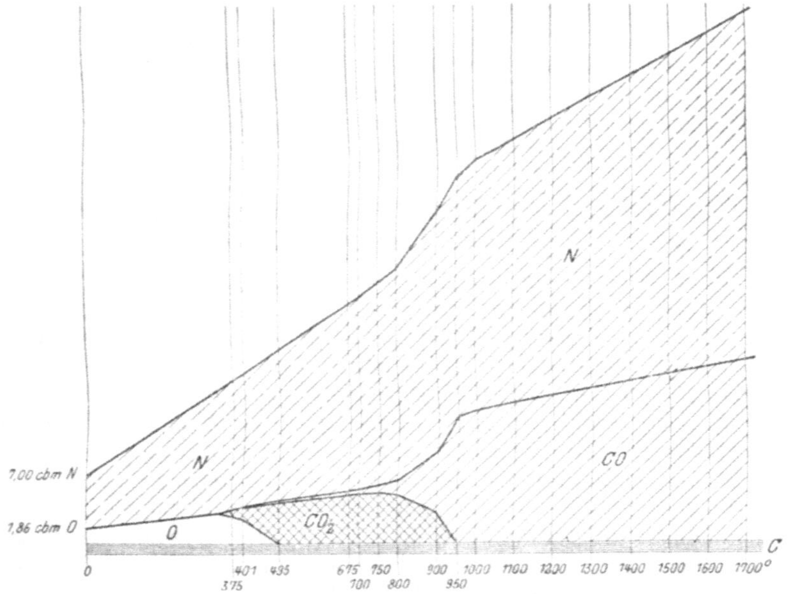

Fig. 8. Maßstab: 0,1 mm = 0,1 cbm.

Länge der Koksschicht cm	In einer Minute aufgefangene N-Menge	Temperatur	Gasanalyse in Volumprozenten		
			CO_2	O	CO
17	19,9	375°	0,5	20	0
10	6,1	394°	1,1	20,1	0
17	32,3	395°	1,6	17,4	0,5
10	7,1	401°	6,2	12,3	0,8
10	6,1	495°	16	0	1,6
11	2,5	675°	19,8	0	1,1
10	22,3	677°	19	0	1,1
33	61	680°	18,9	0,2	1,7
33	17,9	700°	19,3	0,3	2,5
33	119,3	700°	17,3	1,4	3,3
17	10,7	700°	18	0	2,5
44	35,8	750°	19,4	0	2,7
10	8,9	800°	17,9	0	5,9
11	10,8	875°	11	0	14,7
11	24,5	900°	10,1	0	15,8
11	1,2	950°	0,6	0	31,5
11	2,2	1000°	0		34,2

Diese Tabelle ist in den Diagrammen auf S. 26 graphisch dargestellt, wobei die Luftmenge für die Vergasung von 1 kg C zu CO angenommen ist. Das erste Diagramm in größerem Maßstabe gibt nur die wirksame Sauerstoffmenge und die bei den verschiedenen Temperaturen entstehenden Mengen von Kohlenoxyd und Kohlendioxyd, auf den Normalzustand bezogen, während das zweite Diagramm in 0,1 des Maßstabes des ersten auch den Stickstoffgehalt des Gases und die Volumveränderungen angibt, die durch die höheren Temperaturen bedingt sind. Man erhält so ein einigermaßen anschauliches Bild von der starken Volumvermehrung, welche die Vergasungsluft im Generator zu erleiden hat, und von den großen Mengen von Stickstoff, mit welchen das Gas beladen ist.

Einwirkung von Wasserdampf, bzw. Kohlensäure, auf Kohlenstoff.

Diese Einwirkung beginnt nach Lang (s. Fischer S. 202) bei 530°, wobei aber nur Spuren des Dampfes wirksam werden. Mit steigender Temperatur wird die Zerlegung vollständiger, um, wie die nachstehend verzeichneten sehr lehrreichen Versuche von Harries (s. Kutzbach, Zeitschrift des Vereins Deutscher Ingenieure 1905, S. 232) zeigen, bei etwa 1125° praktisch beendet zu sein, da alsdann 99,4% des Dampfes zerlegt wurden, selbst wenn dieser in großen Mengen und schnell in die glühende Kohlenmasse eingeblasen wurde.

Auch diese Tabelle ist graphisch dargestellt worden, und man sieht aus dem Diagramm auf S. 29, daß bei der Vergasung des Kohlenstoffes durch Dampf bis zu einer Temperatur von etwa 860° die Bildung von CO_2 vorherrscht, während darüber hinaus die Bildung von Kohlenoxyd stark das Übergewicht gewinnt, und daß bei 1125° nur letzteres Gas entsteht, wobei der zur Einwirkung gelangende Dampf vollständig zersetzt wird. Es sei ganz besonders darauf hingewiesen, wie sehr die Gasqualität durch unzersetzt hindurchgehenden Dampf leidet, wenn die Temperatur im Reaktionsraum niedrig gehalten wird.

Versuche von Harries.

Temperatur °C	CO-Gehalt in v. Hundert $CO + CO_2$	Zersetzter Dampf in v. Hundert der durchgeleiteten Dampfmenge	Unzersetzter Dampf in v. Hundert vom erzeugten Wassergas	Geschwindigkeit des Gasstromes Liter p. Sek.
674°	14	8,8	680	0,9
758°	22,2	25,3	193	1,8
838°	34,8	37,7	117	3,66
838°	41,4	41,0	90	3,28
861°	45	48,2	64	5,3
954°	85,2	70,2	208	6,3
1010°	97,1	94,0	3,1	6,15
1060°	97,4	93,0	3,8	9,8
1125°	98,8	99,4	0,3	11,3

Einwirkung von 1,86 cbm O aus 3,72 cbm Dampf auf C bei verschiedenen Temperaturen nach Versuchen von Harries.

Gasvolumen auf Normalbedingungen bezogen.

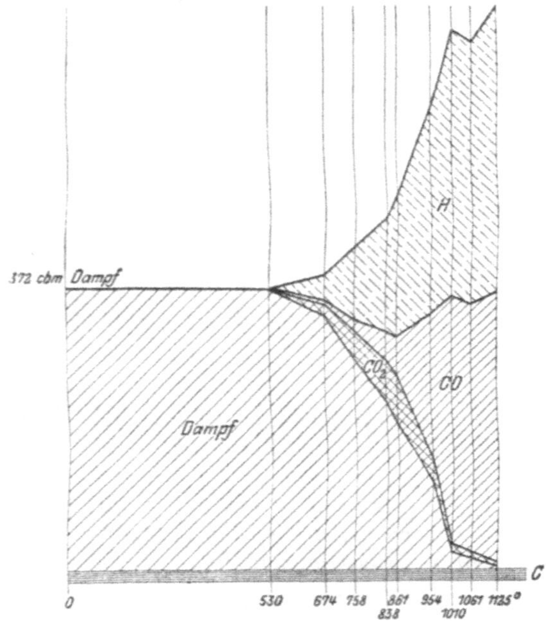

Fig. 9.

Die Einwirkung von Kohlensäure auf Kohlenstoff, welche nach der Gleichung

$$CO_2 + C = 2\,CO$$

erfolgt, ist von Boudouard (Fischers Techn. d. Brennst. Seite 206) bei verschiedenen Temperaturen untersucht worden, wobei sich folgende Gleichgewichtszustände ergeben haben:

bei einer Temperatur von	enthielt das Gasgemisch
650°	61% CO_2 und 39% CO
800°	7% CO_2 „ 93% CO
924°	4% CO_2 „ 96% CO.

Diese Angaben liefern das Diagramm auf Seite 30.

Man ersieht aus allen drei betrachteten Fällen, daß die Ausbeute an brennbaren Gasen um so größer wird, je höhere Temperaturen zur Anwendung gelangen. Bei der Bildung des Luftgases und bei der Reduktion der Kohlensäure durch glühenden Kohlenstoff

Einwirkung von 1,86 cbm CO_2 auf Kohlenstoff, nach Versuchen von Boudouard.

Gase bei Normalbedingungen.

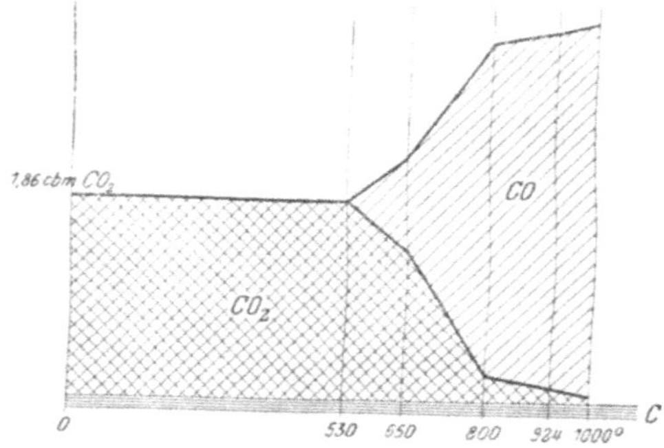

Fig. 10.

wird das Maximum der Kohlenoxydbildung bei einer Temperatur von rund 1000° erreicht, bei der Zersetzung des Wasserdampfes erst bei 1125°.

Somit ergibt sich als oberste Bedingung für die Erzeugung des Maximums an brennbaren Gasen bei der Vergasung des Kohlenstoffes, daß die Temperatur im Reaktionsraume

nie unter 1125 Grad sinken darf.

Die Temperatur kann noch einen anderen Einfluß auf die Zusammensetzung der Gase ausüben, indem sie die verschiedenen Gasarten zur Einwirkung aufeinander veranlaßt. Zwar verändert ein Gemenge von Kohlenoxyd, Wasserstoff, Stickstoff und Kohlensäure, also reines Mischgas, seine Zusammensetzung auch dann nicht, wenn es sehr hoch erhitzt wird. Wenn aber diesem Mischgase Wasserdampf beigemischt wird, der aus dem hygroskopischen Wasser des Brennstoffes stammen, oder der die Reaktionszone unzersetzt passiert haben kann, so vermag dieser auf das Kohlenoxyd des Mischgases einzuwirken, und zwar nach der Formel:

$$CO + H_2O = CO_2 + 2\,H,$$

so daß brennbares CO in die wertlose CO_2 umgewandelt werden kann. Allerdings wird dabei Wasserstoff gebildet, und zwar in einer Menge, welche der des verschwundenen Kohlenoxydes gleich kommt. Die erwähnte Einwirkung soll nach Engler und Grimm (s. Fischer S. 204) bereits zwischen 250 und 300° beginnen, doch hat sie bei so niedriger Temperatur keine Bedeutung. Bei höheren Temperaturen dürfte sie, wie die untenstehenden, der gleichen Literaturstelle entnommenen Beispiele zeigen, unter Umständen wohl bemerkbar werden. Bei den Versuchen wurde Kohlenoxyd mit Wasserdampf durch ein auf etwa

954° erhitztes Porzellanrohr geleitet, und Gas der folgenden Zusammensetzung erhalten:

Volumprozentige Zusammensetzung des Gases Vol. %	Nach ½stündiger Einwirkung I	Nach 2stündiger Einwirkung II	Nach 2maligem Durchgang durch das Rohr III	Nach 20maligem Durchgang durch das Rohr IV	Nach Zusatz eines Überschusses an Dampf V
CO_2	15,2%	22,8%	16,0%	18,8%	39,7%
CO	68,5 „	51,4 „	66,2 „	56,4 „	18,3 „
H	14,0 „	21,9 „	15,3 „	23,0 „	38,7 „
N	2,3 „	3,9 „	2,5 „	2,8 „	3,3 „

Umgerechnet auf die Gasmenge, welche 1 kg C enthält, ergeben die Zahlen:

CO_2	0,34 cbm	0,57 cbm	0,36 cbm	0,46 cbm	1,27 cbm
CO	1,52 „	1,29 „	1,50 „	1,40 „	0,59 „
H	0,31 „	0,55 „	0,35 „	0,56 „	1,24 „
N	0,05 „	0,10 „	0,06 „	0,07 „	0,07 „

Es scheint, daß die Anwesenheit großer Mengen von Wasserdampf die Reaktion begünstigt, wogegen geringe Mengen wenig Einfluß haben. Von größerer Bedeutung ist aber jedenfalls die Dauer der gegenseitigen Einwirkung, und das ist wohl der Grund, weshalb man in der Praxis diese Umsetzung nicht zu berücksichtigen braucht.

Empfindlicher für Temperatureinflüsse als das Kohlenoxyd und der Wasserdampf sind die Kohlenwasserstoffe, welche einen nicht unbedeutenden Teil des Destillationsgases ausmachen, und welche in Gasen für Heizzwecke sehr geschätzt werden. Die Kohlenwasserstoffe zerfallen beim Erhitzen auf mehr als 700°, indem sie Kohlenstoff abspalten, der sich als Ruß in den Gasleitungen und Kammerpackungen absetzt, und die beregte Erscheinung wird um so mehr bemerkbar, je konzentrierter die Gase an Kohlenwasserstoffen sind. Außerdem sind die Kohlenwasserstoffe auch noch Veränderungen durch die Einwirkung anderer Gase ausgesetzt.

So geben z. B. Methan und Kohlensäure Umsetzungen, wie die Versuche von Lang (s. eben da) zeigen. Das Gemenge von Methan und Kohlensäure zeigte vor und nach dem Erhitzen folgende Gehalte an CO_2 und CO:

Vor dem Erhitzen		Nach dem Erhitzen	
CO_2	Temparatur	CO_2	CO
41 %	703 bis 814°	41 %	0,6%
33,3%	954 „ 1054°	26,8%	6,4%
29,4%	—	20,1%	8,2%.

Die Umsetzung erfolgt nach der Formel

$$CH_4 + 3\,CO_2 = 4\,CO + 2\,H_2O,$$

d. h. ergibt Kohlenoxyd und Wasserdampf, welche sich aber wieder nach der vorhin betrachteten Gleichung in CO_2 und H umzusetzen vermögen.

Methan und Wasserdampf wirken ebenfalls aufeinander, und zwar (Fischer S. 205) nach der Gleichung

$$CH_4 + H_2O = CO + 6\,H.$$

Derselbe Autor gibt S. 204 folgende Versuchsergebnisse.

Methan mit 2 Vol. Wasserdampf auf 954 bis 1054° erhitzt (1), und desgl. mit großem Überschuß von Wasserdampf (2) ergab unter Abscheidung von Kohlenstoff

	1.	2.
CO_2	1,2%	5,0%
O	0,5%	—
CO	2,8%	9,4%
H	48,8%	47,1%
CH_4	43,5%	37,3%
N	3,2%	1,2%.

Man ersieht aus allen Beispielen, daß die Umsetzungen nur teilweise erfolgen, und daß sie um so geringere Werte zeigen, je geringer die Mengen an Kohlenwasserstoffen sind. Daraus ergibt sich, daß Generatorgase von den Einflüssen, welche hohe Temperaturen im Generator oder den Regenerativkammern auszuüben vermögen, keinen großen Änderungen ihrer Zusammensetzung unterworfen sein können, wenn sie wenig CO_2 und wenig Wasserdampf, und ebenso nicht zu große Mengen von Kohlenwasserstoffen enthalten.

Endlich kann noch Wasserdampf durch Erhitzung allein zum Zerfallen in seine Bestandteile gebracht werden, doch geschieht dies erst bei so hohen Temperaturen, daß diese Reaktion für die Gasfeuerungen ohne praktische Bedeutung ist.

7. Einfluß der einzelnen Reaktionen auf die Reaktionstemperatur.

a) Energiegehalt bzw. Verbrennungswärme des Kohlenstoffes.

Auf Seite 22 ist gezeigt worden, daß bei der unvollständigen Verbrennung des C durch O aus 1 kg C $\frac{28}{12}$ kg CO oder, bei Normalbedingungen gemessen 1,86 cbm CO entstehen können, wozu nach

(6) 1,85 × 0,5 = 0,93 cbm O erforderlich waren. Dieses CO ist brennbar und kann durch Sauerstoff nach der Gleichung

$$CO + O = CO_2$$

in Kohlensäure übergeführt werden, wobei

$$28 \text{ kg } CO + 16 \text{ kg } O = 44 \text{ kg } CO_2$$

ergeben.

Dividiert man abermals durch die bezüglichen Gewichte der einzelnen Gase, so ergibt sich

$$\frac{28}{1,2555} = 22,3 \text{ cbm } CO$$

$$\frac{16}{1,4304} = 11,15 \text{ cbm } O$$

$$\frac{44}{1,9781} = 22,3 \text{ cbm } CO_2,$$

d. h. 2 cbm CO + 1 cbm O ergeben 2 cbm CO_2 (18).

Zur Verbrennung von 1,86 cbm CO wären daher 0,93 cbm O erforderlich und als Produkt der Einwirkung müssen 1,86 cbm CO_2 entstehen.

Es sind somit erforderlich für die Verbrennung von

1 kg C zu 1,86 cbm CO s. (6)	0,93 cbm O
1,86 cbm CO zu 1,86 cbm CO s. (18)	0,93 cbm O
im ganzen f. d. Verbr. v. 1 kg C zu 1,86 cbm CO_2	1,86 cbm O

(entsprechend den Formeln (2) und (4).

Die Erfahrung lehrt, daß gleiche Ursachen gleiche Wirkungen hervorbringen. Es müßte somit die Wärmemenge, welche bei der Verbrennung von 1 kg C mit 1,8 cbm O direkt zu CO_2 erzeugt wird, gleich sein der Summe der Wärmemengen, die entsteht, wenn dasselbe kg C zunächst zu CO, das entstandene CO aber hernach zu CO_2 verbrannt würde, denn die Mengen der aufeinander wirkenden Stoffe sind zum Schluß dieselben. Da nun weiter im zweiten Falle die Wirkung in zwei Stufen erfolgt, wobei in jeder Stufe die gleiche Sauerstoffmenge zur Anwendung gelangt, so sollte man annehmen dürfen, daß auch bei jeder dieser getrennten Operationen die gleiche Wärmemenge frei wird, d. h. daß die Verbrennung von 1 kg C zu CO ebenso viel Wärme liefert, wie die Verbrennung des entstandenen Kohlenoxydes zu Kohlensäure.

Nun läßt sich die letztere Wärmemenge verhältnismäßig leicht experimentell bestimmen, und sie ist mit 3063 Kalorien für den Kubikmeter CO von 0° und 760 mm festgestellt worden. Somit erhält man aus

1,85 cbm CO und 0,93 cbm O 1,86 × 3063 = 5693 Kal.
und müßte also bei der Verbrennung von 1 kg C mit
0,93 cbm O zu 1,86 cbm CO ebenfalls . . . . 5693 Kal.
erhalten, woraus sich der gesamte Energiegehalt von
1 kg C zu . . . , , ... 11,386 Kal.
ergeben würde.

Praktische Bestimmungen des Brennwertes des Kohlenstoffes haben aber nur den Wert von . . . . 8080 Kal.
festgestellt, so daß ein Minus von . . . . 3306 Kal.
auftritt.

Dieser Unterschied wird damit erklärt, daß der Kohlenstoff bei der Bestimmung des Brennwertes immer nur in fester Form angewandt werden kann, während er in den Produkten Kohlenoxyd und Kohlensäure in gasförmiger Gestalt auftritt. Zur Überführung in diesen gasförmigen Zustand ist ein Aufwand an Energie erforderlich, und man nimmt an, daß die betreffende Energiemenge für das kg C die vorhin ermittelten 3306 Kal. beträgt. Somit bildet der Energiegehalt von 11386 Kal. den Brennwert des theoretisch gedachten gasförmigen Kohlenstoffes, der für praktische Zwecke nicht in Betracht kommen kann. Die praktisch ausnützbare Energie beträgt für 1 kg Kohlenstoff nur 8080 Kal. und diese Energiemenge muß bei der Verbrennung vollständig frei werden und sich ebenso vollständig in den Verbrennungsprodukten in Form freier oder Eigenwärme und von latender Wärme oder Brennwert nachweisen lassen, und von diesem Betrage von 8080 Kal. wird, entgegen einer Ansicht, die auch heute noch nicht gänzlich geschwunden zu sein scheint, bei allen Prozessen der vollständigen oder unvollständigen Verbrennung des Kohlenstoffes absolut kein Abzug erforderlich.

Nimmt man also den Brennwert von 1 kg C zu . . 8080 Kal.
an und beträgt der Brennwert von 1,86 cbm CO, entstanden aus 1 kg C . . . . 5693 Kal.
so ist der Rest, nämlich . . . . 2387 Kal.
der Betrag an Wärme, der bei der Verbrennung von 1 kg C zu CO frei wird, oder die Verbrennungswärme des Kohlenstoffes zu Kohlenoxyd.

b) Die Temperatur im Reaktionsraum bei der Erzeugung von Luftgas.

Vorhin (S. 30) ist auf Grund praktischer Versuche festgestellt worden, daß die günstigsten Bedingungen für die Erzeugung von CO aus Kohlenstoff gegeben sind, wenn die Temperatur im Reaktionsraum 1000 bis 1125° beträgt, und es sei für die folgenden Untersuchungen angenommen, daß eine Temperatur von 1150° eingehalten werden soll. Der kleine Überschuß von 25° sei als Reserve angesehen, der dazu dienen kann, eventuelle Ungenauigkeiten auszugleichen, die bei den nachstehend ausgeführten Rechnungen aus der Unsicherheit der Werte der zu benützenden Angaben für die spezifische Wärme der Gase bei höheren Temperaturen entspringen müssen. Diese Werte werden von vielen für derart ungenau angesehen, daß sie überhaupt Rechnungen, welche unter Benützung derselben ausgeführt werden, für wertlos halten. Und doch bleibt kein anderer Weg, um dem Problem näher zu kommen, man wird aber den Resultaten derartiger Rechnungen möglichst häufig die Ergebnisse praktischer Beobachtungen gegenüberstellen müssen, und wenn diese den errechneten nahe kommen, wird man letzteren doch einen gewissen Wert nicht absprechen können.

Der Kohlenstoff besitzt nun, wenn er im Reaktionsraume eine Temperatur von 1150° aufweist, eine Eigenwärme, deren Betrag sich nach der Formel von Violle für die spezifische Wärme von Koks

$$c_0^t = 0{,}203 + 0{,}00006\ t$$

zu	313 Kal.
ermittelt. Die Verbrennungswärme von 1 kg C zu CO ist (s. vor. Abschnitt)	2387 Kal.
somit ist der gesamte Energiegehalt von 1 kg C . . .	2700 Kal.

der bei der Erzeugung von CO bei 1150° frei werden kann.

Dieser Kohlenstoff soll durch Luft von 0° C vergast werden, die Luft bringt daher in den Generator keine freie Wärmeenergie.

In dem Maße als die Vergasung erfolgt, verschwindet der feste Kohlenstoff und verwandelt sich in die Produkte der Vergasung, welche daher auch im Momente des Entstehens die gesamte erzeugte Energiemenge aufnehmen müssen, die sie dann später allerdings in größerem oder geringerem Maße an andere Stoffe abgeben können, die befähigt sind, Energie aufzunehmen.

Soll theoretisch reines Luftgas erzeugt werden, so erhält man nach (10) S. 22 aus 1 kg C

$$1{,}86 \text{ cbm } CO + 3{,}50 \text{ cbm } N = 5{,}36 \text{ cbm Gas},$$

welches im Momente des Entstehens mit der gesamten verfügbaren Energiemenge beladen wird. Diese aber beträgt nach dem Vorigen 2700 Kalorien.

Nach der Definition der spezifischen Wärme ist aber die Wärmemenge Q, welche in einem Stoffe enthalten ist, gleich der Temperatur t des Stoffes multipliziert mit der spez. Wärme und Gewicht (bzw. Volum) desselben

$$Q = c\,t\,v$$

und es muß $Q = 2700 = c\,(1{,}86 \text{ cbm } CO + 3{,}50 \text{ cbm } N)\ t$ sein.

Nach dem Vorgehen Bunsens kann diese Gleichung umgeformt werden, so daß sich nach

$$t = \frac{Q}{c\,v}$$

t zu

$$t = \frac{2700}{c\,(1{,}81 \text{ cbm } CO + 3{,}50 \text{ cbm } N)} \text{ ergibt.}$$

In dieser Gleichung ist c von t abhängig, und man findet beide am bequemsten durch die Methode der Annährung, wie von Th. Beckert in seinem Lehrbuch „Feuerungskunde“ angegeben ist. Nach der Tabelle „Mittlere spez. Wärme für 1 cbm Gas“ im Anhange ist die spez. Wärme für CO und N gleich und beträgt für

$$\begin{array}{l} 1200^\circ = 0{,}3534 \\ 1100^\circ = 0{,}3496 \\ \hline 2300 \quad 0{,}7030 \end{array}$$

für 1150° $$\frac{2300}{2} = \frac{0{,}7030}{2} = 0{,}3515,$$

während 1,86 cbm CO + 3,50 cbm N = 5,36 cbm ist.

Es ist aber $$5{,}36 \times 0{,}3515 = 1{,}884,$$

daher $$t = \frac{2700}{1{,}884} = 1433^\circ.$$

Da sich die Temperatur höher ergab, als angenommen (1150°), so ist die spez. Wärme zu niedrig gewählt gewesen; setzt man den Wert für $1400^\circ = 0{,}3610$, so ergibt $5{,}36 \times 0{,}3610 = 1{,}3950$ und

$$t = \frac{2700}{1{,}395} = 1395^\circ \text{ C.}$$

Auch diese Zahl ist nicht richtig, da die Grundlage für die Berechnung nicht richtig gewählt ist, denn der Kohlenstoff bringt in den Reaktionsraum nicht 313 Kal. entsprechend einer Temperatur von 1150°, sondern mehr, da ja die Reaktionstemperatur höher wird. Es erübrigt sich aber, das Problem noch weiter zu verfolgen, da die Berechnung ja schon ergeben hat, daß die erforderliche Reaktionstemperatur von 1150° nicht nur erreicht, sondern sogar beträchtlich überschritten wird. Dies steht auch mit den Beobachtungen der Praxis in Übereinstimmung, wonach ein nur mit Luft betriebener Generator nicht kalt gehen kann. Er erhitzt sich vielmehr immer bedeutend höher als 1150°, und dieser Umstand ist der Grund, daß man die meisten Brennstoffe gar nicht mit Luft allein vergasen kann. Es wird nämlich die Temperatur so hoch, daß die Aschenbestandteile schmelzen oder zusammensintern und große Klumpen bilden, die den Generator zum Erliegen bringen, da ihre Entfernung unmöglich wird.

Die erhaltenen Resultate können in einer Wärmebilanz übersichtlicher gemacht werden.

Wärmebilanz für reine Luftgaserzeugung.

In den Generator gelangte Wärme		Aus dem Generator erhaltene Wärme (in der Reaktionszone)	
1. Eigenwärme von 1 kg C	313 Kal.		
2. Brennwert 1 kg C (total)	8080 „	Eigenwärme v. 5,36 cbm Gas	2700 Kal.
3. Eigenwärme der Luft . .	0 „	Brennwert von 1,86 cbm CO	5693 „
Sa. eingeführte Wärme	8393 Kal.	Sa. Wärme in Reaktionszone	8393 Kal.

c) Einfluß der Produkte der Gaserzeugung auf die Reaktionstemperatur.

Auf Seite 34 ist gezeigt worden, daß bei der Verbrennung von 1 kg C zu CO — 2387 Kal. frei werden, wobei 1,86 cbm CO, bei Normalbedingungen gemessen, entstehen. Man kann also auch sagen, daß das Auftreten von **1,86 cbm CO** beweist, daß im Reaktionsraume 2387 Kal. erzeugt worden sind, oder daß auf 1 cbm CO — $\frac{2387}{1,86}$ = **1283 Kal. freigemacht** wurden (19).

Wenn nun statt CO — CO_2 entsteht, so werden aus 1 kg C — 8080 Kal. frei gemacht, während 1,86 cbm CO_2 gebildet werden.

Das Auftreten von **1 cbm CO_2** ist daher ein Beweis dafür, daß im Reaktionsraume

$$\frac{8080}{1,86} = \textbf{4344 Kal. frei wurden} \quad (20).$$

Aus dem Vergleich dieser beiden Zahlen für CO und CO_2 ergibt sich, daß die Reaktionstemperatur im Generator bei der Luftgaserzeugung eine bedeutende Steigerung erfahren müßte, wenn neben CO auch noch CO_2 auftreten würde. Aus den Versuchen von Naumann und Ernst (S. 25 u. 26) folgt aber, daß CO_2-Bildung bei Temperaturen über 1000° C überhaupt unmöglich ist, und da bereits bei reiner CO-Bildung eine Reaktionstemperatur von weit über 1000° gesichert ist, so muß also, falls sich in einem Luftgase doch CO_2 zeigt, dies einen besonderen Grund haben. Die Ursache dazu ist nur so zu erklären, daß freier Sauerstoff in den Gasraum gelangt ist und bereits gebildetes CO verbrannt hat. Es ist also entweder die Dicke der Kohlenschicht ungenügend, oder die Luftzuführung fehlerhaft gewesen. —

Bei der Besprechung der Reaktionen im Generator ist bereits auf die Wassergasbildung hingewiesen worden. Hierbei wird der zur Vergasung des C erforderliche Sauerstoff aus dem Wasser entnommen, welches dabei in seine Bestandteile zerlegt wird.

Wasser besteht nun aus H und O, und bei der Vereinigung beider zu flüssigem Wasser von 0° werden aus 1 kg H — 34600 Kal.*) entwickelt und es entstehen 9 kg Wasser.

Zur Zersetzung von 9 kg Wasser müßte daher dieselbe Energiemenge von 34600 Kal. aufgewendet werden.

Nun wird das Wasser den Generatoren fast ausschließlich in Form von Dampf zugeführt und bei den meisten Generatoren für Heizzwecke wird dieser Dampf aus der Dampfleitung des Werkes genommen, in welcher er unter dem Drucke einiger Atmosphären steht und einen Energiegehalt von etwa 650 Kal. für das kg besitzt. 9 kg

---

* Für diese Berechnung ist der sog. obere Heizwert benutzt worden.

Dampf entsprechen daher $9 \times 650 = 5850$ Kal., welche von obigen 34600 Kal. in Abzug zu bringen sind, so daß die Zersetzung nunmehr nur noch

$$34600 - 5850 = 28750 \text{ Kal.}$$

erfordert.

Falls der Dampf beim Eintritt in die Generatoren mechanische Arbeit verrichtet, also etwa die Vergasungsluft in den Generator treiben sollte, würde sein Energiegehalt geringer und die zur Zersetzung erforderliche Wärmemenge höher werden, wovon hier aber abgesehen wird.

Die Wärmemenge von 28750 Kal. wird aufgewendet zur Zersetzung von 9 kg Wasser, aus der 1 kg H entsteht, welches bei Normalbedingungen den Raum von 11,1236 cbm einnimmt; die Entstehung von 1 cbm H durch Wasserzersetzung benötigt daher eine Wärmemenge von

$$\frac{28750}{11{,}1236} = 2585 \text{ Kal. (21).}$$

Somit bedeutet das Auftreten von **1 cbm H**, der aus der Wasserzersetzung stammt, im Wassergase oder Mischgase eine Entziehung von 2585 Kal. aus dem Reaktionsraume, und damit eine entsprechende Verminderung der Reaktionstemperatur.

Im Zusatze von Wasserdampf zur Vergasungsluft ist daher das Mittel gefunden, die Reaktionstemperatur auf eine bestimmte Norm zu bringen und auf ihr zu erhalten.

Als günstigste Reaktionstemperatur ist vorhin 1150° angenommen worden, da bei dieser Temperatur sowohl aller Luftsauerstoff in CO übergehen und (praktisch genommen) aller Wasserdampf zersetzt werden, sowie ebenfalls alles etwa gebildete CO_2 unter Umständen wieder in CO umgewandelt werden muß, und es sei untersucht, wieviel Dampf man der Vergasungsluft zuzufügen hätte, um die Reaktionstemperatur von 1150° einzuhalten und welche Gaszusammensetzung dann erfolgen würde.

d) Mischgas mit reiner CO-Bildung.

Es sei zunächst der Fall betrachtet, daß reine CO-Bildung erfolge, so daß die Produkte des Generators aus

$$x\,CO + y\,H + z\,N$$

bestehen werden.

Zur Verwendung gelange, wie bei der Entwickelung der vorhergehenden Zahlen, reiner Kohlenstoff, trockene reine Luft von 0° und Dampf mit einem Energiegehalt von 650 Kal. für das Kilogramm.

Die betrachtete Gasmenge betrage 1 cbm, dann wird

$$x + y + z = 1,$$

woraus sich ableitet

$$z = 1 - x - y \text{ (a).}$$

Ferner ist nach Formel (16) S. 25

$$N = z = 3{,}762 \times \left(CO_2 + \frac{CO}{2} - \frac{H}{2}\right).$$

Da kein CO_2 vorhanden sein soll, wird $CO_2 = 0$ und

$$z = 3{,}762 \times \left(\frac{CO}{2} - \frac{H}{2}\right) \text{ (b).}$$

Durch Vereinigung von (a) und (b) ergibt sich, da $CO = x$ und $H = y$,

$$3{,}762 \left(\frac{x}{2} - \frac{y}{2}\right) = 1 - x - y,$$

diese aufgelöst ergibt

$$2{,}881\, x - 0{,}881\, y = 1$$

$$y = 3{,}27\, x - 1{,}135 \text{ (c).}$$

Eine weitere Beziehung zwischen x und y ergibt sich aus der Wärmemenge, die bei ihrer Erzeugung frei und von dem Gase im Momente des Entstehens aufgenommen wurde. Diese Wärmemenge läßt sich nach obigem durch die Formel ausdrücken

$$Q = \text{Eigenwärme d. vergasten C} + 1283\, x - 2585\, y.$$

Die Eigenwärme von 1 kg C beträgt nach dem früheren bei 1150° 313 Kal. Zur Bestimmung der C-Menge, welche zur Erzeugung von 1 cbm Mischgas erforderlich ist, sei daran erinnert, daß aus 1 kg C entstanden

Luftgas	5,36 cbm	(10),
Wassergas I	3,72 cbm	(S. 24),
Wassergas II	5,58 cbm	(S. 25).

Im Mittel werden somit annähernd 5 cbm Mischgas erhalten werden, und es wird daher für 1 cbm Mischgas 0,2 kg C erforderlich sein, welche Kohlenstoffmenge in Form von Eigenwärme 313 × 0,2 kg = 63 Kal. in den Reaktionsraum mitbringt. Der Ausdruck für Q wird also

$$Q = 63 + 1283\, x - 2585\, y \text{ (d).}$$

Die Wärmemenge Q wird aber im Momente des Entstehens der Gase von diesen vollständig aufgenommen und durch den Ausdruck

$$Q = c\, t$$

bestimmt.

t ist mit 1150° bekannt, und die spez. Wärme für CO, H und N sind bei 1150° zu 0,3515 angegeben. Es ist daher

$$Q = c\, t = 1150 \times 0{,}3515 = 404{,}2 \text{ Kal. (e)}$$

für den betrachteten 1 cbm Gas.

Folglich ist nach (e) und (d)

$$404{,}2 = 63 + 1283\,x - 2585\,y$$

und in dieses aus (c) $y = 3{,}27\,x - 1{,}135$
gesetzt ergibt

$$404{,}2 = 63 + 1283\,x - 8453\,x + 2934$$
$$7170\,x = 2592{,}8$$
$$x = 0{,}361 \text{ cbm CO}$$

aus $y = 3{,}27\,x - 1{,}135$ $y = 0{,}047$ cbm H
aus $z = 1 - x - yz$ $= 0{,}592$ cbm N

Summa 1,000 cbm Gas.

100 cbm Gas enthalten daher, bzw. die volumprozentige Zusammensetzung des Mischgases, aus kalter Luft und Kohlenstoff bei einer Reaktionstemperatur von 1150° hergestellt, ist

$$CO = 36{,}1\,\%$$
$$H = 4{,}7\,\%$$
$$N = 59{,}2\,\%.$$

Aus dieser Gaszusammensetzung ist die Gasmenge zu berechnen, welche man aus 1 kg C erhalten würde, woraus dann wieder bestimmt werden. kann, welche Dampfmenge auf 1 kg C benötigt wird. In dem Gase sind in 100 cbm = 36,1 cbm C-haltige Gase (im vorliegenden Falle ist nur CO vorhanden) enthalten, diese entsprechen laut (17)

$$0{,}538 \times 36{,}1 = 19{,}4 \text{ kg C}$$

und auf 1 kg C entfallen $\frac{100}{19{,}4} = 5{,}14$ cbm Gase. Da auch die Produkte der Zahl 0,538 mal dem Volum der C-haltigen Gase und der Quotient, der sich aus der Division dieses Produktes in 100 ergibt, bei Gasberechnungen häufig gebraucht werden, ist auch für diese Zahlen eine Tabelle angehängt worden, aus welcher das Gesuchte direkt entnommen werden kann.

Die Zusammensetzung des Gases für 1 kg C wird daher sein

$$5{,}14 \times 0{,}361 = 1{,}86 \text{ cbm CO}$$
$$\times 0{,}047 = 0{,}24 \text{ „ H}$$
$$\times 0{,}592 = 3{,}04 \text{ „ N}$$

Sa. 5,14 cbm Mischgas,

in welchem 0,24 cbm H enthalten sind, welche nach (12) aus 0,24 cbm H_2O Dampf entstanden sind. Die erforderliche Dampfmenge stellt sich daher für 1 kg C auf 0,24 cbm, oder, will man sie in kg ausdrücken, so erhält man sie, indem man das Volum mit dem Gewichte von 1 cbm multipliziert, zu

$$0{,}24 \times 0{,}8051 = 0{,}193 \text{ kg Dampf.}$$

Die zu verwendende Dampfmenge wie auch der Wasserstoffgehalt des Mischgases sind also auffallend gering, wenn man bei Erzeugung desselben reine CO-Bildung verlangt, und es steht das Resultat durchaus im Einklang mit allen Beobachtungen, die man praktisch anstellen konnte.

e) Der Brennwert des erzeugten Gases und der Nutzeffekt des Generators.

Die Berechnung des Brennwertes des erzeugten Gases für ein gewisses Gasvolum geschieht leicht durch Multiplikation des Volums jedes einzelnen brennbaren Gases mit seinem Brennwerte, der aus der im Anhange angegebenen Tabelle entnommen werden kann, und durch Addition aller Produkte. Gewöhnlich wird der Brennwert für 1 cbm Gas angegeben, und dann benutzt man direkt die Angaben der Gasanalysen (indem man natürlich das Komma um 2 Stellen nach links versetzt). Will man jedoch gleichzeitig den Nutzeffekt des Generators kennen, so muß man das Gasvolum und seinen Brennwert auf die Gewichtseinheit Brennstoff beziehen, welcher verwendet wurde und dessen Brennwert ebenfalls bekannt sein muß. Es wechselt nun aber der Brennwert auch bei derselben Sorte Brennstoff recht erheblich, was ja schon daraus erklärbar erscheint, daß Aschengehalt und Gehalt an hygroskopischem Wasser in den Brennstoffen starken Schwankungen unterworfen sind. Daher neigt Schreiber dieses mehr dahin, die Gasmenge und den Brennwert des Gases statt auf die Gewichtseinheit des rohen Brennstoffes, auf die Gewichtseinheit Kohlenstoff im Gas zu beziehen, eine Methode, die bereits von Bunte und von Ledebur angewendet worden ist. Man erhält dadurch viel übersichtlichere Zahlen, die übrigens mit Leichtigkeit auf den rohen Brennstoff bezogen werden können; man braucht hierzu nur den Prozentsatz an C im Brennstoff zu berücksichtigen.

Bei der Erzeugung von Luftgas wurde ein Gas der Zusammensetzung

$$34{,}7\,\%\ CO + 65{,}3\,\%\ N$$

erhalten, der Brennwert von 1 cbm dieses Gases ist

$$0{,}347 \times 3063 = 1062 \text{ Kal.}$$

Der Brennwert des Gases aus 1 kg C ist, da

$$1 \text{ kg C} - 1{,}86 \text{ cbm CO ergibt } 1{,}86 \times 3063 = 5693 \text{ Kal.}$$

Zur Herstellung des Gases wurde 1 kg C mit einem Brennwerte von 8080 Kal. verwendet, der Nutzeffekt des Generators betrug daher

$$\frac{5693 \cdot 100}{8080} = 70{,}4\,\%.$$

Die Gase hatten dabei bei ihrer Entstehung (vide Wärmebilanz S. 36) eine Eigenwärme von 2700 Kal., von denen 313 Kal. aus dem Generator (Eigenwärme des C) stammten, die wieder abgegeben werden mußten, es sind daher 2387 Kal. oder 29,6 % der Verbrennungswärme des C in Eigenwärme der erzeugten Gase umgewandelt worden.

Bei der Erzeugung des eben betrachteten Mischgases wurden dagegen an brennbaren Gasen für den Kubikmeter Gas 0,361 cbm CO und 0,047 cbm H erhalten. Der Brennwert des Gases für den Kubikmeter ist also

$$
\begin{array}{rl}
0{,}361 \times 3063 = & 1105 \text{ Kal.} \\
0{,}047 \times 2620 = & 123 \text{ „} \\
\hline
 & 1228 \text{ Kal.,}
\end{array}
$$

d. h. um 166 Kal. oder 15% höher als der des reinen Luftgases.

Der Brennwert des Gases aus 1 kg C aber stellt sich zu

$$
\begin{array}{rl}
1{,}86 \text{ cbm CO} \times 3063 = & 5693 \text{ Kal.} \\
0{,}24 \text{ cbm H} \times 2620 = & 629 \text{ „} \\
\hline
\text{Sa.} & 6322 \text{ Kal.}
\end{array}
$$

Das ist, auf reinen C bezogen, ein Nutzeffekt von

$$\frac{6322{,}100}{8080} = 78{,}2\,\%.$$

Der Nutzeffekt des Generators hat sich also gegen die reine Luftgaserzeugung um fast 8% erhöht. Die Tatsache erklärt sich leicht daraus, daß jetzt die Reaktionstemperatur geringer, damit aber auch die Eigenwärme der Gase geringer, der Wärmebetrag, welcher zur Umwandlung in latente Wärme verbleibt, also größer geworden ist.

Eine derartige Berechnung des Nutzeffektes des Generators ist aber nicht ganz richtig, und zwar aus dem Grunde, weil hier dem Generator auch noch andere Wärme zugeführt wurde, als der Brennwert und die Eigenwärme des C. Diese Wärmemenge wurde vom Dampf geliefert, der zur Zersetzung gelangte. Bei Berücksichtigung dieser Werte erhält man folgende Wärmebilanz.

In den Generator geführte Wärme		In den Gasen im Moment der Entstehung enthalten	
1 kg C Eigenwärme	313 Kal.	5,14 cbm Gas, Eigenwärme bei 1150°, 1150 × 5,14 × 0,3515 = ...	2078 Kal.
1 „ C Brennwert (total) .	8080 „	Brennwert des Gases . . .	6322 „
0,193 kg Dampf × 650 Kal.	125 „	Im Wasserdampf der Verbrennungsprodukte werden noch sein latente 0,193 × 600, welche zum Brennwerte gehören . . .	116 „
		Ungenauigkeit der Rechnung	2 „
	8518 Kal.		8518 Kal.

Von diesen 8518 Kal. gehen beiderseits, als vom Generator zu liefern und ihm wieder abzugeben, 313 Kal. ab, so daß nur 8205 Kal. verbleiben. Diese verteilen sich

$$\text{auf Brennwert } \frac{6322 \cdot 100}{8205} = 70\,\%$$

$$\text{Eigenwärme} \quad 23\,\%.$$

f) Die Erzeugung von Mischgas mit höherem Wasserstoffgehalt.

Die günstigen Resultate, welche durch die Einführung verhältnismäßig geringer Dampfmengen in den Generator erzielt werden können, mußten zu dem Wunsche drängen, Gase von noch höherem Brennwert zu erzeugen und wenn möglich eine bessere Ausnutzung des Brennstoffes zu erzwingen. Auf den ersten Blick scheint es, als wäre dies durch erhöhte Dampfzersetzung zu erreichen, denn durch solche muß der Wasserstoffgehalt im Gase entsprechend erhöht werden. Gleichzeitig muß auch der Stickstoffgehalt erniedrigt werden, und damit würde ein Gas gewonnen, welches geringeren Gehalt an nicht brennbaren Substanzen aufweist. Der Wasserstoff ist bisher als ein sehr wertvolles Heizgas angesehen worden, denn es ist jedem wohl noch im Gedächtnis, daß überhaupt die höchste Temperatur bis vor kurzem praktisch nur durch das Knallgasgebläse erreicht werden konnte, und ferner erinnert man sich stets, daß der Wasserstoff den ungeheuren Brennwert von 34 600 Kal. für das Kilogramm besitzt. Es wird bei dieser Zahl aber außer acht gelassen, daß der Wasserstoff sehr leicht ist und daß 1 kg H daher einen sehr großen Raum einnimmt. Berechnet man den Brennwert des Wasserstoffes auf die Raumeinheit, so schwindet der Nimbus, und es erweist sich, daß er mit 2629 Kal. für den Kubikmeter, dem Kohlenoxyd (3063 Kal. für den Kubikmeter) erheblich und den Kohlenwasserstoffen (CH_4 — 8600, C_2H_4 — 14186 Kal. für den Kubikmeter) sogar ganz bedeutend nachsteht.

Immerhin hat das vorher betrachtete Gas bewiesen, daß ein Wasserstoffgehalt Vorzüge und Vorteile gewähren kann, und es lohnt zu untersuchen, wann dieselben ihre Grenze erreichen.

Ein Umstand ist bereits klar, nämlich der, daß die Erzeugung von Wasserstoff aus Wasserdampf eine Entziehung von Wärme aus der Reaktionszone und ein Sinken der Reaktionstemperatur zur Folge haben muß. Diese Reaktionstemperatur muß aber eine bestimmte Höhe haben, wenn der Prozeß fehlerfrei verlaufen soll. Will man also mehr Wasser zersetzen als vorhin berechnet, so muß man dem Generator mehr Wärme zur Verfügung stellen.

Dies kann auf zweierlei Art geschehen:

1. indem man auf Einhaltung der reinen CO-Bildung verzichtet und die Entstehung von CO_2 gestattet,
2. indem man dem Generator weitere Wärme zuführt, was etwa durch Überhitzung des Dampfes oder durch Vorwärmung der Vergasungsluft geschehen könnte.

Über die Aussichten, die der erstgenannte Weg bietet, kann man sich bereits oberflächlich orientieren, wenn man die beiden Arten des sogenannten Wassergases betrachtet, welche auf Seite 23 und 24 behandelt werden.

Der Brennwert dieser Gase beträgt nämlich für den Kubikmeter Gas

Wassergas I	Wassergas II
0,5 cbm $CO \times 3063 =$ .... 1531 Kal.	0,33 cbm $CO_2 \times 0 =$ .... 0 Kal.
0,5 „ $H \times 2620 =$ .... 1310 „	0,37 „ $H \times 2620 =$ .... 1755 „
Brennwert 1 cbm = .. 2841 Kal.	Brennwert 1 cbm = .. 1755 Kal.

für das gesamte Gas aus 1 kg C aber

1,86 cbm $CO \times 3063 =$ .... 5693 K.	1,86 cbm $CO_2 =$ .... 0 K.
1,86 „ $H \times 2620 =$ .... 4868 „	3.72 „ H = ... 9736 „
3,72 cbm Brennw. Gas 1 kg C = 10561 K.	5,58 cbm Brennw. Gas 1 kg C = 9736 K.

Diese Zahlen beweisen, daß der Brennwert des Gases mit reiner CO-Bildung dem des Gases mit reiner CO_2-Bildung entschieden bedeutend überlegen ist. Der Brennstoff ist im ersten Gase in konzentrierterer Form vorhanden, denn es entstehen hier aus 1 kg C nur 3,72 cbm Gas, gegen 5,58 cbm im zweiten Falle.

Über den Nutzeffekt des Generators läßt sich hiernach allerdings kein Urteil fällen, denn man erhält aus 1 kg C mit einem Brennwerte von nur 8080 Kal. Gas mit einem Brennwerte von 10561 bzw. 9736 Kal. Es hat also dem Generator mehr Wärme zu Gebote gestanden, als der Kohlenstoff selbst liefern konnte, und dieser Mehrbetrag ist nicht ohne weiteres ersichtlich, denn es fehlt die Angabe, welche Eigenwärme die Gase besitzen.

Nach dem Verhergegangenen kann behauptet werden, daß diese Eigenwärme verschieden sein muß, wenigstens muß die Temperatur des CO_2-haltigen Gases niedrigen sein als die des Gases bei reiner CO-Bildung, weil ja CO_2 in erheblichen Mengen nur bei Reaktionstemperaturen unter 1000° entstehen kann.

Man kann die Frage wohl am einfachsten lösen, wenn man die theoretische Zusammensetzung des Mischgases berechnet, welches sich ergeben würde, wenn sämtlicher Kohlenstoff in die Form CO_2 gebracht werden würde. Daß dies praktisch nicht ausführbar ist, braucht weiter nicht abzuschrecken, soll doch das Resultat nur dazu dienen, den Einfluß der CO_2-Bildung in voller Reinheit zu zeigen. Auch das Gas mit reiner CO-Bildung ist praktisch nicht herzustellen, aber die erhaltenen Werte stellen die äußersten Grenzfälle dar, zwischen denen die Resultate liegen müssen, welche bei gleichzeitiger Bildung von CO_2 und CO entstehen.

Nach der Tabelle von Naumann und Ernst (S. 27) liegt das Maximum der CO_2-Bildung mit Luft etwa bei 700° C, und es sei angenommen, daß bei dieser Temperatur auch der Dampf in O und H zersetzt wird und daß der frei werdende Sauerstoff sich mit dem Kohlenstoffe zu CO_2 verbindet. Nach der Methode beständiger Annäherung wird gefunden, daß aus 1 kg C dann 6,66 cbm Gas geliefert wird und daß somit die Wärmemenge, welche der zur Erzeugung von 1 cbm Gas, das der Betrachtung unterliegen soll, erforderliche C in den Reaktionsraum bei 700° bringt, 28 Kal. beträgt.

Die Wärmemenge, welche dieses Gas im Momente seiner Entstehung aufnehmen muß, wird durch den Ausdruck

$Q = ct$ gegeben, wobei $t = 700^0$ ist.

Für C_0^t kann nun nicht mehr die spez. Wärme der schwer verdichtbaren Gase CO, H, N, O genommen werden, da ja CO_2 in größerer Menge auftritt. Nach der Annäherungsmethode ermittelt man, daß etwa 28% CO_2 auftreten werden und daraus ergibt sich die mittlere spez. Wärme des Gases für 700^0 zu 0,3983 Kal. Somit wird

$$Q = 0{,}3983 \times 700 = 279 \text{ Kal. für } 1 \text{ cbm Gas.}$$

Bezeichnet man den Gehalt

an CO_2 in diesem mit x
„ H „ „ „ y
„ N „ „ „ z,

wobei $x + y + z = 1$ sind, da ja 1 cbm Gas betrachtet wird, so kann man Q auch nach Seite 39 ermitteln, es ist nämlich gleich der Eigenwärme des C, vorhin zu 28 Kal. gefunden, + der Wärme, die durch die Bildung von x CO_2 entstand, also nach (20) 4344 x; minus der Wärme, die durch Entstehung von x cbm H gebunden würde, welche nach (21) — 2585 y beträgt.

Daher wird

$$Q = 28 + 4344\,x - 2585\,y = 279 \text{ Kal.}$$

Es kann ferner die Formel für Mischgas herangezogen werden, nach welcher

$$N = z = 3{,}762 \left(CO_2 + \frac{CO}{2} - \frac{H}{2}\right)$$

ist; in dieser wird

$$CO_2 = x,\ CO = 0,\ H = y$$
$$z = 3{,}762\,x - 1{,}881\,y$$

und aus

$$x + y + z = 1,\ z = 1 - x - y,$$

hieraus

$$1 - x - y = 3{,}762\,x - 1{,}881\,y$$
$$0{,}881\,y = 4{,}762\,x - 1$$
$$y = 5{,}405\,x - 1{,}135.$$

Diesen Wert in die Gleichung für Q gesetzt, erhält man

$$279 = Q = 28 + 4344\,x - 2585\,(5{,}405\,x - 1{,}135)$$
$$279 = 2962 - 9628\,x$$
$$x = 0{,}279 \text{ cbm } CO_2$$

aus $y = 5{,}405\,x - 1{,}135$ $\quad y = 0{,}373$ „ H
aus $z = 1 - x - y$ $\quad z = 0{,}348$ „ N

1,000 cbm Gas.

Der Brennwert dieses Gases berechnet sich zu

$$0{,}373 \text{ cbm H} \times 2620 = 977 \text{ Kal.}$$

Es ergibt sich hieraus, daß der Brennwert des Gases ganz außerordentlich niedrig ist und sogar dem Brennwert des reinen Luftgases nachsteht. Schon aus diesem Grunde erscheint das Mischgas mit Kohlensäurebildung als minderwertig.

Jedoch könnte möglicherweise die Ausnutzung des Brennstoffes besser gewesen sein, und um dies zu untersuchen, muß die Gasmenge, welche aus 1 kg C erhalten werden kann, festgestellt werden.

Das Gas enthält im cbm — 0,279 cbm CO_2, was einem C-Gehalte von 0,279 × 0,538 (vide Tabelle) = 0,15 kg entspricht und aus 1 kg C werden somit 1 : 0,15 = 6,66 cbm Gas erhalten.

Der Brennwert des Gases aus 1 kg C ist also 6,66 × 977 = 6507 Kal.

Der Nutzeffekt des Generators wäre daher, roh gerechnet

$$\frac{6507 \cdot 100}{8080} = 80{,}5\,\%$$

und damit tatsächlich höher als bei reiner Luftgaserzeugung und sogar etwas besser als bei der Erzeugung des CO_2-freien Mischgases.

Hierbei ist aber die Wärmemenge, welche dem Generator durch den Dampf zugeführt worden ist, nicht berücksichtigt worden.

Um dies tun zu können, muß die Dampfmenge festgestellt werden, welche auf 1 kg C zur Zersetzung gelangte. Aus 1 kg C entstanden 6,86 cbm Gas mit 37,3 % H, also 2,48 cbm H, welche aus 2,48 cbm Dampf entstehen mußten. Diese wiegen aber 2,48 × 0,8051 = 2 kg.

Hieraus ergibt sich

die Wärmebilanz für Mischgas mit reiner CO_2-Bildung.

In den Generator geführt		Aus dem Generator entführt im Momente des Entstehens der Gase	
Eigenwärme des C	185 Kal.	Brennwert des Gases . . .	6507 Kal.
Brennwert „ „	8080 „	Eigenwärme d. Gase 279 × 6,66	1858 „
V. Dampf mitgebracht 2 × 650	1300 „	In d. Abgasen stecken 2 × 600	1200 „
Sa. .	9565 Kal.	Sa. .	9565 Kal.

Von diesen sind, als vom Generator geliefert und diesem wieder zurückzugeben, abzuziehen 185 Kal., somit verbleiben 9380 Kal. und der Nutzeffekt wird

$$\frac{6507 \cdot 100}{9380} = 69{,}4\,\%.$$

Zum Vergleich seien die gefundenen Resultate zusammengestellt. (Siehe Tabelle auf S. 47.)

Die Aufstellung zeigt, daß durch die Mischgaserzeugung das Gasvolum, welches man aus einer gewissen Brennstoffmenge erzeugen kann, gegenüber der Luftgaserzeugung wohl etwas verringert und der gasförmige Brennstoff somit an Wärmeenergie konzentrierter gemacht werden kann. Gleichzeitig wird die Erzeugungstemperatur und daraus folgend auch der Betrag an Eigenwärme, welche die Gase dem Generator entführen, herabgesetzt, die Ausnützung des Brennstoffes also erhöht. Man erkennt aber auch leicht die Grenze, bis zu welcher das möglich ist, denn, wird bei der Mischgaserzeugung der Dampfzusatz soweit erhöht, daß CO_2-Bildung erfolgen muß, so wächst das Gasvolum und außerdem tritt (wenigstens bei der benutzten Art der Rechnung) eine neue beträchtliche Verlustquelle dadurch auf, daß bei der Verbrennung des H Wasser entsteht, welches in Dampfform erscheint, und daher 600 Kalorien für das Kilogramm in latenter Form mit sich nimmt. Hierdurch wird der Wirkungsgrad des Generators herabgedrückt, um schließlich in dem theoretischen Grenzfalle der reinen CO_2-Bildung unter den Wert zu sinken, der bei reiner Luftgaserzeugung erhalten wird. Der Brennwert des Gases für die Volumeinheit wird aber durch das Auftreten von CO_2 bedeutend herabgesetzt, und hiermit ergibt sich, daß es verfehlt ist, den Dampfzusatz über die Grenze hinaus zu treiben, die zur Einhaltung der minimalen Reaktionstemperatur für reine CO-Bildung erforderlich ist.

Aus 1 kg reinem C wird erhalten:

Gegenstand	Theoretisch reines Luftgas	Theoretisch Mischgas, reine CO-Bildung	Theoretisch Mischgas, reine CO_2-Bildung
Erhaltene Gasmenge . . .	5,36 cbm	5,14 cbm	6,66 cbm
Auf 1 kg C zersetzt Dampf kg	—	0,193 kg	2,0 kg
Entstehungstemperatur der Gase	über 1400° C	1150° C	700° C
Brennwert des Gases für 1 cbm	1063 Kal.	1228 Kal.	977 Kal.
Eigenwärme der Gase . . .	2700 „	2078 „	1858 „
Brennwert der Gase . . .	5693 „	6322 „	6507 „
Latente Wärme im Dampf der Verbrennungsprodukte, nach der Verbrennung und Kondensation des Dampfes auftretend	—	116 „	1266 „
Nutzeffekt des Generators, bezogen auf die gesamte dem Generator zugeführte Wärme	70,4%	77%	69,4%

Dieser Schluß ist allseitig durch die Erfahrungen der Praxis bestätigt worden, und so behauptet u. a. Lührmann (Stahl und Eisen, 1903, S. 435), „daß die Einführung von H_2O-Dampf in den Generator nur dann vorteilhaft sein kann, wenn man trotzdem CO_2-freie Gase zu erzeugen imstande ist“. Ferner ist durch praktische Versuche nachgewiesen, was auch aus den Versuchen von Harries, S. 28, hervorgeht, daß bei Einführung größerer Mengen von Dampf in den Generator große Mengen desselben unzersetzt durch den Generator gehen. Damit aber geht die zu ihrer Erzeugung aufgewendete Wärmemenge verloren, der Dampf wird im Generator höher erhitzt und entführt diesem Wärme und erteilt endlich dem erzeugten Generatorgase Eigenschaften, die für den Ofenbetrieb nachteilig sind und später besprochen werden sollen.

g) Mischgaserzeugung mit vorgewärmter Vergasungsluft.

Der zweite Weg der Erzeugung eines Mischgases mit höherem Wasserstoffgehalt besteht in der Anwendung überhitzten Dampfes oder vorgewärmter Vergasungsluft und bezweckt, durch die Eigenwärme der eingeführten gasförmigen Hilfsstoffe die Wärmeverluste auszugleichen, welche durch erhöhte Wasserzersetzung entstehen müssen. Der Dampf und die Luft sollen gerade soweit vorgewärmt werden, daß trotz des erhöhten Dampfzusatzes die Reaktionstemperatur auf 1150° erhalten bleibt und so auch die Bedingungen für reine CO-Bildung erhalten bleiben.

Man erkennt leicht, daß durch die Überhitzung des Dampfes, der, wie aus der untenstehenden Tabelle ersichtlich, nur in geringer Menge zur Anwendung gelangen darf, nur eine ganz geringe Kalorienzahl erhalten werden kann, die sich zu der Formel (d) auf S. 39

$$Q = 63 + 1283x - 2585y$$

hinzuaddieren würden, denn bei den vorigen Rechnungen ist der Dampf bereits als mit einer Energiemenge von 650 Kalorien für das Kilogramm behaftet angesetzt worden. Die Vorwärmung der Luft wird jedenfalls bedeutend höhere Werte ergeben, und es ist daher zur Feststellung der Werte der folgenden Tabelle auch nur diese berücksichtigt worden, während der Dampf wie früher mit 650 Kalorien für das Kilogramm angenommen wurde. Auch die Luftmengen sind annähernd angenommen und glaubt sich Schreiber dieses diese Freiheit erlauben zu dürfen, da ja die Rechnung an sich, wegen der

Zusammensetzung des Mischgases, welches mit vorgewärmter Luft erzeugt werden kann. Reaktionstemperatur 1150° C, reine CO-Bildung.

Grad der Vorwärmung der Luft	Gaszusammensetzung Volumprozent CO %	H %	N %	Gasmenge aus 1 kg C cbm	Brennwert 1 cbm Gas Kal.	Gas aus 1 kg C Kal.	Dampf zersetzt auf 1 kg C cbm	kg
0°	36,1	4,7	59,2	5,14	1228	6322	0,24	0,193
50°	36,3	5,2	58,5	5,12	1248	6390	0,27	0,21
100°	36,5	5,8	57,7	5,09	1270	6464	0,29	0,23
200°	36,8	6,8	56,4	5,05	1305	6590	0,33	0,27
300°	37,1	7,8	55,1	5,00	1340	6700	0,38	0 31
400°	37,4	8,7	53,9	4,97	1373	6824	0,42	0,34
500°	37,7	9,7	52,6	4,93	1408	6941	0,47	0,38

Unsicherheit der Werte für die spezifischen Wärmen, auf Genauigkeit keinen Anspruch machen kann. Es können nur Vergleichswerte erhalten werden, für diese aber dürfte die geringe Abweichung ohne Bedeutung sein.

Die Rechnung ist nur bis zur Vorwärmung auf 500° durchgeführt, da die Anwendung von höher temperierter Vergasungsluft für Gaserzeuger praktisch wohl kaum in Frage kommen dürfte. Die Zahlen zeigen, daß man dabei im Maximum etwa 5% mehr H ins Gas bekommen und für das Kilogramm C etwa 500 Kalorien mehr herausholen kann.

Dies würde, falls die Vorwärmung durch die Abhitze des Generators selbst geschieht, bedeuten, daß ein höherer Nutzeffekt erreicht wird. Da der Dampfzusatz 0,38 kg für das kg C beträgt, so sind vom Dampf in den Generator gebracht

	0,38 × 650 =	247 Kal.
Der Brennwert des C	war	8080 „
	Sa.	8327 Kal.,

aus welchen Gas mit einem Brennwerte von 6941 Kal. entsteht, der Nutzeffekt wird daher

$$y = \frac{6941 \cdot 100}{8327} = 83\,\%$$

gegen 77 % bei Anwendung von kalter Luft.

Die Verbesserung der Gasqualität an sich ist aber, da der Brennwert von 1228 auf 1408 Kal. für den Kubikmeter gestiegen ist, nicht unbedeutend.

8. Einfluß der Unvollständigkeit der Reaktionen.

Es ist theoretisch unmöglich, bei der Einwirkung von O oder Wasserdampf auf überschüssigen Kohlenstoff reine CO oder CO_2-Bildung zu erhalten, denn es entstehen immer beide Gase. Durch Einhaltung der richtigen und günstigsten Reaktionsbedingungen läßt sich aber der Gehalt an CO_2 auf ein gewisses Minimum herabdrücken und so erhielten z. B. Naumann und Ernst (s. F. Fischer, S. 201, beim Überleiten von CO_2 über in einer Porzellanröhre erhitzten Koks) bei einer Temperatur von 1060° ein Gasgemisch, welches aus

2,1 % CO_2 und 97,9 % CO

bestand.

Harries erhielt (S. 28) beim Überleiten von Wasserdampf über glühenden Koks bei einer Temperatur von 1125° C

1,24 % CO_2 + 98,76 % CO.

Man kann somit annehmen, daß es möglich ist, ein Gas zu erzeugen, in welchem auf 100 Teile CO + CO_2

2 Teile CO_2 und 98 Teile CO

entfallen, und kann ferner diese Zahlen benutzen, um mittelst derselben die errechnete theoretische Zusammensetzung des aus kalter Luft hergestellten Mischgases derart umzuformen, daß sie sich als das Ziel hinstellt, welchem die Praxis zustreben soll mit der Aussicht, dasselbe auch wirklich erreichen zu können.

Die Zusammensetzung des theoretischen Mischgases war

$$36{,}1\%\,CO + 4{,}7\%\,H + 59{,}2\%\,N.$$

Hiervon sind 36,1% C-haltiges Gas, wovon

$$2\%\ CO_2 \text{ und } 98\%\ CO$$

sein könnten.

Es müßten also 0,722% CO_2 und 36,1% — 0,722% CO oder rund gerechnet

	0,8	cbm	CO_2
	35,3	„	CO auf 100 cbm Gase vorhanden sein,
dazu kämen	4,7	„	H
	x		N.

Da das Gas Mischgas ist, muß der N-Gehalt der Formel

$$N = 3{,}762 \left(CO_2 + \frac{CO}{2} - \frac{H}{2}\right)$$

entsprechen und wird

$$N = 3{,}762 \left(0{,}8 + \frac{35{,}3 - 4{,}7}{2}\right) = 60{,}5.$$

Hieraus ergibt sich die Zusammensetzung des technisch mit kalter Luft hergestellten Mischgases zu

CO_2 —	0,8	cbm	oder in	%	0,8	CO_2
CO —	35,3	„	„ „	%	34,8	CO
H —	4,7	„	„ „	%	4,6	H
N —	60,5	„	„ „	%	59,8	N
	101,3	cbm			100,0%	

mit einem Brennwert von 1186 Kal. für den Kubikmeter mit einem Gasvolum von 5,23 cbm für 1 kg C und einem Brennwert des Gases von 1 kg C von rund 6200 Kal. Die Zusammensetzung für 1 kg C berechnet sich zu

CO_2 —	0,04	cbm	} 1,86 cbm C-haltiger Gase
CO —	1,82	„	
H —	0,24	„	
N —	3,18	„	
	5,23	cbm Gas.	(22)

Durch die unbedeutende CO_2-Bildung wird zwar eine Erhöhung der Reaktionstemperatur eintreten, die etwas erhöhte H-Bildung gestatten dürfte. Dieser Umstand sei jedoch seiner Geringfügigkeit wegen vernachlässigt.

9. Das Destillationsgas.

Bisher sind die gasförmigen Produkte behandelt worden, welche sich im Generator aus reinem Kohlenstoff herstellen lassen. Absolut reiner Kohlenstoff steht aber in der Natur für Generatorzwecke nicht zur Verfügung, sondern die Brennstoffe enthalten meist nicht unbedeutende Mengen bituminöser Bestandteile, welche beim Erhitzen im Generator in Gasform entweichen und sich dem Mischgase beimengen. Der feste Brennstoff aber wird durch diesen „Entgasungsprozeß" geläutert und kann schließlich neben den Aschenbestandteilen als reiner C in die Vergasungszone gelangen. Will man sich aus der Gasanalyse ein Bild über den Grad der Vollkommenheit der Mischgaserzeugung der Praxis machen, so kann dies nur geschehen, wenn man Zusammensetzung und Menge der Destillationsprodukte des jeweilig verwendeten Brennstoffes kennt. Hierin aber liegt der schwierigste Punkt der Untersuchung der Heizgase, denn es gibt unzählige Sorten von Brennstoffen, deren wirkliche Zusammensetzung aus dem Grunde für jeden Fall schwer zu ermitteln ist, weil diese Zusammensetzung nicht beständig ist, zeigen doch Kohlen aus demselben Flöz erhebliche Unterschiede. Aber selbst wenn es gelingt, diese Schwierigkeit zu überwinden, ist nicht viel geholfen, denn die Zusammensetzung der Destillationsprodukte hängt wesentlich von der Temperatur bei der Entgasung und von der Geschwindigkeit ab, mit welcher dieselbe erfolgt. Man kann daher aus ein und demselben Brennstoffe erheblich voneinander abweichende Destillationsprodukte erhalten. Es hat nicht an Versuchen gefehlt, die Zusammensetzung der Brennstoffe in Beziehung zur Zusammensetzung der Destillationsprodukte zu bringen, doch sind sie bisher alle aus dem erwähnten Grunde ziemlich vergeblich geblieben. Es läßt sich jedoch ein anderer Weg finden, der zu einer wenigstens annähernden Lösung der Frage führt.

Betrachtet man nämlich die rohen Brennstoffe, dann ihre Vergasungsprodukte und endlich die Produkte der vollständigen Verbrennung, so findet man, daß die zu behandelnden Stoffe in dieser Reihenfolge von immer einfacherer Art werden und sich schließlich auf die drei einfachen Stoffe CO_2, H_2O, N beschränken.

Aus den Produkten der vollständigen Verbrennung des Brennstoffes kann man bereits einige Schlüsse von Wichtigkeit ziehen.

Die Verbrennungsprodukte des reinen C mit reiner trockener Luft sind CO_2 und N und zwar erhält man aus 1 kg C bei direkter Verbrennung des C nach (5)

$$1{,}86 \text{ cbm } CO_2 + 7{,}00 \text{ cbm N},$$

während bei der Luftgaserzeugung nach (10)

$$1{,}86 \text{ cbm CO} + 3{,}50 \text{ cbm N}$$

sich ergab.

Wird das Gas mit Luft vollständig verbrannt, so erhält man nach (18)

$$1{,}86 \text{ cbm CO braucht } 1{,}86 \times 0{,}5 = 0{,}93 \text{ O}$$

und ergibt 1,86 cbm CO_2. Die 0,93 cbm O brachten aber 3,5 cbm N mit sich, die Verbrennungsprodukte sind daher

$$1{,}86 \text{ cbm } CO_2 + 7{,}00 \text{ cbm N},$$

d. h. es sind dieselben, wie die des reinen C bei direkter Verbrennung. Ist der reine C unter Mithilfe von Wasserdampf vergast worden, so zeigt das Gas einen Gehalt an Wasserstoff, z. B.

Zusammensetzung Gas von 1 kg C	Bestes Mischgas (22)	Wassergas (S. 24)	Wassergas II (S. 25)
CO_2	0,04 cbm	—	1,86 cbm
CO	1,82 „	1,86 cbm	—
H	0,24 „	1,86 „	3,72 cbm
N	3,13 „	—	—

Sollen diese Gase vollständig mit Luft verbrannt werden, so ermittelt sich Luftbedarf und Zusammensetzung der Verbrennungsprodukte leicht unter Beobachtung der Formeln (18), (12) und (1).

(18) O-Bedarf f. 1,82 cbm CO × 0,5 =	0,91 cbm O	0,93 cbm O	—
(12) „ „ 0,24 „ H × 0,5 =	0,12 „ O	0,93 „ O	1,86 cbm O
Gesamt-O-Bedarf	1,03 cbm O	1,86 cbm O	1,86 cbm O
Dieser O bringt mit N (1)	3,87 „ N	7,00 „ N	7,00 „ N
Verbrennungsprodukte entstehen aus:			
CO_2 0,04 cbm } CO (18) 1,82 „ }	1,86 cbm CO_2 . . .	1,86 „ CO_2	1,86 „ CO_2
N 3,13 + 3,87 „	7,00 „ N	7,00 „ N	7,00 „ N
H 0,24 „	0,24 „ H_2O Dampf	1,86 „ H_2O Dampf	3,72 „ H_2O Dampf

Die Verbrennungsprodukte werden in allen Fällen 1,86 cbm CO_2 + 7,00 cbm N plus wechselnde Mengen von Wasserdampf und zwar beiläufig bemerkt, gerade so viel, als zur Herstellung der Gase Dampf zersetzt worden war. Bei der gewöhnlichen Gasanalyse kondensiert nun das Wasser und es wird nur 1,86 cbm CO_2 + 7,00 cbm N gefunden.

Wenn daher bei der Verbrennung mit Luft Verbrennungsprodukte auftreten, welche dem Verhältnis 1,86 cbm CO : 7,00 cbm N entsprechen, so ergibt sich der Schluß, daß als Brennstoff reiner C vorgelegen hat.

Falls es bekannt ist, daß nicht fester Kohlenstoff, sondern ein gasförmiger Brennstoff bei der Verbrennung mit Luft diese Verbrennungsprodukte ergab, so sagt die Zusammensetzung derselben, daß zur Erzeugung des Gases reiner C gedient hat, der durch reine Luft oder Wasser oder beides vergast wurde. Wird aber Gewißheit darüber verlangt, ob und eventuell wieviel Wasser bei der Vergasung mitwirkte, so ist weiter entweder der Wasserdampfgehalt der Verbrennungsprodukte dieses Gases zu bestimmen, oder besser, es ist das Gas selbst auf seinen Wasserstoffgehalt zu prüfen. Aus diesen Angaben ergibt sich dann deutlich die Rolle, welche dem Wasserdampf bei der Vergasung zufiel.

Umgekehrt muß es möglich erscheinen, aus einer anderen Zusammensetzung des Verbrennungsproduktes eines Generatorgases nachzuweisen, daß der ursprüngliche Brennstoff nicht reiner C war, sondern daß er Beimengungen enthielt. Wenn es gelingen sollte, diese einigermaßen quantitativ zu bestimmen, so scheint die Hoffnung nicht ausgeschlossen, daß es auch gelingen kann, aus der Zusammensetzung des Gases selbst einigen Aufschluß über die Vorgänge bei der Vergasung solcher Brennstoffe zu erhalten, die neben C noch andere Stoffe aufweisen.

Enthielt der Brennstoff nämlich neben C auch sog. freien H, und zwar beiläufig angenommen, ein Quantum entsprechend 0,5 cbm H auf 1 kg C, so ist es klar, daß nun zur vollständigen Verbrennung der Brennstoffmenge, welche 1 kg C enthält, mehr O, also auch mehr Luft erforderlich ist. Es wird

1 kg C	verlangen	1,86 cbm O +	7,00 cbm N
0,5 cbm H	„	0,25 „ O +	0,94 „ N
	zusammen	2,11 cbm O +	7,94 cbm N

und die Verbrennungsprodukte, bezogen auf 1 kg C, werden nun sein

1,86 cbm CO_2
7,94 „ N
0,50 „ H_2O,

von denen in der Gasanalyse, wie sie gewöhnlich ausgeführt wird, nur 1,86 cbm CO_2 und 7,94 cbm N gefunden werden.

Das Verhältnis von CO_2 : N ist nun ein anderes geworden, die Stickstoffmenge hat sich vergrößert. Sie hat sich vermehrt um das 3,762fache der Sauerstoffmenge, die zur Verbrennung der Menge des freien Wasserstoffes erforderlich war. Somit ist das Verhältnis von CO_2 : N ein Kriterium für eventuell im Brennstoff vorhandenen sog. freien Wasserstoff und wenn die Verbrennungsprodukte aus einem gasförmigen Brennstoffe erzeugt sind, ein Beweis dafür, daß der freie H **auch im Brenngase vorhanden gewesen ist** und zwar in einer Menge, die durch das Verhältnis CO_2 : N der Produkte der vollständigen Verbrennung bestimmt werden kann.

Es muß hierbei darauf hingewiesen werden, daß der auf diese Weise gefundene Gehalt an freiem H durchaus nicht identisch zu sein braucht mit dem Gehalt an freiem H, wie er durch die Elementaranalyse gefunden wird, und auch wohl nie mit ihm identisch ist. Trotzdem kann die Ermittelung desselben nach der angegebenen Methode aus den Produkten der vollständigen Verbrennung einigen Wert für die Beurteilung der Brennstoffe haben, denn nun läßt sich experimentell die Wasserstoffmenge ermitteln, die aus dem Brennstoffe wirklich in brennbarer Form geliefert wird.

Nun geht aber der Wasserstoff, welcher mit die wesentliche Grundlage der bituminösen Bestandteile der Brennstoffe bildet, beim Entgasungsprozesse nicht gleich in die freie Form über, sondern ein großer Teil desselben bildet Verbindungen und zwar mit C. Im Generatorgase findet man neben freiem H meist CH_4 und höher gekohlte Kohlenwasserstoffe. Da letztere aber nur in recht geringen Mengen auftreten, werden sie meist als C_2H_4 angesehen.

In CH_4 kommen auf 12 kg C — 4 kg H, welche zusammen also 16 kg CH_4 ergeben, 16 kg CH_4 nehmen aber bei Normalbedingungen, da 1 cbm CH_4 dann 0,7178 kg wiegt, den Raum von

$$\frac{16}{0{,}7178} = 22{,}3 \text{ cbm}$$

ein, während

$$4 \text{ kg H} - \frac{4}{0{,}0899} = 44{,}6 \text{ cbm}$$

einnehmen, woraus sich ergibt, daß aus

$$C + 2 \text{ cbm H} = 1 \text{ cbm } CH_4$$

entstehen könnte (23), mit anderen Worten, daß man sich also 1 cbm CH_4 als aus C und 2 cbm H entstanden denken kann.

In C_2H_4 kommen dagegen auf 24 kg C — 4 kg H, die 28 kg C_2H_4 geben. 28 kg C_2H_4 nehmen bei Nomalbedingungen einen Raum von

$$\frac{28}{1{,}2503} = 22{,}3 \text{ cbm},$$

4 kg H dagegen sind

$$\frac{4}{0{,}0899} = 44{,}6 \text{ cbm},$$

also könnten wiederum aus

$$C + 2 \text{ cbm H} = 1 \text{ cbm } C_2H_4 \quad (24)$$

entstehen.

Somit entspricht je ein Raumteil CH_4 oder C_2H_4 je 2 Raumteilen an freiem Wasserstoff und man kann den Gesamtgehalt an H, auf den freien Zustand bezogen, in einem Gase, das aus H, CH_4 und C_2H_4 besteht, leicht ermitteln, wenn man die vorhandenen Mengen von CH_4 und C_2H_4 mit 2 multipliziert und zu dem Gehalt an freiem H hinzuaddiert.

Enthält z. B. ein Gas

$$C_2H_4 \ 3{,}1 \text{ cbm} + CH_4 \ 23{,}7 \text{ cbm} + H \ 56 \text{ cbm},$$

so entspricht dies einer auf freien Zustand bezogenen Wasserstoffmenge von

$$\begin{aligned} C_2H_4 &= 2 \times 3{,}1 = 6{,}2 \text{ cbm H} \\ CH_4 &= 2 \times 23{,}7 = 47{,}4 \text{ „ „} \\ H &= 56 \text{ „ „} \\ \hline \text{Sa.} &\ 109{,}6 \text{ cbm freien Wasserstoffes.} \end{aligned}$$

Hiermit aber hat man ein Mittel, um eine Beziehung zwischen der Gesamtmenge eines Gases zum freien Wasserstoff aufzustellen.

Von diesem Mittel ist in nachstehender Tabelle Gebrauch gemacht, indem in der letzten Rubrik die Raummengen an freiem Wasserstoff aufgeführt sind, welche sich bei der Zerlegung der betrachteten Gase in ihre Bestandteile ergeben.

Wie schon erwähnt, kann die Zusammensetzung der Destillationsgase je nach der Art des verwendeten Brennstoffes, wie auch der Bedingungen, welche bei der trockenen Destillation herrschten, sehr verschieden sein. Die Zusammensetzung der Destillationsgase, wie sie im Generator entstehen, ist zudem noch nie ermittelt worden und wird sich vielleicht auch nie ermitteln lassen. Aufschluß über die Frage kann heute nur erhalten werden durch Betrachtung von Gasen, die unter anderen, aber ähnlichen Verhältnissen entstanden sind, und als solche stehen die Gase aus Koksöfen zur Verfügung. Eine Reihe solcher ist dem Werke von Ferd. Fischer entnommen, wobei H_2S ausgeschieden und das übrige auf 100 umgerechnet wurde.

Aus Steinkohle erzeugte Destillationsgase
(Ferd. Fischer).

Herkunft	Zusammensetzung, Raumteile							Auf freien H bezogen
	C_mH_n cbm	CH_4 cbm	H cbm	CO cbm	CO_2 cbm	O cbm	N cbm	H cbm
1. Otto Hofmann, erste 14 Stunden	5,2	38,7	38,4	6,1	3,6	0,3	7,7	126,2
2. Otto Hofmann, letzte 19 Stunden	2,4	29,2	50,5	6,3	2,2	0,3	9,1	113,7
3. Hüssener Ofen	2,3	27,5	58,6	4,5	0,9	0,5	5,7	118,2
4. „ „	2,0	24,8	61,7	4,6	0,9	0,4	5,6	115,3
5. Otto Hofmann	2,2	36,3	53,6	6,5	1,4	—	—	130,6
6. Solway (Belgien) . . .	2,6	31,2	52,8	7,9	3,3	2,3	2,0	120,4
7. „ (England) . . .	3,1	23,7	56,0	8,8	3,0	—	—	109,6
8. Wright	7,5	42,7	38,0	18,7	—	—	2,9	138,2
9. „ stärker erhitzt .	5,8	34,5	43,8	12,5	—	—	3,4	124,4
10. „ „ „ .	4,5	30,7	48,0	14,0	—	—	2,8	118,4
11. „ erste 10 Min. .	10,8	58,2	20,4	6,2	2,2	—	2,2	158,4
12. „ nach 1 St. 30 Min.	6,1	44,7	38,9	5,7	2,1	—	2,5	140,5
13. „ „ 3 „ 25 „	3,0	33,7	52,9	6,3	1,5	—	2,6	126,3
14. „ „ 3 „ 35 „	1,8	22,6	67,2	6,1	1,5	—	2,5	116,0
15. Mischprobe aus westfäl. Kohle	3,2	35,8	48,9	7,2	1,2	—	3,7	126,9
16. Mischprobe aus Saar-Kohle	4,4	35,5	45,2	8,6	2,0	—	4,8	125,0
17. Mischprobe aus Böhm. Kohle	4,4	33,0	45,2	10,0	3,0	—	4,4	120,0
18. Mischprobe aus Sächs. Kohle	4,0	35,9	45,3	9,5	2,2	—	3,1	125,1
19. Mischprobe aus Böhm. Plattenkohle . . .	9,9	37,1	39,6	8,3	3,2	—	1,9	133,6
Mittel	4,5	34,0	47,6	8,3	1,8	0,2	3,5	124,6

Alle vorstehenden Gase sind aus mineralischen Kohlen erzeugt worden, und es können daher die Schlüsse, die aus der Zusammensetzung gezogen werden, nur für Gase aus Generatoren gelten, welche mit ähnlichem Brennstoff betrieben werden. Dies ist aber für die überwiegende Mehrzahl der Fall; für die Beurteilung der Gase, die aus Torf oder Holz und eventuell auch aus Braunkohlen gewonnen werden, müßten natürlich Destillationsgase aus diesen Stoffen zugrunde gelegt werden.

Die Aufstellung zeigt folgende wesentliche Eigentümlichkeiten der Destillationsgase:

1. Der dem Volum nach überwiegende Hauptbestandteil der Gase ist der Wasserstoff in freier oder an C gebundener Form.
2. Der Wasserstoff entführt nicht unbeträchtliche Mengen an Kohlenstoff aus dem festen Brennstoffe ins Gas.
3. Im Gase finden sich geringe Mengen von N.
4. Ebenso gehen geringe Mengen von Sauerstoff, an Kohlenstoff gebunden, ins Gas über. Dies weist darauf hin, daß auch das sog. chem. gebundene Wasser sich an den Vorgängen bei der Entgasung aktiv beteiligt.

Die Zusammensetzung der Gase schwankt in weiten Grenzen, und es ist aus den angeführten Versuchen von Wright ersichtlich, daß ein und derselbe Brennstoff Gase von ganz verschiedener Zusammensetzung ergeben kann, indem z. B. im ersten Beispiel der CH_4-Gehalt von 42,7% allmählich auf 30,7%, im zweiten sogar von 58,2 auf 22,6% herabgeht. Es sind nämlich die Gase zu Beginn der trockenen Destillation stets reicher an C, während zum Schlusse derselben mehr freier Wasserstoff auftritt. Solche Erscheinungen werden sich aber im Generatorbetriebe ebenfalls zeigen, denn die wenigsten Generatoren werden gleichmäßig beschickt, und wenn eine große Menge Brennstoff auf einmal in den Generator gestürzt wird, so müssen gleich darauf Gase auftreten, die sehr reich an Kohlenwasserstoffen sind, während später mehr freier Wasserstoff kommen wird und dann schließlich Perioden eintreten können, wo überhaupt nur wenig Destillationsgas mehr abgeschieden werden kann.

Es können daher im praktischen Generatorbetriebe Destillationsgase erwartet werden, die sowohl den kohlenstoffreichsten als auch den kohlenstoffärmsten dieser Tabelle ähnlich sind.

Da aber die Ausscheidung des Destillationsgases im Generator energischer und gründlicher erfolgt als im Koksofen, in welchem beim Koks immer noch ein geringer Anteil an H zurückgehalten wird, so dürfte es richtiger sein, vom Generatorbetriebe Destillationsgase zu erwarten, die im Durchschnitt ärmer an Kohlenstoff sind als die Koksofengase. Es wird daher gerechtfertigt erscheinen, wenn bei der Auswahl von Gasen aus obiger Tabelle, die auf den Generatorbetrieb bezogen werden und als Grenzwerte für die fallenden Destillationsgase angesehen werden könnten, als C-reichstes Destillationsgas nicht das

C-reichste Gas der Tabelle genommen wird, sondern das Mittel aus allen Analysen, während man als untersten Grenzwert, also als das C-ärmste Gas, wohl das betreffende Gas aus der Tabelle gelten lassen könnte, und zwar Nr. 7 Solway-England. Dann ist die Zusammensetzung

des C-ärmsten Gases*) CmHn 3,1 % + CH_4 = 23,7 + H = 56,0 + CO = 8,8 + CO_2 = 3,0 + N = 0 = 91,6

„ C-reichsten „ CmHn 4,5 + CH_4 34,0 + H 47,6 + CO 8,3 + CO_2 1,8 + 0 = 0,02 + N = 3,5 % = 99,9

und alle praktisch erhaltenen Destillationsgase müßten zwischen den Werten liegen, die durch obige beiden Analysen begrenzt werden.

Es seien nun einige charakteristische Eigenschaften dieser beiden Gase festgestellt.

Als eine wesentliche Eigenschaft erscheint der Brennwert, und dieser ist

C-ärmstes Gas				C-reichstes Gas			
3,1 cbm	CmHn	× 14185 =	43973 Kal.	4,5 cbm	CmHn	× 14185 =	63832 Kal.
23,7 „	CH_4	× 8600 =	203820 „	34,0 „	CH_4	× 8600 =	292400 „
56,0 „	H	× 2620 =	146700 „	47,6 „	H	× 2620 =	124712 „
8,8 „	CO	× 3063 =	26954 „	8,3 „	CO	× 3063 =	25423 „
0,0 „	O			0,2 „	O		
3,0 „	CO_2			1,8 „	CO_2		
0,0 „	N			3,5 „	N		
94,6 cbm	Gas		421467 Kal.	99,9 cbm	Gas		506367 Kal.

Ein weiteres Charakteristikum ist der Kohlenstoffgehalt des Gases.

Zur Ermittelung desselben muß man dessen eingedenk sein, daß nach S. 54

16 kg CH_4, worin 12 kg C enthalten sind, der Raum von 22,3 cbm bei 0° 760 mm
28 „ C_4H_4 „ 24 „ „ „ „ „ „ „ 23,3 „ „ 0° 760 „

einnehmen, somit entstehen aus 1 kg C

$$\frac{22,3}{12} = 1,86 \text{ cbm } CH_4,$$

wie es auch bei CO und CO_2 der Fall ist oder

$$\frac{22,3}{24} = 0,93 \text{ cbm } C_2H_4,$$

somit enthält 1 cbm

$$CH_4 = 0,538 \text{ kg C}$$
$$C_2H_4 = 2 \times 0,538 = 1,176 \text{ kg C} \quad (25)$$

Unter Benutzung der Formeln (17) und (25) bestimmt sich nun der C-Gehalt in 94,6 bzw. 99,9 cbm der Gase leicht zu

* Im Original ist diese Zusammensetzung angegeben.

C-ärmstes Gas		C-reichstes Gas	
$3{,}1\ C_mH_n \times 2 =$	6,2 cbm C-halt. Gase	$4{,}5\ C_mH_n \times 2 =$	9,0 cbm C-halt. Gase
$23{,}7\ CH_4 \times 1 =$	23,7 „ „ „	$34{,}0\ CH_4 \times 1 =$	34,0 „ „ „
$8{,}8\ CO \times 1 =$	8,8 „ „ „	$8{,}3\ CO \times 1 =$	8,3 „ „ „
$3{,}0\ CO_2 \times 1 =$	3,0 „ „ „	$1{,}8\ CO_2 \times 1 =$	1,8 „ „ „
Sa.	41,7 „ „ „	Sa.	53,1 „ „ „
	$\times$ 0,538		$\times$ 0,538
	22,43 kg C		28,57 kg C

Ferner enthalten die Gase Kohlenwasserstoffe, und zwar, wenn man vom C-Gehalte ausgehend, C_mH_n auf CH_4 umwandelt*)

C-ärmstes Gas		C-reichstes Gas	
C_mH_n 3,1 $\times$ 2 =	6,2 cbm	C_mH_n 4,5 $\times$ 2 =	9,0 cbm
CH_4 23,7 $\times$ 1 =	23,7 „	CH_4 34,0 $\times$ 1 =	34,0 „
	29,9 cbm Kohlenwasserstoff		43,0 cbm Kohlenwasserstoff

Um nun diese Werte und einige andere, später zu ermittelnde, in einfache Beziehungen zum H bringen zu können, kann man die beiden betrachteten Gase in den angegebenen Mengen dem Volumen nach in ihre Bestandteile zerlegt denken. Für den Wasserstoff ist das bereits gezeigt worden, und für den O ergibt sich dieselbe Methode, wenn man die Ausdrücke (2) und (6) zur Anwendung bringt.

Zerlegung der Gase in ihre Elemente.

C-ärmstes Gas besteht aus:

		cbm O	cbm H	cbm N
C_mH_n	3,1 $\times$ 2	—	6,2	—
CH_4	23,7 $\times$ 2	—	47,4	—
H	56,0 $\times$ 1	—	56,0	—
CO_2	3,0 $\times$ 1	3,0	-	—
CO	8,8 $\times$ 0,5	4,4	—	—
O		—	—	—
N		—	—	—
Sa. 94,6 cbm G.		7,4 +	109,6 + C	

C-reichstes Gas besteht aus:

		cbm O	cbm H	cbm N
C_mH_n	4,5 $\times$ 2	—	9,0	—
CH_4	34,0 $\times$ 2	—	68,0	—
H	47,6 $\times$ 1	—	47,6	—
CO_2	1,8 $\times$ 1	1,8	—	—
CO	8,3 $\times$ 0,5	4,15	—	—
O	0,2	0,2	—	—
N	3,5	—	—	3,5
Sa. 99,9 cbm G.		6,15 +	124,6 +	3,5 + C

Die Zusammensetzung der Gase erscheint nun in viel einfacherer Form, und zwar bestehen

C-ärmstes Gas		C-reichstes Gas
94,6 cbm Gas aus 7,4 cbm O + 0 cbm N + 109,6 cbm H und C		99,9 cbm Gas aus 6,15 cbm O + 3,5 cbm N + 124 cbm H und C
Diese hatten:		
Brennwert	421,467 Kal.	506,367 Kal.
Kohlenstoff	22,43 kg	28,57 kg
Kohlenwasserstoff	29,9 cbm	43,0 cbm

*) Diese anscheinend durchaus willkürliche Operation hat nur den Zweck, die Beziehungen zwischen dem auf den freien Zustand bezogenen H und den Kohlenwasserstoffen einfacher zu machen und dabei doch zu vermeiden, daß die Menge der letzteren zu gering gefunden wird. Man findet nämlich in den Analysen der Generatorgase fast nie C_mH_n; sollte dies jedoch ausnahmsweise einmal vorkommen, so ist weiter zu verfahren, wie in der Anmerkung auf S. 67 angegeben ist.

Somit kommen auf 1 cbm H aus dem Destillationsgase, auf freien Zustand bezogen

Brennwert:		
	$\frac{421,467}{109,6} = 3850$ Kal.	$\frac{506,367}{124,6} = 4060$ Kal.
Kohlenstoff:		
	$\frac{22,43}{109,6} = 0,20$ kg	$\frac{28,57}{124,6} = 0,23$ kg
Kohlenwasserstoffe:		
	$\frac{29,9}{109,6} = 0,27$ cbm CH_4	$\frac{43,0}{124,6} = 0,35$ cbm CH_4

und endlich, wenn man noch O, N, CO_2 und CO berücksichtigt

O	$\frac{7,4}{109,6} = 0,07$ cbm O	$\frac{6,15}{124,6} = 0,05$ cbm O
N	—	$\frac{3,5}{126,6} = 0,03$ cbm N
CO_2	0,03 cbm CO_2	0,015 cbm CO_2
CO	0,07 cbm CO	0,07 cbm CO

In der gewählten Analyse für das C-ärmste Gas ist leider der N-Gehalt nicht angegeben, und doch ist wohl in allen Kohlensorten N enthalten, der ins Gas übergeht. Da der Betrag nicht bedeutend ist, so sei auch für das C-ärmste Gas der mittlere N-Betrag als gültig angenommen und daher N = 0,03 cbm H_d*) gesetzt. Mit dieser Änderung sind alle Zahlen sub (26) in die im Anhange befindliche Zusammenstellung der Formeln aufgenommen. Ehe jedoch von den so gefundenen Werten Anwendung gemacht werden kann, ist zu untersuchen, ob sich aus diesen beiden Gasen nach der vorhin angegebenen Verbrennungsmethode der Wasserstoff auch vollständig genau bestimmen läßt.

Zu diesem Zweck muß man die Sauerstoffmengen kennen, welche zur Verbrennung von 1 cbm C_2H_4 und 1 cbm CH_4 erforderlich sind, und ebenso muß man wissen, wieviel Verbrennungsprodukte entstehen.

Aus: $$C_2H_4 + 6O = 2CO_2 + 2H_2O$$

und den zugehörigen Molekular- und Atomgewichten sowie den Gewichten von 1 cbm der Gase ergibt sich, daß

$$22,3 \text{ cbm } C_2H_4 + 66,9 \text{ cbm } O = 44,4 \text{ cbm } CO_2 + 44,4 \text{ cbm } H_2O \text{ Dampf}$$

oder

$$1 \text{ cbm } C_2H_4 + 3 \quad \text{cbm } O = 2 \quad \text{cbm } CO_2 + 2 \quad \text{cbm } H_2O \text{ Dampf}$$

ergeben.

Für CH_4 ermittelt sich auf dieselbe Weise

$$1 \text{ cbm } CH_4 + 2 \text{ cbm } O = 1 \text{ cbm } CO_2 + 2 \text{ cbm } H_2O \text{ Dampf}. \quad (27)$$

*) Der aus dem Destillationsgase stammende Wasserstoff sei mit H_d bezeichnet.

Hieraus und aus (12) und (18) bestimmen sich die Verbrennungsprodukte der Gase wie folgt:

C-ärmstes Gas	braucht O		gibt CO_2	N
C_mH_n 3,1 × 3	9,3	× 2	6,2	—
CH_4 23,7 × 2	47,4	× 1	23,7	—
H 56,0 × 0,5	28,0		—	—
CO 3,8 × 0,5	4,4		8,8	—
CO_2 3,0	—		3,0	—
N —	—		—	—
O-Bedarf	89,1			
ab freies O	—			
O-Bedarf	89,1			
Dieser bringt mit sich			—	335,2

Verbrennungsprodukte sind 41,7+335,2

Auf 41,7 cbm CO_2 sollten aber nur kommen (aus Tab. O:N zu entnehmen) — N 156,8

Mithin zu viel N 178,4

Diesen entsprechen (aus Tabelle zu entnehmen) 47,4 cbm O welche wiederum verbrennen konnten (nach 12) 2 × 47,4 = 94,8 cbm H.

Nun war aber der wirkliche Gehalt an H in diesen Gasen 109,6 cbm H
gefunden nur 94,8 „ „
zu wenig gefunden 14,8 cbm H
oder, auf die gefundene Menge bezogen, ein Minus von

$$\frac{14{,}8 \cdot 100}{94{,}8} = 15{,}6\,\%$$

Es ist daher 15,6 %

C-reichstes Gas	braucht O		gibt CO_2	N
C_mH_4 4,5 × 3	13,5	× 2	9,0	—
CH_4 34,0 × 2	68,0	× 1	34,0	—
H 47,6 × 0,5	23,8		—	—
CO 8,3 × 0,5	4,15		8,3	—
CO_2 1,8	—		1,8	—
N 3,5	—		—	3,5
	109,45			
ab feines O	0,2			
O-Bedarf	109,25			
Dieser bringt mit sich			—	411

Verbrennungsprodukte sind 53,1+414.5

Auf 53,1 cbm CO_2 sollten aber nur kommen — N 199,8

Mithin zu viel N 214,7

Diesen entsprechen 57,1 cbm O

2 × 57,1 = 114,2 cbm H.

124,6 cbm H
114,2 „ „
10,4 cbm H

$$\frac{10{,}4 \cdot 100}{114 \cdot 2} = 9{,}1\,\%$$

9,1 % (26)

zu den durch die Verbrennung gefundenen Werten für H_d hinzuzufügen, um angenähert richtige Werte zu erhalten.

Diese letztere Ungenauigkeit dürfte die Methode stark diskreditieren, wenn nicht die Ursachen dazu so offen dalägen. Man sieht sofort, daß außer H und C auch O und N ins Destillationsgas übergegangen sind, und das ist der Grund der Trübung der Resultate. Beachtet man nämlich, daß im kohlenstoffärmsten Gase 7,4 cbm O aus dem Brennstoff enthalten sind, welche 2 × 7,4 = 14,8 cbm H verbrennen konnten, so ist der Fehler von ebenfalls 14,8 cbm H, die bei der Verbrennung zu wenig gefunden wurden, aufgeklärt.

Immerhin aber beruhen die Daten auf soviel willkürlichen Annahmen, daß sie für quantitative Berechnungen nicht gut in Frage kommen können. Infolge des günstigen Umstandes aber, daß bei den Gasen aus mineralischen Kohlen die Mengen an O und N (und besonders die von O) im Verhältnis zu den auf den freien Zustand bezogenen Wasserstoffmengen recht klein sind, können diese Daten in Ermangelung besserer, für qualitative Zwecke doch gute Dienste leisten. Vielleicht gelingt es in der Zukunft, für bestimmte Brennmaterialien genauere Werte zu ermitteln und so Grenzwerte zu erhalten, welche näher aneinander liegen, bis dahin muß man sich schon mit diesen begnügen.

10. Das Generatorgas.

Das Generatorgas stellt, wie bereits mehrfach erwähnt, ein Gemisch von Mischgas und Destillationsgas vor. Da nun das Destillationsgas von sehr verschiedener Zusammensetzung sein und auch in verschiedenen Betriebsperioden in sehr wechselnder Menge entwickelt werden kann, so erscheint es eigentlich zwecklos, eine mittlere Zusammensetzung des Generatorgases ausfindig machen zu wollen. Allerdings kommt es aber darauf an, in welchem Mengenverhältnis das Destillationsgas zum Mischgase überhaupt steht, denn wenn verhältnismäßig nur sehr wenig Destillationsgas, dagegen sehr viel mehr Mischgas gebildet wird, so kann der Einfluß des Destillationsgases wenig zur Geltung kommen. Ferner läßt es sich wohl denken, daß eine Generatorkonstruktion ausfindig gemacht wird, die es sich zur Aufgabe stellt ein Gas von möglichst gleichmäßiger Zusammensetzung zu erzeugen und welche dazu Einrichtungen vorsieht, die den Brennstoff fortlaufend und in geringen, stets gleichbleibenden Mengen in den Generator bringen, wie es z. B. bereits beim Morgan-Generator geschieht. Für diesen Fall kann dann wohl von der theoretisch besten, gleichförmigen Gasqualität gesprochen und diese für einen bestimmten Brennstoff auch ermittelt werden.

In den meisten Fällen kommt für die Generatoren für Herdöfen eine besondere Art der Kohle zur Verwendung, welche allgemein als Gaskohle bezeichnet wird. Sie enthält stets eine größere Menge, und zwar 27—36% flüchtiger Bestandteile und gibt ein an Kohlenwasserstoffen und Teernebeln reiches Gas, welche bei der Verbrennung die Flamme leuchtend machen. Dies wird von den meisten Fachleuten als vorteilhaft angesehen — ob mit Recht, bleibe dahingestellt — indem eine solche leuchtende Flamme bedeutend mehr Heizkraft entwickeln soll als die reine Kohlenoxydflamme.

Ebensolche Kohle kommt in der Leuchtgasfabrikation zur Anwendung, und hier ist denn auch die Menge an Destillationsgas ermittelt worden, welche man aus einem bestimmten Quantum Kohle erhalten kann. Darnach ergeben 100 kg Gaskohle 24—41 cbm, im Durchschnitt 28 cbm Leuchtgas. Da sie aus angeführten Gründen im Generator mehr Gas entwickeln müssen, sei angenommen, daß man 30 cbm Gas erhält. 1 kg gibt somit 0,3 cbm Gas, und da die Kohle annähernd 75% C enthält, kommen auf 1 kg C der Kohle 0,4 cbm Destillationsgas. Die mittlere Zusammensetzung desselben ist bereits auf S. 57 angegeben, und auf S. 58 wurde gefunden, daß in 100 cbm

Gas 28,57 kg C enthalten sind. Somit kommen auf 0,4 cbm Gas, die aus 1 kg Kohlenstoff der Gaskohle stammten,

$$0{,}4 \times 0{,}2857 = 0{,}115 \text{ kg C, d. i. rund } 0{,}12 \text{ kg C},$$

oder mit anderen Worten, es werden 12 % des im Brennstoffe enthaltenen Kohlenstoffes als Destillationsgas in Gasform überführt, und folglich bleiben 0,88 kg C oder 88 % des C zur Vergasung als Mischgas übrig.

Aus diesen Angaben und der als bekannt angenommenen Zusammensetzung des Destillationsgases (S. 57), wie der für diesen Fall angenommenen Zusammensetzung des aus kalter Luft zu erzeugenden besten Mischgases (S. 50) berechnet sich dann leicht die Zusammensetzung des besten Generatorgases für 1 kg C aus guter Gaskohle zu

	cbm	cbm	cbm	cbm	cbm	cbm	cbm
0,12 kg C ergeben Dest. Gas	CO_2 0,01	+ CO 0,04	+ CmHn 0,02	+ CH_4 0,14	+ H 0.20	+ N 0,01	= 0.42
0,88 kg C ergeben Mischgas	CO_2 0,04	+ CO 1,59	+ CmHn —	+ CH_4 —	+ H 0,21	+ N 2,75	= 4,59
1,00 kg C gibt Generatorgas	CO_2 0,05	+ CO 1,63	+ CmHn 0,02	+ CH_4 0,14	+ H 0,41	+ N 2,76	= 5,01 Gas.

Der Brennwert dieses Gases ist 7554 Kal.

Da der Brennwert des Mischgases aus reinem C nur 6200 Kal. betrug, so ist der Brennwert, auf 1 kg C bezogen, durch den Gehalt des Rohstoffes an Bitumen um 1350 Kal. oder um mehr als 20 % erhöht worden.

Die volumprozentige Zusammensetzung des Generatorgases ergibt sich hieraus zu CO_2 1,0 % + CO 32,5 % + CmHn 0,4 % + CH_4 2,8 % + H 8,2 % + N 55,1 % und der Brennwert von 1 cbm dieses Gases zu 1507 Kal.

Wie ersichtlich, bildet das Destillationsgas mit 0,42 cbm nur etwa 8 % vom Gesamtquantum und die Menge des Mischgases beträgt das 10- bis 11fache des Destillationsgases. Das Generatorgas besteht daher in der überwiegenden Menge aus Mischgas und dies weist darauf hin, der Mischgaserzeugung ganz besondere Sorgfalt angedeihen zu lassen. Es liegt auch kein zwingender Grund vor, schlechtes Mischgas zu erzeugen, denn alle Bedingungen für eine richtige Durchführung des Prozesses sind klar und ihrer genauen Einhaltung scheinen keine ernsten Schwierigkeiten im Wege zu liegen. Auch ist es das Mischgas allein, auf welches wir einen Einfluß im günstigen Sinne auszuüben vermögen, denn Menge und Zusammensetzung des Destillationsgases sind durch die Natur des Brennstoffes bestimmt, und daran kann nichts verbessert werden. Wir sind zwar imstande, durch plötzliche Zufuhr einer großen Kohlenmenge in den Generator, wenn er recht heiß geworden ist, momentan eine größere Menge Destillationsgas zu erzeugen, und eine derartige Verbesserung der Gasqualität wurde und wird häufig von Praktikern beliebt; sie kann aber nur von kurzer Dauer sein und muß natürlich eine längere Periode der Erzeugung eines an Destillationsgasen armen Generatorgases zur Folge haben. Außerdem bedeutet aber eine derartige ruckweise und periodische Aufbesserung der Gasqualität durchaus keine ökonomische Ausnutzung des Brennstoffes, denn unter der Einwirkung der großen Hitze zerfallen die hochkohlenstoffhaltigen bituminösen Stoffe unter C-Abscheidung in leichtere Kohlenwasserstoffe, und der abgeschiedene C erscheint in Staubform als Ruß, der aus dem Generator entführt wird und keinen Nutzen mehr bringen kann. Er setzt sich zum größten Teil in den Leitungen ab, verstopft diese und führt so schließlich zu Betriebsstörungen.

Weiter unten wird gezeigt werden, daß Fehler in der Mischgaserzeugung die Zusammensetzung des Destillationsgases ungünstig beeinflussen und schließlich den Vorteil, den die Verwendung bituminösen oft teuer bezahlten Brennstoffes zu bringen vermag, teilweise oder ganz aufheben können.

11. Beurteilung des Generatorganges nach der Gasanalyse.

Beim Generatorbetrieb werden, wie bei allen anderen technisch-chemischen Betrieben, Kontrollanalysen der Produkte ausgeführt, und man sollte meinen, daß es ein leichtes wäre, durch Vergleich derselben mit der oben ermittelten Zusammensetzung eines tadellosen Generatorgases, etwaige Fehler in der Zusammensetzung der praktisch erzeugten Gase aufzufinden, wodurch man die Ursachen derselben erkennen und in den Stand gesetzt würde, für die Beseitigung derselben Sorge zu tragen. In Wirklichkeit aber ist die Sache nicht so einfach, wie sich aus der Tabelle auf S. 64 ergibt, in welcher 19 Analysen von Generatorgasen, aus der neueren Literatur und eigenen Aufzeichnungen entnommen, aufgeführt sind. Die Tabelle zeigt ein sehr buntes Bild, das auch wohl einem geübten Auge nicht viel Aufschluß geben wird. Auch der aus der volumprozentigen Zusammensetzung ermittelte Brennwert sagt nur, daß das Gas relativ gut oder schlecht ist, gibt aber über die Ursachen keine nähere Auskunft.

Zur Ausführung näherer Untersuchungen empfiehlt es sich, zunächst die Gasmenge zu ermitteln, welche insgesamt 1 kg C enthält und mit dieser weiter zu operieren. Man erhält dann bei häufiger ausgeführten Berechnungen direkt vergleichbare Zahlen und vermeidet Irrtümer durch Rechenfehler, die sich sonst leicht einschleichen.

Aus dem für 1 kg C ermittelten Gasvolum erhält man schon einen Anhaltspunkt zur Beurteilung, ob das Gas richtig hergestellt ist, denn die Gasmenge soll für 1 kg C annähernd 5 cbm betragen. Man kann ferner, unter Berücksichtigung des im Abschnitte „Destillationsgas“ Gesagten, für Gase, die aus mineralischen Kohlen hergestellt sind, weiter noch annähernd die Wasserstoffmenge ermitteln, welche aus dem Destillationsgase stammt; aus dieser aber lassen sich die

Analysen von Generatorgas der Praxis.

Volumprozentige Zusammensetzung. Gasmenge enthaltend 1 kg C.

Nr.	Zusammensetzung Volum %							Brennwert 1 cbm Gas	Kubikmeter Gas bezogen auf 1 kg C							Sa. Gas aus 1 kg C	Brennwert Gas aus 1 kg C	Nr.
	CO_2	CO	CmHn	CH_4	H	O	N	Gas	CO_2	CO	CmHn	CH_4	H	O	N			
	%	%	%	%	%	%	%	Kal.	cbm	cbm	cbm	cbm	cbm	cbm	cbm	cbm	Kal.	
1 theor. Generatorgas	1,0	32,5	0,4	2,8	8,2	—	55,1	1507	0,05	1,63	0,02	0,14	0,41	—	2,76	5,01	7554	1
2	2,4	29,4	—	3,6	12,8	0,2	51,6	1545	0,13	1,54	—	0,19	0,67	0,01	2,71	5,25	8113	2
3	5,2	27,3	—	3,4	16,6	—	47,5	1538	0,27	1,41	—	0,17	0,86	—	2,46	5,17	8151	3
4	6,9	25,4	—	3,4	18,3	—	45,9	1548	0,36	1,32	—	0,18	0,95	—	2,40	5,21	8049	4
5	3,3	31,5	—	1,7	14,5	0,2	48,8	1490	0,17	1,61	—	0,08	0,74	0,01	2,49	5,10	7600	5
6	9,1	21,7	—	3,4	19,7	—	46,1	1470	0,50	1,18	—	0,18	1,07	—	2,50	5,43	7982	6
7	11,6	18,4	—	3,4	21,8	—	44,8	1420	0,65	1,03	—	0,18	1,21	—	2,49	5,57	7909	7
8	13,2	16,1	—	3,5	22,7	—	44,5	1380	0,75	0,91	—	0,20	1,28	—	2,52	5,67	7811	8
9	5,0	25,0	—	2,8	15,0	—	51,2	1374	0,28	1,41	—	0,16	0,85	—	2,90	5,66	7777	9
10	2,5	28,0	—	1,3	12,5	0,4	55,3	1323	0,15	1,65	—	0,07	0,73	0,02	3,23	5,84	7726	10
11	6,3	22,7	0,3	2,6	13,4	0,2	54,5	1313	0,36	1,31	0,02	0,15	0,77	0,01	3,15	5,77	7590	11
12	1,0	31,3	—	2,4	6,3	—	59,3	1313	0,05	1,68	—	0,13	0,34	—	3,18	5,38	7037	12
13	3,7	26,2	—	2,0	11,5	0,3	56,3	1275	0,22	1,52	—	0,12	0,67	0,02	3,28	5,83	7433	13
14	4,5	27,0	—	1,0	12,0	—	55,0	1241	0,26	1,54	—	0,06	0,69	—	3,15	5,70	7098	14
15	6,4	25,7	—	0,3	13,3	—	54,3	1161	0,37	1,47	—	0,02	0,76	—	3,12	5,74	6666	15
16	6,0	20,0	—	2,8	10,3	Sp.	60,9	1122	0,39	1,29	—	0,18	0,66	—	3,92	6,45	7237	16
17	2,0	29,4	—	1,0	4,7	—	62,9	1092	0,11	1,69	—	0,06	0,27	—	3,61	5,74	6269	17
18	7,0	18,0	—	1,2	15,0	0,3	58,5	1042	0,50	1,28	—	0,08	1,06	0,02	4,15	7,09	7398	18
19	7,0	19,5	—	1,2	13,0	0,2	59,3	1040	0,47	1,31	—	0,08	0,87	0,01	3,97	6,71	6968	19
20	15,0	9,0	—	1,0	21,0	—	59,0	893	1,11	0,67	—	0,08	1,56	—	4,01	7,13	6635	20

Grenzwerte für die Kohlenstoffmenge bestimmen, welche in Form von Destillationsgasen ins Gas überging und somit endlich auch die Kohlenstoffmenge, welche zur Vergasung auf Mischgas gelangte. Aus allen diesen Angaben ergibt sich der Brennwert, den das Gas aus dem verwendeten Brennstoffe eigentlich hätte haben müssen.

Ein Beispiel möge dazu dienen, den Gedankengang zu verdeutlichen. **Beispiel**: Gas 2 aus der Tabelle der Generatorgase der Praxis, hergestellt in einem Generator neuester Konstruktion, hat die Zusammensetzung:

$$CO_2\ 2{,}4\% + CO\ 29{,}4\% + CH_4\ 3{,}6\% + H\ 12{,}8\% + O\ 0{,}20\% + N\ 51{,}1\% = 100{,}0\%.$$

a) Gasvolum für 1 kg C.

Im Gase sind C-haltige Gase

CO_2	2,4
CO	29,4
CH_4	3,6
Sa. C-haltige Gase	35,4 cbm
×	0,538 (vide Tabelle)
	19,04 kg C.

[NB. Ist CmHn vorhanden, so ist dies doppelt in Rechnung zu setzen nach (25).]

Diese geben 100 cbm Gas; aus 1 kg C erhält man daher

$$\frac{100}{19{,}04} = 5{,}25 \text{ cbm Gas.}$$

Das Gas scheint somit recht gut hergestellt zu sein.

Die Zusammensetzung der Gasmenge, die aus 1 kg C erhalten wurde, ermittelt sich durch Multiplikation der Angaben der Gasanalyse mit

$$\frac{5{,}25}{100} \text{ zu } CO_2\ 0{,}13 \text{ cbm} + CO\ 1{,}54 \text{ cbm} + CH_4\ 0{,}19 \text{ cbm} + H\ 0{,}67 \text{ cbm} + O\ 0{,}01 \text{ cbm} + N\ 2{,}71 \text{ cbm} = 5{,}25 \text{ cbm.}$$

(NB. Wenn die Rechnung richtig ausgeführt ist, muß die Summe der C-haltigen Gase $[0{,}13\ CO_2 + 1{,}54\ CO + 0{,}19\ CH_4 =]$ 1,86 cbm ergeben.)

Nun ist die Menge des Wasserstoffes zu bestimmen, welche aus dem Destillationsgase stammt, wozu die unter „Destillationsgas" angeführte Verbrennungsmethode benützt werden kann.

Darnach benötigt

		cbm O	und ergibt cbm CO_2	cbm N
0,13 cbm	CO_2	—	0,13	
1,54 „	CO × 0,5 . .	0,77	1,54	
0,19 „	CH_4 × 2 . .	0,38	0,19	
0,67 „	H × 0,5 . . .	0,335		
	O-Bedarf	1,485		
0,01 „	O abzüglich	0,01		
	O-Bedarf	1,475, welche mitbringen .		5,55
2,71 „	N			2,71
	Verbrennungsprodukte		1,86 +	8,26
	Zu 1,86 cbm CO_2 gehören nur			7,00
	N-Überschuß			1,26

Diesen aber entsprechen 0,335 cbm O oder

$$2 \times 0{,}335 = 0{,}670 \text{ cbm } H_d$$

aus Destillationsgas.

Man kann zu demselben Resultate auch auf andere, einfachere und übersichtlichere Weise gelangen, indem man das Gas in seine Elemente zerlegt, welche Methode gleichfalls beim Kapitel Destillationsgas bereits angewendet ist, und dann diese Elemente betrachtet.

Es besteht nämlich

		cbm O	cbm H	cbm N	
CO_2	0,13 cbm × 1 aus	0,13	—	—	+ C
CO	1,54 „ × 0,5 „	0,77	—	—	+ C
CH_4	0,19 „ × 2 „	—	0,38	—	+ C
H	0,67 „ × 1 „	—	0,67	—	
O	0,01 „ × 1 „	0,01	—	—	
N	2,71 „ × 1 „	—	—	2,71	
	5,25 cbm Gas bestehen aus	0,91 +	1,05 +	2,71 +	1 kg C
Wenn nun 2,71 cbm N aus Luft allein stammen, entsprechen ihnen		0,72			
Folglich sind übrig		0,19			
Wenn diese aus der Wasserzersetzung stammen, müssen entstanden sein . . . 2 × 0,19 =			0,38		
	Es verbleiben		0,67 H_d,		

welche nur aus dem Destillationsgas stammen können. Es ist dies dieselbe Zahl, die nach der Verbrennungsmethode erhalten wurde.

Die zuletzt angewendete Methode ist ja im Prinzip auch dieselbe wie die Verbrennungsmethode, nur daß hier direkt das Produkt der unvollkommenen Verbrennung des Brennstoffes betrachtet wurde. Man ermittelt aber gleichzeitig annähernd einen Wert für den aus der Wasserzersetzung stammenden H, und kann bei vorstehendem Falle den Schluß ziehen, daß die Mischgaserzeugung recht gut gelungen ist, da die Wasserstoffmenge annähernd richtig getroffen ist. Letztere sollte nach der Zusammensetzung des theoretischen Generatorgases 0,21 cbm H betragen, während hier 0,30 cbm gefunden wurden. Man kann aber die derart ermittelte Zahl nicht immer als richtig annehmen, wie später gezeigt werden wird.

Nach den Eigenschaften des Destillationsgases muß nun die Zahl 0,67 cbm H_d korrigiert werden, denn sowohl N wie O stammen nicht vollständig aus Luft und Wasser, sondern es sind kleine Mengen davon vom Brennstoffe geliefert worden. Aber diese Mengen sind unbekannt, und es kann daher die weitere Rechnung nur annähernd durchgeführt werden, und zwar nach zwei Wegen, unter Benutzung der Werte für das C-ärmste und das C-reichste Destillationsgas, welche als Grenzwerte angesehen werden. Die größere oder geringere Übereinstimmung derselben wird dann einen Maßstab dafür abgeben, ob die ermittelten Werte Vertrauen verdienen und ob es lohnt, die Rechnung weiter zu verfolgen.

Es ist also zunächst der Wert für $H_d = 0{,}67$ cbm zu korrigieren. Die Korrektur beträgt:

für das C-ärmste Dest.-Gas	für das C-reichste Dest.-Gas
+ 1,56 %	+ 9 %
H_d korr. = 1,156 × 0,67 = 0,77 cbm H_d	H_d korr. = 1,09 × 0,67 = 0,73 cbm H_d.

Somit würde als Destillationsgas vergast nach (26)

C = 0,20 × 0,77 cbm H_d = 0,154 kg C	0,23 × 0,73 = 0,168 kg C

und zur Vergasung auf Mischgas gelangte

1 — 0,154 = 0,846 kg C	0,832 kg C.

Der Brennwert des Gases hätte sein sollen

Dest.-Gas 0,77 H × 3850 = 2964 Kal.	Dest.-Gas 0,73 H × 4060 = 2963 Kal.
Mischg.a. 0,846 kg C × 6200 = 5245 „	Mischg. a. 0,832 kg C × 6200 = 5158 „
Sa. theoret. Brennwert 8209 Kal.	Sa. theoret. Brennwert 8121 Kal.

Diese beiden Werte differieren um 88 Kal. oder nur um etwas mehr als 1 %.

In Wirklichkeit besaß das Gas einen Brennwert von 8113 Kal., erreicht also sozusagen genau den theoretisch erforderlichen und ist somit als richtig hergestellt anzusehen.

Dennoch sei das Beispiel noch weiter durchgerechnet.

Es ist zunächst von Interesse, die Zusammensetzung des Destillationsgases zu ermitteln. Der Gehalt an Kohlenwasserstoffen bestimmt sich zu:

C-ärmstes Gas	C-reichstes Gas
auf 0,77 cbm H kommen	auf 7 cbm H kommen
0,77 × 0,27 = 0,21 cbm CH_4	0,73 × 0,35 = 0,25 cbm CH_4.

Vorhanden sind aber in natura nur 0,19 cbm CH_4.*)

Nun sei für diesen Fall angenommen, daß auch nicht mehr vorhanden gewesen wären. Das Destillationsgas ist also jedenfalls mehr dem C-ärmsten ähnlich als dem C-reichsten, und daher braucht nur das erstere Berücksichtigung zu finden.

Im Destillationsgase ist H_d = 0,77 cbm
Als CH_4 vorhanden 0,19 cbm
entspricht freiem H — 0,38 „

Also freies H im Destillationsgase 0,39 cbm.

Ferner müssen nach (26) annähernd vorhanden sein

CO_2 0,03 × 0,77 = 0,02 cbm CO_2
CO 0,07 × 0,77 = 0,05 cbm CO
N 0,03 × 0,77 = 0,02 cbm N,

*) Wäre in natura auch C_mH_n vorhanden, so müßte bei $x\,C_mH_n + y\,CH_4$ der Gasanalyse für die folgenden Berechnungen der Gehalt der Gase an Kohlenwasserstoffen zu $2x + y$ cbm und der Gehalt des Destillationsgases an freiem H zu $0{,}77 - 2(x + y)$ angenommen werden.

so daß das gesamte Destillationsgas ist

$$CO_2\ 0{,}03\ \text{cbm} + CO\ 0{,}05\ \text{cbm} + CH_4\ 0{,}19\ \text{cbm} + H\ 0{,}39\ \text{cbm} + N\ 0{,}03\ \text{cbm}.$$

Wenn man das Gas vom Gesamtgase abzieht, muß Mischgas nachbleiben,

		cbm		cbm		cbm		cbm		cbm
Gesamtgas	CO_2	0,13	+ CO	1,54	+ CH_4	0,19	+ H	0,67	+ N	2,67
Ab Destillationsgas		0,03		0,05		0,19		0,39		0,03
bleibt Mischgas	CO_2	0,10	+ CO	1,49	+	—	+ H	0,28	+ N	2,64

und dieses Mischgas muß, wenn alle Annahmen richtig waren, der Formel

$$N = 3{,}762\left(CO_2 + \frac{CO}{2} - \frac{H}{2}\right)$$

entsprechen.

Es ergibt sich

$$N = 3{,}762\left(0{,}1 + \frac{1{,}49}{2} - \frac{0{,}28}{2}\right) = 3{,}762 \times 0{,}705 = 2{,}65,$$

was vorzüglich mit 2,64 übereinstimmt.

Zur Vergasung auf Mischgas gelangte 0,846 kg C, und nach (22) konnte Mischgas aus dieser C-Menge

$$0{,}846\ \text{kg C} \times 0{,}24\ \text{cbm Wasserstoff} = 0{,}20\ \text{cbm H}$$

enthalten, bzw. konnte 0,20 cbm Wasserdampf zersetzt werden. Im vorstehenden Fall sind aber 0,28 cbm zur Anwendung gekommen, und daher müßte der Dampfzusatz zur Vergasungsluft zweckmäßig ein wenig reduziert werden.

Beispiel II.

Es gehört heute noch zu den Seltenheiten, daß eine so gute Übereinstimmung von Theorie und Praxis angetroffen wird, und wenn das nicht der Fall ist, wird auch der Weg der Rechnung etwas komplizierter.

Als Beispiel für einen solchen Fall diene Gas 18 aus der Tabelle auf S. 64, welches ebenfalls in einem Generator neuester Konstruktion hergestellt wurde. Die Zusammensetzung ist

$$CO_2\ 7{,}0\% + CO\ 18{,}0 + CH_4\ 1{,}2 + H\ 15{,}0 + O\ 0{,}3 + N\ 58{,}5\%\ \ \text{Brennwert cbm} = 1042\ \text{Kal.}$$

In diesem Gase sind enthalten

CO_2	7,0
CO	18,0
CH_4	1,2
Sa. C-halt. Gase	= 26,2 cbm

entsprechend 14,09 kg C; oder 1 kg C lieferte 7,09 cbm Gase.

Hieraus ergibt sich, daß das Gasvolum viel zu groß ist; der Brennstoff ist daher in verdünnter Form vorhanden.

Die Zusammensetzung der Gasmenge, die aus 1 kg C entstand, und ihre Zerlegung in ihre Elemente erhält man wie folgt:

			cbm	cbm	cbm
$0{,}0709 \times 7{,}0\ CO_2$	$= 0{,}50$ cbm CO_2	enthält	0,50 O	— H	— N
$0{,}0709 \times 18{,}0\ CO$	$= 1{,}28$ „ CO		0,64 „	—	—
$0{,}0709 \times 1{,}2\ CH_4$	$= 0{,}08$ „ CH_4		—	0,16 „	—
	1,86 cbm C-haltige Gase				
$0{,}0709 \times 15{,}0$ H	$= 1{,}06$ „ H		—	1,06 „	—
$0{,}0709 \times 0{,}3$ O	$= 0{,}02$ „ O		0,02 „	—	—
$0{,}0709 \times 58{,}5$ N	$= 4{,}15$ „ N		—	—	4,15 „
	7,09 cbm Gas		1,16 O + 1,22 H + 4,15 N		
auf 4,15 cbm N aus Luft kommen			1,105 „		
	bleibt O-Überschuß		0,055 O		
Wenn diese aus H_2O entnommen würden, entsprechen ihnen			$0{,}055 \times 2 = 0{,}11$ „		
		folglich bleiben		1,11 cbm H_d,	

welche aus dem Destillationsgase stammen.

Hiernach scheint es, als wäre der Dampfzusatz zur Vergasungsluft, 0,11 cbm, viel zu gering gewesen. Dieser Schluß aber wäre verfrüht, und er wird sich später auch als irrtümlich erweisen.

Das Gas weist einen sehr hohen Gehalt an H_d auf, und daher sollte ein sehr hoher Brennwert erwartet werden, statt dessen zeigt sich das Gegenteil. Ferner erscheint ein viel zu hoher N-Gehalt, der auf einen großen Luftüberschuß hinweist. Hieraus könnte gefolgert werden, daß die Dicke der Brennstoffschicht zu gering gewesen ist, dies aber wird in den neueren Generatorkonstruktionen sorglich vermieden. Somit sind hier eine Menge Widersprüche aufzuklären, und diese rechtfertigen schon die Mühe einer längeren Kontroll-Rechnung.

Es sei zunächst der theoretische Brennwert des Gases ermittelt, der sich aus dem benutzten Brennstoffe hätte ergeben sollen.

Gegenstand	C-ärmstes Dest.-Gas	C-reichstes Dest.-Gas
Korrektur für H_d	$1{,}156 \times 1{,}11 = 1{,}28$ cbm H_d	$1{,}09 \times 1{,}11 = 1{,}21$ cbm H_d
C-Gehalt im Dest.-Gase	$1{,}28\ H_d \times 0{,}2 = 0{,}256$ kg C	$1{,}21 \times 0{,}23 = 0{,}278$ kg C
Also C im Mischgase	$1 - 0{,}256 = 0{,}744$ kg C	$1 - 0{,}278 = 0{,}722$ kg C

Brennwert, theoret.	C-ärmstes Dest.-Gas	C-reichstes Dest.-Gas
Destillationsgas	$1{,}23\ H_d \times 3850 = 4928$ K.	$1{,}21\ H_d \times 4060 = 4912$ K.
Mischgas	$0{,}744$ kg C $\times 6200 = 4613$ „	$0{,}728$ kg C $\times 6200 = 4476$ „
Sa. Brennwert	9541 K.	9388 K.

Differenz 153 Kal. = 1,5% beider Grenzwerte.

In Wirklichkeit hatte das Gas nur einen Brennwert von

$$7{,}09 \times 1042 = 7390 \text{ Kal.},$$

weist somit um rund 2000 Kal. weniger auf.

Im Gase hätten sich Kohlenwasserstoffe vorfinden sollen.

CH_4	1,28 Hd × 0,27 = 0,34 cbm CH_4	1,21 Hd × 0,36 = 0,42 cbm CH_4
Es waren aber nur vorhanden	0,08 „ „	0,08 „ „
somit fehlen	0,26 cbm CH_4	0,34 cbm CH_4

Eine derartig große Differenz kann unmöglich aus einer abweichenden Zusammensetzung des Destillationsgases allein erklärt werden, es bleibt nur eine einzige Annahme übrig, und diese ist, daß die fehlende Menge an CH_4 verbrannt worden ist. Hierauf deutet schon der im Gase vorhandene Gehalt an freiem Sauerstoff, und aus der Verbrennung von CH_4 würde sich auch der hohe N-Gehalt ungezwungen erklären lassen. Denn zur Verbrennung von 0,26 cbm CH_4 braucht man 0,52 cbm O, welche 1,96 cbm N mehr ins Gas bringen.

Will man nun das Gas haben, wie es ohne diese Verbrennung von CH_4 ausgesehen hätte, so müßte man der Zusammensetzung des Gases die verbrannte CH_4-Menge hinzufügen, die Verbrennungsprodukte aber von derselben abziehen.

für	0,26 cbm CH_4	0,34 cbm CH_4
ist O-Bedarf	0,52 „ O	0,68 „ O
Verbrennungsprodukte sind CO_2	0,26 „	0,34 „ CO_2
N	1,96 „	0,56 „ N
und Wasserdampf	0,52 „	0,68 „ H_2O-Dampf,

der für diese Rechnung nicht in Betracht kommt.

Gleichzeitig mit diesen Verbrennungsprodukten sei der Luftüberschuß 0,02 O mit 0,08 N eliminiert.

	C-ärmstes Dest.-Gas					C-reichstes Dest.-Gas				
	CO_2	CO	CH_4	H	N	CO_2	CO	CH_4	H	N
Gas, abzüglich Luft	0,50 +	1,28 +	0,08 +	1,06 +	4,07	0,50 +	1,28 +	0,08 +	1,06 +	4,07
Korrektur d. Fehlers aus verbrannt. CH_4	−0,26	—	+0,26	—	−1,96	−0,34	—	+0,34	—	−2,56
Gas hätte sein sollen	0,24 +	1,28 +	0,34 +	1,06 +	2,11	0,16 +	1,28 +	0,42 +	1,06 +	1,51

Die Zusammensetzung des Destillationsgases wäre

	1,28 cbm Hd	1,21 cbm Hd
ab: 2 × CH_4 = 2 × 0,34 =	0,68 „ „	2 × 0,42 = 0,84 „ „
	0,60 cbm freies Hd	0,37 cbm freies Hd
CO_2 : 0,03 × 1,28 = 0,04 cbm CO_2		0,015 × 1,21 = 0,02 cbm CO_2
CO : 0,07 × 1,28 = 0,09 „ CO		0,07 × 1,21 = 0,08 „ CO
N : 0,03 × 1,28 = 0,04 „ N		0,03 × 1,21 = 0,04 „ N

	CO_2	CO	CH_4	H	N	CO_2	CO	CH_4	H	N
Gesamtgas	0,24 +	1,28 +	0,34 +	1,06 +	2,11	0,16 +	1,28 +	0,42 +	1,06 +	1,51
ab Destill.-Gas	0,04	0,09	0,34	0,60	0,04	0,02	0,08	0,42	0,37	0,04
ergibt Mischgas	0,20 +	1,19 +	—	+0,46 +	2,07	0,14 +	1,20 +	—	+0,69 +	1,47

N-Kontrolle nach

$$N = 3{,}762 \left(CO_2 + \frac{CO}{2} - \frac{H}{2}\right)$$

$N = 3{,}762 \times 0{,}565 = 2{,}12$ $\qquad$ $= 3{,}762 \times 0{,}395 = 1{,}49.$

Die Untersuchung über die Verhältnisse, unter welchen die Mischgaserzeugung erfolgte, ergibt jetzt folgendes Bild:

	C-ärmstes Destillationsgas	C-reichstes Destillationsgas
Im Mischgase sind C	0,744 kg C	0,722 kg C
daher sollten auch sein H nach (22)	$0{,}744 \times 0{,}24 = 0{,}18$ cbm H	$0{,}722 \times 0{,}24 = 0{,}17$ cbm H
N	$0{,}744 \times 8{,}13$ 2,33 cbm N	$0{,}722 \times 3{,}13 =$ 2,26 cbm N
Tatsächlich sind vorhanden H und N	0,46 cbm H 2,07 „ N	0,69 „ H 1,47 „ N
Somit enthält das Mischgas zuviel: H	+ 0,28 cbm H	+ 0,52 cbm H
zu wenig: N	0,26 cbm N	0,79 cbm N

Es ergibt sich, daß in beiden Fällen bei der Mischgaserzeugung zuviel Wasserdampf und zu wenig Luft zur Anwendung gelangte.

Demzufolge war die Temperatur in der Zone der Mischgaserzeugung zu niedrig, es hat sogar wahrscheinlich Stellen im Feuer gegeben, durch welche Luft unzersetzt hindurchging um später Destillationsgas zu verbrennen.

Die Verbrennung des Destillationsgases muß denn auch als die Ursache der starken Volumvergrößerung der Gase bei der überwiegenden Mehrzahl der schlechten Generatorgase angesehen werden, wie sie auch die Erklärung abgibt für die starke Herabsetzung der Brennwerte.

Diese Verbrennung eines Teiles des Destillationsgases findet sich sehr häufig, um nicht zu sagen stets, bei den älteren Generatoren, welche mit schwachen Dampfstrahlgebläsen arbeiten, und hier ist die Erklärung einfach. Dank der schwachen, zur Verfügung stehenden Windpressung kann nur mit niedriger Brennstoffschicht gearbeitet werden, wodurch die Möglichkeit geboten ist, daß freier Sauerstoff bis an die Oberfläche derselben gelangt. Hier aber liegt Brennstoff, dessen Entgasung unvollständig war und oft erst eben beginnt, und dessen Entgasungsprodukte dann sofort im Momente des Entstehens von dem erhitzten freien Sauerstoff gierig zerstört werden. Auf diese Weise gehen dann die wertvollsten Bestandteile des Bitumens verloren.

Die letzten Zahlen der vorstehenden Rechnung zeigen, daß für schlechte Gasqualitäten die benutzte Methode für quantitative Zwecke für die Mischgaserzeugung versagt, indem bei dem betrachteten Beispiel die Zahlen für den H-Gehalt aus dem Mischgase von 0,46 bis 0,69 cbm schwanken, also höchstens den qualitativen Nachweis bringen, daß überhaupt zuviel Dampf zur Anwendung gelangte.

Unter Umständen läßt sich auch nicht einmal dies nachweisen.

Es sei angenommen, daß noch mehr Luft in den Gasraum gedrungen, und daß aus dem vorigen Gase, Beispiele 2,

$$0{,}5 \text{ cbm } CO_2 + 1{,}28 \text{ cbm } CO + 0{,}08 \text{ cbm } CH_4 + 1{,}06 \text{ cbm } H + 4{,}07 \text{ cbm } N$$

sämtliches CH_4 und noch 0,56 cbm H verbrannt sei. Diese benötigten zu ihrer Verbrennung

0,08 cbm CH_4	brauchte	0,16 cbm O	und gab	0,08 cbm CO_2	
0,56 cbm H	„	0,28 cbm O	„	—	
		0,44 cbm O	brachten mit		1,65 cbm N
Verbrennungsprodukte entstanden also				0,08 cbm CO_2	+ 1,65 cbm N

und somit würde die Zusammensetzung des Gases werden

	0,5 cbm CO_2	+ 1,28 CO	+ 0,08 CH_4	+ 1,06 H	+ 4,07 N
	+ 0,08 cbm	— —	— 0,08 CH_4	— 0,56 H	+ 1,65 N
Gas würde	0,58 cbm CO_2	+ 1,28 cbm CO	—	+ 0,50 cbm H	+ 5,72 cbm N,

welches jetzt als Beispiel III betrachtet werden soll.

Bei Zerlegung dieses Gases in seine Elemente und Untersuchung auf seine Herstellung ergibt sich:

CO_2 0,58 cbm	enthalten	0,58 cbm O +	cbm H	+ cbm N
CO 1,28 „	„	0,64 „ O	—	—
H 0,50 „	„	—	0,50	—
N 5,72 „	„	—	—	5,72
8,08 cbm Gas	enthalten	1,22 cbm O +	0,50 cbm H +	5,72 cbm N + C
5,72 cbm N entsprechen		1,52 „ O		
Somit fehlen nun im Gas		0,30 cbm O		
und diese müssen entsprechen verbrannten		0,30 × 2	0,60 cbm H	
welche diesmal den obigen 0,50 cbm H hinzuzufügen sind.				
Es wird daher H_d.			= 1,10 cbm H_d,	

d. h. man erhält genau dieselbe Menge, wie auf Seite 69 gefunden wurde. Bei weiterer Durchführung der Rechnung, die hier nur für das C-ärmste Destillationsgas verfolgt sei, wird sich dieselbe Korrektur für H_d und dasselbe Destillationsgas

$$CO_2 = 0,04 + CO\ 0,09 + CH_4\ 0,34 + H\ 0,60 + N\ 0,04$$

ergeben, wie vorhin.

Nun sind im zu betrachtenden Gase nur 0,50 cbm H und gar kein CH_4 vorhanden, es sind also aus dem Destillationsgas verbrannt:

0,10 cbm H,	welche benötigen	0,05 cbm O	und ergaben — cbm CO_2	+ 0,19 cbm N
und 0,34 „ CH_4	„ „	0,68 „ O	„ „ 0,34 „ CO_2	+ 2,56 cbm N
Es entstanden daher Verbrennungsprodukte			0,34 cbm CO_2	+ 2,75 cbm N

Wird das betrachtete Gas in bezug auf diese verbrannten Produkte wieder richtig gestellt und hernach vom Destillationsgase befreit, so ergibt sich

betrachtetes Gas	CO_2 0,58 +	CO 1,28 +	CH_4 0,0	+ H 0,50 +	N 5,72
Verbrannte Produkte, wiederhergestellt gedacht	— 0,34	+	0,34 +	0,10 —	2,75
das ursprüngliche Gas wäre gewesen	CO_2 0,24 +	CO 1,28 +	CH_4 0,34 +	H 0,60 +	N 2,97 cbm
ab Destillationsgas	0,04 +	0,09 +	0,34 +	0,60 +	0.04 „
bleibt Mischgas	CO_2 9,20 +	CO 1,19	—	— +	N 2,93 cbm

d. h. das Mischgas zeigt dieselbe Zusammensetzung wie bei Beispiel 2 bis auf 0,46 cbm H, welche jetzt fehlen, und einen dementsprechend erhöhten Stickstoffgehalt. Es ist also in diesem Falle gar kein H im Mischgase nachzuweisen, obgleich tatsächlich ein beträchtlicher Gehalt daran vorhanden gewesen ist. Es muß daher zugegeben werden, daß der nach dieser Methode gefundene Wasserstoffgehalt des Mischgases als sehr unsicher anzusehen ist.

Zur Erklärung dieser Erscheinung genügt es, auf die Eigentümlichkeiten sowohl bei der Erzeugung, als auch bei der Verbrennung des Mischgases hinzuweisen. Die Gewichtseinheit Kohlenstoff benötigt zu ihrer Vergasung zu CO einer bestimmten Menge x, zu ihrer vollständigen Verbrennung aber der doppelten Menge, also 2x an Sauerstoff. Wird nun der Kohlenstoff zunächst richtig zu CO vergast, jedoch derart, daß ein Teil des erforderlichen Sauerstoffes aus Wasserdampf genommen wird, so muß sich die zu verbrennende Luftmenge entsprechend vermindern. In dem Maße, als Wasserdampf zersetzt wurde, muß im Gase Wasserstoff auftreten, wobei infolge der geringeren Luftmenge nun auch entsprechend weniger Stickstoff im Gase vorhanden sein wird. Solange das Gas unverändert bleibt, lassen sich aus seinem Wasserstoff und aus seinem Stickstoffgehalt sowohl die Dampfmengen, als auch die Luftmengen bestimmen, welche zu seiner Herstellung dienten.

Sobald aber dies Gas, wenn auch nur teilweise, durch Luft verbrannt wird, verschiebt sich das Bild. Der Wasserstoff verbrennt mindestens ebenso leicht, wie das Kohlenoxyd, und bildet dabei Wasser. Die Sauerstoffmenge, welche er verbraucht, bringt eine entsprechende Menge Stickstoff in das Gas, und zwar erscheint genau dieselbe Menge, als vorhanden gewesen wäre, wenn sich um soviel weniger Wasserdampf an der Vergasung beteiligt hätte, als Wasserstoff verbrannt worden ist. Die Erscheinung ist für die vollständige Verbrennung bereits auf Seite 52 deutlich gemacht worden, bei unvollständiger Verbrennung zeigt sie dasselbe Bild. Diese Eigentümlichkeit ergibt sich auch aus der allgemeinen Formel (16) für Mischgas

$$N = 3{,}762\left(CO_2 + \frac{CO}{2} + \frac{H}{2}\right),$$

nach welcher der Stickstoffgehalt mit der Abnahme des Wasserstoffgehaltes steigt und mit der Zunahme desselben sinkt, wobei die Formel aber unter allen Umständen ihre Gültigkeit behalten muß.

Man ist daher nicht imstande, auf Grund der Gasanalyse festzustellen, ob das untersuchte Mischgas noch seine ursprüngliche Zusammensetzung aufweist, oder ob es bereits eine teilweise Verbrennung durchgemacht hat.

Man könnte nun zwar einwenden, daß ja bei der Verbrennung des Wasserstoffes Wasserdampf entstehen muß, und daß man nur diesen zu bestimmen brauchte, um über die ursprüngliche Zusammensetzung des Mischgases und damit auch über die Bedingungen bei seiner Erzeugung Aufschluß zu haben. Dagegen ist aber zu erwidern, daß erstens das Mischgas insofern fehlerhaft hergestellt sein kann, als unzersetzter Dampf durch die Kohlenstoffschicht hindurchgegangen und in das Gas gelangt ist, und daß dieser Dampf sich in nichts von dem Dampf unterscheidet, welcher durch die Verbrennung von Wasserstoff des Gases entstanden ist. In Wirklichkeit sind aber die Verhältnisse noch komplizierter, denn man untersucht ja nicht das Mischgas, sondern das Generatorgas, welches auch noch die gesamte Feuchtigkeit des Brennstoffes in Form von Wasserdampf enthält.

Ist es somit unmöglich, eine Methode ausfindig zu machen, welche ermöglicht, aus der Zusammensetzung des Generatorgases die genaue Zusammensetzung des in der eigentlichen Reaktionszone des Generators erzeugten Mischgases zu ermitteln, so gibt die vorstehend geschilderte Methode doch die Möglichkeit, die Wasserstoffmengen aufzufinden, welche aus dem Destillationsgase herkommen, und diese Methode gibt solange recht brauchbare Resultate, als die Mengen an Sauerstoff und Stickstoff, welche aus dem Brennstoff ins Gas übergehen, nicht zu groß sind. Für Brennstoffe, welche letztere Bedingung nicht erfüllen, wie Holz und Torf, dürfte sie leider wenig befriedigen.

Das entwickelte Verfahren dürfte dem Praktiker zu umständlich erscheinen, zumal die nicht ohne Mühe zu erhaltenden Resultate auf sehr viel unsicheren Annahmen basieren und daher ungewiß sind. Die vorstehenden Untersuchungen haben aber gezeigt, daß die Gasmenge, welche aus 1 kg Kohlenstoff erhalten wird, tatsächlich von dem Gange des Generators abhängig ist, und damit ist ein bequemes Mittel gegeben, die Gasanalyse richtig und schnell zu deuten. Da das Quantum Gas, welches 1 kg Kohlenstoff enthält, aus der Gasanalyse berechnet wird, so braucht man für die Kritik nur die Volumprozente der kohlenstoffhaltigen Gase der üblichen technischen Gasanalyse zusammenzuzählen, und wenn die dann gefundene Summe wesentlich geringer ist als 35,6%, so kann man mit Sicherheit darauf schließen, daß Destillationsgas verbrannt ist, und daß somit grobe Fehler vorgelegen haben.

Früher betrachtete man einen niedrigen Kohlensäuregehalt der Gase als Beweis eines guten Generatorganges, und hatte damit im allgemeinen recht. Bei neueren Generatoren, welche mit Unterwind und mit reichlichem Dampfzusatz zur Vergasungsluft betrieben werden, ist dies Kriterium aber nicht ausreichen, und dies erkennt man z. B. aus Gas Nr. 17 der Tabelle auf Seite 64, welches nur 2% CO_2 enthält. Diesem geringen CO_2-Gehalte nach wäre der Generatorgang fehlerfrei gewesen, und die geringe Qualität des Gases wäre einzig dem Brennstoff zuzuschreiben. Summiert man nun die C-haltigen Gase der Gasanalyse, nämlich 2% CO_2 + 29,4% CO + 1,0% CH_4, so erhält man als Summe nur 32,4%. Wenn man darauf die detaillierte Rechnung in der angegebenen Weise durchführt, so findet man, daß das Gas aus 1 kg C einen Brennwert von rund 7400 Kalorien hätte haben müssen, während es tatsächlich nur 6269 Kalorien erreichte. Man hatte also etwa 15% des Brennwertes des Brennstoffes verloren, und zwar, wie sich aus derselben Rechnung ergibt, dadurch, daß aus dem Destillationsgase etwa 0,09 cbm CH_4 bzw. 60% des vorhandenen CH_4 verbrannt worden sind.

Zur Untersuchung des Generatorganges wird es ferner gut sein, die Temperatur des Gases zu kontrollieren, die für einen bestimmten Brennstoff bei richtiger Führung des Prozesses konstant sein, sich aber entsprechend erhöhen muß, wenn Destillationsgas in größeren Mengen bereits im Generator zur Verbrennung gelangt.

12. Die Temperaturen im Generator.

Als erwünschte Reaktionstemperatur ist bei den früheren Rechnungen nach den Versuchen von Harries 1150° angenommen und die Gase haben daher im Reaktionsraum auch einen Augenblick diese Temperatur. Beim Aufsteigen aber treffen sie auf den ihnen entgegen kommenden frischen Brennstoff, dem sie Wärme abgeben müssen, wobei sie sich natürlich entsprechend abkühlen. Die Eigenwärme, welche die Gase im Reaktionsraume erhielten, hat in der Hauptsache folgende 4 Aufgaben zu erfüllen:

1. Muß sie den Verlust des Generators an Wärme, der durch Strahlung und Leitung entsteht, decken,
2. muß sie den frischen Brennstoff auf die Reaktionstemperatur anwärmen,
3. muß sie das Destillationsgas aus dem Brennstoff austreiben,
4. muß sie den Feuchtigkeitsgehalt des Brennstoffes entfernen.

Der Gesamtbetrag an Wärme für die sub 2—4 gestellten Aufgaben, sowie die Wärmeverteilung auf die einzelnen Posten, läßt sich nicht allgemein aufgeben, denn die dafür aufzuwendenden Wärmemengen werden natürlich durchaus von der Natur des verwendeten Brennstoffes abhängig sein.

Da als Wärmequelle nur die Eigenwärme des Mischgases zur Verfügung steht, so ist für jeden Fall erforderlich, das Verhältnis $\frac{\text{C für Dest.-Gas}}{\text{C für Mischgas}}$ zu kennen. Für gute Gaskohle ist auf Seite 62 angenommen worden, daß von 1 kg Gesamtkohlenstoff im Mittel 0,88 kg C zur Vergasung auf Mischgas gelangen, aus denen 4,59 cbm Mischgas entstehen, die bei 1150° $4{,}59 \times 0{,}3515 \times 1150 = 1855$ Kal. aufnehmen müßten.

1. Hiervon sei für Pos. 1, d. i. für die Deckung der Verluste durch Strahlung und Leitung, willkürlich 5% angenommen, ergibt	=	90 Kal.
2. Der in die Vergasungszone gelangende Brennstoff, also 0,88 kg C, mußte auf die Reaktionstemperatur 1150° C angewärmt werden, verlangte also $0{,}88 \times 313$ Kal.	=	275 „

3. Es sind 0,42 cbm Destillationsgas auszutreiben, und für die dazu erforderliche Wärmemenge stehen bisher kaum Angaben*) zur Verfügung. Um aber doch irgend welche, und zwar nicht zu niedrige Daten zu erhalten, sei willkürlich angenommen, daß das Destillationsgas zu seiner Bildung etwas mehr Wärme benötige, als der Wasserdampf zu seiner Bildung aus Wasser, welches ja die höchste aller bekannten Verdampfungswärme besitzt; dann benötigen 0,42 cbm Destillationsgas etwa = 200 Kal.

4. Die Kohle enthalte 3% hygroskopisches und 12% chemisch gebundenes Wasser, also zusammen 15% bei 75% C, dann kommt auf 1 kg C 0,20 kg Wasser, und dies benötigt zur Verdampfung $0{,}20 \times 600 =$ 120 „

In Summa werden benötigt 685 Kal.

so daß von den 1855 Kalorien, welche die Eigenwärme des Mischgases ausmachten, 1855 — 685 = 1170 Kal. als Eigenwärme des aus dem Generator entweichenden Gesamtgases verbleiben.

Das Gasquantum beträgt nun aber nicht mehr 5,01 cbm, wie auf Seite 62 angegeben war, sondern es hat sich um 0,20 kg Wasserdampf = 0,25 cbm Dampf erhöht.

Zur Ermittelung der Temperatur, welche diese Gasmenge bei einer Eigenwärme entsprechend 1170 Kal. besitzen müsse, seien die Werte für die mittlere spez. Wärme der Gase bei 700° benutzt, aus denen sich die mittlere spez. Wärme für das Gas zu

5,01 cbm	Generatorgas	× 0,3341 =	1,6738
0,25 „	Dampf	× 0,5172 =	0,1293
5,26 cbm	Gase	C^0t =	1,8031

und die Temperatur der abziehenden Gase zu

$$t = \frac{Q}{c} = \frac{1170}{1{,}8031} = 650^0 \text{ ergibt.}$$

Die für einen bestimmten Brennstoff sich ergebende Gastemperatur muß nun konstant bleiben, solange der Generatorbetrieb normal verläuft, denn es ist kein Grund vorhanden, der sich dem Erreichen eines Beharrungszustandes in den Weg stellen könnte.

Andererseits müßten Abweichungen von der normalen Gastemperatur zu dem Schlusse führen, daß irgend welche anormale Umstände eingetreten sind.

Von solchen Abweichungen findet man am häufigsten stark erhöhte Temperaturen, und es ist die Ursache dafür festzustellen.

---

*) Neuerdings wird mitgeteilt, daß die Entgasung der Kohlen wie auch der Zellulose keiner Wärmezufuhr bedarf, sondern eher exothermisch verläuft. Vgl. Stahl und Eisen 1910 S. 1294 und Dr. Ferd. Fischers Taschenbuch für Feuerungstechniker. 7. Aufl. 1913 S. 83.

Theorie und Praxis des Generatorprozesses.

Das Generatorgas ist theoretisch zu mehr als neun Zehntel das Produkt der unvollständigen Verbrennung oder Vergasung des reinen Kohlenstoffes, dem sich später die aus den bituminösen Stoffen des verwendeten Brennstoffes entstandenen Entgasungsprodukte beigemischt haben. Da nun

1. die Entgasung im Generator selbsttätig erfolgt, und vollkommen zu Ende geführt sein sollte, bevor der Brennstoff in den Reaktionsraum für die Vergasung gelangt,
2. für fehlerfreien Verlauf der Vergasung nur erforderlich ist, daß die richtige Reaktionstemperatur eingehalten wird, was sich einfach durch Zusatz einer entsprechenden Menge von Dampf zur Vergasungsluft erreichen läßt,
3. eventuelle Fehler bei der Vergasung dadurch wieder ausgeglichen werden können, daß man den Generator genügend hoch baut, um eine entsprechende Schütthöhe des Brennstoffes zu ermöglichen, wodurch zwischen die eigentliche Vergasungszone und den Gasraum eine Schicht glühenden Brennstoffes zu liegen kommt, welche von dem erzeugten Mischgase durchstrichen werden muß, wobei sämtliche etwa entstandene CO_2 zu CO reduziert werden muß, endlich
4. von Bone und Wheeler dadurch, daß sie die zur Vergasung verwendete Luft vor dem Eintritt in den Generator auf eine bestimmte beliebig einstellbare Temperatur bringen und bei dieser mit Wasserdampf sättigen — ein geradezu ideales Mittel angegeben ist, um die unter 3. aufgeführte Bedingung zu erfüllen —,

so sollte man annehmen, daß die Erzeugung von tadellosem Generatorgas ein ebenso einfaches Problem vorstellt, wie etwa die Erzeugung von hochgespanntem trockenen Dampf im Dampfkessel.

In Wirklichkeit liegt die Sache leider noch nicht so, und die Gründe dafür sind in der Literatur noch nicht genügend aufgeklärt worden.

In der überwiegenden Mehrzahl der Fälle arbeiten die Generatoren nicht gleichmäßig über den ganzen Querschnitt, und es würde für viele Praktiker eine Überraschung sein, wenn sie sich experimentell Aufschluß über die Verteilung der Glut in ihren Generatoren verschaffen wollten. Das ist allerdings ziemlich umständlich, denn die Apparate sind allseitig geschlossen und verwehren dem neugierigen Auge den Einblick in das Innere. Die oben angebrachten Schaulöcher gestatten nur eben einen Blick auf die Oberfläche der Brennstoffschicht, die seitlichen Schaulöcher, die man hier und da findet, sagen eigentlich nichts. Sie werden daher auch meist gar nicht nachgesehen.

Eine einfache, aber bisher selten angewandte Methode, um über den Zustand innerhalb der Brennstoffschicht Aufschluß zu erhalten, ist das Durchstoßen derselben mit einer Schürstange, die man danach solange in der Brennstoffschicht stecken läßt, bis sie die Temperatur ihrer Umgebung angenommen hat, worauf sie rasch herausgezogen wird. Die Stange ist dann an den Stellen, wo sie in der Glut gesteckt hat, glühend, und man kann an der Farbe erkennen, ob die Glut überall gleichmäßig war oder nicht. Durch Messung läßt sich die Lage der Stellen bestimmen, die Ungleichmäßigkeiten aufweisen, und man kann diese Stellen hernach auf einer Skizze fixieren.

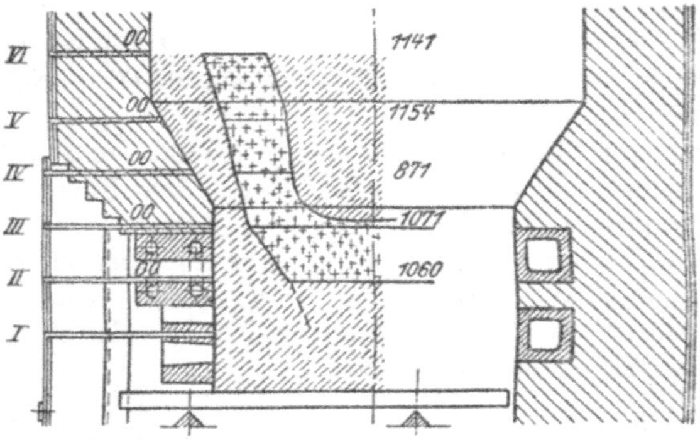

Fig. 11.

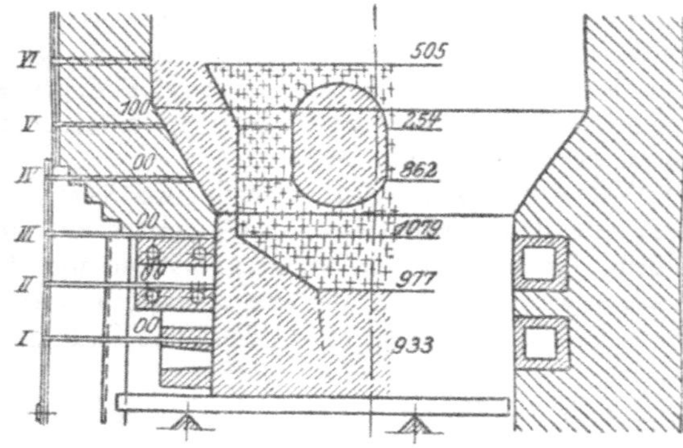

Fig. 12.

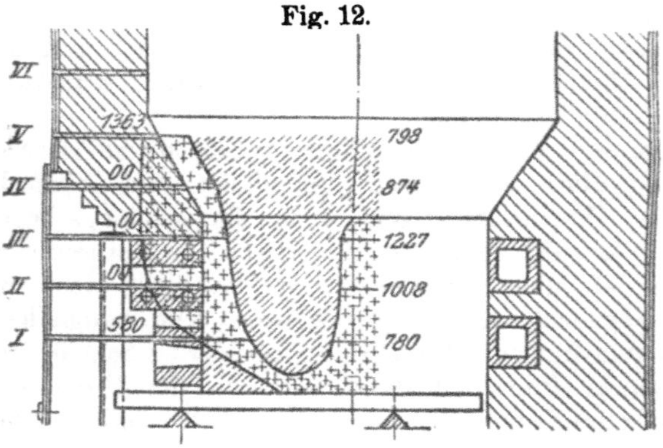

Fig. 13.

Verfasser hat auf einem Werke im Westen die Methode folgendermaßen angewendet gesehen. Es wurde die Schürstange von etwa 30 mm im Durchmesser durch eins der oberen Schürlöcher senkrecht nach unten in den Generator getrieben, bis ein an ihr angebrachtes Zeichen sich in der Höhe der Oberkante des Generators befand, und etwa 5 Minuten ruhig stehen gelassen. Darauf wurde die Stange an eine Kette angehakt, die über eine am Dachbinder angebrachte Rolle lief, mit dieser rasch aus dem Generator herausgezogen, und, immer senkrecht hängend, an der Außenseite des Generators so weit herabgelassen, bis das erwähnte Zeichen an ihr wieder in der Höhe der

Oberkante des Generators zu liegen kam. Das geschah so schnell, daß die Stange dann noch stark genug glühend war, um dem Beobachter an der Außenwand des Generators die Höhenverhältnisse sichtbar zu machen, in denen sich die Glut im Innern befand. Wollte man ein übriges tun, so wurden die Übergangsstellen zwischen den Temperaturunterschieden an der Stange mit Kreidestrichen bezeichnet, außerdem wurde mit einer besonderen Meßstange der Abstand der Oberfläche der Beschikkung von der Oberkante des Generators gemessen, und dieser Abstand ebenfalls auf der erwähnten Schürstange sichtbar gemacht: man hatte dann ein durchaus anschauliches Bild von dem Zustande des Generators im Inneren, allerdings paßte dies Bild aber nur auf die Stelle, an der gerade die Schürstange gesteckt hatte.

Harald Waldeck („Theorie und Praxis des Generatorbetriebes“, 1910, Wilhelm Knapp, Halle a. S.) hat diese Methode auch auf die **Querschnitte** des Generators angewandt, und sie weiter dahin vervollkommnet, daß er statt der Stangen Rohre verwendete, die eine Einsicht auch während des Verharrens im Generator

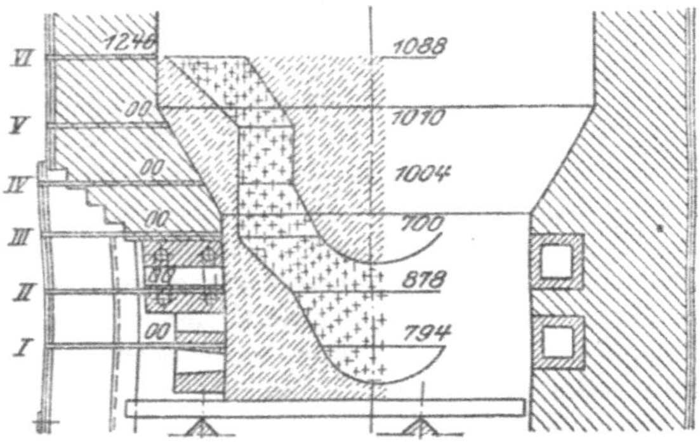

Fig. 14.

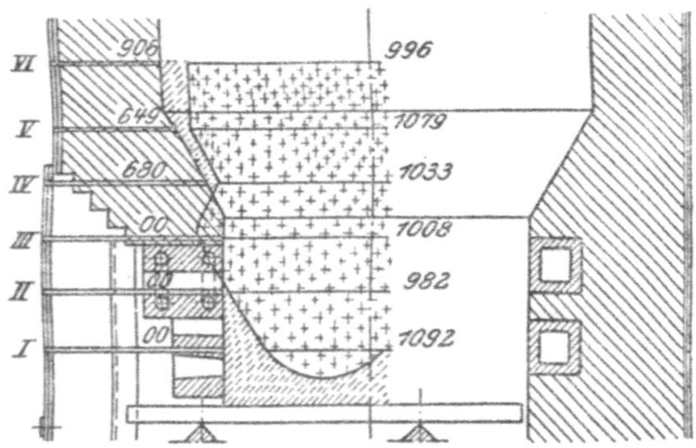

Fig. 15.

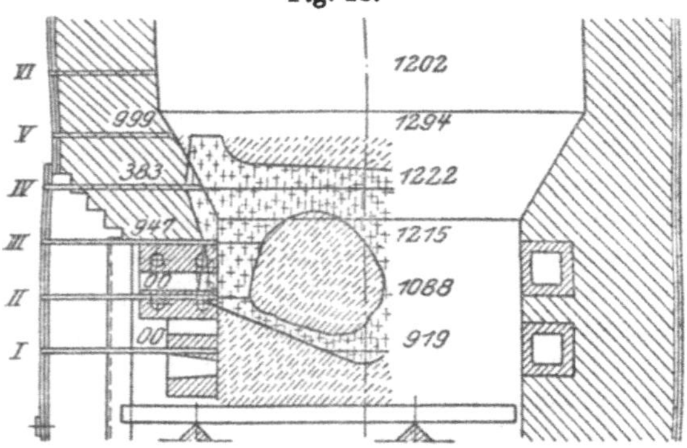

Fig. 16.

gestatten. Er hat damit sehr interessante Verhältnisse feststellen können, wie die nachstehend wiedergegebenen Abbildungen Fig. 11 bis 16 zeigen. Die mit ++ bezeichneten Stellen enthielten Glut, während die schraffierten Stellen dunkel waren. Man sieht, wie eigentlich nur in dem Falle der Fig. 15 ziemlich der ganze, von der Beschickung eingenommene Raum des Generators gleichmäßig beansprucht ist. In Fig. 11 und 14 sind Fälle dargestellt, wo nur eine den äußeren Umrissen des Generators einigermaßen parallele Schicht der Beschickung arbeitet, das Innere dagegen nicht. In Fig. 13 sieht man ganz ungleichmäßigen Brand, und in Fig. 12 und 16 erscheinen mitten in der Glut Nester, die von den Gasen offenbar vollständig umgangen werden, so daß der in ihnen enthaltene Brennstoff nur an der Oberfläche der Wärmebehandlung ausgesetzt wird, im Inneren aber wenig verändert werden kann, oder auch ganz roh bleibt.

Die Ursache für die Unterschiede in der Gasdurchlässigkeit der Beschickung kann einerseits in ungleicher Korngröße derselben liegen, und es ist Tatsache, daß man dem Generator durch Verwendung von Kohlensortimenten mit gleichmäßiger Korngröße häufig bedeutend günstigere Arbeitsbedingungen zu schaffen vermag. So sind z. B. die in der Rheingegend gebräuchlichen Braunkohlenbriketts ein geradezu ideales Rohmaterial für die Generatoren, ebenso das Sortiment der sog. Nußkohlen von nichtbackenden Gaskohlen. Müssen dagegen Förderkohlen mit wechselnder Korngröße und erheblichem Staubgehalt benutzt werden, dann treten leicht die vorstehend erwähnten, von Waldeck geschilderten Störungen ein. Nebenbei sei bemerkt, daß die Generatoren bei seinen Versuchen mit Flammkohlen von geringer Backfähigkeit und verschiedener Stückgröße betrieben wurden, denen Koksklein bis zu 32 Prozent vom Gewicht der gesamten Brennstoffmenge zugemischt war.

Die durch die ungleiche Korngröße des Brennstoffes verursachten Schwierigkeiten können jedoch nicht gut als unüberwindbar angesehen werden. Die Unterschiede in der Durchlässigkeit einer Beschickung von wechselnder Korngröße müssen sich in dem Maße mehr und mehr ausgleichen, als die Dicke der Schicht anwächst, mit anderen Worten, je höher man die Brennstoffschicht im Generator macht. Es ist alsdann nur die Windpressung so stark zu wählen, daß sie die Widerstände zu überwinden vermag. Daß dies durchaus möglich ist, können wir aus dem größten Generator ersehen, den die Technik aufzuweisen hat, dem Hochofen. Hier ist Bedingung, daß die Arbeit in der Schmelzzone, die ja der Reaktionszone für die Mischgaserzeugung entspricht, absolut gleichmäßig über den ganzen Querschnitt erfolgt, und diese Bedingung wird anstandslos eingehalten, obgleich in der Beschickung Materialien der verschiedensten Korngröße vorhanden sind, und der Widerstand derselben so groß ist, daß sehr kräftige Gebläsemaschinen erforderlich sind, um ihn zu überwinden.

Man kann auch vom Hochofen lernen, wie die Windzuführung richtig zu erfolgen hat. Im Generator wird man sie zweckmäßig zentral anordnen, und so verhüten, daß die Verbrennung an den Wänden voreilt, wodurch unverbrauchter Sauerstoff aus dem Gebläsewind durch die lockere Asche an den Wänden aufzusteigen und in den Gasraum zu gelangen vermag, wie es in den Fällen geschah, die durch die Figuren 11, 12 und 14 dargestellt werden.

Es gibt leider in vielen Fällen noch eine andere Ursache für die Verschiedenheit in der Durchlaßfähigkeit der Beschickung für die Gase, die dem Betriebe die größten Schwierigkeiten zu bereiten vermag, und das ist die Eigenschaft vieler Kohlensorten, beim Erhitzen zusammenzubacken. Hierdurch können im Inneren des Generators Gebilde entstehen, deren Form ganz dem Zufall überlassen ist, und auf deren Bildung auch der Umstand ziemlich ohne Einfluß ist, ob die ursprüngliche Korngröße der Beschickung groß oder klein, gleichmäßig oder ungleichmäßig ist. Immer bilden sich größere oder kleinere Klumpen, deren Inneres vor der Einwirkung der Wärme geschützt und daher roh bleibt. Diese Klumpen gelangen endlich in die Reaktionszone, und hier werden sie dann so rasch verbrannt, daß eine reinliche Scheidung der Entgasung des in ihnen enthaltenen rohen Brennstoffes von der Vergasung nicht mehr möglich ist. Es wird hier also nicht nur der reine Kohlenstoff verbrannt, sondern auch die Kohlenwasserstoffe unterliegen diesem Prozeß, und hiermit haben wir die Hauptursache für den Fehlbetrag an Kohlenwasserstoffen in vielen Sorten von Generatorgas, und für die geringe Qualität des Gases aufgedeckt.

Diese Verbrennung wäre nun zwar an und für sich noch nicht als ein sehr großes Unglück anzusehen, da der Schaden ja dadurch wieder ausgeglichen werden müßte, daß die Verbrennungsprodukte beim Durchgange durch eine darüber liegende Schicht glühender Kohlen von entsprechender Mächtigkeit wiederum regeneriert werden. Allein auch dies ist, unter den heutigen Verhältnissen wenigstens, eine Möglichkeit, die nur in der Theorie besteht. Praktisch geschieht das nicht, sondern es ergeben sich folgende Nachteile.

Einmal entsteht durch die Verbrennung der Kohlenwasserstoffe im Reaktionsraume eine viel zu hohe Temperatur, wodurch die Aschenbestandteile dort zu Klumpen zusammenschmelzen, die der Bedienung sehr viel zu schaffen machen, ja zu Betriebsstörungen führen können. Dann aber wird durch das Zusammenbacken der Beschickung die Durchlaßfähigkeit im ganzen sehr stark verringert, und nun müssen sich die Gase, und mit ihnen das Feuer, auf einige wenige Kanäle in der Beschickung beschränken. Diese Kanäle werden dadurch rasch weiter ausgefressen, die Verbrennungsprodukte müssen durch sie mit großer Geschwindigkeit hindurch in den Gasraum abströmen, ohne überhaupt die Bedingungen für die richtige Mischgaserzeugung, und Zeit und Gelegenheit für die Regeneration gefunden zu haben. Die Folge ist: sehr hohe Gastemperatur, Fehlen eines großen Teiles der Kohlenwasserstoffe, und durch die hohe Temperatur der Umgebung bedingter Zerfall der übrigen in leichtere Kohlenwasserstoffe und Ruß.

Als Endergebnis erscheint ein Gas von geringer Qualität bei hoher Temperatur.

Bei Verwendung stark backender Kohlen muß zur Ermöglichung des Betriebes fleißig „gestocht“ werden, d. h. es muß die Beschickung durch Schürstangen von oben nach unten durchstoßen werden, um den Gasen den Durchzug zu ermöglichen. Oft erscheint die ganze Oberfläche der Beschickung wie zu einer kompakten Schicht zusammengewachsen, die trotz des Stochens dauernd an derselben Stelle verbleibt, ohne niederzusinken: der Generator „hängt“. Bis beim Stochen plötzlich auf eine dünne Stelle gestoßen wird (wobei dem Arbeiter die Schürstange gewöhnlich plötzlich aus der Hand fällt), und sich nun zeigt, daß das ganze Innere der Beschickung ausgebrannt und nur eine dünne äußere Schale nachgeblieben ist.

Es ist bisher nicht gelungen, eine Konstruktion ausfindig zu machen, welche die Vergasung stark backender Kohle anstandslos gestattet.

Der Gehalt des Generatorgases an Wasserdampf.

Das Generatorgas der Praxis wird immer einen Dampfgehalt aufweisen, denn das gesamte hygroskopische Wasser sowie der größte Teil des sogenannten chemisch gebundenen Wassers werden immer als Dampf in das Gas übergehen.

Wie gezeigt, kann für gute Gaskohle der Gehalt an Wasserdampf aus dem hygroskopischen Wasser des Brennstoffes 0,2 kg auf 1 kg C, oder, da aus 1 kg C—5 cbm Gas erzeugt werden, 40 g für den Kubikmeter Gas ausmachen.

Dr. ing. Canaris (St. und Eisen 1908, S. 538) ist der Ansicht, daß der Dampfgehalt des Gases 30 g für den Kubikmeter nicht übersteigen dürfe und daß das wirtschaftliche Arbeiten eines Martinwerkes bei einem dauernden Dampfgehalt über 60 g für den Kubikmeter überhaupt ausgeschlossen sei. Er fand in Gaserzeugern mit Wasserabschluß bei Verarbeitung schlackender und backender westfälischer Kohlen, daß es unmöglich war, ein Gas unter 50—60 g Dampf für den Kubikmeter zu erzeugen, hatte aber oft 60 bis über 100 g.

Die Frage des schädlichen Einflusses des Wasserdampfes auf den Ofenbetrieb ist noch wenig aufgeklärt, und es wird noch weiter unten darauf zurückgekommen werden. Trotzdem erscheinen die oben gestellten Anforderungen als zu hoch, denn ein Gas, welches weniger als 30 g H_2O für den Kubikmeter enthält, dürfte sich aus den meisten Brennstoffen nur dadurch herstellen lassen, daß man die Gase abkühlt und den Wasserdampf durch Kondensation zur Abscheidung bringt. Es arbeiten nun aber viele Martinwerke mit Gasen, die aus Kohlen mit höherem Wassergehalte oder gar aus Holz und Torf hergestellt sind, ohne solche Abkühlung und Kondensation, und arbeiten dabei oft durchaus nicht schlecht. Immerhin ist aber der Wasserdampf ein für den Ofenbetrieb durchaus unerwünschter Stoff, und man soll alle Mittel anwenden, um einen Überschuß daran zu vermeiden. Nun aber bildet eine bedeutende Quelle für einen erhöhten Wasserdampfgehalt des Gases der Unterwind, wenn demselben zuviel Dampf hinzugefügt wird. Der Dampf erniedrigt alsdann die Reaktionstemperatur und aus den hier schon häufiger angeführten Versuchen von Harries, welche durch die neueren Messungen von Quasebart (Metallurgie 1908, S. 224 u. f.) und Prof. Mayer Aachen (St. u. E. 1908, S. 725) u. a. bestätigt werden, geht hervor, daß 50% und mehr der angewendeten Dampfmengen unzersetzt durch den Generator hindurch und ins Gas übergehen können. Des weiteren kann dieser Dampf die indirekte Ursache sein, daß, wie beim Abschnitt „Beurteilung des Generatororganes nach der Gasanalyse“, gezeigt ist, die Kohlenwasserstoffe zur Verbrennung gelangen, wodurch ebenfalls nicht unerhebliche Mengen von Wasserdampf im Gase entstehen und dessen Qualität weiter herabsetzen.

Daher ist für den Generatorbetrieb eine der wichtigsten Bedingungen, daß nur soviel Wasserdampf der Vergasungsluft zugefügt werden darf, als zur Herabdrückung der Temperatur auf 1150° C. erforderlich ist, wobei wohl auch stets die Verhütung des Sinterns der Asche erreicht werden wird. Wenn aber die Einhaltung dieser Bedingung sorgfältig überwacht wird, dann erübrigt sich wohl auch die öfters vorgeschlagene Kontrolle des Dampfgehaltes der Generatorgase.

Hinsichtlich des Wasserdampfgehaltes der Generatorgase wird auch dem rohen Brennstoffe zuweilen Aufmerksamkeit zu widmen sein. Für alle die Brennstoffe, welche an sich wenig chemisch gebundenes und hygroskopisches Wasser enthalten, wird man bei Gewinnung und Lagerung zweckmäßig darauf achten, daß die Wasseraufnahme, welche durch atmosphärische Einflüsse bewirkt wird, gering bleibt. Bei Brennstoffen aber, die an sich zu viel Wasser enthalten und bei denen man sich für die Abkühlung der Gase und die Abscheidung des Wassers durch Kondensation entscheiden muß, wie es bei Verwendung von Torf und Holz entschieden zu empfehlen ist, kann ein Überschuß an Wasser bis zu einer gewissen Grenze sogar angenehm sein, indem er die Gastemperatur erniedrigt und die Kondensation damit erleichtert. Hinsichtlich der Kondensation aber ist zu bedenken, daß aus derselben stets mit Feuchtigkeit gesättigte Gase hervorgehen werden, und daß sie nur dann einen guten Wirkungsgrad abgeben wird, wenn die Kühlung bis auf eine genügend niedrige Temperatur getrieben wird. Es kann nämlich 1 cbm Gas von 0° und 760 mm Druck Wasserdampf aufnehmen etwa

bei 0° C.	4,87 g H_2O	bei 50° C.	83,51 g H_2O
„ 10° „	9,38 „ „	„ 60° „	131,5 „ „
„ 20° „	17,24 „ „	„ 70° „	200,8 „ „
„ 30° „	30,33 „ „	„ 80° „	298,11 „ „
„ 40° „	51,27 „ „	„ 90° „	431,51 „ „

Folglich müßte die Abkühlung auch im heißen Sommer bis auf mindestens 40—50° C. herabgehen, um den gewünschten Erfolg zu gewährleisten.

13. Die Veränderung der Zusammensetzung des Generatorgases in Leitung und Kammern.

Die im Generator erzeugten Gase können unter Umständen miteinander in Reaktion treten, wodurch oft eine Änderung der Gaszusammensetzung verursacht wird. Abgesehen von der Änderung, die das Eindringen von Luft in den Gasraum durch Verbrennung von CH_4, H und CO erzeugen kann, kommt hier hauptsächlich die schon früher erwähnte Einwirkung des Wasserdampfes auf das Methan und besonders auf das Kohlenoxyd in Betracht, vielleicht zuweilen auch die Einwirkung von CO_2 auf CH_4. Bei guten Gasen, welche wenig CO_2 und H_2O Dampf enthalten, können die Umsetzungen nicht bedeutend sein.

Ein Bild über die in der Praxis beobachteten Veränderungen der Gaszusammensetzung, welche sozusagen durch intermolekulare Reaktionen unter Mithilfe der Eigenwärme oder der späteren Erhitzung in den Kammern erfolgten, gibt die nachstehende Aufstellung.

Summiert man, um den mittleren Verlust an Brennwert für 1 cbm Gas zu erhalten, die Brennwerte aller 6 Gasproben, so erhält man

	Brennwert 6 cbm Gas aus Leitung	7250 Kal.
ab	„ 6 „ „ „ Kammern	6406 „
	Verlust an Brennwert von 6 cbm Gas aus Leitung	844 Kal.

oder rund 12% von ursprünglichem Brennwert. Summiert man aber die Zahlen, die sich für den Brennwert der auf 1 kg C bezogenen Gasmengen ergeben, so erhält man

Mitteilungen von Würtenberger (St. u. E. 1903 S. 447).

		Gaszusammensetzung, Volum %							Gas enthaltend 1 kg C						
		CO_2 %	O %	CO %	H %	CH_n %	N %	Brennwert 1 cbm Gas	CO_2 cbm	O cbm	CO cbm	H cbm	CH_n cbm	N cbm	Brennwert Gas 1 kg C
1.	aus Gasleitung	5,6	0,4	23,0	11.3	2,0	58,3	1172	0,31	0,02	1,43	0,70	0,12	3.61	7255
	„ Kammern	7,2	0,2	20,6	12,0	1,6	59,0	1064	0,46	0,01	1,29	0,77	0,10	3,80	6866
2.	aus Gasleitung	5,2	0,2	23,8	11,5	2,2	57,1	1219	0,31	0,01	1,42	0,68	0,13	3.40	7253
	„ Kammern	7,4	0,6	20,2	12,4	1,4	58,0	1064	0,47	0,04	1,29	0,79	0,09	3,72	6810
3.	aus Gasleitung	5,0	0,2	24,3	10,9	2,2	57,4	1219	0,30	0,01	1,43	0,64	0,13	3.39	7192
	„ Kammern	7,2	0,4	21,0	12,0	1,6	57,8	1095	0,45	0,02	1,31	0,75	0,10	3,61	6832
4.	aus Gasleitung	4.8	—	24.4	10.6	2,4	57,8	1231	0,28	—	1,43	0,62	0.14	3,40	7240
	„ Kammern	7,2	0,4	22,0	12,1	1,0	57,3	1076	0,44	0,02	1,35	0,74	0,06	3,52	6617
5.	aus Gasleitung	4.2	2,0	24.0	10,8	2,2	56.8	1207	0,26	0,12	1,47	0,66	0,13	3.47	7376
	„ Kammern	6,0	1,4	22,0	11,9	1,4	57,3	1006	0,38	0,09	1,39	0,75	0,09	3,63	6368
6.	aus Gasleitung	5,4	1,2	24,8	11,0	1,8	55,8	1202	0.31	0,07	1,44	0,64	0,10	3.24	6987
	„ Kammern	7,2	0,8	22,0	12,4	1,2	56,4	1101	0,44	0,05	1,35	0,76	0,07	3,47	6776

Brennwert der Gase von 6 kg C aus Leitungen	43 303 Kal.
„ „ „ „ 6 „ „ „ Kammern	40 269 „
Verlust an Brennwert der Gase von 6 kg C	3 034 Kal.

oder rund nur 7,5 % des ursprünglichen Brennwertes wurden verloren.

Zur Erklärung der Vorgänge, die diese Veränderung der Gaszusammensetzung verursachten, kann man die Mengenverhältnisse der Gase aus 6 kg C betrachten, die man aus der Addition der für 1 kg C angegebenen Mengen erhält.

	cbm	cbm	cbm	cbm	cbm	cbm
Gas aus Leitung aus 6 kg C =	CO_2 1,77 +	O 0,23 +	CO 8,62 +	H 3,94 +	CH_4 0,75 +	N 20,57
Gas aus Kammern aus 6 kg C =	„ 2,64 +	„ 0,23 +	„ 7,98 +	„ 4,56 +	„ 0,51 +	„ 21,75
Somit hinzugekommen	CO_2 0,87	—		+ H 0,62		+ N 1,18
und verschwunden		—	CO 0,64		CH_4 0,24	

Hieraus läßt sich jedoch eine Erklärung kaum ableiten.

Zerlegt man die Gase in ihre Elemente, so erhält man

Gas aus 6 kg C aus Leitung hat	6,31 cbm O + 5,44 cbm H + 20,51 cbm N
„ „ 6 „ „ „ Kammern hat	6,86 „ „ + 5,58 „ „ + 21.75 „ „
„ „ Kammern aus 6 kg C hat mehr	0,55 cbm O + 0,14 cbm H + 1,24 cbm N
Wenn die 0,14 cbm H aus der Wasserzersetzung stammen, müßten ihnen entsprechen 0,14 × 0,5 =	0,07 „ „
Somit stammt	0,48 cbm O

aus anderer Quelle. Dieser Umstand, sowie die Erhöhung des N-Gehaltes lassen darauf schließen, daß Luft in das Gas gelangt ist. Dann aber erklärt sich die Verringerung des Brennwertes der Gase, auf 1 kg C bezogen, wohl durchaus ungezwungen. Die Luft hat hauptsächlich CH_4 und H, wohl auch etwas CO verbrannt, und nebenbei ist auch etwas Wasserdampf mit CO, vielleicht auch CH_4 in Wechselwirkung getreten. Quantitative Daten lassen sich aber auch hier nicht ableiten. Auch diese Gase mit ihrem Gehalte an C-haltigen Gasen von 30—32 % gehören zu denen, in welchen ein beträchtlicher Anteil an Destillationsgas bereits im Generator verbrannt ist. — Ledebur teilt in Veranlassung durch obige Mitteilung in „Stahl und Eisen“ 1903, S. 694 ähnliche Analysen über die Veränderung der Gase in den Leitungen mit. Die Gasleitungen waren mit Gasreinigern und Wasserabschlüssen versehen und die Gastemperatur betrug zwischen Generator und Reiniger etwa 860°, zwischen Reiniger und Gasventil etwa 760° C.

Die Gase zeigten die Zusammensetzung:

Herkunft	Zusammensetzung, Volum %						Gas enthaltend 1 kg C					
	CO_2 %	O %	CO %	H %	CH_4 %	Brennwerte 1 cbm Kalorien	CO_2 cbm	O cbm	CO cbm	H cbm	CH_4 cbm	Brennwerte
1. Vor Reiniger	5,6	—	25,4	14,8	0,1	1183	0,33	—	1,52	0,89	0,01	7072
1. Hinter Reiniger	6,0	—	25,0	15,9	—	—	—	—	—	—	—	—
1. Vor Gasventil	7,2	—	23,8	16,5	—	1161	0,43	—	1,43	0,99	—	6966
2. Vor Reiniger	4,8	—	25,9	14,8	0,6	1332	0,28	—	1,54	0,88	0,04	7566
2. Hinter Reiniger	5,9	—	24,3	16,9	0,1	—	—	—	—	—	—	—
2. Vor Gasventil	6,4	—	23,8	17,6	—	1190	0,39	—	1,47	1,09	—	7358
3. Vor Reiniger	4,2	—	28,0	13,8	0,8	1280	0,24	—	1,58	0,78	0,04	7226
3. Hinter Reiniger	4,8	—	29,9	14,9	0,2	—	—	—	—	—	—	—
3. Vor Gasventil	5,6	—	25,4	16,2	—	1200	0,34	—	1,52	0,97	—	7200

Der Verlust an Brennwert beträgt hier

Brennw.-Sa. 1—3 vor dem Reiniger 3 cbm Gas 3795 Kal.	Gas von 3 kg C 21864 K.
„ „ 1—3 hint. „ „ 3 „ „ 3551 „	„ „ 3 „ „ 21554 „
Verlust-Brennwert 244 Kal.	310 K.

Somit auf ursprünglichen Brennwert bezogen,

für 1 cbm Gas . . — 7%,
„ Gas aus 1 kg C — 1,5%.

In einem anderen Falle war die Gaszusammensetzung bei einer Temperatur von nur etwa 360° C.

4. Vor dem Reiniger . . . CO_2 3,8% + CO 28,0% + H 12,1% + CH_4 2,1%
4. Hinter „ „ . . . „ 3,6 „ + „ 28,4 „ + „ 11,1 „ + „ 2,3 „
5. Vor „ „ . . . „ 3,9 „ + „ 26,2 „ + „ 12,2 „ + „ 2,3 „
5. Hinter „ „ . . . „ 4,0 „ + „ 26,0 „ + „ 12,0 „ + „ 2,5 „

Hier war also eine Veränderung der Gaszusammensetzung kaum festzustellen.

Prof. Mayer (St. u. E. 1908, S. 766) fand im Mittel

	CO_2	O	CO	H	CH_4	C_mH_n	N
Gas in der Leitung	6,3%	+ 0,2%	+ 22,7%	+ 13,4%	+ 2,6%	+ 0,3%	+ 54,5%
„ oben aus der Gaskammer	6,4 „	+ 0,2 „	+ 23,3 „	+ 16,6 „	+ 0,8 „	+ 0,2 „	+ 52,5 „

Brennwert des Gases in der Leitung für den cbm = 1435 Kal.
„ „ „ aus „ Kammer „ „ „ = 1371 „

Auf 1 kg C umgerechnet ergibt dies

Brennwert des Gases 1 kg C aus Leitung 8280 Kal.
„ „ „ 1 „ C „ Kammer 8308 „

Somit ist der Verlust an Brennwert, der durch die gegenseitige Einwirkung der Bestandteile der Gase aufeinander hervorgerufen wird, in den von Ledebur und Mayer angeführten Fällen in bezug auf den Brennwert für den Kubikmeter nicht sehr bedeutend, in bezug auf das gesamte aus der Gewichtseinheit resultierende Gas aber verschwindend. Man kann also wohl annehmen, daß bei gut hergestelltem Generatorgase dieser Verlust noch geringer und daher sehr unbedeutend sein wird. Daher wird man die Gegenwart größerer Mengen H_2O-Dampf im Gas tunlichst zu vermeiden suchen, und ebenso einen nur mittleren Gehalt an Kohlenwasserstoffen anstreben. Dies würde darauf hinweisen, daß man zu stark backende Kohle durch einen Zusatz von magerem Brennstoff verbessern kann. Denn es hat keinen Zweck, Gas mit hohem Kohlenwasserstoffgehalt herzustellen, wenn dies Gas doch schon in den Kammern vor dem Eintritt in den Herdraum zersetzt wird.

14. Luftbedarf zur Verbrennung der Gase im Herdofen.

Aus den Resultaten der Praxis ergibt sich, daß der Brennstoff in Herdöfen mit der 1,3fachen theoretischen Luftmenge vollständig verbrannt wird, denn Analysen von verschiedenen Werken zeigen, daß bei derartigem Luftverhältnis keine Spur von brennbaren Gasen mehr in den Abgasen enthalten ist. Prof. Mayer fand (St. u. E. 1908, S. 725) dagegen, daß bei 1,21facher Luftmenge noch nicht vollständige Verbrennung eintrat, indem die Zusammensetzung der Abgase, nämlich

$$CO_2\ 14{,}2\% + CO\ 0{,}1\% + O\ 3{,}8\% + N\ 81{,}9\%,$$

noch bemerkbaren CO-Gehalt aufwies.

Zur Bestimmung der in den Ofen einzuführenden Luftmenge darf nun aber nicht von dem theoretischen Luftbedarf ausgegangen werden, den das Gas zu seiner Verbrennung verlangt, denn wenn man diesen Betrag um das 1,3fache erhöht, wird die Luftmenge naturgemäß zu niedrig ausfallen. Die Zahl 1,3 bezieht sich auf die gesamte zur Verbrennung des rohen Brennstoffes erforderliche Luftmenge, von welcher aber ein Teil bereits zur Vergasung aufgewendet wurde, und auch dieser Teil darf nicht unberücksichtigt bleiben.

Will man den Luftbedarf genau bestimmen, was ja für theoretische Betrachtungen von Wert ist, so kann man auch nicht gut von der Elementaranalyse des Brennstoffes ausgehen, sondern man wird zweckmäßig die Produkte der vollständigen Verbrennung zur Grundlage wählen, oder aber, falls die Zusammensetzung des Heizgases bestimmt ist, aus dieser alle erforderlichen Daten ermitteln. Als Beispiel für eine derartige Rechnung sei das sog. beste Generatorgas von S. 62 gewählt. Die zur vollständigen Verbrennung erforderliche Luftmenge und die entstehenden Verbrennungsprodukte ergeben sich

Gas von 1 kg C	braucht O	ergibt CO_2	N	H_2O-Dampf
CO_2 0,05 cbm	—	0,05 cbm	—	—
CO 1,63 „	0,815 cbm	1,63 „	—	—
CmHn 0,02 „	0,06 „	0,04 „	—	0,04 cbm
CH_4 0,14 „	0,28 „	0,14 „	—	0,28 „
H 0,41 „	0,205 „	—	—	0,41 „
N 2,76 „	—	—	2,76 cbm	—
5,01 cbm Gas braucht	1,360 cbm O	—	—	—
mit	5.115 „ N	—	5.115 „	—
5,01 cbm Gas braucht	6,475 cbm Luft	—	—	—
und ergibt Verbrennungsprodukte:		1,86 cbm	+ 7,875 cbm	+ 0,73 cbm Dampf.

Die 7,875 cbm N stammen praktisch voll aus der Luft, will man aber den aus dem Brennstoff stammenden N berücksichtigen, so kann man 0,01 cbm in Abzug bringen und erhält dann N aus Luft = 7,865 cbm. Bei 1,3 facher Luftmenge müßte N betragen

$$1{,}3 \times 7{,}865 = 10{,}22 \text{ cbm}$$

Im Gase sind aber bereits N aus Luft 2.75 „

folglich müssen hinzugefügt werden 7,47 cbm N aus Luft, welche
1.99 „ O mitführen.

Somit ist prakt. Luftbedarf für 5,01 cbm
Gas aus 1 kg C 9,46 cbm Luft

oder für 1 cbm Gas praktischer Luftbedarf 9,46 : 5,01 = 1,89 cbm Luft. Will man Werte ermitteln, welche auch für die ungünstigsten Betriebsverhältnisse des Jahres Geltung haben sollen, so muß man den Feuchtigkeitsgehalt der Luft berücksichtigen und dieser kann nach S. 18 bis zu 0,04 cbm Dampf, auf den cbm Luft von 0° — 760 mm bezogen, betragen. Dann wäre der Luftbedarf für 1 cbm Gas

$$1{,}89 + 1{,}80 \times 0{,}04 = 1{,}96 \text{ cbm Luft.}$$

Luftbedarf für schlechtes Gas.

Bei der Anlage von Öfen muß darauf Rücksicht genommen werden, daß der Generatorgang zuweilen auch fehlerhaft werden kann, und daß der Ofen auch in diesem Falle seine Aufgabe erfüllen soll, eine große Wärmemenge bei hoher Temperatur zu liefern. Dazu ist erforderlich, auch die Luftmenge zu kennen, die bei schlechter Gasqualität dem Ofen zugeführt werden muß. Nur um zunächst den untersten Grenzwert für das schlechteste Gas festzustellen, das überhaupt fallen könnte, sei die übertriebene Annahme gemacht, daß in den Generator 50% Luft mehr gelangt als zur Vergasung erforderlich ist, wobei dieser Luftüberschuß die gebildeteten Gase teilweise verbrannt habe. Ferner sei angenommen, daß auch ein Dampfüberschuß vorhanden gewesen sei, so daß, wie es ja auch praktisch oft beobachtet wurde, 50% des verwendeten Dampfes unzersetzt ins Gas übergegangen sei, also 0,21 cbm (da im Mischgase von 0,88 kg C,

s. S. 62, 0,21 cbm H vorhanden sind, welche aus 0,21 cbm Dampf entstanden.)

Aus der Zerlegung des im vorigen Beispiel betrachteten besten Generatorgases in seine Bestandteile berechnet sich der mit 50% angenommene O-Überschuß zu 0,43 cbm, welcher sämtliche Kohlenwasserstoffe und 0,18 cbm CO verbrannt habe, wobei aus dem Kohlenwasserstrff weitere 0,32 cbm Wasserdampf entstanden sind. Aus diesen Angaben berechnet sich die Zusammensetzung des Gases aus 1 kg C zu

$$CO_2\ 0{,}41\ \text{cbm} + CO\ 1{,}45\ \text{cbm} + H\ 0{,}41\ \text{cbm} + N\ 4{,}38\ \text{cbm} = 6{,}65\ \text{cbm}$$

trockenes Gas + 0,53 cbm Wasserdampf, insgesamt 7,18 cbm mit beiläufig folgender Analyse

$$CO_2\ 5{,}1\% + CO\ 21{,}8\% + H\ 6{,}1\% + N\ 66{,}2\%$$

und einem Brennwerte von 827 Kal. für den cbm oder 5515 Kal. für 1 kg C.

Die zur vollständigen Verbrennung dieses Gases erforderliche Luftmenge berechnet sich nun zu

Gas	braucht	O	ergibt CO_2 —	N —	H_2O-Dampf
CO_2	0,41 cbm	—	0,41 cbm	—	—
CO	1,45 „	0,725	1,45 „	—	—
H	0,41 „	0,205	—	—	0,41
N	4,38 „	—	—	4,38	—
	6,65 cbm Gas	0.930 cbm O	mit	3.49	

6,65 cbm Gas ergibt Verbr.-Prod. 1,86 cbm CO_2 + 7,87 cbm N + 0,41 cbm H_2O-Dampf
H_2O aus Gas „ „ „ 0,53 „
Insgesamt Verbrennungspr. 1,86 cbm CO_2 + 7,87 cbm N + 0,94 cbm H_2O-Dampf

Die Stickstoffmenge bei Verbrennung mit der theoretischen Luftmenge ist gleich 7,87 cbm
praktisch also wird sie 1,3 × 7,87 = 10,23 cbm N (wie vorher S. 88)
Hiervon sind aber im Gas bereits = 4,38 „ N
vorhanden, also fehlen 5,85 „ N
welche mitführen 1,56 „ O
Die Luftmenge für 6,65 cbm Gas wird also 7,41 cbm
oder die praktische Luftmenge für 1 cbm Gas wird 7,41 : 6,65 = 1,11 cbm trockener oder 1,11 + 1,11 × 0,0268 (30° warme, mit Feuchtigkeit gesättigte Luft angenommen) = 1,14 cbm feuchter Luft.

Die ermittelten Resultate seien zusammengestellt:

Oberster Grenzwert.	Unterster Grenzwert.
Bestes Generatorgas aus Gaskohle.	Denkbar schlechtes Generatorgas aus guter Gaskohle.
1 cbm Gas benötigt: 1,96 cbm Luft	1,14 cbm Luft
1 cbm Gas entwickelt: 1507 Kal.	827 Kal.
Die Verbrennungsprodukte von Gas, enthaltend 1 kg C, sind	
CO_2 1,86 cbm + O 0,63 cbm + N 10,23 cbm + Dampf 0,98 cbm.	CO_2 1,86 cbm + O 0,63 cbm + N 10,23 cbm + Dampf 1,13 cbm

Oberster Grenzwert.		Unterster Grenzwert.	
NB. Der Gehalt an freiem O ermittelt sich:			
O hinzugefügt	1,99 cbm	1,56 cbm	
O theoretisch erforderlich	1,36 „	0,93 „	
O Überschuß	0,63 cbm	0,63 cbm	
Der Dampfgehalt des Gases ermittelt sich:			
Dampf aus den Verbrennungsprodukten	0,73 cbm	0,73 cbm	(0,41 + 0,32 cbm)
Dampf aus unzersetztem Dampf	—	0,21 „	
Aus der Luftfeuchtigkeit $1{,}89 \times 5{,}01 \times 0{,}026$	0,25 „	0,19 „	($1{,}11 \times 6{,}65 \times 0{,}026$)
Summa	0,98 cbm	1,13 cbm Dampf.	

Es zeigt sich, daß bei Verschlechterung der Gasqualität der Luftbedarf stark herabgeht, da man im zweiten Falle für 1 cbm Gas nur etwa 60% der Luftmenge braucht, die für gutes Gas erforderlich ist.

Es wird daher im Auge zu behalten sein, daß mit der Verbesserung der Gasqualität bei vorhandenen Anlagen sich der relative Luftbedarf entsprechend erhöhen muß, und daß daher auch die Anforderungen, welche an die Kammern für die Vorwärmung der Luft gestellt werden, bedeutend höhere werden können, als sie bisher bei der Verwendung schlechten Gases waren.

15. Die Temperaturen und die Wärmeübertragung im Herdraume des Herdofens.

Bei allen Herdöfen beobachtet man während des Betriebes im Herdraum Flammentemperaturen von annähernd 1800° im Maximum und von etwa 1700° an der Austrittsstelle, und man darf wohl annehmen, daß erstere Temperatur das Maximum dessen bedeutet, was der Ofenzustellung zugemutet werden kann, während letztere das Minimum dessen vorstellt, was zur praktischen Ermöglichung des Stahlschmelzens unbedingt erforderlich ist.

Über die Art und Weise der Ausnutzung der Wärme im Herdraume und besonders über das Maß dieser Ausnutzung ist bisher kaum etwas geschrieben oder gesprochen worden. Zu den folgenden Ausführungen über diese Frage sei nun von vornherein bemerkt, daß sie rein persönliche Anschauungen des Schreibers dieser Zeilen vorstellen; der freundliche Leser möge also selbst prüfen, welche Stellung er dazu einnehmen soll, und ob etwas davon für seine Zwecke verwendbar ist.

Die Erhitzung von Materialien auf dem Herde eines Herdofens ist im Prinzip ein sehr einfacher Vorgang: eine heißere Flamme umspült einen kälteren Gegenstand und erwärmt diesen infolge des Temperaturunterschiedes, der zwischen beiden vorhanden ist, wobei die Flamme selbst natürlich an Wärme einbüßt.

Die Richtigkeit dieses Grundprinzips wird auch aus den eingangs angeführten Daten bestätigt, denn die höchste Temperatur der Flamme beträgt 1800°, infolge der auf dem Herde verrichteten Arbeit kühlt sie sich aber auf 1700° C. ab. Die Arbeit kann nun auf verschiedene Weise geleistet werden, indem Wärme durch direkte Berührung, also durch Leitung, oder indirekt durch Strahlung abgegeben wird; im Herdraume finden wohl beide Arten der Wärmeübertragung statt. Beide sind für die Flammen noch wenig untersucht, wenn man sich jedoch die Wärme nur als eine Form der Energie vorstellt und sich damit begnügt, vorläufig nur den gesamten Energiebetrag zu ermitteln, der von der Flamme im Herdraum übertragen wird, so ist man auch heute schon imstande, diesen Wert durch Messung zu bestimmen. Derselbe wird gleich sein dem Unterschiede zwischen dem gesamten Energiebetrage, welcher dem Herdraum zugeführt wurde und dem Energiebetrage, der aus demselben wieder entführt wurde.

Es sei z. B. angenommen, daß im Herdofen die beiden letztgenannten Generatorgase, und zwar einmal das beste und das andere Mal das schlechteste Generatorgas verwendet werden. Zur Verbrennung sei die 1,3fache Luftmenge angewendet, wobei die Vorwärmung von Gas und Luft soweit getrieben sei, daß die geforderte Temperatur der Flamme von 1800° gerade erreicht werde. In dem Momente der Verbrennung würde dann die gesamte, dem Herdraume zugeführte Wärmemenge durch den Betrag: Eigenwärme der entstandenen Verbrennungsprodukte bei 1800° ausgedrückt sein, während die Eigenwärme der Abgase bei 1700° den Energiebetrag vorstellen würde, der dem Herdraum wieder entführt wird. (Siehe Berechnung auf S. 92.)

Der Unterschied dieser beiden Werte gibt die Energiemenge an, welche im Herdraum verblieben ist.

Die Eigenwärme der Gase ergibt sich aus der Multiplikation der einzelnen Bestandteile der Abgase mit der Temperatur und der für diese geltenden mittleren spezifischen Wärmen $C_0{}^t$ siehe Tabelle im Anhange.

Nun soll gewiß nicht behauptet werden, daß diese beiden Zahlenwerte irgendwelchen Anspruch auf Genauigkeit haben, denn die spezifischen Wärmen bei derartig hohen Temperaturen sind viel zu unsichere Werte.

Immerhin hat man aber doch einigen Anhalt für Vergleiche gefunden, und diese dürften genügen, um zwei Tatsachen zu konstatieren:

1. Das gewiß überraschende Resultat, daß unter Umständen im Herdraume aus einem ganz schlechten Gase ein ebenso hoher Wärmebetrag nutzbar werden kann als bei Verwendung des besten Gases.

a) Dem Herdraume zugeführte Energie.

Gegenstand.	Bestes Gas.	Schlechtestes Gas.
a) Eigenwärme der Produkte der Verbrennung einer Gasmenge, enthaltend 1 kg C, bei 1800° C.:		
CO_2	1,86 × 0,8378 = 1,5585	1,86 × 0,8378 = 1,5585
O N	0,63 10,23 } × 0,3764 = 4,0877	0,63 10,23 } × 0,3764 = 4,0877
Wasserdampf	0,98 × 0,7713 = 0.7758	1,13 × 0,7713 = 0,8716
	6,4020	6,5178
	× 1800	× 1800
	11524 Kal.	11732 Kal.
b) Aus dem Herdraume abziehende Energie. Eigenwärme Abgase bei 1700° C.:		
CO_2	1,86 × 0,8128 = 1,5118	1,86 × 0,8128 = 1,5118
O N	0,63 10,23 } × 0,3725 = 4,0453	0,63 10,23 } × 0,3725 = 4,0453
Wasserdampf	0,98 × 0,7482 = 0,7332	1,13 × 0,7482 = 0,8454
	6,2903	6,4025
	× 1700	× 1700
	10693 Kal.	11884 Kal.
Im Herdraum verblieb:		
a	11524 Kal.	11732 Kal.
— b	— 10693 „	— 10884 „
a — b	831 Kal.	848 Kal.

2. Daß die Wärmeausnutzung in Wirklichkeit anders erfolgt als vorhin angenommen wurde.

Dieser letztere Schluß wird durch die Tatsache bewiesen, daß zur Erzeugung eines Kilogramm Stahl etwa 400 Kal. erforderlich sind, so daß, selbst wenn man die gewiß unzulässige Annahme machen wollte, daß der gesamte Betrag von 830 Kal., der nach obiger Berechnung dem Herdraum überlassen wird, ohne jeglichen Verlust zur Stahlerzeugung nutzbar gemacht werden könnte, man mit einem Kilogramm C nicht mehr als 2 kg Stahl zu erzeugen vermöchte. Die Praxis hat es aber bereits bis auf 5 kg Stahl für das Kilogramm C gebracht, und ein so gewaltiger Unterschied verlangt noch eine andere Erklärung, als sie durch genauere Werte für die spezifischen Wärmen der Gase bei höheren Temperaturen gegeben werden könnte.

Vorhin ist der Betrag an Wärmeenergie, welcher dem Herdraume zugeführt wird, aus der Eigenwärme der Verbrennungsprodukte ermittelt worden. Es gibt noch einen anderen Weg, diesen Wert zu finden, er muß nämlich gleich sein dem Betrage an Eigenwärme, den Gas und Luft besitzen, plus dem Brennwerte des Gases. Denn andere Energie steht nicht zur Verfügung. Nun könnte man ja leicht den Temperaturgrad ermitteln, auf den Gas und Luft erhitzt werden müssen, um zuzüglich des Brennwertes des Gases den vorhin ermittelten Gesamtbetrag an Energie von etwa 11600 Kal. zu erhalten. Würde dann aber unter allen Umständen bei der Verbrennung des Gases die verlangte Temperatur entstehen?

Die Frage ist unbedingt mit nein zu beantworten und die vorhin angeführte Tatsache, daß die Ausnutzung des Brennstoffes bei der Stahlfabrikation viel besser sein kann, als vorhin berechnet, weist trotz des Faktums, daß im Herdraum nie eine Temperatur über 1800° beobachtet wird, auf die wahre Ursache dieser letzteren Erscheinung hin. Wenn nämlich im Herdraume die Bedingungen für einen Wärmeverbrauch vorhanden sind, so wird auch im Momente der Verbrennung nicht die gesamte vorhandene Energiemenge von den Verbrennungsprodukten aufgenommen werden können, sondern es wird ein Teil davon sofort von den übrigen vorhandenen Wärmekonsumenten an sich gerissen werden, und als Folge davon muß sich eine niedrigere Verbrennungstemperatur ergeben, als sich aus den vorhandenen Energiequellen und Verbrennungsprodukten allein errechnen läßt.

Da nun auch bei einem leeren Ofen stets ein Wärmeverbrauch statt hat, indem infolge der hohen Temperatur die Strahlungsverluste recht bedeutende sind, so wird sich die geforderte Minimaltemperatur von 1800° überhaupt nur erreichen lassen, wenn Gas und Luft stets um so viel mehr vorgewärmt sind, als der Verlust durch diese Wärmeverbrauchsfähigkeit des Herdraumes es bedingt. Das Maß hiervon zu bestimmen ist allerdings nicht leicht, und wenn man es auch täte, so wäre nicht viel geholfen. Denn die Wärmeaufnahmefähigkeit des Herdraumes ist zu verschiedenen Zeiten des Chargenganges verschieden, wogegen man die Kammertemperaturen und die Gaszusammensetzung nicht schnell und beliebig zu ändern vermag. Um aber trotzdem die Temperatur im Herdraum zu regulieren und sie auf der erforderlichen Höhe zu halten, braucht man, wenn Gas und Luft mit einem zu großen Vorrat an Energie beladen sind, nur die in der Zeiteinheit in den Ofen gelangenden Gas- und Luftmengen entsprechend zu verringern und dadurch nur so große absolute Mengen von Energie frei werden zu lassen, als eben ausreichen, um die Wärmeabsorptionsfähigkeit des Herdraumes zu befriedigen, so daß auch ein Überschuß an Energie nicht entstehen kann.

Wenn diese Schlußfolgerung als richtig angesehen wird, dann müßte zwecks ökonomischer Verwendung des Brennstoffes die Vorwärmung von Gas und Luft möglichst weit getrieben werden, da man durch die erhöhte Eigenwärme der gasförmigen Medien den Energiebetrag erheblich vergrößern kann, den man aus dem Brennstoff gewinnt.

Nun wird aber der Höhe der Vorwärmung in der Temperatur der aus dem Herde abziehenden Flamme eine Grenze gesetzt, denn wenn diese Flamme nur 1700° warm ist, können die durch sie vorzuwärmenden Gase nicht gut höher als auf 1600—1650° erhitzt werden.

Entgegen der Theorie hat sich aber in der Praxis ergeben, daß bei einer derartig hohen Vorwärmung für viele Öfen die Grenze überschritten ist, bei welcher die besten Resultate erzielt werden. Man hat beobachtet, daß bei zu starker Vorwärmung von Gas und Luft die Produktion der Öfen eher zurückgeht als steigt, während die Kammern besonders in ihren obersten Partien sich überhitzen, so daß die Gittersteine schmelzen und sogar die Kammergewölbe nieder zu gehen drohen, was sofortiges Erliegen des Ofens zur Folge haben muß. Man hat ferner bemerkt, daß es sehr schwierig und sehr zeitraubend ist, solche zu stark erhitzte Kammern durch gewöhnliche Mittel wieder auf niedrigere Temperatur zu bringen, und hat sich gezwungen gesehen, alsdann besondere Kühlöffnungen an den Zügen anzubringen, welche zu den Kammern führen, um durch diese Kühlöffnungen kalte Luft durch die Kammern zu leiten, wenn sie in direkter Verbindung mit dem Kamin stehen. Diese Einrichtung mag vom Gesichtspunkte sparsamen Wärmehaushaltes als total verfehlt gelten, sie muß aber beibehalten werden bis es gelingt, etwa durch die vorhin angeführte Methode der Verringerung der Gas- und Luftmengen, welche dem Ofen zugeführt werden, den richtigen Ausgleich zwischen Wärmeerzeugung und -verbrauch herzustellen.

Solange aber der Ofenbetrieb durch zu hohe Vorwärmung leidet, darf man sie auch nicht anwenden, und es sei daher für die folgenden Berechnungen nur ein Vorwärmungsgrad von Gas sowohl wie von Luft von 1200° angenommen, d. i. eine Vorwärmung, die praktisch wohl von allen Öfen und allen Heizgasen anstandslos ausgehalten wird.

Einfluß der Gasqualität auf die Ausnutzung der Wärme im Herdraume.

Um den Einfluß der Gasqualität auf die Wärmemenge, welche dem Herdraume überlassen werden kann, zu zeigen, sind die Tabellen auf S. 95 berechnet worden. Die Art der Berechnung ist ohne weiteres klar, und daher seien nur die Voraussetzungen aufgeführt, die als Grundlage dienten. Zur Verbrennung ist überall die 1,3fache Luftmenge, auf den rohen Brennstoff bezogen, angenommen; der Vorwärmungsgrad von Gas und Luft beträgt 1200°, die Temperatur der abziehenden Gase 1700°, und die Verbrennung ist als im Herdraum völlig beendet anzusehen.

Zunächst sei Luftgas betrachtet in verschiedenen Gütegraden.

Beim besten Luftgase ist der maximale Wärmebetrag, der dem Herdraum übermittelt werden könnte, 2261 Kal., während er bei einem Luftgase, das mit 20% Luftüberschuß hergestellt ist, auf die Hälfte heruntergeht. Bei 40% Luftüberschuß im Generator und Vorwärmung von Gas und Luft auf 1200° würde das Stahlschmelzen bereits zur Unmöglichkeit.

Den Einfluß des Dampfzusatzes zur Vergasungsluft zeigt die auf S. 96 folgende Tabelle.

		Luftgas, hergestellt mit		
		theoretischer Luftmenge	20% Luftüberschuß	40% Luftüberschuß
Zusammensetzung des Luftgases aus 1 kg C	CO_2	0,00 cbm	0,37 cbm = 6,1%	0,74 cbm = 10,9%
	CO	1,86 „ = 34,7%	1,49 „ = 24,6 „	1,12 „ = 16,6 „
	N	3,50 „ = 65,3 „	4,20 „ = 69,3 „	4,90 „ = 72,5 „
Gasvolum		5,36 cbm	6,06 cbm	6,76 cbm
Luftmenge		7,10 „	6,20 „	5,32 „
Brennwert Gas von 1 kg C		5693 Kal.	4557 Kal.	3418 Kal.
„ 1 cbm		(1062 Kal.)	(752 Kal.)	(506 Kal.)

	Luftgas, hergestelt mit		
	theoret. Luftmenge	20% Luftüberschuß	40% Luftüberschuß
Eigenwärme-Gas v. 1 kg C bei 1200° C.	2 268 Kal.	2 712 Kal.	3 168 Kal.
„ -Luft „ 1 „ „ „ 1200° „	2 987 „	2 601 „	2 232 „
Sa. Eigenwärme	5 255 Kal.	5 313 Kal.	5 400 Kal.
+ Brennwert	5 693 „	4 557 „	3 418 „
Totale Energie der eintretenden Flamme	10 948 Kal.	9 870 Kal.	8 818 Kal.
Ab Energie in Abgasen bei 1700° C.	8 678 „	8 678 „	8 678 „
Bleibt Energie, ausnutzbar im Herdraum	2 270 Kal.	1 192 Kal.	140 Kal.
Abgase: CO_2 1,86 cbm + O 0,36 cbm + N 9,11 cbm	11,53 cbm	11,53 cbm	11,53 cbm

Man sieht aus der nachfolgenden Tabelle, daß der maximale Wärmebetrag, welcher dem Herdraum von 1 kg C zur Verfügung gestellt werden kann, um so größer wird, je mehr H im Gase enthalten ist. Dies findet jedoch seine Grenze, wenn die H-Erzeugung so weit getrieben wird, daß CO_2-Bildung erfolgen muß, denn in diesem Falle tritt sofort eine Verringerung des Nutzeffektes ein. Diese Erscheinung wird beim reinen Wassergase (vgl. Kolonne 2 gegen 1) deutlich, obgleich diese Gase ja für den Herdofenbetrieb nicht in Frage kommen. Noch deutlicher aber sieht man dies aus der vorletzten Kolonne für Mischgas, welches mit kalter Luft erzeugt gedacht ist, und welches fallen müßte, falls es möglich wäre CO-freies Mischgas herzustellen. Hier ist die für den Herdraum verfügbare Wärmemenge trotz der gewaltigen Wasserstoffmenge geringer als bei Verwendung reinen Luftgases, welches zum Vergleich nebenan gesetzt ist. Die Ursache ergibt sich aus der

Nummer der Kolonne		Theoretisches					
		Wassergas		Mischgas			Luftgas
				Reine CO-Bildung		Reine CO_2-Bildung aus kalter Luft	
		I $CO + H$	II $CO_2 + 2H$	aus 500° warmer Luft	aus kalter Luft		
		1	2	3	4	5	6
Zusammensetzung des Gases aus 1 kg C	CO_2	—	1,86 cbm	—	—	1,86 cbm	—
	CO	1,86 cbm	—	1,86 cbm	1,86 cbm	—	1,86 cbm
	H	1,86 „	3,72 „	0,48 „	0,24 „	2,48 „	—
	N	—	—	0,60 „	3,04 „	2,32 „	3,50 „
Gasvolum enthaltend 1 kg C		3,72 cbm	5,58 cbm	2,94 cbm	5,14 cbm	6,66 cbm	5,36 cbm
Brennwert des Gases von 1 kg C		10 750 Kal.	9 746 Kal.	6 941 Kal.	6 303 Kal.	6 507 Kal.	5 693 Kal.
„ „ „ „ 1 cbm		(2841)	(1746)	(1405)	(1226)	(997)	(1062)
Luftmenge		11,52 cbm	11,52 cbm	8,23 cbm	7,66 cbm	8,57 cbm	7,1 cbm
Eigenwärme Gas 1200°		1 577 Kal.	3 111 Kal.	2 094 Kal.	2 179 Kal.	3 569 Kal.	2 268 Kal.
„ Luft 1200°		4 884 „	4 884 „	3 490 „	3 247 „	3 633 „	2 978 „
Sa. Eigenwärme		6 461 Kal.	7 995 Kal.	5 584 Kal.	5 426 Kal.	7 202 Kal.	5 246 Kal.
+ Brennwert		10 570 „	9 746 „	6 941 „	6 303 „	6 507 „	5 693 „
Gesamte Energie in Flamme		17 031 Kal.	17 741 Kal.	12 525 Kal.	11 729 Kal.	13 709 Kal.	10 939 Kal.
Ab: in Abgasen bei 1700°		11 052 „	13 417 „	9 279 „	8 992 „	11 632 „	8 678 „
Energie für den Herdraum		5 979 Kal.	4 324 Kal.	3 228 Kal.	2 737 Kal.	2 077 Kal.	2 261 Kal.
Zusammensetzung der Abgase	CO_2	1.86 cbm	1,86 cbm	1,86 cbm	1,86 cbm	1,86 cbm	1,86 cbm
	O	0,56 „	0,56 „	0,56 „	0,56 „	0,56 „	0,56 „
	N	9,10 „	9,10 „	9,10 „	9,10 „	9,10 „	9,10 „
	Wasserdampf	1,86 „	3,72 „	0,48 „	0,24 „	2.32 „	—
Sa. Abgase		13,38 cbm	15,24 cbm	12,00 cbm	11,76 cbm	13,84 cbm	11,52 cbm

hohen spez. Wärme des Wasserdampfes 0,7482 × 1700° = 1272 Kal. für den Kubikmeter, durch welche die verloren gehende Energiemenge, welche in den abziehenden Gasen enthalten ist, bedeutend erhöht wird.

Die auf S. 98 folgende Tabelle zeigt den Einfluß, welchen Beimengungen von Destillationsgas auf die Wärmeenergie ausüben, die dem Herdraum unter den angegebenen Umständen zur Verfügung gestellt werden kann. In der ersten Kolonne (7) ist das beste mittlere Generatorgas aufgeführt, hergestellt aus einem Brennstoff, bei welchem 12% C als Destillationsgas ins Gas übergehen, in die dritte Kolonne (9) ist ein Gas aus dem praktischen Betriebe gesetzt, dessen Brennstoff 16% C ins Destillationsgas übergehen ließ. Dieses Gas ist nicht tadellos hergestellt und Kolonne 8 zeigt, wie es hätte aussehen sollen, falls die sub „Destillationsgas" und „Generatorgas" entwickelten Theorien sich in die Wirklichkeit umsetzen lassen sollten. In die letzte Kolonne ist zum Vergleich theoretisches Mischgas gesetzt.

Die Rechnungen ergaben als im Herdraum ausnutzbar

	Für richtig hergestellte Gase		Für fehlerhaft hergestellte Gase	
	Kal.	Kolonne	Kal.	Kolonne
Reines Luftgas	2261	6	—	—
Mischgas mit kalter Luft	2737	4	2077	5
Mischgas mit 500° warmer Luft erzeugt	3228	3	—	—
Mittleres Generatorgas	3439	7	—	—
Generatorgas aus Kohle mit 16% flüchtigem C	3591	Seite 98 8	2727	9 Seite 98

Man sieht, daß das aus bitumenreichen Brennstoffen hergestellte Gas weit höhere Werte geben kann, als das Gas aus reinem C. Sind jedoch, wie in Kolonne 9, bei der Herstellung des Gases auch verhältnismäßig nicht sehr bedeutende Fehler vorgekommen, so geht die Ausnutzungsfähigkeit im Herdraume doch bedeutend herunter.

Die ermittelten Zahlen machen nicht den geringsten Anspruch auf absolute Genauigkeit und das Bild kann durch die Fähigkeit der einzelnen Gase, höhere Vorwärmung zu ertragen oder nicht, eine starke Verschiebung erleiden. Immerhin aber kann den Zahlen ein gewisser Vergleichswert nicht wohl abgesprochen werden. Hieraus nun und aus dem Umstande, daß sowohl mit dem in Kolonne 9 aufgeführten fehlerhaft hergestellten Gase als mit nachweisbar noch viel schlechteren Gasen Stahl erzeugt wird mit einem Kohlenverbrauch von 25 kg Kohle für 100 kg Stahl, dürfte der Schluß gerechtfertigt erscheinen, daß für den Herdofenbetrieb in bezug auf Brennstoffökonomie noch nicht das letzte Wort gesprochen ist.

Jedenfalls aber dürften die Betrachtungen den Wert eines fehlerfreien Generatorganges für eine gute Brennstoffausnutzung auch beim Stahlschmelzen beweisen.

Generatorgas.

Nr. der Kolonne		Aus guter Gaskohle mit 12% C im Dest.-Gas theoretisch 7	Aus guter Gaskohle mit 16% C im Dest.-Ges theoretisch 8	praktisch 9	Mischgas mit kalter Luft erzeugt theoretisch 10
Gaszusammensetzung für 1 kg C	CO_2	0,05 cbm	0,05 cbm	0,36 cbm	—
	CO	1,63 „	1,59 „	1,31 „	1,86 cbm
	Cm Hn	0,02 „	0,02 „	0.02 „	—
	CH_4	0,14 „	0,18 „	0,15 „	—
	H	0,41 „	0,60 „	0,77 „	0,24 „
	N	2.76 „	2,64 „	0,11 „	3,04 „
	H_2O	0.25 „	0,25 „	0,68 „	—
Gas aus 1 kg C		5,26 cbm	5,33 cbm	6,40 cbm	5,14 cbm
Brennwert Gas 1 kg C. .		7554 Kal.	8272 Kal.	7601 Kal.	6303 Kal.
„ „ 1 cbm . .		(1507 „)	(1628 „)	(1236 „)	(1226 „)
Luftmenge		9,46 cbm	10,38 cbm	9,85 cbm	7,66 cbm
Eigenwärme Gas 1 kg C .		2359 Kal.	2395 Kal.	3112 Kal.	2179 Kal.
„ Luft		4012 „	4401 „	4176 „	3247 „
Summa Eigenwärme		6371 Kal.	6796 Kal.	7288 Kal.	5426 Kal.
+ Brennwert		7554 „	8272 „	7601 „	6306 „
Sa. Energie der Flamme		13925 Kal.	15068 Kal.	14889 Kal.	11729 Kal.
Ab Energie in Abgasen bei 1700°		10486 „	11477 „	12162 „	8992 „
Ausnützung der Energie im Herdraum		3439 Kal.	3591 Kal.	2727 Kal.	2737 Kal.
Zusammensetzung der Abgase	CO_2	1,86 cbm	1,86 cbm	1,86 cbm	1,86 cbm
	O	0,63 „	0.67 „	0,67 „	0,56 „
	N	10,23 „	10,98 „	10,98 „	9,10 „
	H_2O	0.98 „	1.25 „	1,54 „	0,24 „
Sa. der Abgase Kubikm.		13,70 cbm	14,76 cbm	15,05 cbm	11,76 cbm

Die in vorstehendem Abschnitt entwickelten Zahlenwerte geben die Gesamtmenge an Wärme, welche dem Herdraum überlassen wird. Dieser Gesamtbetrag kann natürlich nicht vollständig zur Stahlerzeugung ausgenützt werden, denn ein sehr bedeutender Teil davon, der für alle verschiedenen Öfen verschieden sein kann, geht durch Strahlung und Leitung verloren. Wie groß dieser Verlust im allgemeinen ist, läßt sich schwer angeben, immerhin aber kann angenommen werden, daß er für einen und denselben Ofen für die Zeiteinheit annähernd den gleichen Wert behält. Somit müssen alle Maßregeln, welche eine Verkürzung der Chargendauer zur Folge haben, also eine Erhöhung der Wärmemenge bewirken, die in der Zeiteinheit auf den Einsatz übertragen wird, während der Strahlungsverlust der alte bleibt, diesen in bezug auf die gesamte verwendete Brennstoffmenge geringer erscheinen lassen. Es ist daher in der Erhöhung der Wärmemengen, welche dem Herdraume überlassen werden, ebenfalls ein Mittel gegeben, den Brennstoffverbrauch beim Herdofenbetrieb günstig zu beeinflussen, und es scheint, als ob man auch hier noch nicht überall an der Grenze des Möglichen angelangt ist.

Die Ausnutzung der Wärme in den Kammern.

Unter Benutzung der vorhin gefundenen Zahlen ist es leicht, über die Ausnutzung der Wärme in den Kammern Aufschluß zu erhalten. Der Wärmebetrag, welchen die Abgase den Kammern überlassen, muß gleich sein der Eigenwärme der Abgase beim Eintritt in die Kammern, weniger der Eigenwärme beim Austritt aus ihnen. Die Temperatur der Abgase beim Eintritt in die Kammern beträgt nun 1700° und die Werte für die Eigenwärme können direkt den vorigen Tabellen entnommen werden, während zur Bestimmung des abziehenden Wärmebetrages die Unterlage noch zu schaffen ist. Hierzu sei angenommen, daß die Austrittstemperatur 700° betragen möge.

Um nun gleich den Überblick darüber zu haben, ob die den Kammern gelieferten Wärmemengen zur Vorwärmung der frisch eintretenden Gase ausreichen, sind die hierfür erforderlichen Wärmebeträge aus den vorigen Tabellen zum Vergleiche herangezogen worden.

Wärmeausnutzung der Abgase in den Kammern.

	Gas aus Kohle mit 16% flüchtigem C theoret.	Mittleres Generatorgas theoret.	Mischgas aus 500° warmer Luft theoret.	Mischgas aus kalter Luft theoret.	Gas aus Kohle mit 16% flüchtigem C prakt.	Luftgas theoretisch
Eigenwärme der eintretenden Abgase 1700°	11477	10486	9297	8992	12162	8678 Kal.
Eigenwärme der austretenden Abgase 700°	3887	3625	3184	3077	4082	2990 „
Den Kammern überlief. Energie	7590	6861	6113	5915	8080	5688 Kal.
Zur Vorwärmung erforderlich vide vorige Tabelle . . .	6796	6371	5584	5426	7288	5246 „
Energie-Überschuß	794	490	529	489	792	442 Kal.
Abgase in cbm	14,76	13,70	12,00	11,76	15,05	11,53 cbm.

Wie ersichtlich, reicht die in den Kammern hinterlassene Wärme auch bei 700° Abzugstemperatur der Abgase aus, um Gas und Luft von 0° auf 1200° anzuwärmen. Es verbleibt sogar ein kleiner Überschuß an Wärme, der ausgestrahlt werden könnte. Nun sind zwar die Strahlungsverluste fraglos höher, dafür kommt aber das Gas meist mit einer beträchtlichen Eigenwärme vom Generator her in die Kammern. Sollte diese Reserve nicht ausreichend sein (man wird naturgemäß auf möglichst gute Isolierung der Kammern und möglichst geringe Wärmeverluste daselbst bedacht sein), so bleibt nur ein Mittel übrig, und zwar darf dann die in dem Herdraum erzeugte Wärme nicht bis zum äußersten Maximum daselbst ausgenutzt werden, sondern es muß ein Teil davon noch in die Kammern ziehen. Man müßte also im Herdraume mehr Wärme erzeugen, als in demselben verbraucht wird, und die Flamme noch in die Kammern schlagen lassen.

Wärmeverlust durch die Abgase beim Herdofenbetrieb.

Die Größe der Ausnutzung der Eigenwärme der Abgase hängt von der Temperatur ab, mit welcher die Gase abgestoßen werden. Diese Abzugstemperatur steht in Beziehung zur Größe der Kammern, aber auch zur Temperatur der frisch eintretenden Gase und zu den Intervallen, in welchen die Umsteuerungen erfolgen. H. H. Campbell spricht dies bezüglich der Temperatur des Heizgases treffend folgendermaßen aus:

„Es ist indessen gut, das Prinzip im Gedächtnis zu halten, daß die Gaskammer weniger Arbeit zu leisten hat, wenn das Gas heiß in den Ofen kommt, sowie sich dessen zu erinnern, daß unter solchen Verhältnissen die in den Kamin ziehenden Abgase von hoher Temperatur sein müssen und daß eine solche dann nichts mit der Kammergröße zu tun hat, denn wenn die in den Ofen eintretenden Gase heiß sind, so müssen die austretenden Gase heißer sein.“

Und an anderer Stelle

„Die Luft tritt immer kalt ein, doch nehmen viele Hüttenleute an, daß es ökonomisch ist, die Gase möglichst heiß in den Umschaltevorrichtungen zu haben. Bis zu einem gewissen Grade ist das ein Irrtum, denn es ist gewiß, daß die Gittersteine am unteren Ende der Gaskammer nicht unter die Temperatur der einströmenden Gase abgekühlt werden können, und es ist ebenso gewiß, daß die in den Kamin gehenden Verbrennungsprodukte unmöglich unter die Temperatur dieser Gittersteine gekühlt werden können. Hieraus folgt also, daß, wenn für eine gewisse Zeit ein gleiches Ouantum an Gasen in beiden Richtungen durch die Kammer geht, die Wärme, welche durch heißeres Gas in den Ofen gelangt, dem Ofen wiederum durch heißere Abgase entführt werden muß, so daß eine Ersparnis (durch Verwendung heißen Gases) nicht erzielt wird.“

Außerdem kann aber die Abzugstemperatur der Abgase auch durch zu große Intervalle beim Umsteuern ungünstig beeinflußt werden, was durch folgende Überlegung leicht ersichtlich wird. Das vom Generator kommende Gas ergibt, mit kalter Luft verbrannt, eine gewisse Verbrennungstemperatur, angenommen 1100°, und es ist klar, daß man dann das ganze Ofensystem bis zum Kaminkanal bis fast auf diese Temperatur anwärmen kann, wenn man die Gase lange genug in einer Richtung durch den Ofen streichen läßt. Die Temperatur am Ausströmungsende wird nämlich nur um soviel erniedrigt sein, als dem

Wärmeverlust des ganzen Ofensystems durch Strahlung und Leitung entspricht, und man wird natürlich immer bestrebt sein, diesen Verlust so gering als möglich zu machen. Ist auf diese Weise die eine Ofenseite angewärmt und läßt man nun den Gasstrom in umgekehrter Richtung durch den Ofen ziehen, so erhält man jetzt vorgewärmte Luft und vorgewärmtes Gas in dem Ofen, dadurch steigt die Verbrennungstemperatur und die zweite Ofenhälfte läßt sich in kürzerer Zeit auf die Temperatur der ersten Ofenhälfte bringen, als diese selbst benötigte, und diese erste Ofenhälfte konnte sich daher nicht wieder auf die Anfangstemperatur abkühlen. Auf diese Weise ist es also möglich, auch einen Ofen mit sehr großen Kammern unten zu überhitzen und viel zu hohe Abzugstemperaturen zu erhalten.

In den Berechnungen im vorigen Abschnitt ist angenommen, daß die Gase mit 700° in den Kamin ziehen, einer Temperatur, wie sie niedriger wohl bei den wenigsten gutgehenden Martinöfen beobachtet wird. Aber selbst bei dieser verhältnismäßig niedrigen Temperatur (sehr häufig findet man viel mehr) entführen die Abgase von 1 kg verbranntem Kohlenstoff (vide Tabelle S. 99) 3—4000 Kalorien, d. i. mehr als 40% der gesamten, vom Brennstoffe gelieferten Energie. Bis hierzu geht diese Wärmemenge vollständig verloren, und es ist wenig Aussicht, daß aus ihr ein irgend beträchtlicher Teil für den Ofenbetrieb selbst wieder wird zurückgenommen werden können*). Allerdings ist hier die Eigenwärme der vom Generator gelieferten Heizgase miteingerechnet, denn wenn dieselben kalt in den Ofen strömten, könnte die Abzugstemperatur der Abgase voraussichtlich wohl etwas erniedrigt werden. Eine direkte Ausnutzung der Eigenwärme der Heizgase dürfte sich aber kaum bewerkstelligen lassen, da sich dem zu viele technische Schwierigkeiten entgegenstellen. Zudem findet sich die gesamte Eigenwärme der Heizgase in den Abgasen wieder, und wenn es gelingt, letzteren die Wärme zu entziehen, ist damit auch die Lösung für das erste Problem gefunden.

Die Vorteile, welche man durch Erzeugung von Mischgas mit vorgewärmter Luft unschwer erreichen könnte, lassen die Hoffnung aufkommen, daß die Eigenwärme der Abgase eventuell zu diesem Zwecke ausgenützt werden könnte, und es kann interessieren, wie groß der Wärmebetrag ausfällt, der auf diese Weise zurückgewonnen würde. Für die Vergasung von 1 kg C aus guter Steinkohle auf das Generatorgas mittlerer Zusammensetzung (S. 62) benötigt man etwa 4 cbm Luft, und wenn diese auf 500° vorgewärmt werden soll, müssen ihr $0{,}3265 \times 500 \times 4 = 653$ Kal. zugeführt werden. Von den etwa 3000 Kal., welche für 1 kg C nutzlos in den Kamin ziehen, könnte man daher $^1/_5$ nutzbar machen, während $^4/_5$ oder etwa 2400 Kal. für das kg C immer noch verloren würden.

---

*) Die neuesten Anlagen bei anderen Feuerungen, nämlich der Ersatz der Essenwirkung durch mechanische Hifsmittel, lassen sich vielleicht auch auf den Herdofenbetrieb anwenden. Damit würde diese Frage allerdings im anderen Lichte erscheinen.

16. Gas und Luft auf ihrem Wege durch das Ofensystem.

Gas und Luft müssen auf ihrem Wege durch das ganze Ofensystem streng voneinander getrennt gehalten werden und dürfen nur im Herdraum Gelegenheit finden, sich zu vereinigen.

Das Generatorgas besitzt eine ziemlich hohe Entzündungstemperatur, und gelangt in ein höher temperiertes Gas Luft, so verbrennt ein Teil des Gases und dieses wird, entsprechend der eingedrungenen Luftmenge, entwertet. Tritt aber Luft unterhalb der Entzündungstemperatur ins Gas, so entsteht ein explosibles Gemisch, welches bei seiner Entzündung an heißeren Stellen des Ofensystems die Ursache ernster Unfälle werden kann.

Es muß daher Vorsorge getroffen werden, daß die Luft nicht in die Gasleitungen gelangen kann, und das geschieht am einfachsten dadurch, daß das Gas in der Leitung stets unter Überdruck gehalten wird, wobei dann die Folge etwaiger Leckstellen nur die ist, daß etwas Gas ins Freie austritt. Im Ofen selbst müssen die Wände, welche die Gasräume von den Lufträumen trennen, in den Kanälen und Kammern vollständig gasdicht sein und während jeder Ofenreparatur sorgfältig auf guten Zustand geprüft bzw. gebracht werden, da sonst der Ofen bald zum Erliegen kommt. Auch die Reversiervorrichtungen müssen gasdicht sein.

An dieser Stelle läßt sich aber naturgemäß zeitweise ein Zusammentreffen von Gas und Luft nicht vermeiden, nämlich während des Umstellens der Flammenrichtung, des Reversierens. Im Augenblicke desselben wird sowohl der Gaskanal als der Luftkanal in direkte Verbindung mit dem Kamin gebracht, welcher alsdann Luft und Gas gleichzeitig ansaugt. Allerdings kann dieser Vorgang je nach der Art der Umsteuerungsvorrichtung etwas modifiziert werden. Bei den alten Siemensklappen steuert man jedes Ventil für sich um, und jede solche Operation ist in sehr kurzer Zeit beendet. Dadurch kann man erreichen, daß nur sehr wenig Gas aus der Leitung in den Kaminkanal gelangt. Nachdem aber die Gasklappe umgestellt ist, muß der ganze Inhalt der Gaskammer, welche nun Abgaskammer wird, ebenfalls in den Kamin gehen. Wartet man die Leerung der Gaskammer ab und steuert dann erst die Luft um, so muß alles glatt gehen; steuert man die Luftklappe früher, so müssen Gas und Luft im Kaminkanal zusammentreffen und wenn hier nun die Entzündungstemperatur vorhanden ist, so wird das Gas sofort anbrennen und auch jetzt wird alles gut gehen. Ist aber der Kaminkanal kühler, oder wird durch plötzlich zuströmende große Luftmengen die Gastemperatur unter die Endzündungstemperatur herabgesetzt, so kann ein explosibles Gemisch entstehen, und das muß sich unter Explosion entzünden, wenn es in Berührung mit einer glühenden Wandfläche gelangt oder wenn ein glühendes Stäubchen aus dem Ofen in dasselbe hineingesaugt wird.

Die Mittel zur Verhütung von Explosionen bestehen zunächst in der Absperrung des Zutrittes von Gas und Luft zum Ofen während des Reversierens, und diese Maßregeln werden heute wohl bei allen Öfen schon aus ökonomischen Gründen getroffen, da sonst von der Esse Gas in relativ bedeutenden Mengen angesaugt und nutzlos ins Freie entweichen gelassen würde. Ein weiteres Mittel ist das Einhalten einer gewissen Zeit zwischen der Umsteuerung von Gas und der von Luft, was bei den einfachen Siemensklappen leicht durchführbar ist. Diese aber haben den Nachteil, im Betriebe leicht undicht zu werden, und dann sind sie die Ursache von erheblichen, aber schwer zu bemerkenden Gasverlusten, daher ist man vielfach auf andere Vorrichtungen, z. B. Glocken, übergegangen, und diese werden meist so eingerichtet, daß Gas und Luft gleichzeitig umgesteuert werden. Auch hierbei kann Explosion vermieden werden, wenn der Kaminkanal über die Entzündungstemperatur des Gases hinaus erhitzt ist, und man hat dann nur dafür zu sorgen, daß beim Umsteuern keine größeren Mengen kalter Luft von außen angesaugt werden können, was bei etwaigem Versagen der Wasserverschlüsse leicht vorkommen kann und, wie vorhin erwähnt, plötzliche Abkühlung bewirkt. Wenn man aber, in der Absicht, geringere Wärmeverluste zu erhalten, darauf übergehen sollte, niedrige Kamintemperaturen anzuwenden, so wird der Möglichkeit der Entstehung explosibler Gasgemische Aufmerksamkeit zuzuwenden sein und man wird vielleicht die Anordnung wieder so treffen müssen, daß Gas und Luft gesondert umgesteuert werden.

Unangenehmer und gefährlicher als diese Explosionen beim Umsteuern, die aber doch schon die Lebensdauer so manchen Kamins ungünstig beeinflußt haben, können Explosionen in der Gasleitung oder, beim Anlassen eines neuen Ofens, in diesem selbst werden. Solche werden durch die Anwendung der altbekannten Regeln vermieden, nach welchen ein neu in Betrieb genommener Generator erst dann mit der Gasleitung verbunden werden darf, wenn er tadellos gutes Gas liefert; daß Gas erst dann in den Ofen gelassen werden darf, nachdem die Gasleitung vollständig entlüftet worden ist, was durch Ausströmenlassen des Gases ins Freie durch eine Öffnung erreicht wird, die in der Gasleitung kurz vor dem Einlaßventil angebracht ist; daß endlich Gas nie in einen kalten Ofen gelassen wird, sondern dieser stets vorher durch festen Brennstoff gut vorgewärmt sein muß.

Es wäre für den Ofenbetrieb mit Gas entschieden angenehm, wenn man bequem und sicher feststellen könnte, wieviel Gas und wieviel Luft in jedem Augenblick in den Ofen strömen, aber leider ist bisher ein Instrument noch nicht erfunden, welches diese Aufgabe in praktischer Weise löst. Man kann heute über die verbrauchten Gasmengen nur Aufschluß über den großen Umweg erhalten, daß man die in längeren Zeiträumen verbrauchten Mengen an festem Brennstoff bestimmt und aus dem Kohlenstoffgehalte desselben und aus der

Mengen und Geschwindigkeiten der Gase an den verschiedenen Stellen eines Herdofens.

Bezeichnung	Mittlere Temperatur °C.	Gasvolum $V_t = V_o (1 + \alpha t)$ cbm/Sek.	Durchströmter freier Querschnitt m² bzw. Raum, m³	Geschwindigkeit m/Sek.
Sekundlich benötigte Gasmenge		$V_{go} = 1{,}4$ cbm		
„ „ Luftmenge		$V_{lo} = 2{,}8$ „		
Sekundlich erzeugte Abgase		V-Abgase o = 3,6 cbm		
Generatorgas in der Gasleitung	650°	$1{,}4 \times 3{,}38 = 4{,}73$	1,13 m²	4,2
Gas im offenen Einströmungsventil	550°	$1{,}4 \times 3{,}02 = 4{,}23$	0,44 m²	9,6
Luft „ „ „	0°	$2{,}8 \times 1{,}0 = 2{,}8$	0,85 m²	3,3
Gas an der engsten Stelle der Umschalteglocke .	550°	$1{,}4 \times 3{,}02 = 4{,}23$	0,62 m²	7,0
Luft „ „ „ „ „ „ .	0°	$2{,}8 \times 1{,}0 = 2{,}8$	0,62 m²	4,5
Gas, im Gitterwerk des Regenerators aufsteigend, von	550—1200°	$\left.\begin{matrix}1{,}4 \times 3{,}02 = 4{,}23 \\ 1{,}4 \times 5{,}4 = 7{,}56\end{matrix}\right\} \frac{11{,}79}{2} = 5{,}9$	13,5 m³	0,44
Luft, „ „ „ „ „ „	0—1200°	$\left.\begin{matrix}2{,}8 \times 1{,}0 = 2{,}8 \\ 2{,}8 \times 5{,}4 = 15{,}1\end{matrix}\right\} \frac{17{,}9}{2} = 9{,}0$	14,3 m³	0,63
Gas, durch Brenneröffnungen in den Herdraum einströmend	1200°	$1{,}4 \times 5{,}4 = 7{,}56$	0,3 m²	25,0
Luft, durch Brenneröffnungen in den Herdraum einströmend	1200°	$2{,}8 \times 5{,}4 = 15{,}12$	0,70 m²	22,0
Abgase abströmend, falls zur Hälfte auf die Gas- und die Luftkammer verteilt	1700°	$3{,}6 \times 7{,}24 = 26{,}0$		
a) durch die Brennenöffnungen für Gas . . .	1700°	$\frac{3{,}6}{2} \times 7{,}24 = 13{,}0$	0,30 m²	43,0
b) „ „ „ „ Luft . . .	1700°	$\frac{3{,}6}{2} \times 7{,}24 = 13{,}0$	0,70 m²	19,0
c) „ das Gitter der Kammern	1700—700°	$\left.\begin{matrix}3{,}6 \times 3{,}57 = 12{,}8 \\ 3{,}6 \times 7{,}24 = 26{,}0\end{matrix}\right\} \frac{38{,}8}{2} = 19{,}4$	13,5 + 14,3 = 27,8 m³	0,69
d) in der Umschalteglocke	700°	$\frac{3{,}6}{2} \times 3{,}57 = 6{,}4$	0,62 m²	10,0
e) im Kamin	700°	$3{,}6 \times 3{,}57 = 12{,}8$	2,0 m²	6,4

Bemerkung zu Tab. S. 104: Für das Gitterwerk in den Kammern ist der gesamte freie Raum zwischen den Gittersteinen in Betracht gezogen, nicht der freie Querschnitt. Die Gase verbleiben also in Berührung mit den Gittersteinen.

Gas 13,5 : 5,9 = 2,3 Sek.
Luft 14,3 : 9,0 = 1,6 „
Abgase 27,8 : 19,4 = 1,43 „ (13,5 + 14,3 = 27,8).

Da die Querschnitte der Eintrittsöffnungen für Gas und Luft verschiedene Größe haben, so ist auch nicht anzunehmen, daß, wenn diese Öffnungen der Abströmung dienen, letztere derart erfolgen wird, wie oben angenommen, d. i. genau zur Hälfte durch die Gaskammer und zur anderen Hälfte durch die Luftkammer. Eher wird die Geschwindigkeit in beiden Abströmungsöffnungen annähernd dieselbe sein, die Teilung der Abgasmengen daher mehr dem Verhältnis entsprechen, in dem die Querschnitte der Gas- und Lufteinströmungen zueinander stehen. Jedoch kann man sich am Ofen überzeugen, daß auch diese Annahme nicht zutrifft. Die Menge an Abgasen, die auf eine Abströmungsöffnung entfällt, steht in Abhängigkeit von der Lage, die diese Öffnung zur Strömungsrichtung der Gase einnimmt, und man kann z. B. durch Veränderung der Höhenlage, in der die Abströmungsöffnung angebracht wird, auf die Arbeit der Kammern an der Abströmungsseite bedeutenden Einfluß ausüben. Von der Wirksamkeit dieses Kunstgriffes kann man sich bei den Öfen nach Syst. März leicht überzeugen. Näheres über das Prinzip dieser Konstruktion wird im nächsten Abschnitt gebracht.

Zusammensetzung des erzeugten Gases die Gasmengen für diesen Zeitraum ermittelt. Die Luftmenge ergibt sich aus der Kombination der für das Gas ermittelten Werte mit der Zusammensetzung der Abgase.

Man kann sich nun zwar praktisch leicht durch den Augenschein vergewissern, ob der Ofen genug Gas erhält, es ist aber nicht so leicht festzustellen, ob auch der Luftzutritt genügt und wann und um wieviel er allmählich, etwa infolge sich versetzender Kammern, zurückgeht. Der Praktiker, der seinen Ofen täglich beobachtet, weiß wohl, wann es ihm an Luft zu mangeln beginnt, doch auch er würde dankbar ein Hilfsmittel begrüßen, welches ihm mit Sicherheit die Luftmenge angibt, die sein Ofen fortlaufend annimmt. Auf Grund solcher Angaben wäre es dann sicherlich möglich, rechtzeitig mit einem Gebläse einzugreifen, um die Produktionsfähigkeit so manches Ofens erheblich zu erhöhen und seine Lebensdauer zu verlängern.

Da das Verständnis der Vorgänge an den einzelnen Stellen im Ofen erhöht wird, und diese Vorgänge selbst erst anschaulich gemacht werden, wenn man sich eine Vorstellung von den Gasmengen machen kann, welche den betreffenden Ofenteil durchziehen, sowie von der Geschwindigkeit, mit der dies geschieht, so ist nachstehend eine Zusammenstellung dieser Daten für einen Ofen mit einer guten Tageserzeugung aufgeführt. Es ist hierbei von dem heute allerdings etwas hoch erscheinenden Kohlenverbrauch von 30% des erzeugten Stahles ausgegangen. Der Ofen liefert rund 100 t Stahl in 24 Stunden, der Kohlenverbrauch beträgt somit 30 t in dieser Zeit, oder

$$30000 \text{ kg} : (24 \times 60 \times 60) = 0{,}35 \text{ kg}$$

in der Sekunde.

Bei der Annahme, daß die Kohle 75% C enthält, daß aus ihr bestes Generatorgas erzeugt werde, von dem nach Seite 62 u. 76 5,26 cbm 1 kg C enthalten (davon sind 5,01 cbm trockenes Generatorgas und 0,25 cbm Wasserdampf), werden daher von 1 kg Kohle mit 75% C

$$5{,}26 \times 0{,}75 = 4 \text{ cbm Gas}$$

erhalten, und aus den sekundlich verbrannten 0,35 kg Kohle

$$0{,}35 \times 4 = 1{,}40 \text{ cbm Gas}$$

von 0° und 760 mm Druck.

Der praktisch im Herdofen erforderliche Luftbedarf ist nach Seite 88 für 1 cbm Generatorgas 1,89 cbm = ~ 2 cbm Luft, also ist die für den betrachteten Ofen erforderliche Luftmenge

$$2 \times 1{,}4 = 2{,}8 \text{ cbm}$$

in der Sekunde bei Normalbedingungen.

Die Volumina werden sich nun an den verschiedenen Stellen des Ofensystems, entsprechend den dort herrschenden Temperaturen, ändern, wie es in der Aufstellung auf S. 104 ersichtlich gemacht worden ist.

Die Regulierung der Temperatur im Herdraume.

Die vornehmste Aufgabe, die ein zur Stahlerzeugung bestimmter Herdofen erfüllen muß, ist eine Flamme von hoher Temperatur zu liefern, die imstande sein muß, den ganzen Herd gleichmäßig zu bestreichen und sich dem Inhalte desselben wie eine weiche Decke anzuschmiegen.

Bei dieser Forderung drängt sich unwillkürlich die anscheinend naive Frage auf, was denn die Flamme eigentlich ist, worin ihr Wesen besteht, und welche näheren Eigenschaften sie besitzt. Über diese elementaren Dinge sollte eigentlich längst volle Klarheit herrschen.

Die Flamme ist eine Begleiterscheinung eines Verbrennungsprozesses, d. h. einer chemischen Einwirkung zweier Gase aufeinander unter Entwicklung sowohl großer Mengen von Wärme, als auch von Licht. Diese Einwirkung kann aber auf verschiedene Art erfolgen.

Für den Beginn der Reaktion ist Vorbedingung das Vorhandensein einer genügend hohen Temperatur, der Entzündungstemperatur.

Wird in einem Gemisch zweier solcher Gase an irgendeiner, wenn auch nur mikroskopisch kleinen Stelle die Entzündungstemperatur hervorgerufen, so erfolgt die gegenseitige Einwirkung sofort, und zwar verläuft sie von dieser Stelle aus sehr schnell, fast blitzartig, durch die ganze Masse: es gibt eine Explosion, und dabei eine Flamme, die aber nur einen ganz kurzen Augenblick andauert.

Wenn man eine Flamme von anhaltender Dauer erzeugen will, dann müssen für die Vereinigung der aufeinander wirkenden Gase andere Bedingungen geschaffen werden. Dann müssen diese Gase in dauerndem Strome einander zugeführt werden. Die Erscheinungen, die dann auftreten müssen, werden den Erscheinungen ähneln, die bei der chemischen Einwirkung von Stoffen in Lösungen aufeinander unter ähnlichen Bedingungen auftreten, und sie werden sich daher auch an solchen studieren lassen.

In Hüttenlaboratorien ist häufig Gelegenheit die Eisentitration mit übermangansaurem Kali zu sehen. Die dunkelrote Lösung dieses Salzes wird dabei aus einer Bürette in zwar dünnem, aber flottem Strahl in die Eisenlösung laufen gelassen, und man braucht gar nicht viel Phantasie zu haben, um in dem roten Gebilde inmitten der hellen Flüssigkeit das verkleinerte Spiegelbild einer Flamme zu erkennen. Nur die Lichtwirkung fehlt, sonst aber stimmt alles. Die Lösung des übermangansauren Kalis stellt das verbrennende Gas vor, die Eisenoxydullösung die Atmophäre.

Der Strahl ist an der Eintrittsstelle in die Oxydullösung am stärksten, und nimmt von dort nach unten ab, so daß er als Kegel erscheint, während doch immer dieselbe Menge Lösung zufließt. Der Kegel ist zunächst verhältnismäßig stumpf, nämlich solange, als die Oxydullösung noch konzentriert ist. In dem Maße, als sie oxydiert, also ärmer an sauerstoffbedürftigem Material wird, wächst zuerst die Höhe des Kegels, dann beginnt die Spitze desselben seitswärts auszuschwanken, und offenbar nach Material zu suchen, mit dem eine Umsetzung stattfinden könnte. Darauf bilden sich rote Adern, die den ganzen Inhalt des Glases durchziehen.

Nun greift der Chemiker mit seinem gläsernen Zauberstabe ein: bei der Durchmischung der Flüssigkeit verschwindet die rote Farbe wiederum, zuerst plötzlich, dann, trotz Mäßigung des Zuflusses der Chamäleonlösung, langsamer und langsamer, bis sie schließlich bestehen bleibt und damit das Zeichen gibt, daß die Titration beendet und in der Lösung kein Bedarf für freien Sauerstoff mehr vorhanden ist.

Verfasser hat versucht diese Erscheinungen näher in die Analogie zur Flamme zu bringen, und sie im Bilde festzuhalten. Fig. 17 zeigt ein Becherglas mit einer Eisenoxydullösung, in das die Lösung von übermangansaurem Kali einfließt. Die Aufnahme ist in dem Augenblicke erfolgt, als die Konzentration der Oxydullösung bereits stark zurückgegangen war.

Da mit der Chamäleonlösung keine scharfen Bilder erzielt werden konnten, ist später versucht worden als Reagentien ganz verdünnte Lösungen von durch Stärke schwarzblau gefärbter Lösung von Jod in Jodkali einerseits, und von unterschwefligsaurem Natron andererseits zu verwenden. Um die Ähnlichkeit mit der Flamme zu erhöhen, wurde die schwarze Lösung in die helle mit der Strömungsrichtung nach aufwärts eingeführt, wozu nur nötig war ersterer den entsprechenden Druck zu verleihen. Außerdem wurden Mundstücke verwendet, die den verschiedenen Brennerformen der Gasflammen ähnelten. Auf diese Weise ist z. B. die Nachahmung eines Flachbrenners versucht, und in Fig. 18 wiedergegeben worden.

Um endlich einen dauernden Beharrungszustand schaffen zu können, wurde die in Fig. 19 wiedergegebene Anordnung getroffen.

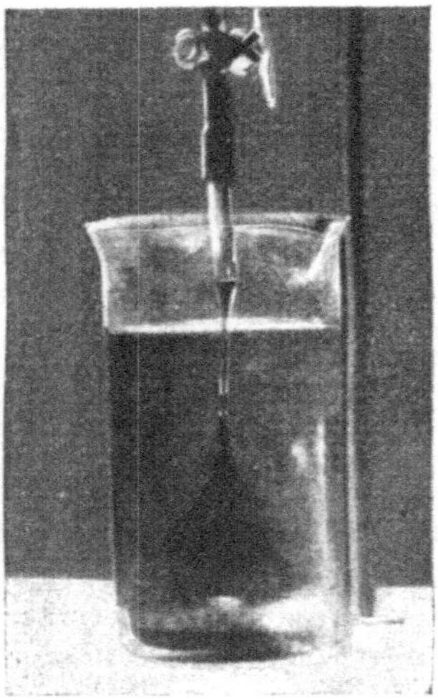

Fig. 17.

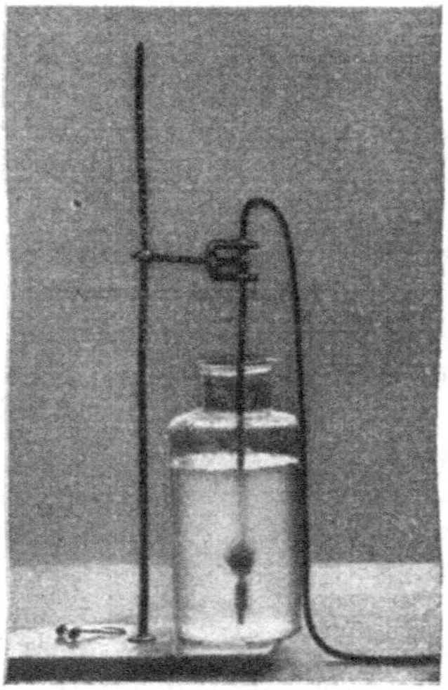

Fig. 18.

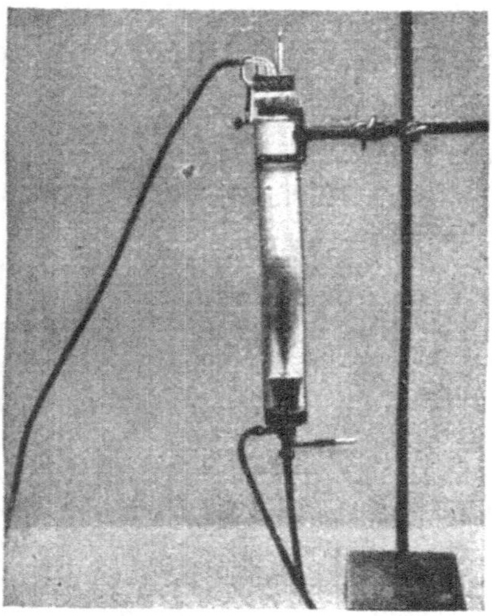

Fig. 19.

Die „Verbrennung“ erfolgte in einem langen Glaszylinder, in welchem die aufeinander einwirkenden Flüssigkeiten von unten eingeführt wurden, während die Produkte der Einwirkung oben fortlaufend abströmen konnten. Die Einfuhr geschah durch ein Mundstück mit einem zentralen Rohr für die schwarze Flüssigkeit, um welches herum konzentrisch ein Schlitz für die helle Flüssigkeit angeordnet war. Man konnte so verschiedene Flammenhöhen herstellen und dauernd erhalten, solange der Vorrat an Reagentien ausreichte.

Diese Versuche zeigen deutlich, daß, wenn die Einwirkung der Flüssigkeiten überhaupt möglich ist — auf die Verbrennung übertragen, heißt das: wenn die Entzündungstemperatur vorhanden ist, so muß die Reaktion in dem

Augenblicke erfolgen, wo die beiden Stoffe miteinander zur Berührung kommen. Mit anderen Worten: Eine Mischung der Reagentien vor beendeter Reaktion ist ausgeschlossen.

Diese Behauptung scheint mit den Tatsachen in Widerspruch zu stehen. Hat man doch in dem allbekannten Bunsenbrenner ein Werkzeug, das die Mischung von Gas und Luft gestattet und die Verwendung dieses Gemisches ermöglicht. Allein der Widerspruch erweist sich bei näherer Betrachtung als ein nur scheinbarer. Denn zunächst geschieht die Mischung von Gas und Luft im Bunsenbrenner nicht bei der Entzündungstemperatur, sondern weit unterhalb derselben. Wird nun in diesem Gemisch an irgendeiner Stelle die Reaktionstemperatur erzeugt, so beginnt die Verbrennung sofort, und sie umfaßt sogleich die gesamte Gasmenge, soweit diese für die Reaktion erreichbar ist. Unter Mitwirkung der Außenluft entsteht jetzt oberhalb der Brenneröffnung wiederum die kegelförmige Flamme, jedoch weist sie erhebliche Unterschiede gegen die Flamme auf, die bei der Verbrennung des reinen Gases ohne Luftbeimischung erfolgte.

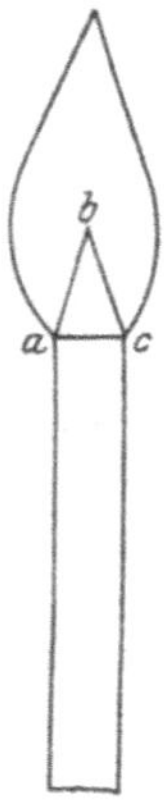

Fig. 20.

Zunächst ist die Form eine andere geworden, indem die Bunsenflamme gleich an ihrem Fuße eine Verbreiterung erfährt, von wo aus ihr Querschnitt nach oben rasch abnimmt. Sodann ist sie bedeutend straffer geworden; es scheint, als ob der Vorgang mit viel größerer Energie erfolge, so daß die Flamme nun nicht mehr durch jeden leichten Luftzug zum Flackern gebracht werden kann. Außerdem aber ist in ihrem Inneren ein zweiter Kegel abc (s. Fig. 20) von gedrungener Gestalt zu sehen, und die Flamme hat ihre Leuchtkraft verloren, ist dafür aber augenscheinlich viel heißer geworden. Der innere Kegel stellt ebenfalls eine Verbrennungserscheinung dar, aber eine besondere, bei der nicht Gas in einer Luftatmosphäre, sondern umgekehrt Luft in einer Gasatmosphäre verbrennt. Durch die dabei entwickelte Wärme wird die gesamte Gasmenge erhitzt und der Gasstrom ausgedehnt, er vergrößert daher seinen Querschnitt gleich über der Austrittsstelle. Andererseits wird das Gas durch diese Vorwärmung zu lebhafterer Verbrennung mit der Außenluft befähigt, daher wird die Flamme bedeutend heißer und kürzer. Das letztere geschieht auch aus dem Grunde, weil nun ja die Menge der brennbaren Bestandteile durch die Teilverbrennung im inneren Kegel abgenommen hat, obgleich die Gesamtmenge der aus der Brenneröffnung strömenden Gase um die Produkte jener Teilverbrennung erhöht ist. In „Technische Anwendungen der physikalischen Chemie" von Dr. Kurt Arndt (Berlin, Mayer u. Mueller, 1907) findet sich auf S. 68 die folgende Analyse des Gases aus einer Bunsenflamme, welches aus dem Gasstrahle an einer Stelle entnommen wurde, die zwischen dem inneren Kegel und der äußeren brennenden Oberfläche der Flamme belegen war. Das Gas enthielt:

CO	2,2%		
H	2,8%		
CH_4	1,0%	6,0%	brennbare Bestandteile
CO_2	7,2%		
H_2O Dampf	20,2%		
N	66,6%	94,0%	Produkte der vollständigen Verbrennung.

Die Bunsenflamme kann nur bestehen, wenn die Bedingung erfüllt ist, daß die Geschwindigkeit des Zuflusses des Gas- und Luftgemisches zur Feuerstelle größer ist als die Fortpflanzungsgeschwindigkeit der Reaktion in demselben. Man kann diese nötige Geschwindigkeit in jedem Bunsenbrenner dadurch unterschreiten, daß man den Gaszulaßhahn entsprechend drosselt. Sobald man die Grenze erreicht hat, erfolgt bekanntlich sofort das sog. „Zurückschlagen" der Flamme in den Brenner, und nun entsteht unten an der Einströmungsstelle für das Leuchtgas die gewöhnliche leuchtende Gasflamme ohne Innenkegel.

Es sei bei dieser Gelegenheit eine kleine Abschweifung gestattet, die den Feuerungstechniker interessieren dürfte. Erinnert man sich an die vorhin erwähnten Streifen der Chamäleonlösung in der Eisenoxydullösung am Schlusse der Titration, die beim Umrühren mit zauberähnlicher Geschwindigkeit verschwanden, und denkt man sich jetzt einen Raum eng mit kleinen, unregelmäßig geformten Stücken eines feuerfesten Materials ausgefüllt, das auf die Entzündungstemperatur angewärmt ist, in welchen Raume ein brennbares Gas und Luft gepreßt werden, so wird die Entzündung des Brenngases in dem Augenblick erfolgen, wo es die warmen Stücke des feuerfesten Materials berührt. Dies Material wird aber infolge der getroffenen Anordnung eine Vorrichtung darstellen, die auf die dieselbe durchströmenden Gase ähnlich wirken muß, wie der von der Hand des Chemikers bewegte Glasstab in dem Titrierglase auf die beiden Flüssigkeiten: das Zusammentreffen der Reagentien wird beschleunigt, und die Vereinigung derselben wird daher auch schneller erfolgen und auf einen kleineren Raum beschränkt werden können, als es sonst der Fall wäre.

Mit diesem Bilde ist die Erklärung für das Wesen der sog. „flammenlosen Verbrennung" gefunden, die vor einigen Jahren so viel von sich reden machte. Man erkennt nun unschwer, welche Vorteile, aber auch welche Nachteile diese Ausführung des Verbrennungsprozesses haben muß, und weshalb die Hoffnungen übertrieben waren, die man an das Verfahren ursprünglich geknüpft hat.

Nach dem Gesagten ist klar, daß eine Mischung von über die Reaktionstemperatur hinaus erhitztem Gase mit ebensolcher Luft ausgeschlossen ist, daß vielmehr die Verbrennung sofort im Augenblicke der Berührung der beiden stattfinden muß.

Nun kann an jeder Stelle der Oberfläche nur immer ein Gasmolekül zurzeit brennen, und somit müßte die Dicke der brennenden

Schicht eigentlich unendlich dünn sein. In Wirklichkeit setzt jedoch die Atmosphäre dem sie durchdringenden Gasstrahle Widerstand entgegen, und das ist die Ursache, daß der Gasstrahl sich an der Oberfläche rauht, ja daß von ihr eine ganze Reihe von kleineren Strahlen ausgehen, die wie Pioniere der Hauptmasse voraneilen und ihr den Weg ebnen wollen, auf deren Oberfläche das gleiche Phänomen abermals vor sich geht usf. Auf diese Weise wird die Oberfläche der brennenden Schicht vergrößert, etwa in der Form, wie wir es an den Fäden sehen, die die Oberfläche der sog. Frottiertücher bilden. Die Wirkungen vieler gleichzeitig in geringen Abständen voneinander brennenden Gasmoleküle summieren sich, und so entsteht der Eindruck, als ob die eigentliche Flammenzone eine größere Dicke hätte. Immer aber erfolgt die Flammenbildung, und damit die Wärmeentwicklung, am Umfange des Strahles, nie im Inneren desselben.

Daß das auch für die Flamme im Herdofen zutreffen muß, wird einleuchtend, wenn man die im vorigen Abschnitt ermittelten Geschwindigkeiten betrachtet, mit denen die Gase aus den Brenneröffnungen strömen. 18 bis 25 m entsprechen der Geschwindigkeit eines Orkans und es ist ausgeschlossen, daß in einen mit solcher Geschwindigkeit dahinbrausenden Gasstrahl ein anderes Gas, das nicht wesentlich andere Geschwindigkeit und Richtung hat, sollte eindringen und sich mit ihm mischen können. Wenn demnach auch heute noch in der Literatur nicht selten von einer „Mischung" der heißen Gas- und Luftströme im Ofenraume die Rede ist, so muß das als eine Ausdrucksweise angesehen werden, die auf einer Verkennung der wirklichen Verhältnisse beruht, und die daher aufgegeben werden sollte, weil sie geeignet ist falsche Vorstellungen zu erwecken.

Die Flamme ist auch im Herdraume **nichts weiter als die brennende Hülle** des eingeblasenen Gasstromes. Zur Ermöglichung ihres Bestehens muß im Herdraume stets in seiner ganzen freien Ausdehnung freier Sauerstoff enthalten sein, und dieser muß von allen Seiten, an denen der Gasstrom brennen soll, an diesen herangelangen könen; er wird dabei fortlaufend aufgezehrt und muß daher auch fortlaufend frisch zugeführt werden.

Bei der Vereinigung mit dem Gase entstehen die Verbrennungsprodukte, welche sich zwischen Gas und Luft schieben und ihr weiteres Zusammentreffen erschweren. Aus diesem Grunde ist es unmöglich, die beiden Medien vollständig auszunützen; will man sämtliches Gas im Herdraum verbrennen, so muß man die Luft unbedingt im Überschuß zuführen. Je geringer man diesen Luftüberschuß wählt, um so langsamer verläuft die Verbrennung, um so größer wird die Fläche, welche von der Flamme bestrichen wird, und um so länger wird diese.

Aus dem Gesagten geht hervor, daß die Richtung und Gestalt der Flamme, die Flammenführung, wesentlich von der Richtung und der Form des Gasstromes abhängig ist, aus welchem heraus sich die Flamme immer wieder erneuert, sowie von der lebendigen Kraft, welche diesem Gasstrome innewohnt und ihn befähigt, durch kleine entgegenwirkende Widerstände nicht veranlaßt zu werden, von seiner Richtung abzuweichen. Man gibt dem Gasstrom die Richtung, indem man ihn durch zweckmäßig gebaute Brenner oder Köpfe in den Herdraum treten läßt. Diese Köpfe enthalten Kanäle, welche in der Richtung der Längsachse des Herdes liegen, parallele Seitenwände und eine gegen die Badoberfläche leicht geneigte Sohle besitzen, während ihre obere Abdeckung einen größeren Neigungswinkel aufweist. Hierdurch werden diese Kanäle in der senkrechten Richtung verengt, wodurch die Gase in der Austrittsöffnung erhöhte Geschwindigkeit erhalten und in ihrem Bestreben, nach oben zu steigen, behindert werden. Außerdem wählt man die Austrittsöffnungen im Vergleich zu den übrigen Querschnitten der Gaszuführung klein, so daß die Austrittsgeschwindigkeiten infolge des Gasdruckes und des Auftriebes recht bedeutende werden müssen. Hierdurch erhalten die Gase eine gewisse Führung, wie sie etwa dem Druckwasser durch das Mundstück einer Feuerspritze gegeben wird. Um dies Ziel zu erreichen, macht man die Brenner so lang wie möglich, sorgt dafür, daß ihre Sohle stets glatt, ohne Vertiefungen oder Erhöhungen bleibt und daß auch im Herdraume keine Vorsprünge erscheinen, an welche die Gase anschlagen könnten. Dadurch verhindert man ein Abweichen der Flamme nach oben, während ihre seitliche Ausdehnung weniger gehemmt wird. Die Luftzuführungen wurden früher in den Brennern häufig den Gaskanälen parallel und derart angeordnet, daß sich zu beiden Seiten eines Gaskanals je ein Luftkanal befand und sich Gas und Luft im Herdraum seitlich berührten. Jetzt ordnet man wohl meist die Einströmungsöffnungen für die Luft über den Einströmungsöffnungen für das Gas an, und gibt den Luftkanälen in den Brennern größere Neigung als den Gaskanälen, so daß sich die Achsen dieser Kanäle in gewisser Entfernung von den Köpfen schneiden, auch legt man die Luftkanäle oft schräg, so daß sich die Luft fächerartig über den Gasströmen ausbreitet. Man erreicht so entschieden eine bessere Verteilung der Luft über den ganzen Herdraum und es darf wohl behauptet werden, daß mit derartigen Köpfen versehene Öfen schärfer gehen, als Öfen mit nebeneinanderliegenden Gasund Luftschlitzen.

In neuerer Zeit hat Ingenieur März in Breslau eine neue Ofenkonstruktion geschaffen, die schon auf S. 105 erwähnt wurde. Bei dieser Anordnung sind die ganzen massiven Ofenköpfe der alten Bauarten in Fortfall gekommen, und hierdurch ist 1. einmal eine große Menge feuerfesten Materials gespart worden, 2. aber können alle Reparaturen am oberen Ofen viel schneller und daher erheblich billiger fertiggestellt werden als bisher. Diese in Fig. 21a schematisch dargestellte Anordnung bedeutet also tatsächlich einen mit Befriedigung zu begrüßenden Fortschritt, und sie ist außerdem ein schöner Beweis für die Richtigkeit der vorhin entwickelten Anschauungen über das Wesen der Flamme.

Die Einhaltung der Temperatur und die Erzeugung der richtigen, in jedem Augenblick erforderlichen Wärmemenge bildet die Hauptaufgabe des Schmelzers, und sie wird ausschließlich Leuten praktischer Erfahrungen überlassen, welche theoretischen Erwägungen über die Verbrennungserscheinungen wohl nur selten zugänglich sind. Trotzdem muß zugegeben werden, daß doch meist das Richtige getroffen wird. Für gewöhnlich läßt der Schmelzer zu Beginn der Charge bei geöffnetem Kaminschieber und Luftventil soviel Gas in den Ofen, als dieser zu fassen vermag, und erkennt einen Überschuß daran, daß die Flamme zu den Türstöcken herauszuschlagen beginnt, was natürlich vermieden werden muß. In dem Maße, als der Einsatz einschmilzt, erhöht sich

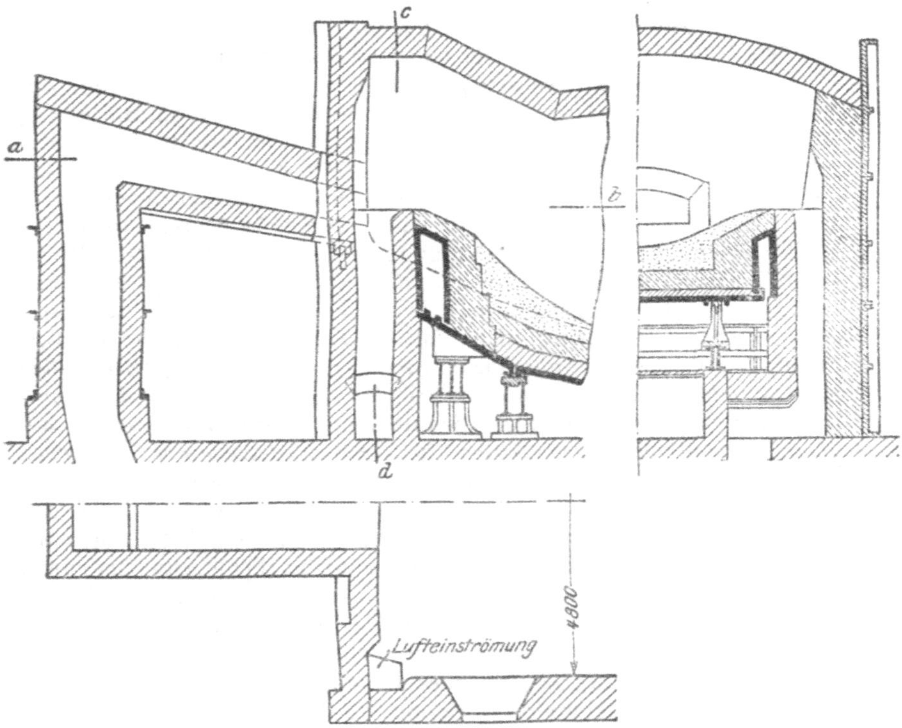

Fig. 21a.

die Temperatur des Ofens und wird zum Schlusse der Charge, wo die Aufnahmefähigkeit des Bades für Wärme erheblich zurückgegangen ist, so groß, daß sie der Ofenzustellung gefährlich werden kann. Hier beginnt die Kunst des Schmelzers, der es verstehen muß, „Hitze zu halten“, d. h. möglichst große Einwirkung der Wärme auf das Bad zu erreichen, ohne doch die Ofenzustellung zu schädigen. Er beobachtet die in hellster Weißglut strahlende Flamme fleißig durch ein farbiges Glas, wobei der Helligkeitsgrad der Flamme ein annäherndes Maß für ihre Temperatur gibt. Infolge der wechselnden Außenbeleuchtung ist dies aber eine sehr unsichere Art der Temperaturbestimmung, und es würde schlecht um die Ofenhaltbarkeit stehen, hätte die Praxis nicht noch ein anderes einfaches Kontrollmittel gefunden. Es besteht in dem Vergleiche der Helligkeit der Flamme mit der der Ofenzustellung, vornehmlich der Köpfe und des Gewölbes. Solange letztere kälter sind als die Flamme, sind sie auch dunkler als diese und heben sich deutlich in allen Konturen von ihr ab, und solange dies geschieht, ist keine Gefahr vorhanden. In dem Maße aber als sie beginnen, überhitzt zu werden, nähert sich ihr Helligkeitsgrad demjenigen der Flamme, ihre Umrisse werden undeutlich und schwer zu erkennen. So wie dies bei klarer Flamme im Ofen eintritt, ist Gefahr vorhanden und es muß eingeschritten werden.

Ein geübter Schmelzer läßt es zu dieser Erscheinung überhaupt nicht kommen, wenigstens solange nicht, als die Flammenführung gut ist und normaler Chargengang andauert. Er spürt sozusagen instinktiv, wie der Wärmebedarf der Charge abnimmt, und verringert die Zufuhr von Gas und Luft, wobei er doch die Flamme so zu halten weiß, daß sie die ganze Badoberfläche bedeckt, und daß die Temperatur nicht zum Sinken kommt, sondern eher steigt. Ist er sehr geübt, so wird er gleichzeitig auch den Kaminzug verringern und auf diese Weise wirklich haushälterisch mit Brennstoff und Ofenzustellung umgehen.

Ist aber durch irgendwelche Umstände der Ofen einmal überhitzt und „angebrannt“ worden, dann ist es oft nicht leicht, die richtige Abhilfe zu finden. „Anbrennen“ nennt man eine Überhitzung des feuerfesten Materials, aus welchem die Brenner und das Hauptgewölbe hergestellt sind, bis über ihren Schmelzpunkt hinaus, so daß sie abschmelzen und in langen Fäden ins Bad niederzusinken beginnen. Kommt es einmal vor, daß die Schmelzhitze der feuerfesten Steine bei glatter Oberfläche des Gewölbes erreicht wird, so bildet sich daselbst eine dünne Schicht flüssigen Materials, das durch Adhäsion an der Decke festgehalten wird und weiter nichts Schlimmes bedeutet. Ist es aber zur Fadenbildung gekommen, so ziehen nun diese Fäden die frisch geschmolzenen Massen von der Decke immer wieder fort ins Bad und setzen so immer neue Teile derselben der Flammenwirkung aus. Es muß nun, um dieser Zerstörung Einhalt zu tun, die Abkühlung des Ofens weiter getrieben werden als sonst, und hiervor haben viele Schmelzer eine ungerechtfertigte Scheu, denn sie befürchten damit die Charge abzukühlen und so noch größeres Unheil anzustiften.

Für gewöhnlich überhitzt sich die Abströmungsseite des Ofens und eine solche Überhitzung wird am einfachsten durch die Umkehr der Flammenrichtung wieder behoben. Schlechte Schmelzer sehen daher im Reversieren das einzige Heilmittel für den Ofen, wenn er angebrannt ist, und führen dies planlos in immer geringeren Intervallen aus. Wenn aber die Köpfe und das Gewölbe an einer Ofenseite überhitzt sind, so sind doch auch die zugehörigen Kammern heißer geworden, und folglich muß die Verbrennungstemperatur, wenn nun die überhitzte Seite wieder zur Einströmungsseite gemacht wird, höher werden als bei normalem Betriebe. Also muß man, um wieder zum normalen Zustand zu gelangen, die Flamme nun länger von dieser Seite gehen lassen, und zwar so lange, bis die Kammern wieder auf ihre normale Temperatur gebracht worden sind. Das Mittel wäre probat, wenn dadurch nicht die andere Ofenseite zu hoch erhitzt würde und sich nicht auch dort dieselben bösen Erscheinungen einstellen würden. Um dies zu verhindern, gibt es nur ein Mittel, und das ist die Verringerung der absoluten erzeugten Wärmemenge, die nur durch Verringerung der Gaszufuhr erzielt werden kann.

Allerdings kann man auch andere, schneller wirkende Mittel anwenden, die aber von geringer Dauer sind, wie gänzliches Abstellen der Verbrennungsluft oder gar vollständige Absperrung der Heizgase und Durchlassen von Luft allein durch den Ofen während einiger Minuten.

Ferner wird öfters vorgeschlagen, die Verbrennungstemperatur in solchen Fällen künstlich dadurch zu erniedrigen, daß man die Menge der Verbrennungsprodukte erhöht, welche im Moment der Verbrennung die entstandene Wärme aufnehmen. Dies könnte auf zwei Arten geschehen, entweder durch relative Vermehrung der Luftmenge, also Verbrennung mit Luftüberschuß, oder durch relative Verminderung derselben, also durch unvollkommene Verbrennung. Es sei der Versuch gemacht, die Wirkung solcher Arbeitsweise auf den Ofenbetrieb für ein Beispiel ziffermäßig zu untersuchen.

Als Brennstoff sei das mittlere theoretische Generatorgas v. St. 62 gewählt, das für die Gasmenge, die aus 1 kg C erhalten wird, zur praktisch vollkommenen Verbrennung 9,46 cbm trockener Verbrennungsluft benötigt, und es sei angenommen, daß das eine Mal 50 % Luft mehr, also 14,19 cbm und das andere Mal 50 % Luft weniger, also 4,73 cbm zur Verbrennung benutzt werden. Für den ersten Fall werden dann die Verbrennungsprodukte um 4,73 cbm Luft vermehrt sein, für den zweiten Fall sei angenommen, daß von den brennbaren Gasen 0,73 cbm CO mit einem Brennwerte von 2236 Kal. unverbrannt bleiben, wodurch sich der ausgenützte Brennwert der Gasmenge nun auf 7554 — 2235 = 5318 Kal. stellt. Dagegen soll in diesem Fall der gesamte O-Gehalt aufgebraucht werden.

Unter Benutzung dieser Angaben ist die untenstehend verzeichnete Tabelle berechnet worden, aus welcher unter „Ausnutzung der Wärme im Herdraume" zu ersehen ist, daß sich die dem Herdraume übermittelte Wärme auf diese Weise tatsächlich vermindern läßt, indem statt 3400 Kal. nunmehr nur 2400 bzw. 2300 Kal. erscheinen. Die Verbrennung mit Luftmangel ergibt sich als die günstigere in bezug auf die Verminderung der freien Energie.

Es wäre interessant, über die auftretenden Verbrennungstemperaturen Aufschluß zu erhalten, doch ist dies schwierig, da die großen Einflüsse von Strahlung und Leitung unbekannt sind, wie ja auch die Mischungsverhältnisse von Gas, Luft und Verbrennungsprodukten für jeden Punkt der Flamme nicht zu ermitteln sind. Will man doch Werte aufstellen, welche einigermaßen einen Vergleich ermöglichen, so kann man die Strahlungs- und Leitungsverluste, als in allen Fällen gleich ansehen und vernachlässigen, was auch hier geschehen ist. Bei der vorstehenden Tabelle sind die Werte für die spez. Wärme der einzelnen Gase C_0^t für 2000° C. benutzt und hiermit die Temperaturwerte rechnerisch ermittelt worden. Man sieht, daß selbst bei so großen Änderungen der Luftmenge auch bei Luftüberschuß die Möglichkeit vorhanden ist, daß die Temperatur schließlich oberhalb der zulässigen Grenze bleibt und dies sicher an den Stellen, wo hohe Temperatur gerade vermieden werden soll, nämlich dort, wo die Flamme an das Gewölbe schlägt, welches ja nur sehr geringe Wärmeaufnahmefähigkeit besitzt. Dagegen kann die Temperatur an der Badeoberfläche zu gering für die Erwärmung des Bades werden, da dieses meist Wärme aufzunehmen imstande ist.

5,26 cbm bestes Generatorgas (5,01 cbm Gas + 0,25 cbm Dampf) mit wechselnder Luftmenge verbrannt.

	1,3fache Luftmenge	50% Luft mehr als 1,3fache	50% Luft weniger als 1,3fache
Gasmenge	5,26 cbm	5,26 cbm	5,26 cbm
Luftmenge	9,46 „	14,19 „	4,73 „
Brennwert des verbrannten Gases	7554 Kal.	7554 Kal.	5318 Kal.
Zusammensetzung der Verbrennungsprodukte: CO_2	1,86 cbm	1,86 cbm	1,13 cbm
CO	—	—	0,73 „
O	0,63 „	1,62 „	—
N	10,23 „	13,97 „	6,50 „
Wasserdampf	0,98 „	0,98 „	0,98 „
Ausnützung der Wärme im Herdraume.			
Eigenwärme Gas 1200°	2359 Kal.	2359 Kal.	2359 Kal.
„ Luft 1200°	4012 „	6018 „	2006 „
Summa Eigenwärme	6371 Kal.	8377 Kal.	4365 Kal.
+ Brennwert	7554 „	7554 „	5318 „
Summa Energie im Herdraum	13925 Kal.	15931 Kal.	9683 Kal.
Ab Energie in Abgasen 1700° C.	10486 „	13480 „	7383 „
Ausgenützt im Herd	3439 Kal.	2451 Kal.	2300 Kal.
Berechnete Verbrennungstemperatur im Herdraume, ohne Berücksichtigung von Strahlung usw. Werte für C_0^t für 2000° C. eingesetzt	2100° C.	1887° C.	2113° C.
Ausnützung in den Kammern.			
Eigenwärme Abgase 1700°	10486 Kal.	13480 Kal.	7383 Kal.
„ „ 700°	3625 „	4730 „	2490 „
In Kammern verblieben	6861 Kal.	8750 Kal.	4893 Kal.
Wärmeverlust durch die Abgase			
Eigenwärme Abgase 700°	3625 Kal.	4730 Kal.	2490 Kal.
Brennwert des unverbrannten Gases	—	—	2236 „
Verlust total	3625 Kal.	4730 Kal.	4726 Kal.

Die Arbeit mit Luftmangel liefert in bezug auf Temperaturerniedrigung sogar negative Resultate, falls, wie hier angenommen, der Sauerstoff wirklich vollständig aufgebraucht wird.

Die Kammern werden durch Veränderung der Luftmenge wenig beeinflußt, wie aus der Rubrik „Ausnutzung in den Kammern" zu ersehen ist, indem die dort zurückgelassene Wärme mit

6861 — 8750 — 4893 Kal.

immer noch größer ist, als die Eigenwärme von Gas und Luft, die wieder in den Herd zurückgeführt werden muß, und welche nach „Ausnutzung im Herd" . . . . . 6371 — 8377 — 4365 „

beträgt. Es bleibt somit in allen Fällen ein Überschuß von 490 — 373 — 528 Kal.

so daß die Kammern auf diese Weise nicht abgekühlt werden können, es sei denn, daß sie sehr große Strahlungsverluste aufzuweisen hätten.

Interessant ist die letzte Rubrik „Wärmeverlust durch die Abgase", in welcher sich erweist, daß in beiden Fällen der Arbeit mit unrichtiger Luftmenge der Verlust sich um etwa 30% höher stellt als bei richtiger Luftmenge, daß er aber, wenigstens für dieses Beispiel, fast genau gleiche Höhe besitzt, indem bei Luftmangel zwar ein Teil des Brennwertes mit den Abgasen verloren geht, dieser Wert jedoch, um die Eigenwärme der geringeren Abgasmenge erhöht, nicht höher wird als die Eigenwärme der viel größeren Menge der Abgase bei Luftüberschuß.

Diese Mittel können also keine sehr großen Wirkungen ausüben. Ist man aber doch gezwungen, von ihnen Gebrauch zu machen, so kann nur Arbeit mit Luftmangel in Betracht kommen. Bei der Arbeit mit Luftüberschuß kann man wohl im ganzen die beobachtete Wirkung erreichen, im einzelnen wird man aber auf das Auftreten einer oder gar mehrerer Stichflammen rechnen müssen, deren Wirkungen sich unmöglich vorhersagen lassen.

Alle angeführten Kunstgriffe haben nur dann Erfolg, wenn die Flammenführung gut geblieben ist. Im anderen Falle muß man eilen, die Charge so gut wie möglich herauszubringen, nachher aber in erster Linie dafür sorgen, daß die Flamme tadellos geht, denn sonst wiederholen sich die Schwierigkeiten bei jeder Charge und der Ofen kommt bald zum Erliegen.

Bei guter Flammenführung aber soll fleißig darauf gesehen werden, daß beide Ofenseiten gleichmäßige Hitze zeigen, und wenn sich eine Seite als überhitzt erweist, so wird man die Pausen zwischen den Chargen, die Einsatz- und Einschmelzzeiten dazu benutzen den Wärmeausgleich herbeizuführen, indem man die Gase länger durch die heiße Ofenseite in den Herdraum ziehen läßt. Zu Ende der Charge, wenn die höchsten Temperaturen im Ofen herrschen, ist eine derartige Regulierung oft nicht durchzuführen.

Zum Schlusse sei noch eines Versuches gedacht, den Verfasser an einem Martinofen ausführte, welcher zur Reparatur der Köpfe und des Gewölbes, sowie zur Auswechslung der Gittersteine in den Kammern abgestellt werden sollte. Es war geplant, diesen Ofen, an dem nichts mehr zu verderben war, absichtlich zu verbrennen, um dabei festzustellen, wie hoch man die Flammentemperatur in einem Regenerativofen überhaupt würde treiben können.

Zunächst wurde dabei die Erfahrung gemacht, daß es gar nicht so leicht war, das „Anbrennen“ wirklich zu erreichen. Der Schmelzer selbst bekam es wenigstens nicht fertig. Erst als in die Generatoren mit aller zur Verfügung stehenden Kraft geblasen und ebenso die Luft in den Ofen mittels Gebläse getrieben wurde, und nachdem der Kaminschieber stark gedrosselt worden war, konnte es dahin gebracht werden, daß das Gewölbe Fäden zu ziehen begann. Es ist ja nun zuzugeben, daß das ehrwürdige Alter des Ofens Schuld war an der Schwierigkeit, das gewünschte Ergebnis zu erreichen, und daß die Sache sich in einem neuen Ofen mit guten Zugverhältnissen bedeutend leichter hätte machen lassen. Immerhin war man der Lösung der gestellten Aufgabe ziemlich nahe gekommen, und die dabei mit dem Wannerschen Pyrometer fleißig ausgeführten Messungen ergaben die auffallende Tatsache, daß Flammentemperaturen von wesentlich mehr als 1800° nicht auftraten. Die Teilnehmer am dem Versuche erhielten vielmehr den Eindruck, als sei dies die höchste Temperatur, die bei der Verbrennung zu Kohlendioxyd und Wasserdampf praktisch unter Verwendung von selbst hoch vorgewärmtem Gase und ebensolcher Verbrennungsluft überhaupt zu erreichen möglich ist. Mit dieser Temperatur ist gewissermaßen, wenn man sich zwecks Erzielung größerer Anschaulichkeit so ausdrücken darf, die Elastizitätsgrenze bei der Verbrennungsreaktion erreicht, und die Verbrennung zieht sich nun in die Länge, indem Gas und Luft, ohne aufeinander zu wirken, dahinziehen bis zu einem Orte, wo die Temperatur ein wenig niedriger ist, und sie wiederum zur Wirksamkeit befähigt werden. Wissenschaftlich gesprochen würde das heißen, entgegen den Laboratoriumsversuchen macht sich die Dissoziation der Verbrennungsprodukte in der Praxis doch bemerkbar, und nimmt bei 1800° bereits so großen Umfang an, daß ein Gleichgewichtszustand eintritt, der die Erreichung einer höheren Temperatur zur Unmöglichkeit macht.

Aus Vorstehendem läßt sich eine Erklärung für den Unterschied in den Wirkungen einer Flamme und den Wirkungen der gleich hoch temperierten Abgase aus dieser Flamme auf das anzuwärmende Gut ableiten, die bisher noch wenig bekannt sein dürfte. Berechnet man nämlich die Wärmemenge, welche die Abgase von bestem Generatorgas, verbrannt mit der 1,3fachen Luftmenge, bei 1800° haben, so erhält man für die 1 kg C. enthaltende Gasmenge (s. S. 92) die Zahl 11524 Kal., und höchstens diese Wärmemenge kann abgegeben werden.

Bei Vorwärmung von Gas und Luft auf 1200° stehen aber für dieselbe Gasmenge nach S. 98 zur Verfügung 13925 Kal., und die Ausnützung ist bei dem Temperaturgefälle auf 1700°

	für die Abgase	für die Flamme
Energievorrat in Gas und Luft bei 1800°	11524 Kal.	13925 Kal.
Energie in Abgasen bei 1700°	10486 „	10486 „
Verfügbare Energie	1038 Kal.	3439 Kal.

oder dreimal so viel für die Flamme. Diese 3400 Kalorien können voll ausgenützt werden, wenn die Flamme Gegenstände berührt, die soviel Wärme aufzunehmen vermögen, daß die Temperatur auf 1700° herabgeht.

Man kann also die Flamme mit einem lebenden Wesen vergleichen, das befähigt ist, den Umständen gemäß seine ganze Muskelkraft spielen zu lassen, wogegen dann die gleich hoch temperierten Abgase als Geschöpfe erscheinen, deren Leben erloschen ist, und die höchstens noch durch das tote Gewicht ihrer Masse wirksam zu werden vermögen.

In diesem Zusammenhange sei kurz einiger anderer Feuerungen Erwähnung getan, die für Herdöfen zur Stahlerzeugung vorgeschlagen, bzw. auch angewendet worden sind. Es sind dies die Kohlenstaubfeuerung und die Feuerungen mit flüssigem Brennstoff, wie Rohnaphta, oder Petroleumrückständen, oder Teerölen.

Bei der Staubkohlenfeuerung wird durch einen Luftstrom feingepulverte Kohle in den hocherhitzten Verbrennungsraum geblasen, wo sich der Kohlenstaub sofort entzündet und ohne Rauchbildung vollständig verbrennt, wenn alle Verhältnisse richtig getroffen sind. Infolge der guten Mischung des Kohlenstaubes mit der Verbrennungsluft, die gleichzeitig die treibende Kraft vorstellt, soll ferner die Verbrennung mit nur wenig mehr als der theoretischen Luftmenge vollständig sein können.

Die Feuerung wird in der Weise betrieben, daß in den Luftstrom gleichmäßig ganz bestimmte Mengen von Kohlenstaub gebracht werden, die der zur Verwendung kommenden Luftmenge genau angepaßt sind. Das Gemisch gelangt dann durch eine Düse in Form eines Staubstrahles in den Ofenraum. Dieser Umstand bringt es mit sich, daß nur mit kalter Luft gearbeitet werden kann, oder doch nur mit so geringer Vorwärmung derselben, daß ein wesentlicher Einfluß davon praktisch nicht erwartet werden kann. Würde die Luft höher vorgewärmt, so müßte die Entzündung des Kohlenstaubes bereits im Luftstrome vor Eintritt in die Düse, und damit die Wärmeentwicklung an falscher Stelle erfolgen, was durchaus unzulässig erscheint. Es gibt nämlich kein Material zur Herstellung einer Düse, die solchen Anforderungen gewachsen wäre.

Daher ist die Energiemenge, die bei dieser Feuerung im Ofenraume im Augenblicke der Verbrennung freiwerden kann, nur gleich der Verbrennungswärme des benutzten Kohlenstaubes. Nimmt man an, daß wiederum die Kohle benutzt wird, die als Rohstoff für die Erzeugung des besten Generatorgases gewählt wurde, also eine Kohle mit 75% Kohlenstoffgehalt und einem Brennwerte von rund 7000 Kalorien für das Kilogramm, sowie, um für das System möglichst günstige Bedingungen zu erhalten, daß die vollständige Verbrennung wirklich mit nur der theoretischen Luftmenge erreicht werden kann, so ergibt die Berechnung (s. Spalte 12 der folgenden Aufstellung)

im Herdraume für die 1 kg C enthaltende Kohlenmenge verfügbar	9300 Kalorien
in den Abgasen davon stecken bei 1700° .	8240 „
im Herdraume verfügbar .	1060 Kalorien,

d. i. wiederum weniger als ein Drittel von den 3400 Kalorien, die bei Verwendung des besten Generatorgases im Regenerativofen bei 1,3facher Luftmenge und Vorwärmung von Gas und Luft auf 1200° erhalten werden.

Hierin dürfte die Erklärung liegen, weshalb es — wenigstens bei den Versuchen, denen Verfasser beizuwohnen Gelegenheit hatte — nicht gelingen wollte, mit dieser Feuerung heiße Stahlchargen zu erschmelzen. Das Einschmelzen, welches eine Arbeit mit großem Temperaturgefälle vorstellt, erfolgte zwar tadellos, allein der Ofen versagte später mehr und mehr in dem Maße, als dies Gefälle kleiner wurde.

Wenn man den Kohlenstaub durch einen flüssigen Brennstoff ersetzt, kann man unter Umständen bessere Ergebnisse erzielen. Um zu dieser Frage einen Beitrag zu versuchen, ist nachstehende Zusammenstellung angefertigt worden, in der neben der betrachteten Kohle auch zwei flüssige Brennstoffe aufgeführt sind, von denen der erste die Zusammensetzung $C_{10}H_8$ aufweist, und damit den wasserstoffärmeren Teerölen ähnelt, während der zweite mit der Zusammensetzung C_6H_{12} gewählt ist, also einem sehr wasserstoffreichen Brennstoffe des Types der kaukasischen Erdöle entspricht. Die erste senkrechte Spalte in der Aufstellung ist nur des Vergleiches wegen aufgenommen; da sie für die theoretische Luftmenge berechnet ist, kommt ihr praktische Bedeutung nicht zu. Die Ergebnisse mit diesen flüssigen Brennstoffen, wenn sie in der Art der Kohlenstaubfeuerung mit kalter Verbrennungsluft Verwendung finden, sind in den Spalten 13 und 15 dargelegt. Man sieht, daß für das wasserstoffarme Teeröl nur wenig günstigere Verhältnisse erwachsen, als für die Kohlenstaubfeuerung, indem der verfügbare Energiebetrag nur 1184 Kalorien ausmacht. Besser stellt sich die Sache für den wasserstoffreichsten Brennstoff, wo die Zahl der verfügbaren Kalorien auf 2542 steigt. Mit solchem Brennöl, das aber nur selten erhältlich ist, sollte also die Erschmelzung von Stahl im gewöhnlichen Ofen ohne Benützung der Abhitze zur Vorwärmung der Verbrennungsluft nicht unmöglich sein. Immerhin bleibt das Ergebnis von 2542 Kalorien erheblich hinter der Wirkung des Generatorgases bei Regenerativfeuerung zurück.

Anders wird die Sache allerdings, wenn man auch bei der Ölfeuerung die Verbrennungsluft vorwärmt.

Ursprünglich hat man für flüssige Brennstoffe zur Stahlerzeugung dieselben Regenerativöfen benutzt, wie sie für die Generatorgasfeuerung gebaut wurden. Man ließ einfach auf der Einströmungsseite das Brennöl in die heiße Gaskammer tropfen, wo es verdampfte, bzw. in die Gasform übergeführt und gleichzeitig überhitzt wurde. Beim Umsteuern wurde dann der Ölzulauf zur eben benutzten Gaskammer geschlossen und diese wie gewöhnlich durch die abziehenden Ofengase wieder angewärmt, während die Gaskammer der anderen Seite die Umwandlung des flüssigen Brennstoffes in den gasförmigen übernehmen mußte.

Sehr bald erkannte man, daß sich der Brennstoff auch ohne eine derartige Vergasung verwenden ließ, wenn man den kleinen Kunstgriff anwendete, das Öl zu zerstäuben und als Strahl feinster Öltröpfchen in Nebelform direkt in den Verbrennungsraum zu schleudern. Es ist eine ganze Reihe von Vorrichtungen dazu erfunden worden.

Diese Anordnung hatte zwei große Vorteile. Einmal entfielen alle Schwierigkeiten, die sich im Vergasungsraume ergeben hatten und die hauptsächlich durch Bildung großer Mengen von Ruß bemerkbar wurden, und zweitens konnten die Regeneratorkammern für Gas fortgelassen werden, so daß die Ofenkonstruktion erheblich vereinfacht und verbilligt wurde.

Durch die Vorwärmung der Verbrennungsluft wird nun der Wirkungsgrad ganz bedeutend gesteigert, und man erhält

statt der	3439	Kal.	vom Generatorgas,
jetzt	4993	„	für Teeröle
und sogar	7276	„	für Petroleum, für die Brennstoff-

menge, in der 1 kg Kohlenstoff enthalten ist.

Es sei hier nochmals darauf hingewiesen, daß keinerlei Anspruch darauf erhoben wird, durch die benutzte Rechnungsweise einen Weg gefunden zu haben, der gestattet, ein endgültiges Urteil über den Grad der Vollkommenheit des einen oder anderen Ofensystems abzuleiten. Es können nämlich noch andere Umstände auf die Energieentwicklung im Verbrennungsraume mitwirken, die sich unserer Kenntnis bisher entziehen. Daher möge ein jeder selbst urteilen, wie weit er den mitgeteilten Zahlen Geltung einräumt. Immerhin zeigen sie soviel Bemerkenswertes, das ihre Wiedergabe berechtigt erschien.

Man sieht, wie die Menge der Verbrennungsluft in dem Maße zunimmt, als der Brennstoff pyrotechnisch hochwertiger erscheint. Wird die Verbrennungsluft vorgewärmt, so wird der absolute Wärmebetrag, der dadurch für die Verbrennung zurückgewonnen wird, in demselben Verhältnis größer werden, und es kann so weit kommen (s. die horizontale Zeile „Eigenwärme der Verbrennungsluft bei 1200°"), daß der von der Verbrennungsluft allein dem Herdraume zugeführte Wärmebetrag fast ebenso groß (5832 Kal.) oder sogar größer (7236 Kal.) wird als der Wärmebetrag, der bei der Generatorgasfeuerung durch die Vorwärmung von Luft und Gas zusammen geliefert wurde (6371 Kal.).

Das spricht einmal dafür, daß bei Brennstoffen von hoher Konzentration die Vorwärmung des Brennstoffes selbst eine geringe Rolle spielt und ohne großen Nachteil fortgelassen werden kann, sowie zweitens, daß bei solchen Brennstoffen auch mit dem Luftüberschuß gar nicht so ängstlich umgegangen zu werden braucht, indem dieser durch die Vorwärmung dem Prozeß eine erhebliche Wärmemenge wieder zurückbringt.

Es ist überhaupt nicht leicht, Brennstoffe mit verschiedenem Energiegehalte miteinander zu vergleichen. Bei der gewählten Art wird die Übersicht noch dadurch erschwert, daß die (für jeden Fall zunächst unbekannte) Menge von Brennstoff betrachtet wurde, die gerade 1 kg Kohlenstoff enthält. Um diesen Übelstand einigermaßen zu beheben, ist die im Herdraume verfügbare Energie, auf ein Kilogramm des Brennstoffes umgerechnet, in der vorletzten horizontalen Zeile der Aufstellung aufgeführt worden. Wenn beispielsweise bei der Gaskohle für 1 kg C 3439 Kal. im Herdraume nutzbar gemacht werden können, die Kohle selbst aber nur 75% C enthält, so entfallen offenbar auf 1 kg Kohle

$$3439 \times 0{,}75 = 2579 \text{ Kalorien.}$$

Allein auch damit ist noch nicht alles gesagt. Es liefert nämlich jeder Brennstoff eine andere Menge Abgase, und daher kann man in einem und demselben Ofen nicht die gleiche Menge unter sich ungleicher Brennstoffe verfeuern. Es wird vielmehr die Menge der Abgase bestimmend für die Menge Brennstoff, die in einem bestimmten Ofen verbrannt werden kann, und wenn man nun von dem Standpunkte des Ofenkonstrukteurs aus einen Brennstoff beurteilen will, dann dürfte interessieren zu wissen, wieviel Kalorien für eine bestimmte Abgasmenge nutzbar gemacht werden können. Das beste Generatorgas gab z. B. 13,7 cbm Abgase, und dabei wurden 3439 Kal. im Herdraume nutzbar gemacht, auf 1 cbm Abgase entfielen somit 3439 : 13,7 = 251 Kalorien. Die in dieser Weise für alle betrachteten Brennstoffe ermittelten Zahlen sind in der letzten Horizontalzeile der Aufstellung mitgeteilt.

Von verschiedenen Feuerungen im Herdraume zur Verfügung gestellte Energiemenge.

Art des Brennstoffes	Gaskohle mit 12% des C-Gehaltes im Destillationsgase			Flüssige Brennstoffe			
				Teeröle		Petroleum	
	11	7	12	13	14	15	16
				zerstäubt, dann verbrannt mit			
Ofensystem	Regenerativofen Gas und Luft auf 1200° vorgewärmt		Kohlenstaubfeuerung Luft kalt	kalter Luft gew. Ofen	Luft von 1200° Regenerativofen	kalter Luft gew. Ofen	Luft von 1200° Regenerativofen
Angewandte Luftmenge	theoretisch	1,3 fach	theoretisch	theoretisch	1,3 fach	theoretisch	1,3 fach
Zusammensetzung des Brennstoffes	75% C			$\sim C_{10}H_8$ = etwa 94% C „ 6% H		$\sim C_6H_{12}$ = etwa 86% C „ 14% H	
Brennwert von 1 kg Brennstoff	(Kohle 7000 Kal.) Gas daraus 5665 Kal.		7000 Kal.	9343 Kal.		12027 Kal.	
Für 1 kg C enthaltende Abgasmenge erforderlich Brennstoff, dessen Brennwert	1,33 kg 7554 Kal.		9300 Kal.	1,064 kg 9941 Kal.		1,163 kg 13987 Kal.	
Luftmenge cbm	6,475	9,46	10,1	10,55	13,76	13,14	17,08
Abgase CO_2 cbm	1,86	1,86	1,86	1,86	1,86	1,86	1,86
Abgase H_2O-Dampf „	0,98	0,98	0,52	0,71	0,71	1,81	1,81
Abgase N „	7,91	7,91	7,91	8,35	8,35	10,38	10,38
Abgase Luftüberschuß „	—	2,95	—	—	3,19	—	3,95
Summa Abgase cbm	10,75	13,70	10,29	10,92	14,11	14,05	18,00
Wärmegehalt dieser Abgase bei 1700°	8240	10693	8240	8757	10780	11445	13947
Brennwert für Brennstoffmenge mit 1 kg C Kal.	7554	7554	9300	9941	9941	13987	13987
Eigenwärme bei 1200°	5104	6371	—	—	5832	—	7236
Summe der eingeführten Energie	12658	13925	9300	9941	15773	13987	21223
Ab: Eigenwärme Abgase bei 1700°	8240	10486	8240	8757	10780	11445	13947
Im Herdraume verfügbare Energie für Brennstoffmenge, enthaltend 1 kg C Kal.	4418	3439	1060	1184	4993	2542	7276
Desgl. für 1 kg Brennstoff Kal.	3322	2579	800	1113	4692	2186	6256
Desgl. für 1 cbm Abgase Kal.	411	251	103	108	354	181	404

Die Chemie des basischen Herdofenprozesses.

17. Reduktions- und Oxydationsprozesse.

Metallisches Eisen in solcher Form, daß es zu technischen Zwecken verwendet werden könnte, findet sich in der Natur nicht vor, es muß vielmehr erst künstlich hergestellt werden. Als Rohstoffe dazu dienen die vielerorts in großen Mengen vorkommenden Eisenerze, die in der Hauptsache entweder Sauerstoffverbindungen des Eisens sind, oder die sich vor der Weiterverarbeitung in solche überführen lassen. Die Aufgabe ist daher im wesentlichen die, Eisen und Sauerstoff voneinander zu trennen.

Wenn man an die gewaltigen Mengen von Eisen denkt, die heute laufend in aller Herren Länder hergestellt werden, und an die riesigen Kosten, welche für diese Gewinnung aufgebracht werden müssen, dann wird man zugeben, daß die genaue Kenntnis aller bei der Loslösung des Eisens vom Sauerstoff auftretenden Umstände und Nebenumstände auch in wirtschaftlicher Hinsicht von großer Bedeutung sein muß. Beim Studium der umfangreichen Literatur hierüber wird man aber finden, daß gerade auf diesem Gebiete viel, sehr viel nachzuholen ist: die Angaben werden immer spärlicher, je mehr man sich dem eigentlichen Problem nähert, und der unbefangene Beurteiler muß schließlich sagen, daß die heutige Wissenschaft ihre Jünger nur bis an den Rand, im besten Falle bis an die Innenwand des Gefäßes geleitet, in welchem die Reduktion tatsächlich erfolgt, sei es nun der Schmelztiegel im Laboratorium oder das Gestell des Hochofens. Über die Vorgänge im Innern des Gefäßes, über das eigentliche Wesen des Reduktionsprozesses schweigt sich die Wissenschaft vollständig aus, und das Problem steckt heute noch gerade so tief in der Mystik, wie vor Jahrzehnten. Kann es aber eine verlockendere Aufgabe geben, als die, der Mystik ein Stückchen ihres Besitzes zu entreißen, mit dem Zweck, das Gebiet des Wissens entsprechend zu erweitern? Diese Fragestellung möge die Rechtfertigung sein für den nachstehend gewagten Versuch, auf diesem engen Spezialgebiete der Metallurgie des Eisens einen Vorstoß anbahnen zu helfen.

Für die Wissenschaft ist das Problem der Trennung des Eisens vom Sauerstoff scheinbar eine sehr einfache Sache. Die Eisensauerstoffverbindung braucht nur unter geeigneten Bedingungen in Wechselwirkung mit einem Stoff gebracht zu werden, der unter diesen Bedingungen eine größere Verwandtschaft zum Sauerstoff hat als das Eisen, und die Umsetzung muß darauf in der Weise erfolgen, daß das Eisen aus der Verbindung mit dem Sauerstoff gelöst wird, während letzterer sich mit dem erwähnten Stoffe, dem Reduktionsmittel, verbindet und dieses oxidiert. Reduktion des zu reduzierenden Stoffes ist also immer begleitet von der Oxydation des Reduktionsstoffes, und mit jedem Reduktionsprozeß läuft ein entsprechender Oxydationsprozeß parallel.

Wenn der Chemiker metallisches Eisen herstellen sollte, dann bereitete er sich zunächst durch Ausfällen aus einer wässerigen Lösung eines dazu geeigneten Eisensalzes reines Eisenoxydhydrat, welches durch Glühen von seinem Wassergehalte befreit werden kann. Wird so hergestelltes reines Eisenoxyd in einem Glas- oder Porzellanrohr erhitzt, und wird dann Wasserstoffgas oder Kohlenoxyd darüber geleitet, so läßt sich in kurzer Zeit an dem Auftreten von Wasserdampf, der an den kälteren Stellen des Rohres zu Tröpfchen kondensiert, oder von Kohlendioxyd, das durch Kalkwasser oder sonst wie kenntlich gemacht werden kann, feststellen, daß eine Einwirkung eingesetzt hat. Nach einiger Zeit ist dann das Eisenoxyd in ein schwarzes Pulver verwandelt, an dem man nachweisen kann, daß es metallisches Eisen enthält. Es war aber nicht möglich, derart hergestelltes Eisen mit den bis vor kurzem zur Verfügung stehenden Hilfsmitteln zu schmelzen, oder es sonst zu technischen Zwecken zu verwerten. Die Praxis war also genötigt sich nach anderen Hilftsmitteln umzusehen, und ihre eigenen Wege zu gehen.

Im Laufe der Zeit hat die Wissenschaft feststellen können, daß bei der Vereinigung der Stoffe mit Sauerstoff große Mengen Energie in Form von Wärme entbunden werden, und sie hat diese Mengen auch zu messen gelernt. Für die wesentlichsten der für die Reduktion des Eisens in Betracht kommenden Stoffe haben sich annähernd die folgenden Zahlen ergeben:

1 kg O liefert bei der Vereinigung mit:

Fe	zu	FeO	4735 Kal.
„	„	Fe_3O_4	4315 „
„	„	Fe_2O_3	4190 „
FeO	zu	Fe_3O_4	3055 „
„	„	Fe_2O_3	3192 „
C	zu	CO	1788 „
„	„	CO_2	3012 „
CO	„	CO_2	4270 „
H	zu	H_2O	3643 „
Al	„	Al_2O_3	8162 „
Si	„	SiO_2	6850 „
Mn	„	MnO	6247 „

Nach dem Gesetz von der Erhaltung der Energie muß zur Zerlegung einer chemischen Verbindung in ihre Bestandteile dieselbe Energiemenge aufgewendet werden als bei der Vereinigung dieser Bestandteile frei wurde. Daraus würde folgen, daß alle diejenigen Stoffe als Reduktionsmittel für Eisensauerstoffverbindungen geeignet erscheinen, die bei der Verbindung mit Sauerstoff mehr Wärme entstehen lassen als es das Eisen tut, also auch die letztgenannten Stoffe Aluminium, Silizium und Mangan.

Dieser Schluß hat in der Praxis in dem auf ihn gegründeten Goldschmidtschen Verfahren eine schöne Bestätigung gefunden. Jetzt mischt der Chemiker die Eisensauerstoffverbindung mit fein gepulvertem metallischen Aluminium, bringt an einer Stelle des Gemisches die Schmelztemperatur desselben hervor, und sofort entsteht aus Eisenoxyd und metallischem Aluminium Aluminiumoxyd und metallisches Eisen:

$$Fe_2O_3 + 2Al = Al_2O_3 + 2Fe.$$

Die Reaktion verläuft fast blitzschnell, wobei die Temperatur ausnehmend hoch steigt, so daß die Produkte nicht nur in geschmolzenem Zustand erscheinen, sondern dazu stark überhitzt sind. Das Verfahren ist im höchsten Grade elegant, aber es ist leider auch so teuer, daß es in der Technik nur ausnahmsweise Anwendung finden kann.

Um Eisen im Großen herzustellen, mußte man einen anderen Reduktionsstoff ausfindig machen, und ein solcher wurde im Kohlenstoff gefunden. Dieser aber kommt nur dann zur Wirkung, wenn das ganze, zur Verarbeitung bestimmte Gemisch der Stoffe nicht nur auf stark erhöhte Temperatur gebracht worden ist, sondern es muß außerdem noch vor äußeren Einflüssen bewahrt bleiben, und gerade der letztere Umstand erschwert das Studium der Vorgänge ganz besonders, indem er dazu zwingt, die Einwirkung in geschlossenen, und, da der hohen Temperatur wegen Glas nicht in Frage kommen kann, undurchsichtigen Gefäßen vorzunehmen, die dem Beobachter den Einblick verwehren. Man kann also wohl alle Verhältnisse vor und nach dem Versuche auf das eingehendste prüfen, nicht aber während desselben verfolgen, und der eigentliche Verlauf der Umsetzungen ist daher vollständig unbekannt geblieben. Erst in neuester Zeit hat Prof. B. Osann in seinen »abgebrochenen Schmelzen« (s. Stahl und Eisen 1912 S. 470 u. ff.) Material beschafft, das geeignet erscheint, über die einzelnen Stufen der Reduktion des Eisens Zeugnis ablegen zu können. Auf diese Arbeit wird noch gleich zurückzukommen sein.

In unserem größten Reduktionsapparate, dem Hochofen, werden dem Kohlenstoffe zwei Aufgaben gestellt: er soll einmal die für den Prozeß erforderliche Wärmemenge liefern, und zweitens als Reduktionsstoff dienen. Damit die erste Aufgabe gelöst werden kann, muß außerdem Luft in den Ofen geblasen werden, deren Sauerstoffgehalt einen Teil des Kohlenstoffes verbrennt. Der Stickstoff der Luft verbleibt dabei unwirksam und läuft als Ballast mit durch den Prozeß. Die Kohlenstoffmenge muß ferner so groß gewählt werden, daß der gesamte Wärmebetrag reichlich gedeckt ist.

Durch die Einwirkung des Luftsauerstoffes entsteht im Hochofen nach der Formel

$$C + O = CO + \text{etwas } CO_2,$$

entsprechend den für diese Stoffe geltenden Gleichgewichtsbedingungen.

In diesem Kohlenoxyd erscheint also derselbe Stoff, den der Chemiker im Laboratorium zur Darstellung des metallischen Eisens benutzen konnte, und der sich dort als brauchbarer Reduktionsstoff erwiesen hat. Wie aus der obenstehenden Aufstellung ersichtlich ist, liefert 1 kg O bei der Verbrennung mit CO zu CO_2 4270 Kalorien, während die gleiche Sauerstoffmenge bei der Vereinigung mit Fe_3O_4 zu Fe_2O_3, mit FeO zu Fe_3O_4 und mit Fe zu Fe_2O_3 eine etwas geringere Wärmemenge entstehen läßt.

Die Einwirkung ist nach folgenden Formeln möglich:

$$Fe_2O_3 + CO = 2\,FeO + CO_2$$
$$FeO + CO = Fe + CO_2.$$

Da, wie erwähnt, ein Überschuß von Kohlenstoff vorhanden ist, so ist eine Einwirkung des bei der Reduktion des Eisens entstandenen Kohlendioxydes auf Kohlenstoff möglich nach der Formel

$$CO_2 + C = 2\,CO,$$

womit der verbrauchte Reduktionsstoff CO regeneriert und zu neuer Einwirkung befähigt gemacht würde. Da dabei ferner aus einem Raumteile Kohlendioxyd zwei Raumteile Kohlenoxyd gebildet werden, die bei der Einwirkung auf Eisenoxyd wieder zwei Raumteile Kohlendioxyd geben, welche zu vier Raumteilen Kohlenoxyd anwachsen können, so wird die Menge des wirksamen Reduktionsmittels aus dem Gemisch selbst heraus, und ohne daß Zufuhr von Sauerstoff von außen notwendig würde, vermehrt, und wächst rasch in geometrischer Proportion.

Man hat längst festgestellt, daß die Reduktionsvorgänge durch Kohlenoxyd im Hochofen ebenfalls vor sich gehen, und zwar in großem Maßstabe. Sie erfolgen oberhalb der Schmelzzone, und man hat ihnen den Namen »indirekte Reduktion« beigelegt, weil hier der ursprünglich bestimmte Reduktionsstoff, der Kohlenstoff, nicht direkt wirkt, sondern durch die Verbindung mit freiem Sauerstoff erst in einen mit anderen Eigenschaften behafteten Stoff umgewandelt worden ist.

Baur und Gläßner*) haben die von Boudouard u. a. ausgeführten Untersuchungen über das Gleichgewicht in dem System Kohlenstoff und Sauerstoff dadurch erweitert, daß sie diesem System noch das System Eisen-Sauerstoff angliederten. Sie haben damit nachgewiesen, wie durch eine Änderung der Temperatur und dadurch erfolgenden Verschiebung des Verhältnisses von $CO_2 : CO$ entweder eine Reduktion des Eisens, eventuell auch des Kohlendioxydes, oder eine Oxydation des Eisens erzwungen werden kann. Damit ist für unsere Erkenntnis zweifellos ein bedeutender Schritt voran getan worden, aber Folgen von praktischer Bedeutung scheinen hieraus bisher nicht entsprungen zu sein. Die Praxis ist eben auch hier der Theorie weit voraus geeilt.

Aus dem erwähnten Verhalten des Eisenoxydes bei der Reduktion durch Gase, ferner aus den Ergebnissen der Untersuchungen von Baur und Gläßner, und nicht zum mindesten aus den allgemein gültigen Grundsätzen der Physik und Chemie lassen sich einige wichtige Schlüsse ableiten.

---

*) Zeitschrift für physikalische Chemie 43, 1903, S. 354 u. ff.

Das Eisenoxyd ist im Glasrohre sowohl als in der Rast des Hochofens während der Umwandlung in metallisches Eisen die ganze Zeit über im festen Zustande verblieben, und wenn unter solchen Umständen die Einwirkung erfolgt ist, so hat dies offenbar nur deshalb geschehen können, weil das Reagens in Gasform aufgetreten ist, denn nur so vermochten seine Moleküle sich frei im Raume zu bewegen und mit einzelnen Molekülen des Eisenoxydes in Berührung zu gelangen. Diese Berührung erfolgte zunächst an der Oberfläche des Eisenoxydes. aber bei der Einwirkung auf irgend ein Molekül desselben wurde nicht nur dieses selbst verändert, sondern es wurde auch sein mechanischer Zusammenhang mit den übrigen Molekülen gelockert, und in die so entstandenen Zwischenräume konnte neues gasförmiges Reagens eindringen und an neuer Stelle wirksam werden. Das gesamte Eisenoxyd mußte so allmählich zu Staub zerfallen, der schließlich in metallisches Eisen übergeführt wurde.

Prof. Osann hat bei seinen abgebrochenen Schmelzen nachgewiesen, daß in der Beschickung im Schmelztiegel, obgleich dieser geschlossen und damit vor Beeinflussung durch die Außenluft gesichert war, die indirekte Reduktion der Eisenoxyde ebenfalls erfolgte. Die angewandten Erzstücke wiesen nämlich, ohne geschmolzen zu sein, Spuren eines Zerfalles auf, der nur durch die Einwirkung eines Gases erklärt werden konnte. Dieses Gas konnte aber wiederum nur CO gewesen sein, und für seine Entstehung blieb nur die einzige Annahme übrig, daß der Sauerstoffgehalt der Kleinigkeit von atmosphärischer Luft, die in den Poren der Beschickung zurückgeblieben war, nach Erreichung der erforderlichen Temperatur mit dem Kohlenstoffe in Reaktion getreten war. Der ganze geschilderte Prozeß war damit eingeleitet, und mußte nun bei Einhaltung der erhöhten Temperatur von selbst weitergehen, weil sich das wirksame Reagens dabei selbsttätig in mehr als ausreichender Menge erzeugt.

Die Leichtigkeit, mit welcher die indirekte Reduktion durch Kohlenoxyd erfolgt, gab den Erfindern immer wieder anscheinend vorzügliche Aussichten auf neue, wirtschaftlichere Methoden zur Gewinnung des von allen am meisten benutzten Metalles. Aber diese Aussichten haben sich bisher als trügerisch erwiesen. Es gibt nämlich Fälle, wo das Kohlenoxyd trotz seiner Gasform und trotz der Einhaltung der erforderlichen Temperatur, eine Einwirkung auf die Eisenverbindung nicht ausüben will. Es scheint dann so, als ob die Moleküle der Eisensauerstoffverbindung mit einer anderen Substanz wie mit einem undurchdringlichen Panzer überzogen, oder so fest miteinander verkittet sind, daß auch die Beweglichkeit der Moleküle eines gasförmigen Reagens nicht imstande ist, Stellen ausfindig zu machen, die einen Angriff zulassen. Gibt es denn nun aber einen Stoff, welcher den Molekülen der Eisensauerstoffverbindungen einen solchen Schutz zu gewähren vermöchte, und welcher Art könnte dieser Stoff wohl sein?

Der Chemiker wird sich keinen Augenblick zu besinnen brauchen, um die erste Frage zu bejahen, und zur zweiten zu behaupten, daß eine jede chemische Verbindung der Eisenoxyde mit anderen Stoffen die verlangten Eigenschaften aufweisen muß.

Damit ist aber klar ausgesprochen, daß die indirekte Reduktion des Eisens, also die Reduktion durch Kohlenoxydgas, nur in dem einzigen Falle möglich ist, wo das Eisenoxyd sich im reinen und freien Zustande befindet.

Das ist nun in der Praxis nie der Fall. Die Eisenoxyde enthalten immer mehr oder weniger große Mengen von Verunreinigungen in Form von SiO_2, Al_2O_3, CaO, MnO, und es ist nur selten bekannt, ob diese Stoffe sich in chemischer Verbindung mit den Eisenoxyden befinden, oder ob sie ihnen nur mechanisch beigemengt sind, etwa als Teile der Gesteinsmassen, auf denen die Ablagerung der Erze erfolgte.

Die Praktiker haben bisher auch eigentlich keine Veranlassung gehabt, diese Frage eingehender zu untersuchen, fügen sie doch dem Möller für den Hochofen und ebenso dem Probetiegel erhebliche Mengen derselben Stoffe in Form von Zuschlägen oder mit der Koksasche hinzu, die zusammen mit den in den Erzen enthaltenen geschmolzen werden und sich in den Endprodukten der Arbeit, im Roheisen und in der Schlacke, wiederfinden.

Wenn man nun nach denjenigen chemischen Verbindungen des Eisens fragt, die bei der Verhüttung der Erze von Einfluß sein könnten, dann muß man sich wundern, wie wenig die Wissenschaft heute noch darüber zu sagen hat. Bekannt und beschrieben sind von den Eisenverbindungen eigentlich nur diejenigen, die sich der Chemiker selbst unter Zuhilfenahme des Wassers herstellt. Dagegen hört man sehr wenig über den Charakter der natürlichen und der auf feuerflüssigem Wege entstandenen Eisenverbindungen, unter denen die häufigsten und für die Metallurgie wohl auch wichtigsten, die Verbindungen mit der Kieselsäure sind. Man scheint z. B. noch nicht ganz im klaren darüber zu sein, ob zu solcher Verbindung nur die Oxydulstufe des Eisens befähigt ist oder auch die Oxydstufe. Aus dem Verhalten der Eisenverbindungen in wässriger Lösung läßt sich wohl mit einiger Sicherheit schließen, daß nur das erstere der Fall ist; weiter kann man nach der Analogie mit ähnlich zusammengesetzten Säuren annehmen, daß die Kieselsäure sich dem Eisen und auch anderen Basen gegenüber ähnlich verhalten wird wie jene, so daß man hieraus auch die Konstitutionsformel für die Eisensilikate aufbauen kann. Der experimentelle Beweis für die Richtigkeit dieser Annahme steht aber noch aus.

Für die Praxis ist jedoch schon die Tatsache von größter Bedeutung, daß immer, wenn Eisenoxyde bei Rotglut mit Kieselsäure in Berührung kommen, aus diesen beiden ein neuer, feuerflüssiger Stoff entsteht. Dieser Stoff hat die Eigentümlichkeit, mit großer Gier alle möglichen anderen Stoffe in sich aufzulösen, und hierin liegt wohl die Erklärung dafür, daß es sehr schwer ist, jenen Grundstoff rein herzustellen. Er vermag ebensowohl mehr Eisenoxydul als auch mehr Kieselsäure aufzunehmen, als zu seiner Bildung gehören, und damit wird das prozentuelle Verhältnis der beiden immer wieder geändert.

Nun ist soviel klar: kommen die Eisenoxyde im Ofen bei genügend hoher Temperatur mit Kieselsäure zusammen, so wird, möge letztere nun aus den Verunreinigungen der Erze selbst, oder aus den Zuschlägen, oder gar aus der Ofenzustellung stammen, die Vereinigung der beiden zu einer chemischen Verbindung erfolgen, damit werden aber diese Mengen von Eisenoxyden gegen die Einwirkung reduzierender Gase gefeit und dieser Einwirkung für immer entzogen. Soll das Eisen aus ihnen dennoch gewonnen werden, so muß eine neue Methode dafür gefunden werden.

Diese neue Methode besteht offenbar in der direkten Reduktion durch Kohlenstoff nach der Formel

$$FeO + C = Fe + CO.$$

Daß der Vorgang schließlich so verläuft, scheint ziemlich sicher zu sein, allein auch hier war über die Einzelheiten dabei nichts bekannt. Nur soviel weiß man, daß die Einwirkung erst merkbar wird, wenn die Temperatur so hoch geworden ist, daß die Masse begonnen hat zu schmelzen.

In dem geschmolzenen Teile bestehen aber andere Bedingungen. Jetzt müssen, wie in allen flüssigen Lösungen, die chemischen Verbindungen, also auch die Eisensilikate, zum Teil dissoziiert sein, d. h. diese Teile der Eisenoxyde müssen wieder in freier Form bestehen, und aus diesem Grunde dem Einflusse eines geeigneten Reduktionsstoffes zugänglich sein. Jetzt läßt sich also die Aufgabe wieder aufnehmen und es ist, vorausgesetzt, daß man den betreffenden Reduktionsstoff zur Verfügung hat, nur dafür zu sorgen, daß an Stelle des aus der Schmelze herausreduzierten und aus ihr ausgeschiedenen Eisens immer wieder neue Moleküle Eisenoxydul in freiem Zustande auftreten. Letzteres geschieht selbsttätig, so lange die Schmelze ihren flüssigen Zustand bewahrt. Es gilt also diesen Zustand aufrecht zu erhalten, und das kann auf zweierlei Art erfolgen:

1. einmal durch entsprechende Steigerung der Temperatur in dem Maße, als der Gehalt der Schmelze an Metalloxyden ärmer wird, oder
2. durch Hinzufügen geeigneter Reagenzien, welche imstande sind, den Einfluß zu ersetzen, den die Metalloxyde auf die Schmelzbarkeit der behandelten Masse ausüben.

In der Praxis werden beide Wege eingeschlagen; für die meisten Fälle empfiehlt sich der zweite, da er Bedingungen schafft, die leichter zu erfüllen sind, und da er außerdem gestattet, haushälterischer mit der Wärme umzugehen.

Als Ersatz für die Eisenoxyde für die Erhaltung des flüssigen Zustandes der Schmelze wird meistens der Kalk verwendet, Er ist in der Hitze als Base stärker als die Metalloxyde und die meisten übrigen Basen, er entzieht ihnen also die Kieselsäure, wodurch er sie in den freien Zustand hineindrängt und die Wirkung der natürlichen

Dissoziation erheblich verstärkt, so daß sie jetzt der Einwirkung des Reduktionsstoffes geradezu entgegengetrieben werden.

Es ist nun noch der Vorgang der eigentlichen Reduktion näher zu betrachten. Man möchte annehmen, daß jetzt wiederum das Kohlenoxyd auf die freien, gelösten Eisensauerstoffverbindungen einwirken könnte, aber dies wäre ein Trugschluß, wie später ersichtlich sein wird, und somit kommt für die Reduktion der Eisensauerstoffverbindungen in feuerflüssiger Form unter den betrachteten Verhältnissen nur der Kohlenstoff selbst in Frage.

Es ist dabei jedoch besonders zu beachten, daß der Kohlenstoff mit den uns zur Verfügung stehenden Mitteln nicht geschmolzen werden kann, und daß wir anscheinend auch kein Lösungsmittel für ihn besitzen. Der Kohlenstoff könnte also nur in der Weise wirksam werden, daß die Moleküle an seiner Oberfläche bei Bespülung durch die flüssige Schmelze Gelegenheit erhalten mit Molekülen freier Eisensauerstoffverbindungen in Berührung zu kommen. Der Vorgang erscheint auf diese Art zwar möglich, aber er würde sich dann unter Bedingungen vollziehen, die alles andere eher sind, als günstige, und die nur einen sehr geringen Nutzeffekt zulassen könnten.

Es ist jedoch wahrscheinlich, daß ein anderer Umstand der Praxis zu Hilfe kommt und die Umsetzungen ganz außerordentlich erleichtert. Dieser Umstand besteht darin, daß das metallische Eisen die Eigenschaft hat bei erhöhter Temperatur mit Leichtigkeit Kohlenstoff aufzunehmen, selbst wenn beide Stoffe sich dabei in fester Form befinden. Zu dieser Kohlenstoffaufnahme ist aber bei der betrachteten Art der Ausführung des Reduktionsprozesses dank dem Vorhandensein eines großen Überschusses an Kohlenstoff reichlich Gelegenheit vorhanden. Hierzu gesellt sich die weitere Eigenschaft des Kohlenoxydes, unter bestimmten Bedingungen in CO_2 und festen Kohlenstoff zu zerfallen. Diese Eigentümlichkeit ist zwar für die Chemiker der alten Schule sehr überraschend, sie ist aber von vielen Forschern studiert und einwandfrei nachgewiesen worden. Da Eisenoxyde und Eisenschwamm die Reaktion begünstigen, indem sie dabei als Katalysator wirken, so geschieht die Ablagerung des Kohlenstoffes in feinster Verteilung direkt zwischen die Moleküle des reduzierten Eisens, und die Vereinigung beider muß damit ungemein gefördert werden. Derartige Kohlung des Eisens erfolgt sowohl in der Rast des Hochofens, als auch im Schmelztiegel.

Der Schmelzpunkt des reinen Eisens liegt so hoch, daß die dafür erforderliche Temperatur sich durch Verbrennung von Kohlenstoff kaum erreichen läßt. Durch die Kohlenstoffaufnahme wird nun der Schmelzpunkt so sehr erniedrigt, daß jetzt die Schmelzung des reduzierten Eisens ohne jede Schwierigkeit bewerkstelligt werden kann.

Mit der Überführung des kohlehaltigen Eisens in den geschmolzenen Zustand ist mit einem Schlage die Grundbedingung für chemische Umsetzungen erfüllt, die die alte Schule in dem Satze

„corpora non agunt, nisi fluida“

formuliert hat. Jetzt kann der im flüssigen, aus der indirekten Reduktion herstammenden Eisen gelöste Kohlenstoff einmal beim Herabsinken durch die Schmelze der Silikate mit den freien Metalloxyden in ihr in Reaktion treten, und weiter darin an der ganzen Fläche verbleiben, an der sich hernach Metall und Schlacke berühren. Die Reaktion muß dann erfolgen, sofern die dafür erforderliche Wärmeenergie zur Verfügung gestellt wird, und zwar so lange verlaufen, bis eins der Reagentien aufgebraucht ist.

Im Hochofen sind die Bedingungen noch viel günstiger, und man darf behaupten, daß hier die Technik unbewußt eine Einrichtung von einer Vollkommenheit geschaffen hat, die nicht gut mehr übertroffen werden kann. Der mit großer Gewalt eingepreßte Wind, der sich im Ofen sofort in ein gegen das reduzierte Metall unwirksames Gasgemenge verwandelt, rührt nämlich die Lösung der freien Metalloxyde in der Silikatschmelze, und die Lösung des Kohlenstoffes in dem durch die indirekte Reduktion erzeugten Eisen, sowie festen Kohlenstoff aus der Beschickung mit außerordentlicher Energie durcheinander, er verquirlt sie geradezu, und gibt dadurch Gelegenheit und Zeit genug, daß der im Eisen gelöste Kohlenstoff freies Eisenoxyd reduziert, daß das reduzierte Eisen wieder festen Kohlenstoff auflöst und mit ihm gesättigt schließlich aus dem Reaktionsraum austritt. Es ist sogar denkbar, daß der gleiche Prozeß in einem und demselben Tropfen Roheisen mehrmals erfolgt, ehe er unter die Schlackendecke herunter sinkt und in den Sumpf gelangt, wo das kohlehaltige Eisen dann nur noch an seiner Oberfläche in Wechselwirkung mit der Schlacke verbleiben kann.

Ist so eine Erklärung für die Mechanik des Verlaufes der indirekten und direkten Reduktion des Eisens gegeben, die wenigstens nicht in Widerspruch mit den Gesetzen steht, die sonst für die Physik und die Chemie gelten, so bleibt noch die große Frage offen, wieso der Kohlenstoff, der doch in thermochemischer Hinsicht nicht die Eigenschaften aufweist, die ein Reduktionsstoff für Eisen haben müßte, imstande sein kann diese Aufgabe dennoch zu bewältigen.

Dieser heikle Punkt hat bisher in der Literatur keine Erklärung gefunden. Altmeister Ledebur hat den Widerspruch damit auszugleichen gesucht, daß er auf Grund der Erfahrung behauptete, das Verbrennungsbestreben des Kohlenstoffes wachse mit steigender Temperatur rascher, als das aller übrigen Stoffe. Dieser Satz gibt jedoch im Grunde genommen eine Erklärung nicht, und er ist in dieser Allgemeinheit wohl auch nicht richtig. Es trifft nicht zu, daß das Verbrennungsbestreben der Stoffe mit steigender Temperatur ebenfalls steigt, sondern das gilt nur bis zu einer bestimmten Grenze, nämlich bis dort, wo die Dissoziation beginnt. Von hier ab geht das Verbrennungsbestreben rasch bis auf Null zurück. Das gilt für sämtliche Stoffe, da bei genügend hoher Temperatur offenbar alle in ihre Bestandteile zerfallen. Nur liegt die Grenze für die verschiedenen Stoffe verschieden.

Von den Sauerstoffverbindungen des Kohlenstoffes dissoziiert z. B. das Kohlendioxyd sehr leicht, es sind also in höherer Temperatur seine Bestandteile nur sehr locker aneinandergefügt. Das Bestreben, sich zu bilden, muß dann entsprechend gering sein, selbst wenn die beiden Komponenten in Gasform, etwa als Kohlenoxyd und freier Sauerstoff zur Verfügung stehen. Sehr viel schwerer aber muß die Bildung werden, wenn der Sauerstoff *nicht* in freiem Zustande vorhanden ist, sondern erst aus einer anderen chemischen Verbindung losgelöst werden muß.

Darin liegt der Grund, daß Kohlenoxyd als nicht mehr befähigt angesehen werden kann, in feuerflüssigen Lösungen als Reduktionsstoff zu dienen, weil in diesen eben die Temperatur bereits zu hoch ist.

Dagegen ist die andere Sauerstoffverbindung des Kohlenstoffes, das Kohlenoxyd, äußerst hitzebeständig, es entsteht, wie die Azetylenflamme beweist, noch bei der kolossalen Temperatur von über 3000°, und das gibt Grund zu der Annahme, daß das Kohlenoxyd unter allen chemischen Verbindungen diejenige ist, die am allerschwersten dissoziiert.

Bringt man also ein Gemisch von Sauerstoffverbindungen verschiedener Stoffe mit Kohlenstoff auf diejenige Temperatur, bei welcher die ersteren in ihrer Verbindung gelockert werden, so findet der Sauerstoff im Kohlenstoffe einen neuen Gefährten, der zu festerem Bündnis befähigt ist, als der alte, und nun kann die Umsetzung erfolgen, indem der Kohlenstoff den Sauerstoff an sich zieht, und dadurch die Reduktion des anderen Bestandteiles bewirkt. Außer der Einwirkung auf Eisenoxyde sind u. a. noch die folgenden möglich:

$$MnO + C = Mn + CO$$
$$SiO_2 + 2C = 2Si + 2CO$$
$$P_2O_5 + 5C = 2P + 5CO.$$

Allerdings bleibt für viele Fälle der Umstand bestehen, daß der Kohlenstoff in fester Form wirksam werden muß, wobei die Wirkung natürlich nur langsam erfolgen kann. Wesentlich unterstützt wird sie, wenn an den Umsetzungen Stoffe teilnehmen, die Kohlenstoff aufzulösen vermögen. Zu solchen Stoffen gehört außer dem Eisen auch das Mangan.

Wenn diese Stoffe an den Reaktionen mit beteiligt sind, können sie als Übertrager des Kohlenstoffes an die anderen dienen, und müssen als solche angesehen werden, denn dann erfolgt die Reduktion der übrigen Bestandteile viel leichter.

Diese Reduktion ist dann nur eine Funktion der Temperatur. Von dieser Tatsache machen die Hochöfner ausgiebig Gebrauch. Soll z. B. ein Roheisen mit einem ganz bestimmten Siliziumgehalte erblasen werden, so ist nicht nur eine bestimmte Zusammensetzung des Möllers erforderlich, sondern es muß auch eine gewisse Temperatur ganz genau eingehalten werden. Fällt diese Temperatur, so wird zunächst weniger Silizium reduziert, es bleibt also mehr Kieselsäure in der Schlacke, und diese wird saurer, während das Roheisen halbiert oder weiß wird. Geht die Temperatur noch weiter herunter, so wird die Reduktion des Eisens selbst unvollständig, die Schlacke durch den Eisengehalt schwarz, und der Ofen neigt zum Rohgang. Wird umgekehrt die Temperatur bei dem gleichen Möller zu hoch, so wird immer mehr Silizium aus der Schlacke herausreduziert, und diese wird immer basischer. Dann hilft der Hochöfner am einfachsten nach, indem er durch Zusatz von kaltem Wind zum heißen die Temperatur ein wenig herunterdrückt, und so das Gleichgewicht wieder herstellt.

Aus den Umständen

daß zu den Reduktionsprozessen der Praxis nur Materialien verwendet werden können, welche neben Eisenoxyden und reinem Kohlenstoff stets Kieselsäure, Phosphorsäure, Manganoxyde und Schwefelverbindungen enthalten,

daß der Kohlenstoff neben den Eisenoxyden auch alle übrigen Oxyde reduziert,

daß endlich Kohlenstoff und auch Schwefel und Sauerstoff im Eisen löslich sind und von ihm aufgenommen werden

ergibt sich die Unmöglichkeit, aus Eisenerzen und Kohlenstoff im technischen Betriebe Eisen im reinen Zustande zu gewinnen. Das Metall enthält vielmehr stets Kohlenstoff, Mangan, Silizium, Phosphor, Schwefel und Sauerstoff. Alle diese Stoffe aber beeinflussen die Eigenschaften des Metalles bedeutend, und zwar jeder in anderer Weise.

Nur Sauerstoff und Schwefel wirken fast stets schädlich, und man ist daher bestrebt, ihre Menge auf ein möglichst geringes Maß zu beschränken. Jeder der übrigen Stoffe verleiht dem Eisen von der Praxis geschätzte Eigenschaften, die es überhaupt erst zu bestimmten Verwendungszwecken brauchbar machen. Durch Änderung der gegenseitigen Mengenverhältnisse der einzelnen Beimengungen kann man die mannigfaltigsten Eisenarten erzeugen, die in ihren Eigenschaften oft größere Abweichungen aufweisen, als selbst verschiedene Elemente. Jede spezielle Eigenschaft ist aber durch ganz bestimmte Mengenverhältnisse der Stoffe bedingt, und wenn diese im aus den Erzen erzeugten Metall nicht eingehalten werden konnten, so muß letzteres weiterer Behandlung unterworfen werden, welche es ermöglicht, die Mengenverhältnisse der Beimengungen zu regeln, sei es durch Abscheidung eines Überschusses, sei es durch Zusatz der fehlenden Mengen der einzelnen Stoffe.

Bei den Prozessen zur Regulierung der Zusammensetzung des Eisenmetalles, den Raffinationsprozessen, gelangen beide Methoden zur Anwendung, es überwiegt jedoch die Abscheidung. Sie gelingt aber niemals vollkommen und alles, auch das weichste Eisen, enthält immer noch geringe Mengen von Kohlenstoff, meist auch von Mangan und Phosphor.

Die meisten Herstellungsverfahren des Eisens haben die Eigentümlichkeit, daß neben dem Kohlenstoffe auch andere Stoffe, wie Silizium, Mangan, Phosphor und Aluminium, in kleinen Mengen als

Reduktionsstoffe wirksam werden. Hierbei sind sowohl die Eigenschaften dieser Stoffe wie auch die Eigenschaften ihrer Oxydationsprodukte für den Verlauf der Prozesse entscheidend.

Silizium vermag z. B. auf Eisenoxydul oder Manganoxydul einzuwirken, es kann dies jedoch nicht nach den Formeln

$$Si + 2\,FeO = SiO_2 + 2\,Fe$$

bzw. $$Si + 2\,MnO = SiO_2 + 2\,Mn$$

geschehen, da bei den vorhandenen Reaktionsbedingungen Kieselsäure nicht in freiem Zustande entstehen kann. Sie muß vielmehr in Form chemischer Verbindungen erscheinen, und sie findet die hierzu erforderliche Basis in bequemster Weise in dem Reagens selbst, von welchem sie einen Teil an sich reißt. Die Einwirkung geschieht nach der Formel

$$Si + 4\,FeO = SiO_4\,Fe_2 + 2\,Fe$$

oder auch nach $$Si + 3\,FeO = SiO_3\,Fe + 2\,Fe,$$

das Eisenoxydul (oder Manganoxydul), welches in dem zuletzt genannten Eisen- (bzw. Mangan-) bisilikat noch enthalten ist, ist nun gegen weitere Veränderung durch Silizium so lange geschützt, als chemische Einwirkungen durch andere Stoffe ausbleiben. Wird es jedoch in den freien Zustand übergeführt, so kann es vom Silizium in der geschilderten Weise wieder angegriffen werden.

Phosphor kann ebenfalls zum Reduktionsmittel für Metalloxyde werden, doch kann auch sein Oxydationsprodukt, die Phosphorsäure, nicht in freiem Zustande auftreten. Sie muß vielmehr, gleich der Kieselsäure, einen Teil des Metalloxydes festhalten und in Metallphosphat übergehen.

Mangan vermag dem Eisenoxydul den Sauerstoff zu entziehen und geht dabei in das stark basische Manganoxydul über, welches in den Besitz von Säuren zu gelangen sucht. Sind keine freien Säuren vorhanden, so kann das Mangen das Eisen aus dem Eisensilikat verdrängen und an dessen Stelle treten, wie aus der Formel

$$Mn + SiO_3\,Fe = SiO_3\,Mn + Fe$$

ersichtlich wird.

18. Die chemische Wirkung der Flamme.

a) Die Glühspanbildung.

Metallisches Eisen hat große Neigung, sich mit Sauerstoff zu vereinigen und diese Neigung wächst mit steigender Temperatur. Wie Eingangs erwähnt, entsteht bei der Verbindung von 1 kg O mit Eisen freie Wärme im Betrage von 4300—4600 Kalorien, während die gleiche Sauerstoffmenge bei der Verbindung

mit Wasserstoff zu Wasserdampf 3645 Kalorien
mit Kohlenoxyd zu Kohlensäure 4205 Kalorien

ergibt. Beim Erhitzen metallischen Eisens in einer Atmosphäre, welche Sauerstoff, Wasserdampf oder Kohlensäure enthält, erfolgt daher auch stets eine Veränderung des Eisens, welches Sauerstoff aufnimmt und seine metallische Oberfläche einbüßt. Die stärkste Einwirkung wird natürlich von Sauerstoff in freiem Zustande ausgeübt, steht solcher jedoch nicht zur Verfügung, so wird Sauerstoff dem Wasserdampfe und der Kohlensäure entnommen. Nun bilden aber Kohlensäure und Wasserdampf wesentliche Bestandteile einer jeden Flamme, einerlei ob sie ihren Eigenschaften nach eine oxydierende oder eine sog. reduzierende Flamme vorstellt. Für Eisen gibt es eben keine reduzierende Flamme, und es sollte nur von einer mehr oder weniger oxydierenden die Rede sein. Daher ist es unmöglich, metallisches Eisen der direkten Wirkung irgend einer Flamme auszusetzen, ohne daß seine Oberfläche einen Überzug von Eisensauerstoffverbindungen erhält. Der entstandene Stoff ist „Glühspan" genannt worden; bei andauernder Einwirkung wächst seine Menge und es entsteht auf dem Eisen eine Kruste, die durch Erschütterungen oder Formänderungen des Metalles zum Abfallen gebracht werden kann, z. B. beim Schmieden oder Walzen. Der Glühspan heißt alsdann Hammerschlag oder Walzsinter. Seine Zusammensetzung liegt nach Wedding zwischen den Grenzen:

$Fe_2O_3 + 4\,FeO$

bis $Fe_2O_3 + 0\,FeO$ gleich reinem Eisenoxyd

und ist im Mittel $Fe_2O_3 + FeO = Fe_3O_4$.

Sie ist im wesentlichen von der Zusammensetzung des erhitzten Eisens unabhängig, und Glühspan entsteht ebensowohl auf weichstem Schmiedeeisen, wie auf Stahl und auf Roheisen, gleichviel ob sich dasselbe im festen oder flüssigen Zustande befindet. Befreit man flüssiges Eisen von der gewöhnlich darauf schwimmenden Schlackendecke und setzt man seine blanke Oberfläche der Einwirkung der Luft oder der Flammengase aus, so sieht man sofort schwarze Punkte auf derselben entstehen, welche sich vergrößern und sich bald zu einer zusammenhängenden Schicht vereinigen. Der schwarze neugebildete Stoff ist wiederum Glühspan. Der reine Glühspan ist in allen, auch den höchsten für den Herdofenprozeß in Betracht kommenden Temperaturen unschmelzbar.

b) Die Schlackenbildung.

Glühspan hat wie alle Eisenoxyde die Eigenschaft, mit Kieselsäure, aber auch mit Kalk und geringen Mengen von Kieselsäure, Verbindungen einzugehen, welche bei mäßig hohen Temperaturen flüssig sind. Nun sind aber Kieselsäure und Kalk die Stoffe, welche den Hauptbestandteil der Materialien bilden, die zur Ausfütterung aller unserer Öfen und Apparate zur Erhitzung des Eisens und zur Behandlung desselben in flüssiger Form dienen. Wenn daher Eisen in solchen Apparaten erhitzt wird und der gebildete Glühspan mit den

Wänden derselben in Berührung kommt, so muß eine gegenseitige Einwirkung stattfinden, es muß sich aus dem Glühspan eine Flüssigkeit bilden. Diese Flüssigkeit wird Schlacke genannt und sie besitzt das Bestreben, ihre Zusammensetzung so lange zu ändern, bis sie gegen ihre Umgebung neutral geworden ist.

Die Schlacke ist somit ein Neben- oder Abfallprodukt, welches abgestoßen werden muß. Daher muß schon aus betriebstechnischen Gründen ihr Flüssigkeitsgrad so groß sein, daß sie sich ohne Mühe aus den Apparaten entfernen läßt. Der Flüssigkeitsgrad hängt nun wiederum von der Temperatur und der Zusammensetzung der Schlacke ab, und daher muß die Zusammensetzung derselben zuweilen der Temperatur entsprechend geregelt werden.

Als Hauptbestandteil frisch entstehender Schlacken sind die Eisensilikate anzusehen und zwar wahrscheinlich

Fe_2SiO_4 mit 29,4% SiO_2 und 70,6% FeO, in welchem auf 1 Gew.-Tl. SiO_2 2,4 Gew.-Tl. FeO (28) und

$FeSiO_3$ mit 45,5% SiO_2 und 54,5% FeO, in welchem auf 1 Gew.-Tl. SiO_2 1,2 Gew.-Tl. FeO (29)

kommen. Diese Stoffe sind leicht schmelzbar, sie vermögen aber auch Kieselsäure, Eisenoxydul und außerdem eine Menge anderer Stoffe in wechselnden, von der Temperatur abhängigen Mengen aufzulösen. Jeder neu eintretende Stoff ändert den Schmelzpunkt, den Flüssigkeitsgrad und das Lösungsvermögen der Schlacke für andere Stoffe und hierdurch entsteht eine solche Fülle von Kombinationen, daß die Übersicht über dies Gebiet sehr erschwert, wenn nicht gar unmöglich gemacht wird.

Die leichte Aufnahmefähigkeit der Eisensilikate für andere Stoffe bedingt den Charakter, den die Schlacke unter dem Einflusse der Ofenzustellung annimmt. Bei saurer Ausfütterung der Öfen muß die Schlacke einen Überschuß an Säuren aufweisen, während bei basischer Ausfütterung Basen vorherrschend sein werden.

Das anschaulichste Beispiel für die Schlackenbildung bietet der Wärm- oder Schweißofen für den Einsatz von Walz- oder Hammerwerken. Die Blöcke im Rollofen beispielsweise überziehen sich bald nach dem Einsetzen mit einer Schicht Glühspan, von welcher beim Umkanten Teile abfallen und auf die Sohle des Ofens gelangen, welche aus Sand besteht. An einer Stelle mit genügend hoher Temperatur erfolgt sodann die Vereinigung von Glühspan und Sand zu flüssigem Eisensilikat, welches weiteren Glühspan auflöst und sich mit diesem auf dem Boden des Ofens ausbreitet. Hierdurch gelangt die Schlacke in Berührung mit frischer Kieselsäure, welche sie aufnimmt, wodurch sie die Fähigkeit erlangt, wieder weiter Glühspan zu lösen. Auf diese Weise ist die Verschlackung des Glühspans bald auf dem ganzen Boden des Ofens im Gange, auch in Zonen, die an sich zu kalt sind, um die Verbindung von festem Glühspan mit fester Kieselsäure direkt zu gestatten. Es wird nun sämtlicher Glühspan, der auf den Boden gelangt, aufgelöst, und kann als fast wie Wasser flüssige Schlacke bei Temperaturen unter 1200° aus dem Ofen abgeführt werden, während die Blöcke noch weit von ihrem Schmelzpunkte entfernt sind. Die Wärm- oder Schweißofenschlacke ist in der Hauptsache Eisensilikat, sie enthält 28—35% SiO_2 neben 48—50% Fe in Verbindung mit Sauerstoff und geringen Mengen anderer Stoffe, welche wie MnO aus dem Einsatz, oder wie Al_2O_3, CaO und MgO aus der Ofenzustellung stammen. Die vollständige Analyse einer solchen Schlacke zeigte

$$33\%\ SiO_2 + 57\%\ FeO + 9{,}5\%\ Ee_2O_3 + 0{,}5\%\ MnO.$$

In ihr kommen auf 1 Gew.-Tl. SiO_2 1,7 Gew.-Tl. FeO, wonach sie als ein Gemenge von $FeSiO_3$ (mit 1,2 Gew.-Tl. FeO) mit Fe_2SiO_4 (mit 2,4 Gew.-Tl. FeO) erscheint, während ihr Gehalt an Fe_2O_3 darauf hinweist, daß sie auch freien Glühspan aufgelöst enthält. Diese Schlacke ist als bei der herrschenden Temperatur mit der sauren Ofenzustellung annähernd im Gleichgewicht befindlich anzusehen. Im Herdofen mit saurer Zustellung herrschen bedeutend höhere Temperaturen, wodurch die Gleichgewichtsbedingungen andere werden. Außer den vorhin betrachteten wesentlichen Bestandteilen FeO und SiO_2 kommt hier noch ein dritter, das MnO hinzu; da jedoch FeO und MnO in ihrem chemischen Charakter einander sehr ähnlich sind und auch in ihrem Molekulargewicht nur sehr geringe Unterschiede aufweisen, so kann man den schemischen Charakter der Schlacke sehr gut nach dem Kieselsäuregehalt beurteilen. $FeSiO_3$ enthält, wie erwähnt, 45,4% SiO_2 und die Endschlacken des sauren Herdofenbetriebes beweisen mit ihrem Kieselsäuregehalt von annähernd 45%, daß in diesem Ofen das Bestreben zur Erreichung der Silizierungsstufe des Bisilikates herrscht, daß jedoch stark erhöhte Temperatur, wie zu Ende des Prozesses auftritt, imstande ist, das Bisilikat zur Aufnahme weiterer Kieselsäuremengen zu befähigen, indem der SiO_2-Gehalt bis zu 59% steigen kann (Ledebur, Eisenhüttenkunde III, S. 369). Die Ursache für diese Steigerung des Kieselsäuregehaltes ist einmal in der Aufnahme dieses Stoffes aus dem Ofenfutter, später aber mehr in der Reduktion von Metalloxyden zu suchen, die bei erhöhter Temperatur aus der Schlacke erfolgt, in welcher die entsprechenden Metallsilikate teilweise in dissoziierter Form enthalten sind.

Im basischen Herdofen werden die Bedingungen für die Zusammensetzung der Schlacke viel komplizierter, weil nun noch Kalk und Magnesia als wesentliche Bestandteile der Schlacke hinzukommen. Eisenoxydul bildet zwar mit Kalk keine chemisch so scharf präzisierte Verbindung wie mit Kieselsäure, dennoch aber verbinden sich die beiden Stoffe zu schmelzbaren Verbindungen, deren Entstehen durch die Mitwirkung geringer Mengen von Kieselsäure wesentlich begünstigt wird. Schmidthammer gibt (St. u. E. 1902 S. 651 u. f.) Beispiele über die Schlackenbildung aus Eisenoxyden und Kalk auf basischem Herde, welche aus dem Bogoslowsker Hüttenwerke im Ural beim Gorainoff-Prozesse erhalten wurden. Bei diesem Verfahren wurden

Eisenerze und Kalkstein in den Ofen gebracht und eingeschmolzen, worauf dann erst der metallische Einsatz hinzugefügt wurde. Das verwendete Eisenerz besaß die Zusammensetzung:

SiO_2	Al_2O_3	Fe	CaO	MgO	MnO
3,24%	1,43%	64,76%	1,52%	0,28%	0,39%
3,50%	1,45%	64,50%	1,33%	0,31%	0,36%.

Die gebildete Erz-Kalkschlacke enthielt

SiO_2	Al_2O_3	Fe	CaO	MgO	MnO
4,18%	4,08%	50,36%	20,39%	1,53%	0,39%
5,10%	2,47%	55,30%	13,46%	0,71%	0,69%
4,68%	2,13%	56,47%	13,75%	2,59%	0,95%
5,87%	1,01%	56,22%	15,30%	0,83%	1,01%.

Als Hauptbestandteil dieser Schlacken erscheinen die Oxyde des Eisens, in zweiter Linie steht der Kalk, in dritter die Kieselsäure. Der relativ hohe Magnesiagehalt zeigt, daß die basische Zustellung angegriffen worden ist. Interessant sind die Proben, welche während der Bildung der Schlacke genommen und untersucht wurden.

Schlacke I.

Eingeschmolzen: 55 Minuten nach Beendigung des Einsetzens.

Zeit der Probe	Fe_2O_3	FeO	Gesamt-Fe
8 Uhr 10 Min. . . .	49,62%	26,65%	55,31%
8 Uhr 30 Min. . . .	37,01%	38,22%	55,63%
8 Uhr 45 Min. . . .	36,04%	39,27%	55,78%
9 Uhr 10 Min. . . .	27,07%	56,98%	56,94%.

Schlacke II.

Eingeschmolzen: 35 Minuten nach Beendigung des Einsetzens.

Zeit der Probe	Fe_2O_3	FeO	Gesamt-Fe
2 Uhr	51,33%	18,98%	50,79%
2 Uhr 30 Min. . . .	39,10%	30,99%	51,47%
2 Uhr 50 Min. . . .	21,78%	46,47%	51,37%
3 Uhr 35 Min. . . .	2,91%	63,08%	51,14%.

Es zeigt sich, daß das Eisenoxyd unter dem Einflusse des Kalkes das Bestreben hat, in die Oxydulform überzugehen, und daß bei der Schlacke II auch fast alles Eisen zu Oxydul reduziert werden konnte. Ferner beweisen die Resultate, daß auch von der Eisenkalkschlacke Eisenoxyd gelöst wird.

c) Die Hilfsstoffe für die Schlackenbildung.

Als wesentlichste Hilfsstoffe für die Schlackenbildung im Herdofen sind, wie gezeigt, Kieselsäure und Kalk anzusehen, und es ist einleuchtend, daß man die Schlackenbildung erleichtern und die Ofenzustellung schonen kann, wenn man entsprechende Mengen dieser

Stoffe dem Einsatze beifügt. Es ist jedoch in den seltensten Fällen erforderlich, eine besondere Kieselsäurezufuhr zu veranlassen, denn dies Material kommt meist ohnehin in genügender, oft leider sogar in zu großer Menge in den Ofen. Die Ursachen hierzu sind die folgenden:

1. Der metallische Einsatz ist immer mit etwas Sand, Erde und dergleichen stark kieselsäurehaltigen Materialen verunreinigt, das Roheisen ist oft in Sand gegossen, welcher den Maßeln in nicht unbedeutenden Mengen anhaftet. Der absolute Betrag an SiO_2, der auf diese Weise in den Ofen gelangt, ist natürlich sehr verschieden und muß für jeden Fall besonders abgeschätzt bzw. bestimmt werden (30a).

2. Der metallische Einsatz enthält auch immer Silizium, welches an Eisen gebunden ist. Während des Prozesses wird dieses Silizium oxydiert und geht in Kieselsäure über, und aus 1% Si entstehen dabei 2,14% SiO_2 (30b).

3. Kieselsäure gelangt ins Bad aus der sauren Ofenzustellung, denn auch der bestgeführte Ofen nützt sich ab und kommt schließlich zum Erliegen, selbst wenn während der ganzen Kampagne ein sog. „Anbrennen“ des Ofens nicht vorgekommen sein sollte. Das Hauptgewölbe und ein Teil der Köpfe bestehen aus Materialien, die aus reiner Kieselsäure mit geringen Beimengungen anderer Stoffe hergestellt sind, und diese Teile müssen naturgemäß so angeordnet sein, daß ihr Material beim Verschleiß in den Herdraum gelangen und von der Schlacke aufgenommen werden muß. Die Größe der auf diese Weise in den Herdraum gelangenden Kieselsäuremengen läßt sich nur annähernd auf Grund von Betriebsdaten bestimmen, die für jeden Ofen besonders zu ermitteln sind. Weiß man z. B., daß das Gewölbe und die genannten Teile der Köpfe 600 Chargen à 30 t Einsatz aushalten, d. h. daß in einer Ofenreise 18000 t Einsatz verarbeitet werden können, wobei zur Herstellung dieser Teile etwa 52000 kg Dinasmaterial erforderlich ist, von welchem nach Stillegung des Ofens noch die Hälfte vorhanden ist, so findet man, daß während der Kampagne 26000 kg SiO_2 in das Bad gelangen mußten oder auf 100 kg Einsatz 0,15 kg SiO_2 oder im allgemeinen 0,15% SiO_2 vom Gewicht des metallischen Einsatzes (30c).

4. Für gewöhnlich genügen die vorstehend genannten Kieselsäuremengen mehr als reichlich dazu, den Bedarf der Schlacke an diesem Material zu decken. Es wird aber dem Bade noch weiter Kieselsäure aus dem Boden und den Wänden des Ofens zugeführt, mit welchen das Metall und die Schlacke in direkter Berührung stehen. Besonders die letztere verursacht in der sog. Schlackenzone eine nicht geringe Abnützung der Wände, welche nach jeder Charge durch Aufbringen frischen Materials ausgebessert werden müssen. Da aber meist nicht Zeit vorhanden ist, das Ausbesserungsmaterial genügend festbrennen zu lassen, so wird dasselbe von jeder neuen Charge auch fast vollständig wieder aufgelöst.

Der Herd des basischen Ofens wird meist aus gebranntem Dolomit hergestellt, und wenn das Material die Zusammensetzung

$$SiO_2\ 6\% + CaO\ 55\% + MgO\ 34\% + \text{Rest}\ (Al_2O_2 + Fe_2O_3)$$

besitzt und der Dolomitverbrauch rund 5% beträgt, so gelangen aus diesem Material rund $6 \times 0{,}05 = 0{,}3\%$ SiO_2, auf das Gewicht des Einsatzmetalles bezogen (30d bedingt), in das Bad. Im basischen Ofen mit der angenommenen Haltbarkeit und dem obigen Dolomitverbrauch beträgt somit die gesamte SiO_2-Zufuhr aus der Ofenzustellung $0{,}15 + 0{,}30 = 0{,}45\%$ (30e bedingt) vom Gewichte des metallischen Einsatzes.

Die im basischen Herdofen zur Schlackenbildung erforderlichen Kalkmengen kommen zum Teil aus derselben Quelle, wie die zuletzt betrachteten Kieselsäuremengen. Sowohl Kalk wie auch die Magnesia aus dem Dolomit vermögen die auftretenden Säuren zu sättigen, und wenn ein gebrannter Dolomit der angegebenen Zusammensetzung verwendet wird, in welchem $55 + 34 = 89\%$ Erdbasen vorhanden sind, so gelangen bei einem Dolomitverbrauche von 5% $89 \times 0{,}05 = 4{,}45\%$ Erdbasen (31a bedingt), auf das Gewicht des Einsatzmetalls bezogen, aus der Ofenzustellung in die Schlacke. Meist genügt aber diese Menge nicht, und man muß, um eine zu starke Abnützung der Wände zu verhüten, Kalkzusätze geben. Früher verwendete man meist gebrannten Kalk. Da dieser aber schnell Wasser anzieht und dann große Mengen an feinem Kalkstaub bildet, welcher von den Ofengasen durch die Brenneröffnungen in die Kammern entführt wird und diese Konstruktionsteile stark schädigt, so kommt man immer mehr von dem Gebrauche des gebrannten Kalks ab und geht zur Benutzung rohen Kalksteins über. Kalkstein sollte für den Herdofenbetrieb höchstens 2% SiO_2 enthalten und diese Kieselsäure verlangt zu ihrer Sättigung annähernd 5% Kalk, so daß in einem solchen Materiale rund 50% freies CaO zur Sättigung freier Säuren zur Verfügung bleiben. Hierdurch würden für je 1% erforderliches CaO rund 2% Kalkstein (31b) anzuwenden sein.

d) Metall und Schlacke im Herdofen.

Das freie, in der Schlacke gelöste Eisenoxydul wirkt aber nicht nur auf die Ofenzustellung, sondern auch auf das im Ofen befindliche Metall. Es vermag in dasselbe einzudringen, da Eisenoxydul im flüssigen Eisen löslich ist. Hierdurch erhält aber das Eisen sehr unangenehme Eigenschaften, es wird rotbrüchig und sein Schmelzpunkt wird erhöht, und schließlich reicht auch die höchste Hitzeleistung des Ofens nicht mehr aus, dem Metall den zum Vergießen erforderlichen Flüssigkeitsgrad zu geben. Daher muß dem Eisenoxydul der Eintritt ins Eisen verwehrt werden, was nur dadurch geschehen kann, daß man dem letzteren Stoffe beimengt, welche Eisenoxydul neben sich nicht dulden, sondern es in metallisches Eisen zurückverwandeln. Zur Erfüllung dieser Aufgabe sind nur die Reduktionsstoffe geeignet, von denen einige ja stets in allen technisch verwendeten Eisensorten anwesend sind.

Sie sind im flüssigen Metall gelöst, haben das Bestreben nach gleichmäßiger Verteilung in der ganzen Eisenmasse und sind daher auch an der Stelle vorhanden, von welcher aus das Eindringen des Eisenoxyduls erfolgt, nämlich an der Berührungsstelle von Metall und Schlacke. Hier treffen die Reduktionsstoffe und freies Eisenoxydul in flüssiger Form bei einer Temperatur aufeinander, welche die gegenseitige Einwirkung bedingt.

Letztere wird dadurch begünstigt, daß die Schlackendecke den Sauerstoff in den Verbrennungsgasen von den Reduktionsstoffen im Eisen fernhält oder doch nur in ganz unerheblichen Mengen zu ihnen gelangen läßt. Sie vermögen daher ihr Verbrennungsbestreben nur zu befriedigen, wenn sie den Sauerstoff aus den in der Schlacke vorhandenen verschiedenen Oxyden entnehmen. Aus diesen Gründen müssen im Ofen Kräfte auftreten, welche Oxydationsprozesse für die im Metall gelösten Reduktionsstoffe und Reduktionsprozesse für die in der Schlacke enthaltenen Oxyde auslösen und somit ein Bestreben zur Erreichung eines Gleichgewichtszustandes auch zwischen Metall und Schlacke eintreten lassen.

Die Reduktionsstoffe, welche den Eintritt von Eisenoxydul ins Metall zu verhindern vermögen, sind wiederum Kohlenstoff, Silizium, Phosphor und Mangan. Ihre Oxydationsprodukte sind bereits erwähnt, es sind Kohlenoxyd, welches sogleich nach seiner Entstehung aus dem Bade entweicht, ferner Kieselsäure, Phosphorsäure und Manganoxydul, welche von der Schlacke aufgenommen werden. Aus der gegenseitigen Einwirkung der genannten Elemente auf sämtliche in der Schlacke vorhandenen Oxyde erklären sich alle Vorgänge, welche im Herdofen auftreten und die Erzeugung von Stahl ermöglichen.

e) Die Abscheidung der Verunreinigungen aus dem Eisen und das Verhalten ihrer Oxydationsprodukte in der Schlacke.

Die Abscheidung der vier Beimengungen des Eisens Si, Mn, P und C erfolgt durch an Eisen gebundenen Sauerstoff und sie geschieht im sauren wie im basischen Herdofen unter Auftreten der gleichen Produkte, nämlich der Silikate und Phosphate des Eisens und Mangans und des Kohlenoxydes. Die erstgenannten Abscheidungsprodukte bleiben indes der Behandlung im Ofen ausgesetzt. Ihr weiteres Verhalten wird durch die Einflüsse bestimmt, die der Charakter der Ofenzustellung auf die Zusammensetzung der Schlacke ausübt.

1. Das Silizium.

1% Si erfordert nach der Gleichung

$$Si + 2O = SiO_2$$

zu seiner Oxydation zu Kieselsäure 1,14% O,
wobei 2,14% SiO_2 entstehen (32).

Im Herdofen kann aber der erforderliche Sauerstoff nur aus Eisenoxyden entnommen werden, die Abscheidung erfolgt daher, wie schon S. 135 erwähnt, nach der Formel

$$Si + 3\,FeO = SiO_3Fe + 2\,Fe.$$

Das entstehende Eisensilikat ist dünnflüssig und viel leichter als das metallische Eisen; es gelangt daher gleich nach seinem Entstehen in die Schlacke. Mit der Bildung dieses Eisenbisilikates ist der Sauerstoffgehalt des in ihm enthaltenen Eisenoxyduls gegen die Reduktionsstoffe unwirksam geworden. Im sauren Herdofen ist es daher vor weiterer Einwirkung geschützt. Es ist hier aber in Berührung mit der Ofenzustellung und vermag daher Kieselsäure aufzunehmen, bis der Maximalgehalt von etwa 59% erreicht ist. Im Bessemerkonverter mit saurer Zustellung, wo die Verhältnisse ähnlich liegen, steigt nach H. H. Campbell der SiO_2-Gehalt der Schlacke gar bis 69%.

Mit zunehmendem Gehalte an Kieselsäure aber ändert sich der Flüssigkeitsgrad der Schlacke, sie wird immer dicker, trotz Steigerung der Temperatur. Ist letztere hoch genug geworden, so tritt eine neue Erscheinung ein, welche bei der Tiegelstahlfabrikation stets, im sauren Herdofen zuweilen, beobachtet werden kann. Es wird nun der Kohlenstoff in den Stand gesetzt, der freien Kieselsäure in der Schlacke Sauerstoff zu entziehen, sie zu Silizium zu reduzieren, welches von dem Metall aufgelöst wird. Die Einwirkung erfolgt nach der Formel

$$2\,C + SiO_2 = Si + 2\,CO.$$

Versuche über die Reduktionsfähigkeit der Kieselsäure aus der Schlacke sind von M. William und Hatfield angestellt worden, welche folgende Beispiele angeführt haben:

Beispiel 1, St. u. E. 1902, S. 639.

Zeit		Zusammensetzung des Metalls			Zusammensetzung der Schlacke			Bemerkungen
Std.	Min.	C %	Mn %	Si %	SiO_2 %	FeO %	Fe_2O_3 %	
1	30	0,86	0,018	0,018	—	—	—	Schlacke dünn.
2	—	0,73	—	0,022	—	—	—	Dickflüssig werdend.
2	30	0,65	0,056	0,034	—	—	—	Ziemlich dickflüssig.
3	—	0,55	0,068	0,061	—	—	—	Dickflüssig.
3	30	0,40	0,08	0,078	—	—	—	Dickflüssig.
3	50	0,38	0,095	0,088	56,8	20,8	1,1	Am stärksten dickfl.

Beispiel 2, St. u. E. 1902, S. 640.

Zeit		Zusammensetzung des Bades			Zusammensetzung der Schlacke			Bemerkungen
Std.	Min.	C %	Mn %	Si %	SiO_2 %	FeO %	Fe_2O_3 %	
12	20	0,64	0,053	0,017	53,0	20,5	2,1	Schlacke sehr dünn.
12	55	0,47	0,059	0,035	—	—	—	Dickflüssiger werdend.
1	25	0,39	0,065	0,066	—	—	—	Ziemlich dickflüssig.
2	—	0,33	0,071	0,058	54,6	18,1	0,6	Ganz dickflüssig.

Bei Besprechung des untenstehenden Beispiels 3 (St. u. E. 1904, S. 1396) behaupten dieselben Forscher, daß der Silizierungsgrad der Schlacke den Faktor bilde, von welchem eine Zu- oder Abnahme des Si-Gehaltes im geschmolzenen Metall abhängt. Sie fügten einem Stahlbade eine größere Menge (8 Zentner) kieselsäurereiches Material zu und konstatierten, trotz der starken Abkühlung des Bades ein, wenn auch langsames, so doch merkliches Steigen des Siliziumgehaltes des Metalles.

Beispiel 3 von M. William und W. H. Hadfield.

Zeit		Zusammensetzung des Metalls			Zusammensetzung der Schlacke			Bemerkungen
Std.	Min.	C %	Mn %	Si %	SiO_2 %	FeO %	Fe_2O_3 %	
6	—	0,31	0,039	0,034	—	—	—	Schlacke mäßig dünn.
6	2—5	—	—	—	—	—	—	Zusatz des SiO_2-reichen Materials.
6	15	0,22	0,037	0,034	—	—	—	Schlacke dicker.
6	25	0.20	0,039	0,049	—	—	—	„ „
6	35	0,17	0,039	0,049	55,64	21,38	1,27	Schlacke dick.

Wie die angeführten Beispiele zeigen, ist aber die Reduktion von Kieselsäure aus der Schlacke im sauren Herdofen von sehr geringem Umfange.

Im basischen Herdofen ist sie ganz unmöglich, denn die reichlich vorhandenen Erdbasen lassen die Entstehung einer konzentrierten Lösung von Kieselsäure überhaupt nicht zu, und sämtliches Si, welches einmal aus dem Eisen ausgeschieden ist, muß in der Schlacke verbleiben.

Die erwähnten Basen ändern aber die Struktur der Schlacke vollständig. Kalk und Magnesia sind bei hoher Temperatur stärker als alle übrigen Basen, sie setzen also letztere in Freiheit und reißen die Kieselsäure an sich. Aus $FeSiO_3$ und Kalk entsteht nach der Gleichung

$$FeSiO_3 + CaO = SiO_3Ca + FeO$$

Kalksilikat und freies Eisenoxydul, welch letzteres in einem Gemisch von Kalksilikat und Eisensilikat löslich ist. Je höher die Temperatur steigt, um so mehr Eisensilikat kann zersetzt werden, die Einwirkung kann jedoch nicht vollständig stattfinden, da alsdann die Schlacke ihren flüssigen Zustand einbüßen würde. Durch das Hinausdrängen der Metalloxyde aus den chemischen Verbindungen bewirken aber die Erdbasen, daß sowohl Eisen- als auch Manganoxydul im basischen Ofen von den Reduktionsstoffen im metallischen Eisen leichter und in viel größerem Maße ausgenützt werden können, als im sauren Ofen. Die Ausnützung kann bis zu der Grenze getrieben werden, welche durch die Bedingung festgelegt ist, daß das Kalksilikat in seinem flüssigen Zustande verharren muß. Hierzu aber sind gewisse Mengen von Metalloxyden erforderlich.

2. Der Phosphor

benötigt zu seiner Oxydation nach $2P + 5O = P_2O_5$ für 1% P 1,29% O und gibt dabei 2,29% P_2O_5 (33).

Dieser Sauerstoff kann nur aus Metalloxyden entnommen werden, nicht aber aus Kalk, was früher häufig angenommen wurde. Die Abscheidung aus dem Eisen erfolgt im Herdofen wahrscheinlich nach der Formel

$$2P + 9FeO = P_2O_9Fe_4 + 5Fe.$$

Das entstandene Eisenphosphat ist aber gegen Reduktionstoffe nicht widerstandsfähig, da seine beiden Komponenten sehr leicht reduziert werden können. Es ist daher nur solange beständig, als es sich in einer so sauerstoffreichen Umgebung befindet, daß alle vorhandenen Reduktionsmittel ihren Sauerstoffbedarf leichter aus dieser entnehmen können, als aus dem Eisenphosphat selbst, und daher nicht gezwungen sind, zum Angriffe auf dasselbe zu schreiten.

Im sauren Herdofen ist eine Abscheidung von Phosphor ausgeschlossen, da hier etwa gebildetes Eisenphosphat durch die im Überschusse vorhandene Kieselsäure zerlegt werden müßte, worauf die freie Phosphorsäure ins Eisen zurückreduziert werden würde. Dagegen geschieht die Abscheidung des Phosphors aus dem Eisen im basischen Herdofen bei Anwesenheit großer Mengen von Oxyden leicht; damit aber der Phosphor an die Schlacke gebunden und vom Wiedereintritt in das Metall zurückgehalten werde, ist erforderlich, daß er in die beständige Form des Kalkphosphates übergeführt wird, und zwar früher, als der Überschuß an diesen Oxyden von den Reduktionsstoffen im Metall aufgebraucht ist. Kalkphosphat entzieht sich der Einwirkung von Reduktionsstoffen, es darf nun aber Kieselsäure nicht mehr in so großen Mengen in die Schlacke gelangen, daß die Phosphorsäure wieder in den freien Zustand übergeführt wird, denn in diesem Falle wird sie wie im sauren Ofen sofort wieder reduziert. H. H. Campbell gibt an, daß bei der sogenannten Rückkohlung, d. h.

bei einem Prozeß, bei welchem der Gehalt des Eisens an Reduktionsstoffen plötzlich erhöht wird

bei einem Gehalte der Schlacke an		aus der Schlacke ins Metall zurückging	
P_2O_5	SiO_2	P	
weniger als		im Maximum	im Mittel
5 %	nicht über 20 %	0,01 %	nicht über 0,00 %
5—10 %	„ „ 19 %	0,025 %	„ „ 0,005 %
10—15 %	„ „ 17 %	0,02 %	„ „ 0,005 %
15—20 %	„ „ 12 %	0,02 %	„ „ 0,01 %.

Einige Hinweise über die Reduktion von Phosphorsäure aus der Schlacke ergeben die folgenden Analysen:

Herkunft	Metall				Schlacke						Zeit der Probeentnahme	
	P %	C %	Mn %	Si %	Fe %	Mn %	SiO_2 %	P_2O_5 %	CaO %	MgO %	Uhr	Min.
Ledebur, St. u. E. 1903, S. 40 Bertraud Thiel, Ofen I	0,043	2,80	0,058	0,04	12.00	n. b.	14,66	20,30	n. b.	n. b.	12	04
	0,087	2,50	0,10	0,04	6,00	n. b.	19,16	18,88	n. b.	n. b.	12	22
dto.	0,092	3,40	0,05	0,01	14,15	n. b.	18.00	16,04	n. b.	n. b.	11	40
	0,125	2,90	0,05	0,01	7,20	n. b.	21,00	16,94	n. b.	n. b.	12	00
	0,174	2,70	0,06	0,01	6,00	n. b.	24,33	15,83	n. b.	n. b.	12	08
Eigene Notiz Ch. 997 vom 14. X. 1904	0,01	0,79	0,42	0,03	9.94	11,28	24,80	1,41	n. b.	n. b.	5	55
	0,04	0,55	0,45	0,02	8,78	11,07	24,90	1,27	n. b.	n. b.	6	10
dto. Ch. 9375	0,02	0,40	0,48	Sp.	8,78	12,94	23,62	0,69	36,3	7,17	10	15
	0,04	0,09	0,50	Sp.	8,18	11,70	23,76	0,70	38,03	7,54	10	45
St. u. E. 1907 S. 231 Dr. ing. Th. Naske Ch. 975	0.01	1,91	0,35	0,05	13,64	13,06	22,20	1,73	n. b.	n. b.	6	55
	0,03	1,25	0,42	0,04	12,10	12,74	23,75	1,67	n. b.	n. b.	7	20
	0,05	0,71	0,42	0,02	10,67	12,43	24,30	1.53	n. b.	n. b	7	40
dto. S. 232 Tabelle 8	0,01	0,98	0,42	0.04	7,49	11,41	21,25	n. b.	n. b.	n. b.	6	50
	0.02	0.07	0,53	0.04	5,01	10,31	21,45	n. b.	n. b.	n. b.	7	45
	0,03	0,07	0,71	0,02	3,95	13,33	21,60	n. b.	n. b.	n. b.	8	00

Man ersieht, daß der Wiedereintritt von Phosphor in das Metall von einer Erhöhung des Kieselsäuregehaltes der Schlacke oder von einer weitgehenden Erschöpfung der Schlacke an Eisenoxyden begleitet ist, wodurch die Reduktionsstoffe zu außergewöhnlichen Anstrengungen, ihren Sauerstoffhunger zu stillen, gezwungen werden.

3. Das Mangan

wird nach der Formel Mn + O = MnO oxydiert. Hierbei erfordert 1% Mn 0,29% O und ergibt 1,29% MnO (34).

Das Mangan wird gewöhnlich als Mangansilikat abgeschieden, wie S. 135 angegeben ist. Aus diesem vermag Kalk das Metalloxyd gerade wie aus Eisensilikat zu verdrängen, und das frei werdende Manganoxydul ist wie Eisenoxydul in der Eisenkalksilikatschlacke löslich.

Aus SiO_3Mn entsteht also nach

$$SiO_3Mn + CaO = SiO_3Ca + MnO$$

freies Manganoxydul, welches unter dem Einflusse der Reduktionsstoffe in den metallischen Zustand übergeführt werden und in das Metall zurückgehen kann. Man findet daher auch häufig, daß der Mangangehalt des Bades eine plötzliche Zunahme aufweist, die nur durch eine Reduktion von Mangan aus der Schlacke erklärt werden kann. So gibt Ledebur St. u. E. 1903, S. 40 für den Bertraud Thiel-Prozeß folgende Beispiele:

Ofen	I	Probe	12 Uhr	4 Min.	Mn	in Metall	0,058%;	Fe	in	der	Schlacke	12,0%
„	I	„	12 „	22 „	Mn	„ „	0,100%;	Fe	„	„	„	6,0%
„	II	„	1 „	40 „	Mn	„ „	0,050%;	Fe	„	„	„	13,5%
„	II	„	2 „	— „	Mn	„ „	0,230%;	Fe	„	„	„	13,5%

Dr. ing. Th. Naske hat in St. u. E. 1907, S. 158 u. ff. das Verhalten des Mangans in Metall und Schlacke an einer Reihe von Analysen dargelegt und ist zu dem Schlusse gelangt, daß es durch das Mengenverhältnis bedingt wird, in welchem MnO und FeO in der Schlacke zueinander stehen. Bei einem Verhältnis von MnO : FeO = 1 soll zwischen dem Mangan im Metall und in der Schlacke Gleichgewicht bestehen, bei MnO > FeO soll Mangan das Bestreben haben, aus der Schlacke in das Metall überzugehen, und umgekehrt soll das Mangan aus dem Eisen in die Schlacke übergehen, wenn in der letzteren MnO < FeO ist. Zum Beweise der Richtigkeit seiner Ansicht gibt er die auf S. 148 und 149 aufgeführte Tabelle.

Diese Tabelle weist aber mindestens ebenso deutlich auf einen anderen Umstand hin, der eine Manganreduktion aus der Schlacke begünstigt. Dieser Umstand ist die Erschöpfung der Schlacke an Metalloxyden überhaupt, und damit an wirksamem Sauerstoff. Eine Reduktion von Mn aus der Schlacke erfolgte nämlich in all den Fällen, in welchen der Eisengehalt der Schlacke 4,13 bis 12% betrug, die Schlacke also arm an Sauerstoff war.

In allen Fällen jedoch, wo Mangan aus dem Bade in die Schlacke überging, betrug der Eisengehalt derselben 15,6 bis 30%, es standen also den Reduktionsstoffen große Mengen an Sauerstoff in dem bequem zugänglichen Eisenoxydul zu Verfügung, und sie waren nicht genötigt, sich mit der Zerlegung des Manganoxyduls abzumühen.

Sämtliche bisher betrachteten Reaktionen ergeben Produkte, die gleich den Reagentien den flüssigen Aggregatzustand bewahren. Sie

Verhalten des Mangans in der Schlacke.

Tabelle von Dr. ing. Th. Naske (Stahl und Eisen 1907, S. 160).

Nr.	Dauer der Periode	Zusammensetzung des Metallbades				Die Schlacke enthielt		Konzentrationsverhältnis Q	Bemerkungen
		C	Si	P	Mn	Mn	Fe	Fe % / Mn %	
	Min.	%	%	%	%	%	%		
1	10	3,36 3,10	0,05 0,05	0,07 0,07	0,45 0,63	— 16,87	— 7,12	0,42	Einsatz: 19 232 kg Roheisen. Charge sehr heiß. Mn aus der Schlacke reduziert.
2	13	3,05 3,00	0,03 0,03	0,07 0,08	0,77 0,84	— 14,03	— 6,04	0,42	Einsatz: 19 232 kg Roheisen. Bad sehr heiß. Mn aus der Schlacke reduziert.
3	15	2,34 2,04	0,02 0,02	0,08 0,01	0,49 0,59	— 11,80	— 11,00	0,92	Einsatz: 19 232 kg Roheisen. Bad sehr heiß. Mn reduziert.
4	30	0,56 0,39	0,01 0,01	0,01 0,01	0,36 0,41	— 10,09	— 9,51	0,94	Einsatz: 19 300 kg Roheisen. Charge heiß. Schlacke dünnflüssig. Mn reduziert.
5	25	1,56 1,47	0,05 0,05	0,03 0,03	0,52 0,63	— 12,67	— 10,32	0,81	Einsatz: 20 303 kg Roheisen. Charge heiß. Schlacke dünn. Mn reduziert aus der Schlacke.
6	55	0,42 0,03	0,05 0,05	0,03 0,03	0,49 0,86	— 11,80	— 9,25	0,78	Einsatz: 20 303 kg Roheisen. Charge sehr heiß. Schlacke kochend. Mn aus der Schlacke reduziert.
7	25	1,91 1,25	0,05 0,05	0,01 0,03	0,38 0,42	— 12,74	— 12,10	0,95	Einsatz: 20 080 kg Roheisen. Charge sehr heiß. Mn wurde reduziert.
8	80	0,71 0,05	0,04 0,04	0,05 0,05	0,38 0,56	— 11,00	— 9,55	0,86	Einsatz: 20 100 kg Roheisen. Schlacke kochend. Gasentwicklung gering. Mn reduziert.
9	80	2,94 1,74	0,05 0,05	Spur 0,02	0,28 0,42	— 12,46	— 9,96	0,79	Einsatz: 21 520 kg Roheisen. Charge heiß. Schlacke schäumend. Mn reduziert.
10	15	1,74 1,64	Spur „	0,02 0,02	0,40 0,42	— 12,05	— 11,03	0,91	Einsatz: 21 520 kg Roheisen. Charge sehr heiß. Mn reduziert.
11	25	0,93 0,79	„ „	0,01 0,04	0,35 0,38	— 11,28	— 9,49	0,84	Einsatz: 21 520 kg Roheisen. Charge warm. Schlacke dünnflüssig. Mn reduziert.
12	15	0,79 0,55	„ „	0,04 0,04	0,38 0,45	— 11,07	— 8,78	0,80	Einsatz: 21 520 kg Roheisen. Charge warm. Mn reduziert.
13	65	0,55 0,06	„ „	0,04 0,03	0,45 0,52	— 10,30	— 7,21	0,74	Einsatz: 21 520 kg Roheisen. Mn reduziert.
14	—	0,09 0,07	0,02 0,02	0,01 0,01	0,35 0,49	— 10,74	— 7,58	0,70	Einsatz: 15 984 kg Roheisen. Charge heiß. Vor dem Ferro-Manganzusatz. Mn reduziert.
15	70	3,38 1,63	0,04 0,04	0,01 0,01	0,21 0,39	— 12,16	— 9,60	0,78	Einsatz: 19 248 kg Roheisen. Bad sehr heiß. Mn reduziert.
16	50	1,63 0,98	0,04 0,04	0,01 0,01	0,39 0,42	— 11,41	— 7,49	0,65	Einsatz: 19 248 kg Roheisen. Intensive Reaktion. Mn reduziert.

Nr.	Dauer der Periode Min.	Zusammensetzung des Metallbades C %	Si %	P %	Mn %	Die Schlacke enthielt Mn %	Fe %	Konzentrationsverhältnis Q Fe %/Mn %	Bemerkungen
17	115	0,98 0,07	0,04 0,04	0,01 0,02	0,42 0,53	— 10,31	— 5,01	0,50	Einsatz: 19 248 kg Roheisen. Charge sehr heiß. Mn reduziert.
18	30	1,55 0,55	0,02 0,01	0,01 0,01	0,11 0,25	— 10,57	— 6,78	0,64	Einsatz: 20 176 kg Roheisen. Charge heiß. Mn reduziert.
19	40	1,09 0,55	0,01 0,01	0,01 0,02	0,25 0,37	— 9,26	— 4,60	0,50	Einsatz: 20 176 kg Roheisen. Charge warm. Mn reduziert.
20	40	0,55 0,07	0,01 0,01	0,02 0,02	0,37 0,40	— 8,63	— 4,13	0,48	Einsatz: 20 176 kg Roheisen. Charge warm. Mn reduziert.
21	65	2,10 0,96	0,01 0,01	Spur „	0,27 0,48	— 6,61	— 4,96	0,75	Einsatz: 15 360 kg Roheisen und 3840 kg Schrott. Charge heiß. Mn reduziert.
22	30	0,55 0,25	0,04 0,04	0.03 0,02	0,34 0,45	— 9,37	— 7,45	0,78	Einsatz: 23 152 kg Roheisen. Charge heiß. Mn reduziert.
23	35	0,16 0,06	Spur „	Spur „	0,41 0,41	— 15,50	— 15,61	1,00	Einsatz: 9600 kg Schrott und Briketts, bestehend aus Manganerz und Koks und Teer. Charge sehr heiß. Mn im Gleichgewichte.
24	30	1,88 0,56	0,02 0,02	0,02 0,01	0.42 0,36	— 10,44	— 15,65	1,50	Einsatz: 19 232 kg Roheisen. Charge heiß. Mn aus dem Bade oxydiert.
25	10	4,01 3,68	0,28 0,09	0,87 0,38	0,87 0,38	— 17,67	— 30,00	1,69	Einsatz: 20 592 kg Roheisen. Ofen ohne Gas, nur durch Erz gefrischt. Temperatur niedrig. Mn oxydiert.
26	25	3,87 3,74	0,14 0,07	0,07 0,02	0,56 0,35	— 18,43	— 18,62	1,01	Einsatz: 20 080 kg Roheisen. Charge warm Mn oxydiert.
27	20	3,79 3,57	0,34 0,09	0,03 0,02	0,66 0,35	— 15,92	— 17,79	1,12	Einsatz: 21 520 kg Roheisen. Charge angewärmt. Mn oxydiert.
28	55	3,35 2,51	0,05 0,05	0,01 0,01	0,28 0,24	— 8,82	— 26,49	3,00	Einsatz: 17 408 kg Roheisen. Bad warm. Mn oxydiert.
29	25	3,33 2,83	0,09 0,04	0,02 0,01	0,31 0,21	— 11,81	— 19,65	1,66	Einsatz: 19 248 kg Roheisen. Charge kalt. Mn oxydiert.
30	30	3,33 2,83	0.02 0,02	0,01 0,01	0,34 0,27	— 6,82	— 15,04	2,20	Einsatz: 23 152 kg Roheisen. Charge heiß. Mn oxydiert.
31	55	1,94 1,36	Spur „	0,01 0,01	0,52 0,34	— 16,02	— 23,19	1,45	Einsatz: 9600 kg Schrott und Briketts aus Manganerz und Koks und Teer. Charge warm. Mn oxydiert.
32	35	1,55 1,00	0,02 0,02	0,02 0,01	0,61 0,50	— 11,12	— 14,82	1,33	Bad kalt. Mangan oxydiert.

äußern sich daher nur in einer Vermehrung der Menge und in einer Veränderung des Aussehens der Schlacke, ändern aber nichts am ruhigen Fluß des gesamten Bades. Anders ist es bei der Abscheidung des Kohlenstoffes, welche ein gasförmiges Produkt liefert, das weder vom Metall noch von der Schlacke zurückgehalten werden kann. Dasselbe muß vielmehr entweichen und dabei durch die Schlackendecke hindurchdringen, und hierdurch werden deutlich sichtbare und sehr charakteristische Erscheinungen hervorgerufen.

4. Der Kohlenstoff.

verlangt nach der Formel

$$C + O = CO$$

für 1 % C 1,33 O % und liefert 2,33 % CO (35).

Seine Abscheidung läßt sich sehr gut mit der Abscheidung eines beliebigen Gases aus einer Flüssigkeit vergleichen, welches in derselben durch die Einwirkung irgend eines entsprechenden Reagens gebildet wird. Der äußere Verlauf ist je nach der Konzentration der aufeinander einwirkenden Agenzien verschieden. Eine konzentrierte Lösung von kohlensaurem Natron beispielsweise nimmt auch kleine Tropfen einer konzentrierten Säure unter heftigen Reaktionserscheinungen auf. Die Einwirkung erfolgt sofort an der Berührungsstelle unter Aufbrausen, und ein etwas zu reichlicher Säurezusatz verursacht Verluste durch Verspritzen oder Überschäumen der Lösung. Ist diese durch allmählichen Zusatz von Säure an kohlensaurem Salz ärmer geworden, so findet jedes Säuremolekül nicht mehr gleich an der Oberfläche Moleküle dieses Salzes, und die Säure vermag in die Lösung einzudringen und ihre Wirkung erst in tieferen Schichten und nach Verteilung auf einen größeren Raum auszuüben. Es entstehen jetzt im Innern der Flüssigkeit Gasblasen, die in ihr aufsteigen und ihr dadurch das Aussehen des Siedens geben. Mit fortschreitender Erschöpfung an kohlensaurem Salz wird das scheinbare Sieden schwächer, die Größe der entstehenden Gasbläschen verringert sich soweit, daß die einzelnen Bläschen nicht mehr sofort aufzusteigen vermögen, sondern Zeit brauchen, um sich zu größeren Gasblasen zu vereinigen. Schließlich kommen überhaupt keine Blasen mehr, aber in der Flüssigkeit verbleibt noch eine Menge Gas in kleinen staubförmigen Bläschen suspendiert. Durch starkes Umrühren kann man noch einen großen Teil des Gases austreiben, da hierdurch die Widerstände der Flüssigkeit gegen das Entweichen des Gases verringert werden und den kleinen Gaspartikelchen die Möglichkeit gegeben wird, einander schneller zu erreichen.

In ganz ähnlicher Weise erfolgt die Abscheidung des Kohlenstoffes als Kohlenoxyd aus flüssigem Eisen.

Roheisen mit seinem Kohlenstoffgehalte von 3—4 % ist als eine konzentrierte Kohlenstofflösung, Schlacke mit einem Eisengehalte von 30 % und mehr als eine konzentrierte Lösung von wirksamem Sauerstoff anzusehen. An der Berührungsstelle erfolgt die Bildung des

Kohlenoxydes sofort in Gestalt von Gasbläschen, welche nach oben zu entweichen suchen, woran sie durch die zähflüssige Schlacke verhindert werden. Diese wird daher an der Reaktionsstelle vom Metall abgedrängt. Bald vermag aber das Gasbläschen in die Schlacke einzudringen, diese schließt sich sofort hinter ihm und gelangt wieder in Berührung mit dem Metall, wodurch der Prozeß aufs neue beginnt. Der Durchgang der massenhaft entstehenden Gasblasen durch die Schlacke wird aber durch die Konsistenz derselben erheblich verzögert, und dies ist die Ursache, daß die Schlacke schaumig wird und ihr Volum bedeutend vermehrt. Hierzu sagt H. H. Campbell S. 307: „Gegen die Verwendung von ausschließlich Roheisen sind für den gewöhnlichen stationären Herdofen wegen des starken Schäumens des Metalles und der Schlacke gewichtige Einwände zu machen. Von dem Augenblicke an, wo das Metall völlig eingeschmolzen ist und etwa 3% C enthalten mag, bis zu dem Zeitpunkte, wo es etwa 1% C enthält, gleicht das Bad mehr dem Sodawasser als Eisen, es sucht über die Türschwellen zu fließen und ungefähr den doppelten Raum einzunehmen, den es einnehmen sollte.“

Der bisher geschilderte Verlauf der Kohlenstoffabscheidung ist heute nur auf wenigen Werken zu sehen, da es nicht häufig ist, daß flüssiges Metall mit derart hohem C-Gehalt im Herdofen verarbeitet wird.

Dagegen kann man die zweite ruhigere Periode der Kohlenstoffabscheidung, welche bei einem C-Gehalte von etwa 1,5% und weniger beginnt, bei allen Herdofenchargen mit normalem Verlaufe beobachten.

Die sauerstoffhaltige Schlacke findet an der Berührungsstelle mit dem Bade nicht genug Kohlenstoffmoleküle, und das freie Eisenoxydul der Schlacke dringt nun in das Innere des Metalles, bis es auf Kohlenstoff trifft. Die Glasbläschen entstehen jetzt im Innern des Metalles, dieses aber bietet dem Gase größeren Widerstand als die leichtere Schlackendecke, daher müssen sich die Bläschen zu größeren Gasblasen sammeln, bis ihr Auftrieb genügend groß wird, um die Kohäsion des Eisenbades zu überwinden. Dann erst vermögen sie die Eisenteilchen beiseite zu schieben und in dem Metall aufzusteigen. Jetzt gelangen nur große Gasblasen und zwar in geringerer Anzahl in die Schlacke, die sie ungeteilt passieren, wobei sie die in letzterer enthaltenen kleinen Gasbläschen mit sich fortreißen. Die Schlacke verliert daher bald ihr schaumiges Aussehen und sinkt in sich zusammen. Aus dem Bade aber steigen jetzt Gasblasen in regelmäßigem Strome und verleihen ihm täuschende Ähnlichkeit mit einer siedenden Flüssigkeit: das Bad kocht.

Das regelmäßige Kochen ist für den Herdofenprozeß von der größten Bedeutung. Einmal wird das Bad dadurch viel intensiver durchgemischt und kann viel besser ausreagieren, als es jemals durch die Wirkung irgendwelcher mechanischer Mischvorrichtung geschehen könnte. Zweitens wird der Wärmeaustausch zwischen Flamme und Bad in wirksamster Weise gefördert, indem die unteren kälteren Schichten des Bades immer wieder nach oben und der Wirkung der

Flamme zugeführt werden. Endlich wird durch das Kochen auch die direkte chemische Wirkung der Flamme unterstützt, ja eigentlich erst wieder eingeschaltet, denn die aufsteigenden Gasblasen heben Teile des Metalles über die Schlackendecke hinaus und bringen sie, wenn auch nur auf einen kurzen Augenblick, in direkte Berührung mit der Flamme. Da sich das Spiel aber ununterbrochen wiederholt, so findet trotz der scheinbar schützenden Schlackendecke während der ganzen Periode des lebhaften Kochens ein Übergang von Sauerstoff aus den Flammengasen an das Metall unmittelbar statt. Es wird fortlaufend Glühspan gebildet, derselbe wird beim Zurücksinken der Eisenteilchen durch die Schlackendecke abgewaschen und von ihr aufgelöst, um nachher als gelöstes Eisenoxydul auf den Kohlenstoff wirksam zu werden.

Mit abnehmendem C-Gehalte verringert sich das Kochen und wird, vorausgesetzt, daß bis dahin stets genügende Mengen von Sauerstoff in der Schlacke anwesend waren, bei etwa 0,1% C ganz schwach, indem nur noch vereinzelte Gasblasen aus dem Bade aufsteigen.

Mit der Kohlenstoffabscheidung parallel vollzieht sich ein anderer wichtiger Vorgang, die Erhöhung des Schmelzpunktes des Metalls. Je ärmer an Kohlenstoff das Metall ist, um so schwerer schmelzbar ist es. Daher muß während der ganzen Zeit der Kohlenstoffabscheidung dem Metall Wärme in großen Mengen zugeführt werden. Ist die Kohlenstoffabscheidung beendet, so liegt das Metall wiederum ruhig da, die Wärmeübertragung kann auf die unteren Schichten nur durch Leitung geschehen und diese erfolgt langsamer, als die Wärmeausstrahlung durch den Herd. Die unteren Metallschichten erkalten daher und bringen das Bad in einen Zustand, der ein glattes Vergießen nicht mehr gestattet. Daher müssen die Chargen zum Abstich gelangen sowie der Kohlenstoffgehalt auf die gewünschte Höhe gebracht worden ist.

5. Der Schwefel im basischen Herdofen.

Außer den betrachteten Stoffen Si, P, Mn und C gibt es noch weitere Stoffe, welche im Eisen nie ganz fehlen, und die Eigenschaften desselben ausschließlich im ungünstigen Sinne beeinflussen. Diese Stoffe sind Schwefel und Sauerstoff. Beide verursachen schon in geringen Mengen den Rotbruch, und da Eisen bei jeder Verarbeitung im Schmiedefeuer Gelegenheit hat, wenigstens Schwefel aufzunehmen, so ist man genötigt, auf einen möglichst geringen Gehalt desselben im Herdofenprodukt zu sehen, wenn man nur wirklich erstklassiges Metall zu erzeugen gedenkt. Eisen verbindet sich mit Schwefel leicht, es vermag ihn sogar aus sonst beständigen Schwefelverbindungen an sich zu ziehen. Unter anderem wird auch schwefelsaurer Kalk nach Finkener (St. u. E. 1908, S. 1021 und 1893 S. 50) nach der Gleichung

$$CaSO_4 + 4\,Fe = FeS + CaO + 3\,FeO$$

zerlegt, und der Schwefel als Schwefeleisen ins Eisen übergeführt. Verf. ist ein Fall aus der Praxis erinnerlich, wo durch Unaufmerksamkeit einige Hundert Kilo alter Kesselrohre, welche größere Mengen

Kesselstein enthielten, in einen sonst tadellosen Einsatz gerieten. Der Schwefelgehalt des Metalles wurde hierdurch so stark erhöht, daß es große Mühe bereitete, den Rotbruch zu beseitigen und das Material wieder einigermaßen brauchbar zu machen.

Fast sämtliche Brennstoffe für den Generatorbetrieb enthalten Schwefel, welcher als schweflige Säure in das Gas übergeht und dann in der Flamme mit dem Einsatze in engste Berührung gelangt. Im Herdraume wird ein Teil der schwefligen Säure zu Schwefelsäure oxydiert, welche sich mit dem Kalk zu schwefelsaurem Kalk vereinigt. Letzterer kann dann vom Eisen reduziert werden, wodurch der Schwefel in das Metall übergehen müßte.

Glücklicherweise sind im Ofen meist Kräfte tätig, die der Schwefelaufnahme aus den Flammengasen entgegenwirken, so daß eine solche nur selten festgestellt werden kann. Diese Gegenwirkung wird durch das Mangan im Eisen ausgeführt, welches den Schwefel an sich zieht und mit ihm und Eisen einen Stoff bildet, der sowohl im Metall als auch in der Schlacke löslich ist. Hierdurch verteilt sich der Schwefelgehalt auf beide Medien. Da aber weiter MnS die Eigenschaft hat, in Berührung mit freiem Sauerstoff den Schwefel als SO_2 abzuspalten, welche als solche aus dem Ofen entweicht, so wird die Schlacke ihres Schwefelgehaltes beraubt, so daß neue Mengen von Schwefel aus dem Metall in sie gelangen können. Somit bewirkt das Mangan eine Abscheidung des Schwefels aus dem Eisen, und diese Eigenschaft wird im Mischer, zum Teil aber auch in der Transportpfanne und im basischen Martinofen gerne ausgenützt. Hierfür gibt Dr. Kintzlé-Aachen Beispiele in St. E. 1897, S. 386 und 388, von denen einige aufgeführt seien:

Es wurden dem Hochofen entnommen Roheisen mit					Beim Eingießen in den Mischer enthält das Metall		Beim Eingießen in den Konverter enthält das Metall	
Zeit		kg Roheisen	Mn	S	Mn	S	Mn	S
Uhr	Min.							
2	00	31 350	1,03	0,19	0,85	0,10	—	—
2	45	33 050	1,17	0,17	0,92	0,09	—	—
3	30	32 350	1,97	0,08	1,42	0,06	—	—
4	30	10 400	1,13	0,20	0,86	0,10	—	—
5	03	—	—	—	—	—	0,90	0,04
5	32	—	—	—	—	—	0,90	0'06
5	30	44 700	0,18	0,19	0,98	0,14	—	—
5	54	—	—	—	—	—	0,89	0,04
6	18	—	—	—	—	—	0,84	0,04
6	37	—	—	—	—	—	0,89	0,05
6	45	22 800	1,55	0,12	1,08	0,09	—	—
6	50	—	—	—	—	—	0,84	0,04
7	00	21 700	1,22	0,17	0,97	0,11	—	—
7	10	—	—	—	—	—	0,84	0,05
7	30	—	—	—	—	—	0,84	0,05

Man sieht, daß durch das Mangan bereits in der Transportpfanne größere Mengen Schwefel abgeschieden werden und die weitere Entfernung desselben bis auf einige hundertstel Prozent im Mischer leicht erfolgt. Eine vollständige Entfernung des Schwefels kann aber in dieser Weise nicht erzielt werden, da nach Professor Osann »mit fortschreitender Entschwefelung eine sich vergrößernde Trägheit im Verlaufe der Reaktionen erfolgen muß, die schließlich so große Zeiträume verlangt, wie sie praktisch nie zur Verfügung stehen«.

Im basischen Herdofen verläuft der Entschwefelungsprozeß langsam und ist mit erheblichem Manganaufwande verknüpft. Auf einem südrussischen Eisenwerke bedurfte z. B. eine Charge von 20 t eines Einsatzes, der 0,50% S und 0,40% Mn enthielt, Zusätze von im ganzen 1100 kg 20% Spiegeleisen und 2100 kg 80% Ferromangan in sukzessiven Raten im Laufe von 3 Stunden, vom Ende der Entkohlung gerechnet. Das Endprodukt enthielt 0,05% S und 0,71% Mn.

Ähnlich wie metallisches Mangan wirken Manganerze, aus welchen nach ihrer Lösung durch die Schlacke durch den Kohlenstoff immer wieder kleine Mengen an Mangan in das metallische Eisen hineinreduziert werden, welche alsdann auf den Schwefel in demselben einwirken. A. Riemer führt in St. u. E. 1902, S. 1361 ein Beispiel dafür an, bei welchem 16,400 kg Roheisen mit 0,84 bis 0,92% S und 0,42% Mn verarbeitet wurden. Das Metall wurde mit einem Zusatz von 2100 kg Eisenerz und 2300 kg Manganerz chargiert und zeigte gleich nach dem Einschmelzen einen Gehalt von 0,22% S, 0,13% Mn und 0,04% C. Eine gewöhnliche Charge hätte nun in höchsten einer Stunde fertig zum Abstiche sein müssen, diese Charge aber mußte ihres hohen Schwefelgehaltes wegen noch 4 Stunden im Ofen verbleiben und Zusätze von im ganzen 660 kg Roheisen, 900 kg 26 prozentigen Spiegeleisen und 250 kg Ferromangan erhalten und ergab ein Fertigprodukt, welches 0,120% S, 0,56% Mn und 0,08% C enthielt. Es war also eine um 3 Stunden längere Ofenarbeit und ein beträchtlicher Materialaufwand erforderlich, um den Schwefelgehalt von 0,22% (nach dem Einschmelzen) auf 0,12% herunterzubringen, also um ihn nur um 0,1% zu drücken.

Man hat versucht, den Schwefel mit anderen Mitteln aus dem Eisen zu entfernen; so hat Saniter Chlorkalzium unter Mitwirkung einer sehr kalkhaltigen Schlacke vorgeschlagen, welche durch Flußspath dünnflüssig gemacht wird. Dies Verfahren teilt mit der Entschwefelung durch Mangan die gleichen Nachteile großen Material- und Zeitaufwandes und ist noch dazu im Erfolg unsicher. Es hat sich daher in der Praxis nicht einzubürgern vermocht.

Die neueste Zeit hat durch die Erfahrungen bei der Stahlerzeugung im elektrischen Ofen anscheinend volle Klarheit über das Problem der vollständigen Entfernung des Schwefels aus dem Eisen gebracht. Nach Dr. ing. Geilenkirchen und Prof. B. Osann (St. u. E. 1908, S. 873 u. 1071) kann der Schwefel nur dann vollständig aus dem Eisen entfernt werden, wenn er in eine Form gebracht wird, in welcher er nur in der Schlacke, nicht aber im Metall löslich ist. Diese Form ist das Schwefelkalzium. Damit aber CaS überhaupt entstehen kann, muß die Schlacke frei von Metalloxyden sein, da sonst (nach Prof. B. Osann St. u. E. 1908, S. 1501 u. 1507) nach der Gleichung

$$FeO + CaS = FeS + CaO$$

immer wieder Schwefeleisen zurückgebildet wird und damit etwa abgeschiedener Schwefel ins Metall zurückgehen müßte.

Zwecks Freibleibens der Schlacke von Oxyden müssen ihr Reduktionsstoffe, wie Kalziumkarbid oder Ferrosilizium zugefügt werden, zur Ermöglichung ihrer Existenz ohne Metalloxyde müssen ferner enorm hohe Temperaturen angewendet werden. Letztere Bedingung läßt sich im Herdofen nicht erfüllen, und daher ist eine sehr weitgehende Entschwefelung in ihm nicht möglich. Die Schwierigkeiten bei der Entschwefelung im basischen Herdofen haben überall zu der Überzeugung geführt, daß es vorteilhafter ist, auf die Entschwefelung in diesem Apparat überhaupt zu verzichten, und nur möglichst schwefelfreie Einsatzmaterialien zu verwenden.

6. Sauerstoff im Eisen.

Sauerstoff ist zwar in allen Eisenarten enthalten, aber nur in sehr geringer Menge. In größerer Menge gelangt er in das Eisen erst bei der Behandlung desselben im Herdofen selbst, indem das in der Schacke enthaltene freie Eisenoxydul sich in dem flüssigen Metalle auflöst. Die Bestimmung des Sauerstoffes im Eisen ist mit analytischen Schwierigkeiten verknüpft und die Resultate sind selten einwandfrei, daher weiß man noch nicht genau, wie groß die Mengen sind, die unter wechselnden Verhältnissen vom Eisen aufgenommen werden können.

Nach Ledebur enthielt Eisen,

erhalten durch Überblasen in der basischen Bessemerbirne	bei einem C-Gehalte von %	O %
Hörde	0,024	0,07
nicht angegeben	0,037	0,244
Königshütte	0,04	0,07
nicht angegeben	0,05	0,171
nicht angegeben	0,123	0,187
Martinmetall aus Riesa . .	0,10	0,03
Martinmetall aus Oberhausen	0,14	0,03
Martinmetall aus Bochum .	0,19	0,07.

Man nimmt an, daß der Sauerstoff sich mit Fe zu FeO verbindet und dieses vom Eisen gelöst wird.

Im FeO kommen auf 1 Gewichtsteil $Fe \cdot \frac{16}{56} = 0{,}29$ Gewichtsteile O (36).

Trotzdem die ins Eisen übergehenden Sauerstoffmengen im Verhältnis zum Eisengewicht sehr gering sind, kann man täglich beobachten, daß Eisen Sauerstoff aufnimmt und daß selbst größere Mengen von Reduktionsstoffen den Eintritt nicht vollständig zu verhindern vermögen, sowie daß der Widerstand, den sie diesem Eintritt entgegensetzen, verschieden groß ist. Kohlenstoff, Phosphor und Silizium wirken z. B. sehr unvollkommen, was vielleicht darauf hinweist, daß die Geschwindigkeit, mit welcher sie sich im Eisen fortzubewegen und gleichmäßiger Verteilung in demselben zuzustreben vermögen, relativ gering ist, und daß daher Sauerstoff an den Stellen, an welchen er eingedrungen ist, diese Reduktionsstoffe schneller abzuscheiden vermag, als für sie aus weiter entfernten Stellen Ersatz nachrücken kann.

Das erste Merkmal des Eindringens von Sauerstoff ist der Rotbruch, der nach Wedding bereits bei 0,01% O beginnt, während ein Gehalt von 0,05% das Eisen bereits gänzlich unbrauchbar zu machen imstande sein soll. Die Erscheinungen des Rotbruches können durch die Gegenwart auch größerer Mengen der genannten drei Reduktionsstoffe nicht fortgeschafft werden, dies kann nur durch Mangan geschehen, welches, trotzdem es nicht imstande ist, eine vollständige Entfernung des Sauerstoffgehaltes zu bewirken, dennoch als das beste Zerstörungsmittel des im Eisen gelösten Eisenoxyduls angesehen werden muß. Man kann daher das Mangan auch als Vorbeugungsmittel gegen Rotbruch benützen, indem man dem Einsatze eine größere Menge davon beifügt. Dies geschieht heute auch in allen Fällen, wo Metall von höchster Qualität hergestellt werden soll. So lange nämlich der Mangangehalt genügend hoch bleibt (etwa 0,3% dürfte als die unterste Grenze anzusehen sein), kann Sauerstoff nicht in nennenswerten Mengen in das Metall gelangen. Die Gründe hierzu sind folgende:

Das Mangan hat große Verwandtschaft zum Eisen und kleine Mengen davon werden sehr hartnäckig zurückgehalten. Es stellt sich ferner ein Gleichgewichtszustand zwischen dem Mangan im Metall und dem Mangan in der Schlacke ein, und je mehr Mangan im Metall enthalten war, um so schneller wird dieser Gleichgewichtszustand erreicht. Die Schlacke kann ferner nur einen bestimmten Maximalgehalt an Metalloxyden aufnehmen, und je mehr Manganoxyde in ihr enthalten sind, um so geringer muß der Gehalt an Eisenoxydul werden. Es ist aber klar, daß eine an Manganoxydul reiche Schlacke, trotz ihres vielleicht sehr großen Sauerstoffgehaltes, auf metallisches Mangan im Einsatze nicht so stark einwirken kann, als es der Fall wäre, wenn ihr gesamter Sauerstoffgehalt an Eisen gebunden wäre. Daher wird einmal der Mangangehalt des Metalles weniger verringert, und andererseits wird bei Erschöpfung der Schlacke an Eisenoxydul der Kohlenstoff genötigt, Manganoxydul zu reduzieren und in das Metall zurückzuführen, in welchem es die Spuren des eingedrungenen Eisenoxyduls energischer angreifen kann, als es die übrigen Reduktionsstoffe zu tun vermögen.

Wenn man den Mangangehalt des Einsatzes nicht unter 3% bemißt, gelingt es, im Thomaskonverter ein Metall zu erblasen, welches ohne weitere Zusätze rotbruchfrei ist und sich gut verarbeiten läßt.

Das Gleiche läßt sich im basischen Herdofen erreichen, hier kann man aber auch das metallische Mangan durch die Sauerstoffverbindungen desselben ersetzen. In diesem Falle aber muß man ganz besonders darauf achten, daß zum Schlusse der Entkohlung die Schlacke an Oxyden arm wird, so daß notgedrungen eine Reduktion von Mangan aus der Schlacke erfolgen muß.

Aus einer oxydreichen Schlacke hingegen dringt Sauerstoff ins Eisen in um so größeren Mengen, je mehr dessen Gehalt an Reduktionsstoffen herabgeht. Das Metall wird hierdurch zu jeglicher Verarbeitung untauglich und muß dann durch die später zu besprechende Desoxydation regeneriert werden.

f) Zusammensetzung und Eigenschaften der Schlacke.

a) Gehalt der Schlacke an Metalloxyden.

Die Zusammensetzung der Schlacke wird unter dem Einflusse des Metalles eine andere, als durch die Einwirkung der Eisenoxyde auf die Ofenzustellung allein bedingt wird.

Leider ist über die ersten Schlacken, die beim Einschmelzen des Eisens im basischen Herdofen entstehen, sehr wenig geschrieben worden; die einzige Mitteilung, die Verf. zur Verfügung steht, stammt von F. W. Harbord in Bilston (St. u. E. 1886, S. 812). Dieser verwendete einen Einsatz aus 67% Roheisen und 33% Stahlabfällen und untersuchte die Schlacke I, welche sich vor dem Einschmelzen des Metalles gebildet hatte, und die Schlacke II, welche auftrat nachdem ungefähr ein Drittel des Einsatzes eingeschmolzen war.

Er erhielt folgende Zahlen:

	Schlacke I	Schlacke II
SiO_2	— 8,5%	nicht angegeben
Fe_2O_3	— 4,3%	4,2 %
FeO	— 63,0%	52,47%

Man sieht, daß der Hauptbestandteil der Schlacke Eisenoxydul ist, welches vom Glühspan herstammt und in Eisenkalksilikat gelöst ist.

Für Schlacken, welche im basischen Herdofen aus absichtlich in den Ofen gebrachten natürlichen Eisenoxyden in Gegenwart metallischen Eisens entstanden sind, hat die Neuzeit mehr Beispiele gebracht, die dem Roheisenerzprozeß mit flüssigem Einsatz entstammen.

Dr. ing. Th. Naske gibt in St. u. E. 1907, S. 231, Tab. 6 die Analysen einer Schlacke, die 30 Minuten nach dem Eingießen flüssigen Roheisens in einem mit Eisenoxyd und Kalkstein beschickten Ofen aufgetreten war.

Die Schlacke enthielt:

FeO 47,88% + Fe_2O_3 6,10% + Mn 15,22% + SiO_2 17,68% + P_2O_5 2,36%.

Eine ähnlich erzeugte Schlacke, bei welcher auch der Gehalt an Kalk und Magnesia angegeben ist (ebenda S. 267), enthielt:

Fe 36,05% + Mn 15,1% + SiO_2 20,85% + CaO 11,50% + MgO 1,20% + P_2O_5 1,49%.

Auch hier ist der Hauptbestandteil Eisenoxydul, das mit Eisenoxyd in einem Eisenkalksilikat gelöst ist.

Die zu Beginn des Prozesses gebildeten Schlacken behalten ihren hohen Eisengehalt nicht lange, denn die Metalloxyde werden durch die Reduktionsstoffe im Eisen allmählich bis auf geringe Mengen herausreduziert, wobei der Flüssigkeitsgrad der Schlacke nicht wesentlich herabgesetzt wird. Bei erreichtem Gleichgewichtszustande zwischen Metall und Schlacke wird der Gehalt der letzteren an Metalloxyden offenbar um so geringer sein, je mehr Reduktionsstoffe im Metall vorhanden sind.

Es ist zweifellos von großem Interesse, die Bedingungen für ein solches Gleichgewicht zu kennen, doch liegen leider noch keine wissenschaftlichen Untersuchungen hierüber vor. Man kann jedoch aus den bisher veröffentlichten Beispielen aus der Praxis des Herdofenprozesses Daten entnehmen, die als Annäherungswerte gute Dienste zu leisten imstande sind.

Auf S. 159 sind 22 Analysen von Schlacken aufgeführt, welche längere Zeit mit dem Metall in Berührung gewesen sind und auf dasselbe keinen besonders merkbaren Einfluß mehr ausübten. Jedenfalls war die Einwirkung soweit gediehen, daß man für nötig fand, den Prozeß zu unterbrechen oder weitere Eingriffe zu machen. Die Schlacken sind in basisch zugestellten Öfen der verschiedensten Systeme auf Werken in den verschiedensten Weltgegenden gefallen, man kann daher annehmen, daß ein großer Teil der beim Betriebe möglichen Zufälligkeiten Berücksichtigung gefunden hat. Zum Vergleiche ist auch die Zusammensetzung des zugehörigen Metalles angegeben, und die Analysen sind nach dem Kohlenstoffgehalte des Metalles geordnet.

Man sieht, daß bei einem

Kohlenstoffgehalt des Metalles	der Gehalt der Schlacke an Metalloxyden bis auf	
% C	% Fe	% Mn
etwa 3,75	1,5	1,5
„ 2,7	6,0	nicht angegeben
„ 0,4—0,1	4,85—18,39	4,85—17,6

herunter ging.

C im Metall und Fe in Schlacke.

Herkunft	Temperatur	Metall C %	Metall Si %	Metall Mn %	Metall P %	Schlacke Fe %	Schlacke Mn %	Schlacke SiO_2 %	Schlacke CaO %	Schlacke MgO %	Schlacke P_2O_5 %
Einwirkung von Roheisen auf eisenarme Schlacke											
Südrussisches Werk											
1. St. u. E. 1907, S. 230. Dr. ing. Naske	hoch	3,76	0,18	2,48	0,14	1,72	2,94	35,80	n. b.	n. b.	0,05
2. St. u. E. 1905, S. 1339, Verf.	„	3,87	0,56	2,38	0,14	1,19	1,46	38,60	n. b.	n. b.	0,04
Kladno, Bertrand Thiel-Verfahren											
3. St. u. E. 1903, S. 40, Ledebur, Ofen I	„	2,50	0,04	0,10	0,087	6,00	n. b.	19,16	n. b.	n. b.	18,88
4. Dasselbe	„	2,70	0,01	0,06	0,174	6,00	n. b.	24,33	n. b.	n. b.	15,83
Einwirkung kohlenstoffarmen Metalles auf die Schlacke											
5. } St. u. E. 1902, S. 652, Schmidhammer, Bogoslowsker Eisenwerk, Ural	Abstichtemperatur	0,42	0,11	0,99	0,01	6,1	7,4	29,44	41,53	11,91	n. b.
6. }		0,43	0,015	0,68	0,027	4,85	5,2	30,66	27,63	8,57	n. b.
7. } Eigene Notiz, Polnisches Werk	„	0,40	n. b.	n. b.	n. b.	7,1	17,6	24,4	32,5	9,2	2,0
8. }		0,30	n. b.	n. b.	n. b.	9,4	15,4	22,0	33,7	8.9	0,9
H. H. Campbell, The Man. of Iron & Steel S. 312											
9. Talbotprozeß Ch. 254	„	0,16	n. b.	0,50	0,036	11.81	6,0	11,55	n. b.	n. b.	12,03
10. Pencoyd Ch. 306	„	0,14	n. b.	0,45	0,038	18,39	4,2	10,94	n. b.	n. b.	12,26
St. u. E. 1903, S. 40. Ledebur											
11. } Bertrand Thiel, Kladno, Abstich, Ofen II		0,15	0,018	0,32	0,01	13,5	n. b.	13,0	n. b.	n. b.	4,90
12. }	„	0,16	Sp.	n. b.	n. b.	15,75	n. b.	11,43	n. b.	n. b.	5,67
H. H. Campbell, Steelton											
13. Mittel aus 17 Chargen Probe C, S. 285	„	0,12	0,01	0,22	0,013	15,66	6,9	15,08	42,16	8,45	3,85
14. Mittel aus 27 Chargen vor Abstich, S. 299	„	n. b.	n. b.	n. b.	n. b.	9,70	n. b.	12,4	45,4	n. b.	13,73
15. } Polnisches Werk, eigene Notiz		0,01	n. b.	n. b.	n. b.	15,7	11,6	18,0	34,5	7,5	5,6
16. }	„	0,01	n. b.	n. b.	n. b.	14,4	4,0	17,7	39,8	11,4	2,8
17. }		n. b.	n. b.	n. b.	n. b.	10,3	10,1	30,5	30,7	11,3	2 2
18. Talbotprozeß, Pencoyd	„	0,07	n. b.	0,17	0,038	10,29	5,8	15,39	n. b.	n. b.	8,68
19. St. u. E. 1900, S. 264 u. 265	„	0,10	n. b.	0,21	0,021	15,52	8,3	12,97	n. b.	n. b.	6,58
E. Holz. Duplexprozeß, Witkowitz											
20. St. u. E. 1902, S. 5	„	nicht angegeben wohl etwa 0,1 % C				18,03	7,33	15,10	37,1	7,5	4,05
21. „ „ „ „ Talbot, Pencoyd	„					14,2	9,7	15,68	38,6	8,4	7,55
22. Südruss. Werk, Magnesitboden eigene Notiz	„	0,07	Sp.	0,55	0,02	9,06	11,32	25,1	24,8	18,0	n. b.

Der Spielraum ist für den Fall der vollständigen Entkohlung sehr groß, wenn man aber die einzelnen Analysen näher untersucht, findet man, daß alle angeführten Werke auch viel näher aneinander liegende Werte aufweisen.

Das Uralwerk zeigte nämlich	4,85 u. 6,1 % Fe
Das Polnische Werk, Beispiel 7	7,1 % Fe
Das Talbot-Verfahren in Amerika, Beispiel 18	10,29% Fe
Das Steelton-Werk in Amerika, Beispiel 14 .	9,7 % Fe
Das südrussische Werk, Beispiel 22	9,06% Fe.

Die Metalloxyde erweisen sich sonach als ein Bestandteil der Schlacke, dessen Menge sich offenbar ohne Schwierigkeit auf mindestens 10% Fe herabsetzen läßt. Man muß ferner annehmen, daß bei einem Eisengehalte in der angegebenen Höhe die Schlacke sich wenigstens annähernd mit dem Metallbade im Gleichgewichte befindet, zum mindessen beweisen die Fälle mit etwas höherem Eisengehalte, daß ein solcher eine besonders große Wirkung auf das Metall nicht mehr auszuüben vermochte, da es trotz dieses Umstandes möglich war, ein gutes Endprodukt zu erzeugen.

Man kann somit den Gleichgewichtszustand in bezug auf Eisenoxydul in der Schlacke und Reduktionsstoffe im Eisen im basischen Herdofen für praktische Zwecke als erreicht ansehen, wenn der Gehalt der Schlacke auf 10% Fe entsprechend 13% FeO (37) heruntergegangen ist.

Aus Gründen, welche bereits in der Besprechung des Verhaltens des Manganoxyduls in der Schlacke und des Sauerstoffes im Eisen dargelegt sind, erscheint es zur Erzeugung eines tadellosen Endproduktes wünschenswert, den Mangangehalt der Schlacke mindestens gleich groß zu haben, so daß also auch 10% Mn bzw. 13% MnO in der Schlacke vorhanden sein sollten.

Damit sind aber die Mengen an Metalloxyden in guten Endschlacken mit rund 26% des Gewichtes derselben festgelegt.

b) Mengenverhältnisse zwischen Säuren und Erdbasen in den Endschlacken.

Zur Bestimmung der Mengenverhältnisse zwischen Säuren und Erdbasen in guten Endschlacken würde die chemische Konstitution derselben die besten Unterlagen geben. Leider hat aber diese Frage ihre theoretische Beantwortung noch nicht erhalten, und so bleibt nichts üprig, als Schlackenanalysen der Praxis als Unterlagen zu benützen und zu versuchen, aus einer großen Anzahl derselben auf rein empirischem Wege die Daten abzuleiten, welche für die Praxis von Wert sein können.

Die wesentlichste Eigenschaft der Schlacken ist ihr Flüssigkeitsgrad. Als Verflüssigkeitsmittel können für die Endschlacken, da die Hauptmenge derselben aus Basen besteht, nur die beiden Säuren Kieselsäure und Phosphorsäure angesehen werden. H. H. Campbell vertritt offenbar dieselbe Ansicht, wenn er von einer guten Endschlacke einen Gehalt von 26—27% $SiO_2 + P_2O_5$ verlangt. Die Zahlen passen aber leider nur selten auf andere Verhältnisse.

Man nimmt heute wohl allgemein an, daß die Phosphorsäure in der Endschlacke immer in der Form eines Kalkphosphates, und zwar eines ganz bestimmten, vorhanden ist. Es müssen hier also P_2O_5 und CaO immer in ganz bestimmten festen gegenseitigen Mengenverhältnissen aneinander gefügt sein.

Nimmt man nun weiter an, dies Kalkphosphat entspräche dem vierbasischen $Ca_4P_2O_9$, so kommen in ihm auf

1 Gw.-Tl. P_2O_5, 1,58 Gw.-Tl. CaO,

welche 2,58 Gw.-Tl. $Ca_4P_2O_9$ ergeben.

Da die Phosphorsäure fast immer nur aus dem P im Einsatzmetall entsteht, so werden aus

1% P 2,29% P_2O_5

erhalten, welche 3,61% CaO benötigen und 5,9% $Ca_4P_2O_9$ (38) ergeben.

Man kann also hiernach die Phoshorsäure als Kalkphosphat aus der Schlacke herausnehmen und letztere dadurch in bezug auf ihre übrigen Bestandteile übersichtlicher machen. Nach Entfernung des Kalkphosphates präsentiert sich die Schlacke als eine, allerdings hypothetische, Silikatschlacke, welcher man die Fähigkeit zuschreiben kann, die entsprechende Menge Kalkphosphat in Lösung zu halten. Man kann dann weiter für jedes Beispiel aus der Praxis bestimmen, wieviel hypothetische Silikatschlacke aus 1 Gewichtsteil SiO_2 gebildet wurde, wieviel Erdbasen zu ihrer Bildung erforderlich waren, und wieviel Kieselsäure nötig war, um die hypothetische Silikatschlacke zu bilden, die das Kalkphosphat von 1 Gewichtsteil Phosphorsäure aufzulösen vermochte. Um ein größeres Analysenmaterial für diese Berechnungen zu erhalten, wurden auch solche Analysen aufgenommen, in denen nur die 3 Hauptstoffe SiO_2, P_2O_5 und Fe angegeben sind.

Beim Vergleiche der Resultate ergab sich, daß sich die Schlacken recht gut in 2 Klassen teilen lassen, von denen die erste den Fall der Entkohlung bis auf etwa 2—3%, die zweite den Fall der vollständigen Entkohlung bildet.

Tabelle a) Entkohlung des Metalles bis auf 2—3% (S. 162) enthält für hochphosphorhaltige Materialien leider nur Analysen aus dem Bertrand Thiel-Verfahren, da andere nicht zur Verfügung standen. Für phosphorarme Materialien ist das Material aus dem Grunde dürftig, weil bei solchen die Beendigung des Prozesses bei so hohem Kohlenstoffgehalte wohl nie angestrebt wird; um aber doch einige angenäherte Daten zu haben, sind auch Schlacken aufgenommen, die beim gewöhnlichen Roheisenerzprozeß fielen, obgleich der hohe Eisengehalt dieser Schlacken andeutet, daß ihr Sauerstoffgehalt noch nicht erschöpft war, weshalb sie nicht als eigentliche gute Endschlacken angesehen werden können.

Tabelle a) Schlacken bei Entkohlung des Metalls auf 2—3%.

Herkunft	P_2O_5	Fe	SiO_2	$Ca_4P_2O_9$	Silikatschlacke	$SiO_2 : P_2O_5$ auf 1 Aeq P_2O_5 kommt Aeq SiO_2	1 Aeq SiO_2 gibt Silikatschlacke Aeq	Silikatschlacke enthält SiO_2	Silikatschlacke enthält Fe
	%	%	%	%	%			%	%
Bertrand Thiel, Ofen I									
St. u. E. 1897, S. 412	23,38	7,68	16,02	60,3	39,7	0,68	2,5	40	12,4
1898, „ 751	21,88	6,34	19,60	56,6	43,5	.0,9	2,2	45	14,6
1897, „ 411	19,84	5,24	20.18	51,2	48,8	1,02	2,4	41	10,7
1897, „ 411	19,20	4,68	19,77	49,5	50,5	1,03	2,5	40	9,2
1897, „ 412	18,73	7,02	20,32	48,3	51,7	1,08	2,5	39	13,7
1905, „ 40	18,18	6,00	19,16	47,6	52,1	1,05	2,7	37	11,5
1897, „ 412	17,02	7,95	22,64	43,9	56,1	1,33	2,5	40	14,2
1897, „ 411	16,32	5,05	19,42	42,3	57,7	1,2	3,0	34	8,8
1905, „ 40	15,83	6,00	24,33	40,8	59,2	1,53	2,4	41	10,1
1898, „ 755	15,79	6,00	25,30	40,6	59,4	1,6	2,3	43	10,0
1898, „ 751	15,61	5,93	23,18	40,3	59,7	1,5	2,6	39	10,0
1898, „ 755	15.48	7,55	23,41	39,9	60,1	1,5	2,5	39	12,2
1898, „ 755	14,84	5,67	24,25	38,3	61,7	1,64	2,6	39	9,2
1898, „ 755	14,46	4,59	25,92	37,3	62,7	1,8	2,4	41	7,3
1897, „ 412	14,08	11,91	26,60	36,3	63,7	1,9	2,4	41	18,7
1898, „ 755	13,84	5,80	20,80	36,0	64,0	1,5	3,1	33	9,0
1897, „ 412	13,82	6,93	24,41	35,6	64,4	1,8	2,6	38	10,8
1898, „ 755	13,80	3,60	20,9	35,6	64,4	1,5	3,1	32	5,6
1898, „ 755	13,56	6,48	25,56	35,0	65,0	1,9	2,1	39	10,0
1898, „ 755	13,37	7,96	25,36	34,5	65,5	1,9	2,6	39	12,2
1897, „ 412	13,18	8,24	25.2	34,0	66,0	1,9	2,6	38	12,5
1897, „ 411	13,05	5,99	25,24	33,7	66,3	1,9	2,6	38	9,0
1898, „ 751	12,51	7,15	25,00	32,3	67,7	2,0	2,7	37	10,5
1897, „ 412	12,41	7,68	24,93	32.0	68,0	2,0	2,7	37	11,3
H. H. Campbell „ 316	12,23	7,30	26,3	31,6	68,4	2,1	2,6	38	10,7
St. u. E. 1897, „ 411	12,13	5,99	26,92	31,3	68,7	2,2	2,5	40	8,7
1897, „ 411	12.03	5,99	25,7	31,0	69,0	2,1	2,7	37	8,7
1898, „ 753	11,96	11,23	20,60	30,8	69,2	1,7	3,3	30	16,2
1897, „ 411	11,26	5,62	29,0	29,0	71,0	2,6	2,5	40	8,0
1898	11,26	5,72	32,56	29,0	71,0	2,9	2,2	46	8,0
1897, „ 412	10,36	8,26	19,44	26,7	73,3	1,8	3,8	26	12,9
1897, „ 411	8,32	5,62	30,96	21,5	78,5	3,7	2,5	39	7,2
Eigene Notiz Ch. 1271	2,60	4,72	24,2	6,7	93,3	9,3	3,8	26	5,1
Dr. ing. Naske									
St. u. E. 1907, S. 232, Tab. 8	ca. 2,5	9.60	20,5	ca. 6,0	ca. 94,0	8,0	ca. 4,6	ca. 21,8	ca. 10,2
1907, „ 231, „ 6	2,44	14,71	21,66	6,3	93,7	9,0	4,3	23,1	15.9
Eigene Notiz Ch. 846	1,88	11,15	22,4	4,8	95,2	12,0	4,3	23,5	11,7
St. u. E. 1907, S. 233, Tab. 10	1,74	14.88	22,8	4,5	95,5	13,0	4,2	23,9	14,8
1907, „ 231, „ 7	1,73	13,64	22,2	4,5	95,5	13.0	4,3	23,2	14,3
Eigene Notiz Ch. 997	1,34	9,96	27.4	3,4	96,6	20,0	3,5	28,4	10,3
„ 3468	ca. 1,3	10,93	34,8	ca. 3,5	ca. 96.5	ca. 30,0	ca. 2,8	ca. 36,1	ca. 11,3
„ 1093	0.66	16,32	30.0	1,7	98,3	44.0	3,3	30,5	16,6
Im Mittel	—	—	—	—	—	—	2,9	—	—

Tabelle b) Endschlacken bei vollständiger Entkohlung.

Herkunft	P_2O_5	Fe	SiO_2	$Ca_4P_2O_9$	Silikatschlacke	$SiO_2 : P_2O_5$ auf 1 Aeq P_2O_5 kommt Aeq SiO_2	1 Aeq SiO_2 gibt Silikatschlacke Aeq	Silikatschlacke enthält SiO_2	Silikatschlacke enthält Fe
	%	%	%	%	%			%	%
H. H. Campbell									
S. 312 Talbotprozeß . .	17,05	8,0	12,62	44	56	0,74	4,4	22,5	14,3
„ 312 „ . .	16,45	9,2	12,1	42,4	57,6	0,74	4,8	21,0	16,0
„ 299 Herdofen, Steelton	15,53	6,93	14,35	40	60	0,92	4,2	23,9	11,5
„ 312 Talbot	15,56	8,25	12,32	40	60	0,79	4,9	20,5	13,7
„ 299 Herdofen, Steelton	13,73	9,7	12,4	35,4	64,6	0,9	5,2	19,2	15,0
„ 312 Talbot	13,26	8,1	11,68	34,2	65,8	0,88	5,7	17,8	12,3
„ 312 „	12,45	14,0	12,08	32	68	0,97	5,6	17,7	20,6
„ 312 „	12,26	14,2	10,94	31,6	68,4	0,82	6,2	16,0	20,7
„ 312 „	12,03	9,10	11,55	31	69	0,96	6,0	16,7	13,2
„ 312 „	12,03	11,0	11,7	31	69	0,97	5,9	17,0	16,0
„ 316 Berth. Thiel . . .	11,78	11,0	13,23	30	70	1,1	5,3	18,9	15,7
St. u. E. 1903, S. 40 . . .	10,53	15,00	12,3	27	73	1,17	5,1	16,8	20,5
H. H. Campbell									
S. 318	9,70	18,00	14,66	25	75	1,5	5,1	19,6	20,4
„ 318	4,99	13,5	13,0	12,9	87,1	2,7	6,7	14,9	15,5
„ 285 Herdofen, Steelton	3,85	15,65	15,08	10	90	4	6	16,9	17,4
„ 285 „ „	2,96	12,8	15,75	7,6	92,4	5,3	6	17,0	13,8
Eigene Notiz, Poln. Werk .	1,99	7,15	24,39	5	95	12	4	25,2	7,5
„ „ Südruss. Werk	1,90	9,63	24,20	4,9	95,1	12	4	25,4	10,1
„ „ „ „	1,79	11,68	23,15	4,6	95,4	13	4	25,5	12,2
Dr. Naske, St. u. E. 1908									
S. 231, Tab. 6	1,72	7,35	22,25	4,4	95,6	13	4,3	23,3	7,7
„ 233, „ 10	1,58	13,52	18,70	4	96	12	5,1	19,5	14,1
St. u. E. 1905, S. 1443. . .	1,56	9,93	20,92	4	96	13	4,6	21,8	10,4
Dr. Naske, St. u. E. 1907									
S. 231, Tab. 7	1,53	10,67	24,3	4	96	16	4,0	25,3	10,5
Eigene Notiz Ch. 1271 . .	1,53	3,24	23,30	4	96	15	4,1	24,4	3,4
„ „ „ 1384 . .	1,53	7,33	25,50	4	96	17	3,8	26,6	7,7
Dr. Naske, St. u. E. 1907									
S. 267, Tab. 14	1,51	9,00	21,00	4	96	14	4,6	21,9	9,4
„ 231, „ 8	1,50	3,95	21,6	4	96	14	4,4	22,5	4,1
Eig. Notiz Ch. 846 . . .	1,44	10,76	22,08	3,7	96,3	15	4,4	23,0	11,1
„ „ „ 997 . . .	1,34	7,71	23,95	3,6	96,4	18	4	24,8	8,0
„ „ „ 9375 . . .	1,24	6,02	23,26	3,2	96,8	17	4	24,0	6,2
„ „ „ 9070 . . .	1,23	11,37	16,80	3,2	96,8	13	6	17,4	11,7
„ „ Poln. Werk . .	0,90	9,43	21,95	2,3	97,7	24	4,4	22,5	9,5
„ „ Ch. 1603 . . .	0,83	17,74	15,50	2	98	19	6,3	16,0	18,0
„ „ „ 1093 . . . Gießereiroheisen	0,47	4,8	30,4	1,2	98,8	60	3,2	30,8	4,9
„ „ auf Magnesitbod.	0,40	9,06	25,14	1,1	98,9	60	4	25,4	9,1
St. u. E. 1902, S. 653, Uralwerk	ca. 0,40	6,50	28,72	1	99	70	3,4	29,0	6,6
„ „ „ 1902, „ 653, „	ca. 0,40	7,0	29,26	1	99	70	3,3	29,6	7,1
Im Mittel	—	—	—	—	—	—	4,78	—	—

Tabelle b) Endschlacken bei vollständiger Entkohlung des Metalles (S. 163), enthält dagegen Schlacken aus allen Weltgegenden und aus Öfen verschiedenster Konstruktion.

Man ersieht zunächst aus beiden Tabellen, daß das Kalkphosphat in der hypothetischen Silikatschlacke leicht löslich erscheint, indem 1 Gewichtsteil P_2O_5 in Form von Kalkphosphat von einer Menge hypothetischer Silikatschlacke aufgenommen werden kann, zu deren Bildung nur 0,68 bis 0,7 Gewichtsteile SiO_2 erforderlich waren, einerlei ob die Entkohlung nur in geringem Umfange oder vollständig ausgeführt wurde. Auf ein Gewichtsteil P im Einsatze genügt somit eine Gesamtmenge an Kieselsäure im Betrage von $0,7 \times 2,29 = 1,603$ Gewichtsteile (39).

Bei der Silikatschlacke fällt ein überraschender Umstand auf: der Eisengehalt derselben läßt sich auch in ihr augenscheinlich ohne Schwierigkeit auf annähernd 10% herunterbringen, selbst bei den höchsten Mengen an Kalziumphosphat in der Gesamtschlacke. Man kann daher wohl behaupten, daß die vorhin (37) angeführten Minimalmengen an Metalloxyden, nämlich 10% Fe und 10% Mn, bzw. 13% FeO und 13% MnO, auf die hypothetische Silikatschlacke allein bezogen werden können.

Bei der Untersuchung der Frage, wieviel hypothetische Silikatschlacke aus 1 Gewichtsteil Kieselsäure entstehen kann, fällt auf, daß diese Mengen viel größer sind für den Fall der vollständigen Entkohlung als bei der nur teilweisen Entkohlung. Während bei der vollständigen Entkohlung in der hypothetischen Silikatschlacke im Mittel auf 1 Gewichtsteil SiO_2 4,78 Gewichtsteile Silikatschlacke kommen, die Schlacke also etwa 21% SiO_2 enthält, werden bei der Entkohlung auf 2—3% im Durchschnitt auf 1 Teil SiO_2 nur 2,9 Teile (40) dieser hypothetischen Silikatschlacke gebildet, so daß diese Schlacke etwa 34% SiO_2 aufweist.

Diese Angaben sind nun ausreichend, um unter Berücksichtigung des Umstandes, daß auch andere Verunreinigungen, etwa Tonerde, in Mengen von annähernd 4% in die Schlacke gelangen, den Bedarf der Silikatschlacken an Erdbasen festzustellen. Die Zusammensetzung der Silikatschlacke muß sein für den Fall der

	vollständigen Entkohlung	Entkohlung auf 2—3%
SiO_2	21%	34%
Metalloxyde FeO + MnO	26%	26%
Verunreinigungen . . .	4%	4%
Summa	51%	64%
folglich CaO + MgO .	49%	36%
	100%	100%

Hieraus ergibt sich der Bedarf an CaO + MgO für je 1 Gewichtsteil SiO_2 die in das Bad gelangt, zu

$$\frac{49}{21} = 2,33\,\%\ \mathrm{CaO} + \mathrm{MgO}\ (41) \qquad \frac{36}{34} = 1,06\,\%\ \mathrm{CaO} + \mathrm{MgO}\ (41\,a).$$

Mit Hilfe dieser Zahlen läßt sich für jeden beliebigen Einsatz die Zusammensetzung feststellen, welche eine gute Endschlacke haben sollte, und ebenso lassen sich die Mengen aller erforderlichen Zuschläge ermitteln.

Eine gute Endschlacke soll eine ruhig fließende Masse von rahmartiger Konsistenz vorstellen. Ein in die Schlacke getauchter kalter Eisenstab soll nach dem Herausnehmen aus dem Ofen mit einer gleichmäßigen Schlackenkruste von etwa 4—6 mm Stärke bedeckt sein, welche nach dem Erkalten eine matte schwarzgraue Farbe aufweisen soll.

Im Probelöffel soll die Schlacke, selbst wenn sie sich auf mitgeschöpftem flüssigen Metall befindet, ruhig wie Öl fließen, nicht aber schaumig sein. Sie soll sich mit einem Eisenstäbchen leicht vom Metall abstreifen, oder aber soweit zurückhalten lassen, daß dieses schlackenfrei in die Probekoquille gegossen werden kann. Schaumiger Zustand deutet darauf hin, daß die Einwirkung der Schlacke auf das Metall noch in vollem Gange ist; zu große Dünnflüssigkeit ist ein Anzeichen für einen Überschuß an Metalloxyden, bei hochkohlenstoffhaltigem Metall zuweilen aber auch für einen Überschuß an Kieselsäure.

Dickflüssigkeit ist ein Zeichen für einen Überschuß an Erdbasen, oder von hohem Magnesiagehalt. Zuweilen tritt Dickflüssigkeit am Schlusse der Chargen plötzlich nach größerem Manganzusatze ein, und man hat diese Erscheinung durch das Auftreten von Manganoxydoxydul Mn_3O_4 zu erklären gesucht, welches in der Schlacke unlöslich sein soll.

Man kann eine zu dünne Schlacke durch Zusatz von Kalk und namentlich von Magnesia auf die richtige Konsistenz bringen, während eine zu dicke Schlacke durch Zusatz von Kieselsäure dünnflüssiger wird. Bei hochphosphorhaltigem Einsatz muß letzteres Mittel natürlich mit Vorsicht angewendet werden. Auch Flußspat macht die Schlacke schnell flüssig, aber dies Material gelangt wohl nur in seltenen Fällen zur Anwendung.

g) Die Schlackenmenge.

Auf Grund der vorstehend gefundenen Angaben lassen sich für jeden beliebigen Einsatz die Schlackenmengen ermitteln, die bei gutem Betriebe fallen müssen. Die Endschlacke besteht nämlich:

1. aus der hypothetischen Silikatschlacke, die aus dem Siliziumgehalt des metallischen Einsatzes entsteht,

2. aus der Phosphatschlacke, die aus dem P-Gehalt des Einsatzes gebildet wird,

3. aus der hypothetischen Silikatschlacke, welche

a) von der Kieselsäure der Ofenzustellung und

b) aus dem Kieselsäuregehalt aller sonstigen in den Ofen gelangenden Materialien erzeugt wird.

Es erscheint möglich, die Menge der Endschlacke auf die Zusammensetzung des Einsatzes zu beziehen, und die Schlackenmengen, welche aus der sub 3 angeführten Ursache gebildet werden, auf den Si- und P-Gehalt des Einsatzes zu verteilen. Hiergegen spricht aber ein Umstand, der später näher berücksichtigt werden wird. Man hat nämlich immer bemerkt, daß Silizium, Phosphor und Mangan sehr rasch abgeschieden werden, während die Kohlenstoffabscheidung längere Zeit hindurch andauert. Für alle Fälle, wo der Kohlenstoffgehalt des Einsatzes sich erhöht, wächst die Chargendauer und damit auch die Abnützung der Ofenzustellung und zwar annähernd proportional dieser Erhöhung. Daher erscheint es zulässig, auch der Kohlenstoffabscheidung, deren Produkt CO an sich nichts mit der Schlacke zu tun hat, einen Einfluß auf die Schlackenmenge zuzusprechen, und dies geschieht am einfachsten, wenn auch nicht ganz einwandfrei, wenn man die gesamte Menge an hypothetischer Silikatschlacke, welche aus der Abnützung der Ofenzustellung erwächst, auf das Konto der Kohlenstoffabscheidung bringt.

Unter dieser Voraussetzung entstehen für den Fall der vollständigen Entkohlung

aus je 1% Si im Einsatz

$$\underset{(30)}{2{,}14} \times \underset{(40)}{4{,}78} = 10{,}23\,\% \text{ (42) Endschlacke,}$$

aus je 1% P entstehen (38) 5,9% Endschlacke.

Infolge des Kohlenstoffgehaltes des Metalles entstehen, wenn aus der Ofenzustellung nach (30) im ganzen 0,45% SiO_2 in die Schlacke gelangt

$$0{,}45 \times \underset{(40)}{4{,}78} = 2{,}15\,\% \text{ Endschlacke (43 bedingt).}$$

Endlich entstehen aus j e d e m G e w i c h t s t e i l SiO_2, welche sonst noch in den Ofen gelangt, nach (40) 4,78% Endschlacke (43a).

Der Mangangehalt im Einsatze braucht für die Berechnung der Schlackenmenge keine Berücksichtigung zu finden, da das aus ihm entstehende Manganoxydul bereits in der Silikatschlacke enthalten ist.

h) Abbrand.

Die Abscheidung der Reduktionsstoffe aus dem Eisen bedeutet natürlich eine Verringerung des Metallgewichtes, und da sie durch die Wirkung der Flammengase hervorgerufen wird, hat man den entstehenden Gewichtsverlust „Abbrand“ genannt. Die Höhe desselben ist aber nicht einfach gleich der Menge der abgeschiedenen Reduktionsstoffe, sondern zu diesen gesellt sich noch diejenige Eisenmenge, welche sich in Verbindung mit Sauerstoff in der Schlacke vorfindet. Die Eisenoxyde in der Schlacke können allerdings zum Teil auch den Verunreinigungen der verschiedenen Hilfsmaterialien, wie z. B. der Bodenmasse entnommen sein, da aber die derart in den Ofen gelangenden Eisenmengen oft sehr gering sind, erscheint es für die Rechnung zweckmäßiger, anzunehmen, daß alle diese Mengen von Eisen aus dem metallischen Einsatze stammen.

Vorhin ist nachgewiesen, daß die Schlackenmenge von der Art der verwendeten Reduktionsstoffe abhängig ist, und daher läßt sich auch der Abbrand in Beziehung zu diesen Stoffen bringen. War bei Berechnung der Schlackenmenge angenommen, daß der Kohlenstoffgehalt des Metalls infolge der Abnützung der Ofenzustellung 2,15% Schlacke ergab, so ist nun weiter bekannt, daß diese Schlacke 10% Eisen, also $2{,}15 \times 0{,}1 = 0{,}2\%$ Eisen, auf das Metallgewicht bezogen, enthalten muß. Der Abbrand, welcher durch die Abscheidung des Kohlenstoffgehaltes entsteht, ist daher gleich

$$C + 0{,}2\% \quad (44).$$

Ein Siliziumgehalt von 1% ergibt nach (42)

$$10{,}23\% \text{ Endschlacke, in ihr sind } 10\% \text{ Fe, also}$$
$$10{,}23 \times 0{,}1 = \sim 1\% \text{ Fe},$$

und der Abbrand, welcher durch eine Beimengung von 1% Si entstehen muß, beträgt

$$1\% \text{ Si} + 1\% \text{ Fe} = 2\% \quad (45).$$

Ein Kieselsäuregehalt des Einsatzes oder der zugefügten Hilfsmaterialien verursacht für jedes Kilogramm SiO_2 nach (40) eine Schlackenmenge von 4,78 kg; diese enthält $4{,}78 \times 0{,}1 = \sim 0{,}5$ kg Fe und eine Kieselsäuremenge von 1% bezogen auf das Einsatzgewicht aus allen Hilfsstoffen, außer der Abnützung der Ofenzustellung, ist somit die Ursache eines weiteren Eisenabbrandes von 0,5% Eisen (45a).

Der Abbrand, welcher durch die Stoffe Mn und P erzeugt wird, ist, da bei der gewählten Rechnungsweise die enstehenden Schlackenmengen kein Eisen bedürfen (die Manganoxyde sind zur Kieselsäure-Schlacke gerechnet, das Kalkphosphat ist als in der Silikatschlacke gelöst angenommen) gleich der abgeschiedenen Menge dieser Stoffe.

i) Das Fazit der chemischen Wirkung der Flamme.

Die chemische Wirkung der Ofengase äußert sich in der Übertragung von Sauerstoff auf den metallischen Einsatz. Die primäre Wirkung ist die Glühspanbildung, welche wiederum die Schlackenbildung hervorruft; die Oxyde in der Schlacke wirken nun unter dem Einfluß der von den Ofengasen gelieferten Wärme auf die Reduktionsstoffe im Metall und hierdurch wird sowohl die Zusammensetzung des letzteren wie auch die der Schlacke geändert.

Wenn aber die Zusammensetzung des eingesetzten und des fertigen Metalles wie auch die Menge und die Zusammensetzung der Endschlacke bekannt sind, so sind die Mittel gegeben, die oxydierende Wirkung der Flamme zu messen.

Die von der Flamme gelieferte Sauerstoffmenge ist in den Oxydationsprodukten der angegriffenen Stoffe enthalten. Aus der Abnahme des Metalles an Si, P, Mn und C kann man unter Benutzung der sub 32—35 aufgeführten Werte die Sauerstoffmengen ermitteln, welche von diesen Stoffen absorbiert wurde, während der Rest sich in der Menge von Eisenoxydul vorfindet, welche in der Endschlacke enthalten ist.

Die oxydierende Wirkung der Ofengase ist natürlich sehr verschieden, doch kann man im allgemeinen wohl behaupten, daß die meisten der heute verwendeten größeren Öfen nur vermittelst der oxydierenden Wirkung allein Einsätze auf Stahl zu verarbeiten imstande sind, welche aus etwa 30% Roheisen der Zusammensetzung ~ 4% C + 2% Mn + 1% Si + 0,5% P und 70% Schrott bestehen. Die mittlere Zusammensetzung eines solchen Einsatzes ermittelt sich zu:

30kg Roheisen	mit 1,2 kg C	+ 0,3kg Si	+ 0,60kg Mn	+ 0,15kg P
70 „ Schrott	„ 0,07 „		+ 0,35 „ Mn	+ 0,07 „ P
100kg Einsatz	mit 1,27kg C	+ 0,3kg Si	+ 0,95kg Mn	+ 0,22kg P
Im Endmetall sind enthalten	0,10kg C	— Si	+ 0,30kg Mn	+ 0,05kg P
Somit sind abgeschieden	1,17kg C	+ 0,3kg Si	+ 0,65kg Mn	+ 0,17kg P.

Die zur Abscheidung dieser Stoffe benötigte Sauerstoffmenge ist

1,17kg C	× 1,33 (35)	= 1,54% O
0,30 „ Si	× 1,14 (32)	= 0,34% O
0,65 „ Mn	× 0,29 (34)	= 0,19% O
0,17 „ P	× 1,29 (33)	= 0,22% O
	Sa.	2,29% O.

Zur Ermittelung der an Eisen gebundenen und in der Schlacke verbliebenen Sauerstoffmenge muß das Schlackengewicht festgestellt werden. Es sei angenommen, der Einsatz sei durch 1% Sand verunreinigt. Dann ermitteln sich die Mengen an Phosphorsäure und Kieselsäure, welche in die Schlacke gehen müssen, zu

	Phosphorsäure	Kieselsäure
aus dem Einsatz	0,17% P × 2,29 = 0,39% (33)	0,3 × 2,14 = 0,64% (32)
aus dem beigemengten Sand		1,00%
aus der Ofenzustellung (30c bedingt)		0,45%
Im ganzen	0,39% P_2O_5 und	2,09% SiO_2.

Der Kalkbedarf ermittelt sich zu

für 0,39 P_2O_5	× 1,58	= 0,62% CaO
„ 2,09 SiO_2	× 2,33	= 4,87% CaO
	Zusammen	5,49% CaO.

Hiervon kommen aus der basischen
Zustellung nach (31 a) 4,45 % CaO

somit fehlen 1,04 % CaO,

welche in der Form von $2 \times 1{,}04 = 2{,}08$ % Kalkstein hinzugefügt werden müssen. (31 b)

Dieser Kalkstein bringt wiederum 2 % SiO_2 = $2{,}08 \times 0{,}02 =$ 0,04 % SiO_2 in die Schlacke, so daß im ganzen vorhanden sind

$$2{,}09 + 0{,}04 = 2{,}13\,\%\ SiO_2.$$

Hieraus ermittelt sich die Schlackenmenge zu

Hypothet. Silikatschlacke	2,13 % $SiO_2 \times 4{,}78$ = (40)	10,18 %
Phosphatschlacke	0,39 % $P_2O_5 \times 2{,}58$ = (35)	1,00 %
	Gesamtschlackenmenge	11,18 % auf Einsgw. bz.

Eine gute Endschlacke soll nach (37) 10 % Eisen enthalten, also müßten in der betrachteten Endschlacke 1,118 % Fe enthalten sein, an welche $1{,}118 \times 0{,}29$ (36) = 0,32 % O, auf das Einsatzgewicht bezogen, gebunden sind.

Somit beträgt die gesamte von den Ofengasen gelieferte Sauerstoffmenge

für die Abscheidung der Beimengungen	2,29 %	(s. oben)
„ „ Oxydation des Eisens selbst	0,32 %	(desgl.)
in Summa	2,61 %	

auf das Einsatzgewicht bezogen. Man sieht, daß die Ofenwirkung recht beträchtlich ist. Von derselben sind 2,29 % oder 88 % der gesamten Wirkung der Ofengase zur Veränderung der Metallzusammensetzung aufgewendet worden und nur 0,32 oder 12 % der Gesamtwirkung konnten für den eigentlichen Raffinationsprozeß nicht ausgenützt werden. Trägt man die Chargendauer als Abszisse und die übertragenen Sauerstoffmengen als Ordinaten in ein Koordinatensystem, so erhält man das untenstehende Diagramm.

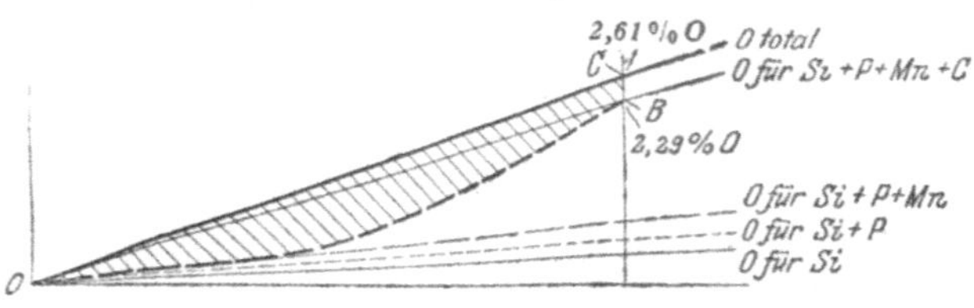

Fig. 21 b.

Die obere Linie OC gibt die gesamte übertragene Sauerstoffmenge, während die untere OB angibt, wieviel Sauerstoff zur Veränderung der

Metallzusammensetzung aufgebraucht wurde. Letztere Linie wird tatsächlich wahrscheinlich den gestrichelt angedeuteten Verlauf genommen haben. Aus der zwischen OC und OB gelegenen Fläche kann man die Sauerstoffmengen entnehmen, welche in jedem Augenblick in der Schlacke enthalten gewesen sind. Die Werte sind nicht ganz genau, weil die Veränderung, welche das Metallgewicht durch den Prozeß erlitten hat, nicht berücksichtigt wurden. Die Abweichungen sind jedoch sehr klein und können das Resultat nicht wesentlich beeinflussen.

Ein Beispiel, aus welchem die oxydierende Wirkung des Ofens für einen speziellen Fall ersichtlich wird, ist in St. u. E. 1905, S. 1338 angeführt

Ch. **3215.** Einsatz

6560 kg Roheisen 3,44% C + 2,66% Si + 0,07% P + 0,78% Mn
13120 „ Schrott 0,09% C + — 0,03% P + 0,50% Mn.

Zeit der Probenahme		Min. seit Beginn des Einsetzens	Metall				Schlacke						Bemerkungen
Std.	Min.		C %	Si %	P %	Mn %	Fe %	Mn %	SiO_2 %	Al_2O_2 %	CaO %	Mg %	
Einsetzen 6—8	—		1,2	0,89	0,04	0,59	—	—	—	—	—	—	Berechnet
9	40		0,17	—	0,01	0,20	—	—	—	—	—	—	Schwaches Kochen;
10½	—	240	0,09	—	0,01	0,25	9,23	8,56	28,00	2,25	37,89	6,48	nach Probe-Zusatz v. 160 kg 16 % Spiegel u. 32 kg 80 % Ferromangan
10	20		0,08	—	0,01	0,65	7,52	9,46	24,70	4,66	38,83	8,29	Nach Zusatz v. 160 kg FeMn
10	37	277	0,07	—	0,02	0,60	7,39	12,01	22,50	5,89	37,25	8,24	Fertigprobe

Aus diesem Beispiel läßt sich die Ofenwirkung sowohl für das Stadium des Einschmelzens wie auch für das Fertigmachen berechnen, wobei sich unter Berücksichtigung der Schlackenmengen für die Zwischenstufen*) ergibt, daß aus den Flammengasen Sauerstoff übertragen wurde, gerechnet vom Beginn des Chargierens bis zur Beendigung

	des Einschmelzens	der Charge überhaupt
für die Veränderung des Metalls	2,61%	2,89%
für die Erzeugung des FeO in der Schlacke	0,22%	0,22%
Im ganzen	2,83% O	3,11% O.

*) Hierbei ist die Abnützung der Ofenzustellung als der Chargendauer entsprechend angenommen worden, und zwar mit einer SiO_2-Zufuhr v. 1,2 kg/Min.

Die Zahlen ergeben das folgende Diagramm.

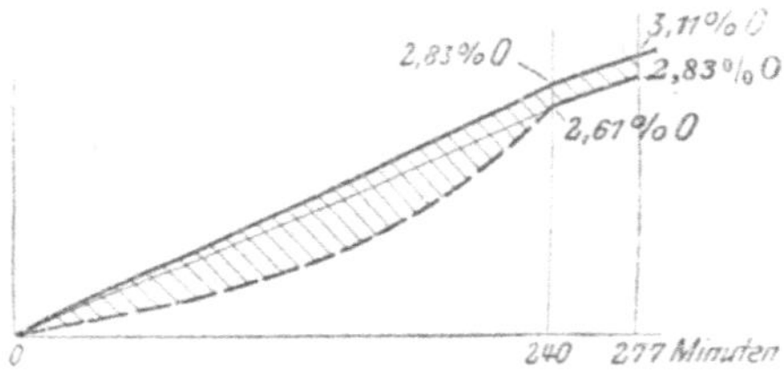

Fig. 22.

Man ersieht hieraus, daß die oxydierende Wirkung der Flamme während des Einschmelzens kräftiger ist, als auf das bereits flüssige Metall.

Ein Beispiel für die Einwirkung der Flamme auf flüssigen Einsatz, in welchem Reduktionsstoffe in großer Menge anwesend sind, findet sich ebenda Seite 1339.

Ch. 846. Einsatz 19705 kg flüssiges Roheisen, ohne Zusätze im Ofen erhitzt.

Zeit der Probe			Metall				Schlacke					Bemerkungen
Std.	Min.	Metall im Ofen	C %	Si %	P %	Mn %	Fe %	FeO %	Mn %	P_2O_5 %	SiO_2 %	
12 12	35 53	} Eingieß.	4,44	1,10	0,15	2,03	—	—	—	—	—	Roheisen, Probe aus beiden Pfannen
1	05		—	0,65	0,15	2,10	6,04	7,76	8,20	0,87	30,95	Bad ruhig, leichte Schlackendecke
1	20		—	0,65	0,15	2,20	2,49	3,20	4,26	0,43	38,18	Mäßige Reaktion
1	40		—	0,65	0,15	2,24	1,66	2.13	2,61	0,23	39,34	Bad warm
2	—		—	0,63	0,13	2,34	1,54	1,98	1,84	0,11	39,76	Desgleichen
2	20	105 Minuten	3,87	0,56	0,14	2,38	1,19	1,53	1,46	0,04	38,60	Bad heiß

Hier betrug die Sauerstoffmenge

für die Veränderung des Metalles	1,28%
an Fe in der Schlacke	0,02%
Sa.	1,30%.

Es war offenbar etwas Schlacke von der vorhergehenden Charge im Ofen verblieben. Man sieht, daß der Sauerstoffgehalt der Schlacke beständig abgenommen hat und sowohl Eisen als auch Mangan aus ihr reduziert worden sind.

Noch deutlicher wird die Deckung des Sauerstoffbedürfnisses der Reduktionstoffe in Eisen aus den Flammengasen und den Metalloxyden in der Schlake aus dem bereits früher (Seite 157) erwähnten

Beispiel von F. W. Harbord in Bilston ersichtlich. Da für diesen Ofen keine Betriebsdaten angegeben sind, kann man die Schlackenmenge aus dem Phosphorgehalte des Einsatzes annähernd ermitteln.

Man findet für die Schlacke (Analysen s. folgende Seite)

	nach beendetem Einschmelzen	nach der 8. halben Stde.
P-Gehalt des Einsatzes . .	2,300%	2,300%
P- „ des flüss. Metalles	1,22 %	0,116%
P abgeschieden	1,08 %	2,184%
entspricht P_2O_5	$1{,}08 \times 2{,}29 = 2{,}47$ %;	$2{,}184 \times 2{,}29 = 5{,}00$ %
P_2O_5-Gehalt der Schlacken (Analysen s. unten) . . .	12,5 %	16,19 %
Schlackengewicht	$\frac{x}{100} = \frac{2{,}47}{12{,}5}$ $x = \sim 20\%$	$\frac{x}{100} = \frac{5{,}00}{16{,}19}$ $x = \sim 31\%$

Wenn man nun annimmt, daß sich die Schlackenmenge vom Ende des Einschmelzens bis zum Abstich von 20% auf 31,0% annähernd gleichmäßig erhöht hat, so kann man die Schlackenmengen sowie ihren Gehalt an an Eisen gebundenen Sauerstoff auch für alle Zwischenstufen berechnen. Die derart ermittelten Werte sind in der unten angegebenen Zusammenstellung aufgeführt.

Da der Eisengehalt der Schlacken gering ist, so können die Fehler, welche durch die Berechnungsweise entstanden sind, kaum so groß sein, daß sie den Charakter der Erscheinungen verwischen.

So kleine Öfen werden heute kaum mehr angewendet, ebenso verarbeitet man jetzt derart stark unreine Einsätze in anderer Weise. Man sieht, daß der Ofen diesmal die bedeutende Sauerstoffmenge von 8,27%, auf das Einsatzgewicht bezogen, geliefert hat. Hiervon entfiel der Hauptanteil mit 5,79% auf das 4 Stunden dauernde Einschmelzen, während in der weiteren 4 Stunden währenden Einwirkung auf das flüssige Metall nur 2,48% (8,27 — 5,79) Sauerstoff dem Bade zugeführt wurden. Weiter zeigt sich, was vorhin auch in dem großen Ofen bemerkbar wurde, daß die Reduktionsstoffe im Metall, beginnend mit beendetem Einschmelzen und andauernd bis zu einer gewissen Grenze, die Fähigkeit besitzen, mehr Sauerstoff zu verbrauchen, als ihnen vom Ofen laufend zugeführt wird. Sie entnehmen diesen Sauerstoff der Schlacke, welche bis zum Schlusse der 4. halben Stunde nach dem Einschmelzen immer ärmer an Sauerstoff wird. Zu dieser Zeit hat der Kohlenstoffgehalt des Metalles 0,075%, der Phosphorgehalt desselben 0,7% erreicht, während der Fe-Gehalt der Schlacke nur noch 5,47% beträgt. Hiermit ist offenbar die Gleichgewichtsgrenze erreicht, denn von hier an nimmt der Kohlenstoffgehalt des Metalles nicht mehr bedeutend ab, der Eisengehalt der Schlacke aber erhöht sich beständig.

Versuch von F. W. Harbord in Bilston.

Batho-Ofen 5 t Inhalt. Einsatz: $^2/_3$ Roheisen, $^1/_3$ Schrott.

	Berechnete mittlere Zus.	Nach dem Einschmelz.	$^1/_2$ Std.	$^2/_2$ Std.	$^3/_2$ Std.	$^4/_2$ Std.	$^5/_2$ Std.	$^6/_2$ Std.	$^7/_2$ Std.	$^8/_2$ Std.	$^9/_2$ Std.	Nach der Rückkohlg.
Metall												
C	2,30	0,42	0,23	0.178	0,094	0,075	0,07	0,060	0,05	0,045	0,05	0,13
Si	0,87	0,60	0,07	0 07	0,050	0,040	0.045	0.050	0,045	0,025	0,010	trace
P	2,30	1,22	1,18	1,00	0,84	0,700	0,480	0,330	0,192	0,116	0,085	0,065
Mn	0,96	0,08	0,06	0,088	0,06	0,064	0,060	0,085	0,065	0,080	0,051	0,51
S	0,23	0,23	0,21	0,206	0,183	0,170	0,165	0,157	0,160	0,137	0,130	0,125
Schlacke												
SiO_2	—	22,90	—	—	—	—	—	—	—	17,20	—	—
Fe_2O_3	—	1,17	1,03	1,85	1,90	1,23	1,75	2,20	1,40	2,31	—	—
FeO	—	14,90	10,40	7,20	5,94	5,91	6,61	9,09	9,91	13,30	—	—
Al_2O_3	—	14,20	—	—	—	—	—	—	—	12,20	—	—
MnO	—	3,69	—	—	—	—	—	—	—	2,64	—	—
CaO	—	23,00	—	—	—	—	—	—	—	33,60	—	—
MgO	—	1,70	—	—	—	—	—	—	—	2,27	—	—
P_2O_5	—	12,50	—	—	—	—	—	—	—	16,19	—	—
met. Fe	—	12,4	8,84	6,92	5,96	5,47	6,39	8,54	8,71	11,99	—	—
Schlackenmenge: %		20,00	21,4	22,7	24,1	25,4	26,8	28,2	29,6	31,0		
O*) für												
Si	—	0,92	0,92	0,91	0,93	0,95	0,94	0,93	0,94	0,96	0,98	
Si+Mn	—	1,17	1,18	1,16	1,19	1,21	1,22	1,18	1,20	1,22	1,24	
Si+Mn+P	—	2,56	2,62	2,84	3,07	3,27	3,57	3,72	3.92	4,04	4,10	
Si+Mn+P+C	—	5,06	5,37	5,66	6,00	6,23	6,53	6,70	6,91	7,04	7,09	
Ordinaten f. Fe in Schlacke	—	0,73	0,56	0,49	0,46	0,43	0,53	0,79	0,78	1,13	?	
=O aus Flamme		5,79	5,93	6,15	6,46	6,66	7,06	7,49	7,69	8,17	?	

Man sieht, daß der Kohlenstoff seine reduzierende Kraft bis zu seinem praktisch als vollständig anzusehenden Austritt aus dem Eisen bewahrt und das stärkste aller vorhandenen Reduktionsmittel ist, während Phosphor selbst in einer Menge von 0,7% eine erhöhte Eisenoxydation, wie sie im Steigen des Fe-Gehaltes der Schlacke sichtbar wird, nicht zu verändern vermag.

Das vorstehende Beispiel zeigt ferner, ebenso wie Ch. 846 im großen Ofen, wie langsam die Abscheidung größerer Mengen von Reduktionsstoffen durch die oxydierende Wirkung des Ofens allein erfolgt. Um 0,7% P zu entfernen, waren $2^1/_2$ Stunden Ofenarbeit erforderlich.

Ist somit einerseits die oxydierende Wirkung der Flamme die Ursache, daß man dem Einsatze Reduktionsstoffe beigeben muß, so ist wiederum die Langsamkeit, mit welcher die Ofenwirkung einen Überschuß an diesen Reduktionsstoffen entfernt, der Grund, daß man

*) Ordinaten für das Diagramm.

die Zusammensetzung des Einsatzes genau der oxydierenden Wirkung der Ofengase anpassen muß, wenn man Zeitverlußte vermeiden und mit einer gegebenen Anlage die größte Leistung erzielen will. Man hat daher auch lange Zeit geradezu einen Stolz darien gesetzt, möglichst direkt gehende Chargen zu setzen.

Versuch von F. W. Harbord in Bilston.

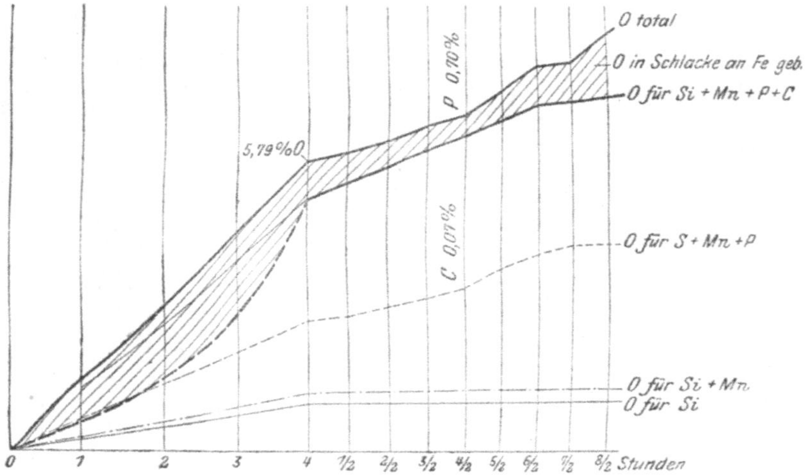

Fig. 23.

19. Wärmearbeit im Herdofen.

a) Der absolute Wärmegehalt von Stahl und Schlacken.

Die Materialien werden meist kalt in den Ofen gebracht, sie müssen auf ihren Schmelzpunkt erhitzt, eingeschmolzen und auf die Temperatur gebracht werden, die ein glattes Vergießen des fertigen Produktes gestattet. Die Bestimmung der dazu erforderlichen absoluten Wärmemengen ist eine recht komplizierte Aufgabe, deren Lösung jedoch versucht werden muß, da erst durch Zahlenwerte die Möglichkeit geboten wird, den Einfluß der verschiedenen Faktoren auf den Verlauf des Herdofenprozesses abzuschätzen.

Die Neuzeit hat der Industrie Apparate zur Verfügung gestellt, welche die Bestimmung aller in Frage kommenden Temperaturen mit genügender Genauigkeit gestatten. Damit ist die Temperatur des vergießbaren Stahles zu 1465 — 1585° C. festgestellt und als höchste in Herdöfen erreichbare Temperaturen der Flamme 1780 — 1788° gefunden worden. Um aber aus diesen Temperaturen den absoluten

Wärmegehalt der Stoffe ermitteln zu können, den sie bei genannten Temperaturen aufweisen, müssen ihre spezifischen Wärmen bekannt sein, und hier weisen unsere Kenntnisse noch große Lücken auf. Dipl.-Ing. P. Oberhoffer (Mettallurgie 1907 S. 495) hat die spezifische Wärme reinen Eisens (das untersuchte Metall enthielt 0,06% C, 0,005% P, 0,019% S und 0,05% Mn) bei höheren Temperaturen bestimmt und gefunden, daß sie zwischen 750 und 1500° C. konstant ist und 0,1667 beträgt. Ein kg dieses Eisens hat bei 1500°, also bei einer Temperatur, bei welcher Stahl gut vergossen wird, einen Wärmeghealt von 250 Kal. Das untersuchte Metall befand sich aber noch in festem Zusande, würde es bei dieser Temperatur in den flüssigen Zustand übergehen, so würde sich sein Wärmegehalt um die Schmelzwärme erhöhen müssen, welche nach Wedding 25—30 Kal., nach H, H. Campbell aber 39 Kal. beträgt. Der Wärmegehalt des bei 1500° flüssigen Eisens würde somit 275—280 bzw. 310 Kal. betragen.

Praktisch wird aber so reines Eisen nicht hergestellt, und daher erscheinen auch obige Werte, abgesehen von der großen Differenz, die durch die strittige Schmelzwärme verursacht wird, nicht recht brauchbar.

Man hat zu verschiedenen Zeiten versucht, die Werte experimentell zu bestimmen, und Prof F. Wüst und L. Laval fanden aus der Temperaturerhöhung, welche gewogene Mengen Wasser durch bestimmte Mengen der flüssigen Materialien erlitten, daß der Wärmegehalt von

1 kg flüssigem Roheisen . .	im Mittel	277 Kal.	
1 „ „ Stahl . . .	„ „	336 „	
1 „ flüssiger Stahlschlacke .	„ „	536 „	betrug.

Wedding gibt für Roheisen Werte an, die in ähnlicher Weise ermittelt wurden und zwischen 258 und 337 Kal. schwanken.

Verf. führte im Jahre 1902 und später einige ähnliche Versuche aus, deren Erwähnung vielleicht Interesse besitzt, weil man daraus ersehen kann, daß die Abweichungen bei Parallelversuchen recht gering sein können. Auf irgendwelche absolute Genauigkeit machen die Resultate allerdings keinen Anspruch, weil vor allem die Thermometer ungenau waren und die Methode überhaupt nicht weiter ausgearbeitet werden konnte. Zur Aufnahme des Wassers dienten Holzgefäße, und zwar wurden solche gewählt, weil das zu untersuchende Metall infolge des Leidenfrostschen Phänomens eine Zeitlang unter Wasser weißglühend bleibt und Gefäße aus anderem Material zerstören würde, während Holz nur leicht angesengt wird. Hierdurch aber, sowie durch recht starke Wasserzersetzung, die eine Menge Gas entstehen läßt, werden Fehlerquellen hineingebracht, die nicht weiter untersucht werden konnten. Zwar wurde bei einem solchen Versuch das Gas aufgefangen, es bestand aus

$$78{,}5\%\ H,\ 1{,}1\%\ CO_2,\ 9{,}6\%\ CO \text{ und } 9{,}5\%\ N,$$

aber seine Menge konnte nicht bestimmt werden, da der Apparat versagte und die Versuche später nicht mehr fortgesetzt werden konnten.

Die folgende Versuchsreihe hatte den Zweck, die Temperaturerhöhung festzustellen, welches flüssiges Roheisen während seiner Umwandlung in Stahl erleidet, Die Proben wurden mit dem Probelöffel dem Ofen entnommen und in das Wasser geschüttet, die angewendete Wassermenge betrug 9 Liter. Das Gewicht des eingegossenen Metalles schwankte zwischen 144 und 160 g. Es wurden von sämtlichen Bestimmungen 2—3 Parallelversuche gemacht.

C-Gehalt d. Metl.	Probe I	Probe II	Probe III	Mittel
a) 4,28% Pfan. I	270 Kal.	271 Kal.	—	270,5 Kal.
b) 4,28% Pfan. II	251 „	253 „	—	252 „
c) 3,44% aus Ofen	259 „	255 „	279 Kal.	264 „
d) 2,68% „ „	269 „	272 „	267 „	269 „
e) 2,04% „ „	272 „	275 „	277 „	275 „
f) 1,57% „ „	281 „	275 „	283 „	280 „
g) 0,73% „ „	279 „	278 „	275 „	277 „
h) 0,30% „ „	293 „	298 „	288 „	290 „
i) 0,08% „ „	295 „	291 „	291 „	292 „

Die Übereinstimmung ist recht gut, wenn man von den Resultaten der Proben III in den Reihen c und h absieht. Man sieht auch deutlich das Anwachsen des Wärmegehaltes mit abnehmendem Kohlenstoffgehalte. Zwischen f und g war ein Erzzusatz gegeben worden, der das Fallen des Wärmegehaltes der Serie g zur Folge hatte. Andere Proben, welche während des Vergießens des fertigen Stahles in die Koquillen direkt aus der Gießpfanne in die Wassergefäße gegossen wurden, wobei die Wassermenge 39 l betrug, ergaben:

Erste Serie.

	Wassergefäß I	Wassergefäß II
Angewend. Wassermenge	39 l	39 l
Temp. zu Ende d. Vers.	31,1° C.	31,0° C.
Temp. vor dem Vers. .	19,2° „	19,8° „
Temperaturerhöhung	11,9° C.	11,2° C.
Angewend. Metallmenge	1527 g	1435 g
entspricht Kal. für 1 kg Stahl	303,9 Kal.	304,4 Kal.

Zweite Serie.

Angewend. Wassermenge	39 l	39 l
Temp. zu Ende d. Vers.	26,4° C.	33,5° C.
Temp. vor dem Vers. .	17,8° „	17,6° „
Temperaturerhöhung	8,6° C.	15,9° C.
Angewend. Metallmenge	1064 g	2072 g
entspricht Kal. für 1 kg Metall	315 Kal.	299 Kal.

Bei diesem letzteren Versuche wurde die Temperatur des in die Koquillen fließenden Metalles mit Wanners Pyrometer zu 1465° C. ermittelt. Das Metall war Flußeisen und vergoß sich trotz der relativ niedrigen Temperatur sehr gut.

Die auf dem Metall schwimmende Schlacke hat eine höhere spezifische Wärme und daher bei der gleichen Temperatur einen höheren Wäemegehalt für die Gewichtseinheit. Prof. Wedding gibt die spezifische Wärme des Flußeisens im flüssigen Zustande mit 0,207, die der zugehörigen Schlacke mit 0,33 an, woraus folgt, daß der Wärmegehalt der letzteren gleich dem 1,59 fachen des Metalles ist. Verf. fand bei den erwähnten Versuchen das 1,41-, 1,56- und 1,52 fache, wonach man als Mittel das 1,5 fache als annähernd richtig annehmen kann. Prof. B. Neumann rechnet mit 400—500 Kal., Stassano mit 600 Kal., Prof. Wüst fand, wie oben erwähnt, 536 Kal.

Auf Grund des vorliegenden Materiales kann wohl angenommen werden, daß man nicht zu niedrige Werte benutzen wird, wenn man den Wärmegehalt von

1 kg	flüssig. Roheisen, nicht überhitzt	zu	250 Kal.	(46)
1 „	Schlacke dazu, nicht überhitzt .	„	375 „	(47)
1 „	vergießbaren Stahl	„	350 „	(48)
1 „	Schlacke dazu	„	525 „	(49)

ansetzt.

b) Einfluß der Beimengungen des Eisens auf den Wärmebedarf bei der Stahlerzeugung.

Die Anforderungen, welche an einen Ofen an Wärmeleistung gestellt werden, lassen sich aus der Summe der Wärmegehalte aller Produkte ermitteln, welche den Ofen verlassen, wenn man die Summe der Wärmegehalte aller in den Ofen gebrachten Materialien abzieht, und außerdem alle Energieänderungen berücksichtigt, von denen die während des Prozesses verlaufenden Reaktionen begleitet werden.

Die Hauptprodukte sind Stahl und Schlacke, welche dem Ofen beim Abstiche 350 bzw. 525 Kal. für das Kilogramm entführen. Außerdem treten aber noch Nebenprodukte auf, nämlich Kohlensäure aus dem zersetzten Kalkstein, wenn dieses Material als Zuschlag benutzt wird, und Kohlenoxydgas aus dem abgeschiedenen Kohlenstoffgehalte. Die von diesen Stoffen entführten Wärmemengen sind von den Temperaturen abhängig, bei welchen die betreffenden Reaktionen verlaufen.

Der Kalkstein wird bereits bei etwa 1200° vollständig zersetzt, die freigewordene Kohlensäure besitzt bei dieser Temperatur einen Wärmegehalt von etwa $1200 \times 0{,}3475 = 418$ Kal. für das Kilogramm, und da Kalkstein mit etwa 98% CO_3Ca zur Verwendung gelangt, sind in 1 kg desselben etwa 0,43 kg CO_2 enthalten, die Kohlensäure aus 1 kg Kalkstein entführt daher

$$418 \times 0{,}43 = \sim 180 \text{ Kal.} \quad (50).$$

Die Abscheidung des Kohlenstoffes aus dem Eisen beginnt mit dem Augenblicke, wo das Metall eingeschmolzen ist, und dauert bis zum Schlusse der Charge an, sie bewegt sich daher in den Temperaturgrenzen von annähernd 1200—1600° und findet also bei einer mittleren Temperatur von annähernd 1400° C. statt. Hierbei besitzt 1 kg CO einen Wärmegehalt von 1200 × 0,2849 = 342 Kal. und da 1 kg C 2,33 kg CO liefert, so entführt das Kohlenoxyd aus 1 kg C dem Ofen 2,33 × 342 = ∼ 800 Kal. (51).

Die aus dem Bade austretende Kohlensäure und das Kohlenoxyd werden von den Flammengasen sofort auf höhere Temperatur gebracht, das Kohlenoxyd verbrennt dabei und die entwickelte Wärme kommt dem Bade in derselben Weise zugute, wie die Wärme aus der Flamme des Generatorgases. Die abziehenden Gase gehen ferner durch die Kammern und lassen in denselben einen Teil ihrer Eigenwärme zurück, von welcher später ein Teil wieder nutzbar gemacht wird. Da sich der letztgenannte Anteil jedoch nicht genau bestimmen läßt, sei sowohl der Brennwert des Kohlenoxydes wie auch die ausnützbare Eigenwärme beider Gase vernachlässigt und angenommen, daß dem Ofen

durch die Kohlensäure aus 1 kg Kalkstein	180	Kal.	(50)
durch das Kohlenoxyd von 1 „ C	800	„	(51)

an Wärme entführt würden.

Weiter sei angenommen, daß sämtliche Materialien mit einer Temperatur von 0° in den Ofen gelangen. Damit sind die ersten beiden Hauptposten für die Wärmebilanz festgelegt.

Die Bestimmung der Energieänderungen bei den Reaktionen bietet größere Schwierigkeiten und man kann nur angenäherte Werte erwarten, da die vorhandenen Unterlagen noch sehr unsicher sind.

Zur Zersetzung des Kalksteins ist Wärme aufzuwenden, und zwar verlangt je 1 kg Kalkstein 425 Kal. (52).

Alsdann müssen die Stoffe Si, Mn, P und C aus ihrer Verbindung mit Eisen freigemacht werden, wozu ebenfalls Wärme aufzuwenden ist. Nach E. D. Campbell (Journ. I. u. St., 1 May 1901) sind hierfür für 1 kg C 705 Kal., für 1 kg Si 931 Kal. erforderlich. Für P und Mn scheinen keine Daten vorzuliegen, man kann sie daher nicht berücksichtigen und es erscheint somit zweckmäßig, auch die Verbindungswärme von C und Si mit Eisen zu vernachlässigen.

Ferner werden die Reduktionsstoffe und ebenso Eisen oxydiert, und hierbei werden recht bedeutende Wärmemengen frei gemacht.

1 kg Si	gibt bei der Oxydation zu	SiO_2	+ 7830 Kal.	
1 „ P	„ „ „ „ „	P_2O_5	+ 5965 „	
1 „ Mn	„ „ „ „ „	MnO	+ 1784 „	
1 „ C	„ „ „ „ „	CO	+ 2387 „	
1 „ Fe	„ „ „ „ „	FeO	+ 1350 „	(53).

Endlich gehen die entstandenen Oxydationsprodukte Verbindungen ein, wodurch wiederum Wärme entwickelt wird. Hierfür wird angegeben:

1 kg SiO_2 mit FeO zu $FeSiO_3$ (F. Fischer, St. u. E. 1903, S. 75) = 583 Kal. ($FeO + SiO_2 = FeSiO_3 + 350$ hw.).

Dagegen gibt Pawloff (Mitteilungen des St. Petersburger Polytechnischen Instituts 1906, Bd. VI) die Formel:

$$FeO + SiO_2 = FeSiO_3 + 10{,}08 \text{ Kal.}$$

an, wonach für 1 kg SiO_2 nur 168 Kal. frei werden.

Ferner erhält man nach Pawloff (ebenda):

für	1 kg SiO_2	mit	CaO	zu	SiO_3Ca	254 Kal.	(54)
„	1 „ SiO_2	„	CaO	„	SiO_4Ca_2	384 „	(56)
„	1 „ SiO_2	„	MnO	„	$(MnO)_3(SiO_2)_2$	134 „	(55)
„	1 „ P_2O_5	„	CaO	„	$P_2O_9Ca_4$	1131 „	

Für den vorliegenden Zweck werden nur die Endschlacken betrachtet, in welchen Kiesel- und Phosphorsäure als an Kalk gebunden angesehen werden und es sollen daher die Verbindungswärmen von

1 kg	SiO_2	mit Kalk	zu	384 Kal.	(56)
1 „	P_2O_5	„ „	„	1131 „	(57)

angesetzt werden.

1. Einfluß des Siliziums auf den Wärmebedarf.

Wäre es möglich, aus einem Einsatze, welcher auf 99 kg Eisen 1 kg Si enthält, im Herdofen reines Eisen zu erzeugen, so müßte man (nach 43) 2% Abbrand, also 98 kg Eisen und (nach 42) 10,23 kg Endschlacke erhalten. Zur Sättigung der Kieselsäure aus dem 1 kg Si wären erforderlich 2,14 (32) × 2,33 (41) = 5 kg CaO oder 10 kg Kalkstein.

Die Wärmemenge, welche dem Ofen mit sämtlichen Produkten entführt wird, wäre somit:

98 kg Stahl mit × 350 Kal. (48)	=	34 300 Kal.
10,23 kg Schlacke × 525 Kal. (49)	=	5 370 „
Die Kohlensäure aus 10 kg Kalkstein entführt 10 × 180 Kal. (50)	=	1 800 „
Sa. Wärme in Produkten		41 470 Kal.
Zur Abscheidung des Si von Fe	=	unbekannt
Zur Zerlegung des Kalksteins 10 × 425 (52) .	=	4 250 Kal.
Sa. Wärmebedarf		45 720 Kal.

Dagegen würden durch die Reaktionen erzeugt:

1 kg Si ergab (53) 7830 Kal.

bei der Verbindung von 2,14 SiO_2, mit Kalk wurden frei:

2,14 × 384 (56) = 822 „

es verbrannte auch 1 kg Fe,

welches frei machte 1353 „ zusammen 10 005 Kal.

Somit vom Ofen zu liefern 35 715 Kal.

und der Wärmebedarf zur Erzeugung von 1 kg Stahl ist $\frac{35715}{98}$ = 365 Kal.

Da 1 kg flüssiger Stahl einen Wärmegehalt von 350 Kal. besitzt, ist durch die Beimengung von 1% Si zum Einsatz eine Erhöhung des Wärmebedarfes von 15 Kal. (58) bewirkt worden.

2. Einfluß der Kieselsäure aus den Verunreinigungen des metallischen Einsatzes und der Zuschläge.

Könnte man aus einem Einsatze aus 99 kg reinem Eisen und 1 kg Kieselsäure Stahl erzeugen, so würden aus letzterer nach (40) 4,78 kg Schlacke entstehen, in welcher 0,5 kg Eisen enthalten sind. Man würde alsdann 98,5 kg Metall erhalten, und zur Schlackenbildung müßten (nach 41) 2,33 kg CaO oder 4,66 kg Kalkstein benützt werden.

Die Produkte entführen somit Wärme:

98,5 kg Stahl × 350 =	34 475 Kal.
4,78 kg Schlacke × 525 =	2 509 „
Die Kohlensäure aus dem Kalkstein entführt 4,68 × 180 =	839 „
Sa. der Wärme in Produkten	37 823 Kal.
Zur Zersetzung des Kalksteins verbraucht 4,66 × 425 =	1 980 „
Sa. Wärmebedarf	39 803 Kal.

Es wurde Wärme frei:

Bei der Vereinigung von 1 kg SiO_2 mit CaO	384 Kal.	
Bei der Verbrennung von 0,5 kg Fe 1351 × 0,5 =	676 „	1 060 „
Der Wärmebedarf ist daher		38 743 Kal.

oder 393 Kal. für 1 kg Stahl.

1% Kieselsäure im Einsatz erhöht sonach den Wärmebedarf für die Erzeugung von 1 kg Stahl um 393 – 350 = 42 Kal. (59).

3. Einfluß des Phosphors.

Aus einem aus 99 kg Eisen und 1 kg Phosphor bestehenden Einsatz müßten (38 u. S. 167) 99 kg Stahl und 5,9 kg Schlacke entstehen, der Einsatz würde ferner 2 × 3,61 (38) = 7,22 kg Kalkstein verlangen.

Die Eigenwärme der Produkte setzt sich zusammen aus:

99 kg Stahl × 350 =	34 650 Kal.
5,9 kg Schlacke × 525 =	3 097 „
7,22 kg Kalkstein, dessen CO_2 entführt 7,22 × 180 =	1 300 „
Sa. Wärme in Produkten	39 047 Kal.

Der Wärmebedarf bei den Reationen ist:

Zur Trennung des P vom Fe: bleibt unberücksichtigt		
Zur Zersetzung des Kalksteins	7,22 × 425 =	3 068 Kal.
	Sa. des Wärmebedarfes	42 115 Kal.

Dagegen wurde bei den Reaktionen Wärme frei:

	1 kg P ergab 5965 Kal.	
2,29 kg P_2O_5 ergaben bei der Verbindung mit CaO	2,29 × 1131 (57) = 2590 „	8 555 Kal.
	Somit müßte der Ofen liefern	33 560 Kal.

oder für 1 kg Stahl $\frac{33\,560}{99} = 339$ Kal.

1% P im Einsatze verringert somit den Wärmebedarf zur Erzeugung von 1 kg Stahl um 350 — 339 = 11 Kal. (60).

4. Einfluß des Mangans.

Aus einem Einsatze von 99 kg Eisen und 1 kg Mn entstehen (S. 166 u. 167) 99 kg Stahl. Für vorliegende Berechnung kommt Schlacke nicht in Betracht. In Wirklichkeit werden ja stets auch SiO_2 und Kohlenstoff vorhanden sein, und das aus dem Mangan entstehende Manganoxydul ist in den Schlackenmengen enthalten, welche durch die genannten Stoffe bedingt werden.

Der Wärmegehalt der Produkte ist:

99 kg Stahl × 350 =	34 650 Kal.
Die Verbindungswärme von Mn mit Fe ist unbekannt	
Somit ist der Wärmebedarf	34 650 „
Hiervon lieferte die Verbrennung von 1 kg Mn	1 724 „
Somit sind vom Ofen zu liefern	32 926 Kal.

oder für 1 kg Stahl $\frac{32\,926}{99} = 333$ Kal.

1% Mn im Einsatze verringert somit den Wärmebedarf zur Erzeugung von 1 kg Stahl um 350 — 333 = 17 Kal. (61).

5. Einfluß des Kohlenstoffes.

Die genaue ziffernmäßige Bestimmung des Einflusses des Kohlenstoffes auf den Wärmebedarf stößt auf größere Schwierigkeiten, da die Schlackenmenge, welche von der C-Abscheidung herrührt, und damit auch der Eisenabbrand sich nicht genau feststellen lassen.

Die betreffenden Zahlen sind vorhin auf die Abnützung des Ofens basiert und auf den gesamten Kohlenstoffgehalt bezogen worden, ohne Rücksicht auf dessen faktischen Betrag. Tatsächlich wächst die Abnützung des Ofens mit dem Steigen des Kohlenstoffgehaltes. Die sub 30c, 30d und 31a für diese Abnützung angegebenen Werte sind aber bei einem Kohlenstoffgehalte des Einsatzes von 4% gefunden worden und können somit bei regelmäßig verlaufendem Chargengange als Maximalwerte angesehen werden.

Wenn daher nach (43) der gesamte C-Gehalt, der jetzt zu 4% angenommen sei, 2,15% Schlacke und 0,2% Eisenabbrand ergibt, so wird auf 1% C $\frac{2,15}{4} = \sim 0,5\%$ Schlacke mit 0,05% Fe (immer auf das Gewicht des metallischen Einsatzes bezogen) entfallen.

Hiernach müßte man aus einem Einsatze von 99 kg Fe und 1 kg C 98,95 kg Metall und 0,5 kg Schlacke erhalten. Zur Erzeugung der letzteren ist kein Kalkstein erforderlich, da die Basen aus dem Bodenmaterial entnommen werden.

Die Eigenwärme der Produkte ist dann:

98,95 kg Stahl × 350 =	34 632 Kal.
0,5 kg Schlacke × 525 =	263 „
Das CO aus 1 kg C entführt (51) =	800 „
Sa. Wärme der Produkte	35 695 Kal.

Von den Reaktionen wird geliefert:

von 1 kg C	2 387 Kal.	
0,05 kg Fe × 1353	67 „	
von der Verbindung von		
SiO_2 mit CaO $\frac{0,45}{4}$ (56) × 384 =	42 Kal.	2 496 Kal.
daher vom Ofen zu liefern		33 199 Kal.
oder für 1 kg Stahl $\frac{33199}{98,85}$ =		336 Kal.

1% C im Einsatz verringert somit den Wärmebedarf für die Erzeugung von 1 kg Stahl um 250 − 336 = 14 Kal. (62).

Praktisch ist die Erzeugung von Stahl aus Einsätzen der betrachteten Zusammensetzung im Herdofen nicht möglich, wenngleich sie für den letztbetrachteten Fall der reinen Eisenkohlenstofflegierung denkbar erscheint. Aber auch hier ist die Mitwirkung größerer Mengen von Kieselsäure erforderlich, als von der Ofenzustellung unter normalen Verhältnissen geliefert werden, damit Schlacke in einer Menge entstehen kann, die einen günstigen Verlauf des Prozesses sichert.

Enthält jedoch der Einsatz Silizium, Mangan oder Phosphor ohne Kohlenstoff, so sind diese Reduktionsstoffe, einzeln oder gemeinsam angewendet, nicht imstande, die Durchführung des Prozesses zu gestatten. Im Metall muß stets soviel Kohlenstoff vorhanden sein, daß ein Kochen und Ausreagieren des Bades eintritt. Im praktischen Betriebe sind daher im Einsatze immer mehrere der betrachteten 5 Stoffe, wenn nicht alle, gleichzeitig vorhanden, und daher erhält man aus den ermittelten Zahlen Aufschluß über den Einfluß der Zusammensetzung der verwendeten Materialien auf den Prozeß.

Kieselsäure erhöht den Wärmebedarf (1 % SiO_2 um 43 Kal. für 1 kg Stahl), Silizium (15 Kal.) wirkt ebenfalls ungünstig. Dagegen verringern Phosphor (11 Kal.), Mangan (17 Kal.) und Kohlenstoff (14 Kal.) den Wärmebedarf ein wenig und wirken dadurch günstig, jedoch nur so lange, als ihre Menge das Maß nicht übersteigt, welches durch die oxydierende Wirkung der Flamme vorgeschrieben ist.

20. Die Erhöhung der oxydierenden Wirkung der Flamme.

Im praktischen Betriebe erweist es sich oft unmöglich, einen Überschuß an Reduktionsstoffen im Einsatz zu vermeiden, und in solchen Fällen macht sich die daraus entspringende Verlängerung der Chargendauer in der empfindlichsten Weise fühlbar. Man war daher gezwungen sich nach einem Hilfsmittel umzusehen, welches die Abscheidung des erwähnten Überschusses rasch auszuführen gestattete. Die Versuche, nach dem Beispiele des Bessemerprozesses Luft in oder auf das unreine Metall zu blasen, brachten so viele große Unzuträglichkeiten, daß man hiervon bald Abstand nehmen mußte. Es blieb nur die Möglichkeit übrig, Sauerstoff in Form chemischer Verbindungen anzuwenden, und dies Mittel wurde denn auch in Gestalt von Hammerschlag oder natürlichen Eisenerzen seit den frühesten Stadien des Herdofenprozesses benützt. Man war aber über die Wirkung derartiger Zuschläge lange Zeit im Unklaren. Die Ursache ist wohl in der eigentümlicherweise allgemein verbreiteten Annahme zu suchen, daß der in allen Endschlacken vorhandene Gehalt an Eisenoxydul voll aus den Eisenerzen stammen müsse. Dabei wird übersehen, daß die Flammenwirkung stets Eisenoxydul erzeugt, und daß die Schlacke ohne Eisenoxydul nicht existieren kann. Bei allen Bestimmungen des Nutzeffektes der zugesetzten Eisenoxyde fand man denn auch stets verschiedene und meist sehr geringe Werte. H. H. Campbell sagt hierüber (S. 274):

„Da diese (zur Existenz der Schlacke erforderliche) Menge (Eisenoxydul) für bestimmte Verhältnisse konstant ist, ist es klar, daß sie 90% und mehr eines kleinen und 10% oder weniger eines großen Erzzusatzes sein kann."

Es ist verständlich, daß es ökonomischer erscheint, den Eisengehalt der Schlacke durch billige Erze zu schaffen, statt durch Verbrennen des teuren metallischen Einsatzes. Schon aus diesem Grunde sind oft Erzzuschläge gemacht worden (auch im Bessemerkonverter versuchsweise) und H. H. Campbell erwähnt für den sauren Herdofenprozeß (S. 14):

„Wenn ohne Zusatz von Eisenerzen gearbeitet wird, kann es vorkommen, daß die Schlacke Bedarf für Eisenoxydul hat, und solches kann dann nur von dem Einsatzmetall geliefert werden. Das Eisen aus demselben muß sich mit Sauerstoff aus der Flamme vereinigen und in die Schlacke gehen. Daher ist es klar, daß bei der Arbeit ohne Erzzusätze ein entsprechender Teil des Einsatzes oxydiert werden muß, und daß das Gewicht des abgestochenen Metalles bei Verwendung von Erzen größer sein muß, als wenn Erze nicht hinzugefügt worden wären."

Derselbe erklärt die Wirkung der Erzzuschläge in folgender Weise:

„Wird Eisenerz zugegeben, so schafft man der Schlacke die bequemste Gelegenheit das Oxyd zu erlangen, da sie dasselbe dann einfach für ihren eigenen Bedarf auflöst. Wenn die Schlacke zuviel SiO_2 enthält und Eisenoxyd bedarf, so wird von dem zugesetzten Eisenoxyd des Erzes nur eins der drei Sauerstoffatome zur Oxydation des Siliziums und Kohlenstoffes des Bades ausgenützt."

„Der Rest des Oxydes geht in die Schlacke, was durch die einfache chemische Formel

$$Fe_2O_3 + C = 2FeO + CO$$

ausgedrückt wird."

Diese Art der Wirkungsweise der Erzzuschläge ist lange Zeit als die einzig mögliche angesehen worden, sie ließ, da das gesamte FeO in der Schlacke verbleibt, die Verwendung von Erzen auch im basischen Herdofen als direkte Verschwendung immerhin wertvoller Materialien erscheinen, die im Hochofen mit viel größerem Vorteil ausgenützt werden konnten. Wohl auch aus diesem Grunde hielt man die Unterstützung der oxydierenden Wirkung der Flamme durch Erzzusätze für ein notwendiges Übel und suchte es zweckmäßig auf ein möglichst geringes Maß zu beschränken. Später erkannte man allerdings, daß die Ausnützung doch unter Umständen größer sein kann, als durch den Verlauf der Reaktionen nach obiger Gleichung bedingt wird, aber über die tatsächliche Höhe derselben liegen doch präzise Angaben kaum vor. In seiner Eisenhüttenkunde 1908, Band III, S. 344, sagt Ledebur:

„Mit der Menge der zugesetzten Erze wächst die Schwierigkeit, ein haltbares Herdfutter zu erlangen ....; aus den Erzen wird, wie bei allen Verfahren der Darstellung schmiedbaren Eisens aus Erzen, nur ein Teil ihres Eisengehaltes reduziert, ein anderer Teil geht in die Schlacke, und die Ausnützung der Erze bleibt demnach unvollständig; endlich sinkt auch die Erzeugungsfähigkeit des Ofens, während der Brennstoffverbrauch und die Löhne steigen. . . ."

H. H. Campbell untersucht das Problem eingehender und sagt S. 14:

„Zuweilen enthält die Schlacke genügend Eisenoxydul und bedarf nicht mehr davon. Wird in diesem Falle Eisenerz zugegeben, so geht der gesamte Sauerstoffgehalt desselben auf den Kohlenstoffgehalt des Bades über, so daß nun 3 Atome Kohlenstoff auch 3 Atome Sauerstoff aufnehmen, dadurch wird das Eisen aus dem Erz in den metallischen Zustand übergeführt, es wird darauf sofort von dem Bade aufgelöst und das Chargengewicht wird um genau so viel erhöht. Die Gleichung drückt dies folgendermaßen aus:

$$Fe_2O_3 + 3C = 3CO + 2Fe.$$

Für gewöhnlich wird die Wahrheit zwischen beiden Fällen (d. h. zwischen der Reduktion des Erzes zu Fe und FeO) liegen, indem die Schlacke einen Teil des Oxydes ergreift und der Rest reduziert wird, indem ein Teil des Sauerstoffes sich mit dem Kohlenstoff vereinigt und ein Teil des Eisens im Bade aufgelöst wird, während der Rest des Eisens in die Schlacke geht."

Wie groß ist nun aber dieser Rest, der in der Schlacke verbleiben muß?

Aus der Tatsache, daß das Eisenoxydul das wirksame Agens in der Schlacke ist, welches wiederum auf die Reduktionsstoffe im Eisen nicht anders einwirken kann, als wenn es dabei selbst in Metall zurückverwandelt wird, daß ferner, dank der für den Herdofenprozeß bestehenden natürlichen Bedingungen, Eisenoxydul aus der Schlacke so lange zu Metall reduziert werden kann, bis der Eisengehalt der letzteren 10% erreicht hat, folgt, daß, wenn diese erforderliche Eisenmenge von 10% in der Schlacke vorhanden ist, Zusätze von Eisen so lange reduziert, und zwar vollständig reduziert werden müssen, als ihre Menge der Menge der vorhandenen Reduktionsstoffe entspricht,

Die Reduktion kann nur dann unvollständig sein, wenn auch der für die Existenz der Schlacke erforderliche Eisenoxydulgehalt aus dem Erze gedeckt werden soll, oder wenn der Erzzusatz größer ist, als den anwesenden Mengen an Reduktionsstoffen entspricht, oder endlich wenn das Erz Beimengen wie Kieselsäure enthält, welche eine Vermehrung der Schlackenmenge und damit auch der erforderlichen Menge an Eisenoxydul bedingen.

Als Mittel für möglichst weitgehende Ausnützung von Erz im basischen Herdofen ergeben sich daher: richtige Bemessung der Größe des Zusatzes und Reinheit des Erzes von Schlacke bildenden Bestandteilen, hauptsächlieh von Kieselsäure.

Die Größe des Sauerstoffbedarfes aus Erzzuschlägen wird durch den gesamten Sauerstoffbedarf aller Reduktionsstoffe im Metall abzüglich der oxydierenden Wirkung der Flamme bedingt. Die Größe der Erzzuschläge wiederum ergibt sich aus obigem Sauerstoffbedarf, zuzüglich derjenigen Eisenmenge, welche in der Schlacke verbleiben muß.

Der Sauerstoff aus Erzen kann natürlich nur abgeschieden werden, wenn die erforderliche Wärme und zwar für 1 kg O

aus	Fe_3O_4	4326 Kal.
„	Fe_2O_3	4377 „
„	FeO	4662 „

zugeführt wird.

Enthält ein Einsatz Reduktionsstoffe in solcher Menge, daß zu ihrer Abscheidung auf das erforderliche Maß 1% mehr Sauerstoff erforderlich ist, als die Ofenwirkung in der Zeit zu liefern vermag, die zur Anwärmung des Einsatzes auf die Gießtemperatur benötigt wird, so erhöht sich der Wärmebedarf für 100 kg Einsatz um obige Beträge oder für das Kilogramm Stahl um annähernd 43—46 Kalorien. Das ist ein recht erheblicher Zuwachs zu dem ohnehin großen Wärmebedarf und er dient als weitere Erklärung der Abneigung der Hüttenleute gegen reichliche Anwendung von Erzzuschlägen.

Andererseits bedingt die richtige Anwendung des Erzsauerstoffes aber eine Erhöhung des Metallausbringens durch die Reduktion des in den Erzen enthaltenen Eisens.

Für jedes Kilogramm Sauerstoff aus dem Erz können fast

2,33 kg Fe aus Fe_2O_3 $\left(\frac{112}{48}\right)$
2,62 „ Fe „ Fe_3O_4 $\left(\frac{168}{64}\right)$
3,5 „ Fe „ FeO $\left(\frac{56}{16}\right)$

gewonnen werden und man beginnt in letzter Zeit diesem Umstande die ihm gebührende Aufmerksamkeit zu widmen, da er von großem Einflusse auf die Gestehungskosten sein kann.

Vorstehende Bemerkungen erschöpfen im Prinzipe die Erscheinungen, welche durch die Anwendung von Erzsauerstoff bedingt werden. Die Eigentümlichkeiten bei der Reduktion von Eisenerzen unter den im Herdofen herrschenden Bedingungen machen jedoch ein näheres Eingehen auf die Details der dabei auftretenden Reaktionen erforderlich.

Wenn überhaupt zur regelmäßigen Anwendung von Erzzusätzen geschritten wird, werden die benötigten Erzmengen so groß, daß man niemals imstande ist, sie aus künstlich erzeugten Oxyden, etwa Hammerschlag, zu decken. Man muß stets zu natürlichen Eisenerzen greifen. Da weiter größte Reinheit, besonders die Abwesenheit von Kieselsäure, Erfordernis ist und dieser Bedingung meist nur diejenigen Erze genügen, die in der Hauptsache aus Eisenoxyd bestehen, so wird in folgendem nur von Eisenoxyd Fe_2O_3 als Reagens die Rede sein.

a) Reaktionen zwischen Eisenoxyd und den Reduktionsstoffen im Eisen und Eisenoxydbedarf für die Abscheidung derselben.

1. Eisenoxyd und Silizium.

Wenn Eisenoxyd auf Silizium im flüssigen Eisen einwirkt, muß die entstehende Kieselsäure, gerade wie bei der Einwirkung von Eisenoxydul, einen Teil des Reagens an sich ziehen und die Reaktion kann nach den Formeln

a) $Fe_2O_3 + Si = SiO_3Fe + Fe$

oder b) $4 Fe_2O_3 + 3 Si = 3 SiO_4Fe_2 + 2 Fe$

erfolgen. Dann benötigt nach

b) 1% Si 7,62% Fe_2O_3 (63).

2. Eisenoxyd und Phosphor.

Phosphorsäure kann nur entstehen, wenn sie die Bedingungen sich mit FeO zu verbinden, vorfindet, daher müßte die Reaktionsgleichung lauten

c) $3\,Fe_2O_3 + 2\,P = P_2O_9Fe_4 + 2\,Fe$

oder d) $8\,Fe_2O_3 + 6\,P = 3(PO_4)_2Fe_3 + 7\,Fe$

und es wären nach

c) auf 1% P 7,80% Fe_2O_3 (64)

erforderlich.

3. Eisenoxyd und Mangan.

Das Mangan bedarf gewöhnlich keinen Sauerstoff aus Fe_2O_3 mehr, da es, die Gegenwart von Silizium und Phosphor im Eisen vorausgesetzt, die aus diesen gebildeten Silikate und Phosphate des Eisens zu zersetzen vermag, wie bereits S. 135 angegeben ist. Ein etwaiger Überschuß an Mangan müßte nach der Formel

e) $Fe_2O_3 + 3\,Mn = 3\,MnO + 2\,Fe$

abgeschieden werden, wobei auf

1% Mn = 0,97% Fe_2O_3 (65)

kommen würde.

4. Eisenoxyd und Kohlenstoff.

Die Bestimmung des Eisenoxydbedarfes für die Kohlenstoffabscheidung wird dadurch schwierig, daß im Eisen neben Kohlenstoff gleichzeitig Si, P und auch Mn vorhanden sind, welche ebenfalls angegriffen werden, und daß das Eisen- bzw. Manganoxydul, welches in den Abscheidungsprodukten der erwähnten Stoffe vorhanden ist, zum Teil noch zur Oxydation von Kohlenstoff verwendet werden kann. Die erwähnte Menge von Eisenoxydul ist natürlich von dem Gehalte des Metalles an Si, P und Mn abhängig und läßt sich daher nicht allgemein bestimmen. Ein Überschuß an Kohlenstoff müßte jedoch nach der Formel

f) $Fe_2O_3 + 3\,C = 3\,CO + 2\,Fe$

entfernt werden, und hierfür benötigt

1% C = 4,44% Fe_2O_3 (66).

b) Energieänderungen bei der Einwirkung von Eisenoxyd auf die Reduktionsstoffe im Eisen.

Alle chemischen Reaktionen sind von Energieänderungen begleitet, welche für ihren Verlauf charakteristisch sind. Zur Erkenntnis der Vorgänge bei der Einwirkung von Eisenoxyd auf die Reduktionsstoffe im Eisen ist es daher notwendig, die dabei auftretenden

Energieänderungen zu ermitteln. Um dies möglich zu machen, müssen sowohl die Temperaturen berücksichtigt werden, bei welchen die Einwirkung vor sich geht, wie auch, nach dem Vorgehen Ledeburs (Eisenhüttenkunde III, S. 285) und Anderer, die spezifische Wärme der Reagenzien und der Reaktionsprodukte sowie deren Mengen. Nimmt man als Reaktionstemperatur 1300° an und benützt man dieselben Zahlen für die spezigschen Wärmen, wie Ledebur, sowie die vorhandenen Angaben für die Verbindungswärmen der Säuren mit den Blasen, so erhält man folgendes Bild. (Tabelle s. S. 188 u. 189.)

Energieänderungen bei den Reaktionen zwischen Eisen-

Abgeschiedene Reduktionsstoffe	1 kg Si		
		Kal.	Kal.
Energiegehalt der Reagenzien			
1 kg Substanz entwickelt bei der Verbindung mit O	—	7830	
1 kg Substanz besitzt bei 1300° Eigenwärme . .	$0{,}20 \times 1300 =$	260	
Die Oxydationsprodukte von 1 kg Substanz sind	2,14 kg SiO_2	—	
Verbindungswärme derselben mit FeO	$2{,}14 \times 168 =$	360	
Eigenwärme des benutzten FeO_3	—	—	
Summa-Energiegehalt der Reagenzien			8450
Energiebedarf für die Reaktionen			
Zur Reduktion von Fe_2O_3 kg	$\frac{56}{28} = 2$ kg Fe	—	
zu Fe	$2 \times 1796 =$	3592	
Zur Reduktion von Fe_2O_3 kg	$\frac{56}{28} = 2$ kg Fe	—	
zu FeO	$2 \times 450 =$	900	
Zur Anwärmung der Reaktionsprodukte	$\frac{132}{28} = 4{,}8$ kg $FeSiO_3$	—	
auf die Reaktionstemperatur 1300°	$0{,}33$*) $\times 1300 \times 4{,}8 =$	2059	
	2 kg Fe $\times 325 =$	650	
Summa-Energieverbrauch			7201
Energieänderung			+1249

*) 0,33 = spezifische Wärme der Bessemerschlacke nach Wedding I, S. 932. Der Berechnung sind zugrunde gelegt die Reaktionsgleichungen:

$Si + Fe_2O_3 = SiO_3Fe + Fe$; $2\,P + 3\,Fe_2O_3 = P_2O_9Fe_4 + 2\,Fe$;
$3\,Mn + Fe_2O_3 = 3\,MnO + 2\,Fe$; $3\,C + Fe_2O_3 = 3\,CO + 2\,Fe$.

Man erhält also bei der Oxydation der Reduktionsstoffe mit Eisenoxyd von 0° bei Si einen nicht unbeträchtlichen, beim Mn einen geringen Wärmegewinn, beim Phosphor zwar einen Wärmeverbrauch, der sich jedoch ebenfalls in einen Wärmegewinn umwandelt, sowie man dem Eisenoxyd einen kleinen Vorrat an Wärmeenergie in Gestalt von Eigenwärme mitgibt. Der Kohlenstoff aber verursacht einen ganz bedeutenden Wärmeverbrauch. Zu gleichen Resultaten gelangt man, einerlei auf welche andere Art man die Berechnung durchführt: immer weisen Silizium und Mangan stark exothermische Reaktionen,

oxyd und den Reduktionsstoffen im Eisen bei 1300°.

1 kg P			1 kg Mn			1 kg C		
	Kal.	Kal.		Kal.	Kal.		Kal.	Kal.
—	5965		—	1724		—	2387	
0,18 × 1300 =	234		0,20 × 1300 =	260		0,45 × 1300 =	585	
2,29 kg P_2O_5	—		1,29 kg MnO	—		2,33 kg CO	—	
2,29 × etwa 700**) =	1600		—	—		—	—	
—	—		—	—		—	—	
		7799			1984			2972
$\frac{2 \times 56}{2 \times 31} =$ 1,81 kg Fe	—		$\frac{2 \times 56}{3 \times 55} =$ 0,7 kg Fe	—		$\frac{112}{36} = 3{,}11$ kg Fe	—	
1,81 × 1796 =	3251		0,7 × 1796 =	1257		3,11 × 1796 =	5585	
$\frac{4 \times 56}{2 \times 31} =$ 3,61 kg Fe	—		—	—		—	—	
3,61 × 450 =	1624		—	—		—	—	
$\frac{430}{2 \times 31} =$ 7 kg $Fe_4P_2O_9$	—		$\frac{3 \times 71}{3 \times 55} =$ 1,29 kg MnO	—		$\frac{3 \times 28}{3 \times 12} = 2{,}33$ kg CO;		
0,33 × 1300 × 7 =	3003		0,2 × 1300 × 1,29 =	335		0,28 × 1300 × 2,33 =	848	
1,81 kg Fe × 325 =	588		0,7 kg Fe × 325 =	227		$\frac{2 \times 56}{3 \times 12} = 3{,}11$ kg Fe;		
						0,20 × 1300 × 3,11 =	808	
		8466			1819			7241
		—667†)			+ 165			—4269

**) Zu 700 Kal. angenommen, da 1 kg P_2O_5 nach Pawloff mit MnO 616 Kal. liefert und mit FeO offenbar etwas mehr geben wird, indem nach demselben 1 kg SiO_2 mit MnO 134, mit FeO aber 168 Kal. liefert.

†) Falls das zur Abscheidung des Phosphors erforderliche Eisenoxyd, und zwar 7,74 kg, auf die Reaktionstemperatur angewärmt ist, bringt es mit 7,74 kg × 0,19 × 1300 = + 1911 Kal.
Wärmeverbrauch der Reaktion — 667 „
bleibt Wärmeüberschuß = + 1244 Kal.

Phosphor eine schwach exothermische Reaktion auf, d. h. sie entwickeln Wärme, während die Reaktion beim Kohlenstoff stark endothermisch ist, d. h. viel Wärme verbraucht. Hiernach teilen sich die Stoffe in zwei scharf charakterisierte Gruppen.

Aus dem Gesetz von der Erhaltung der Energie folgt, daß wärmeverbrauchende oder endothermische Reaktionen nur dann erfolgen können, wenn die von ihnen verbrauchte Energiemenge ersetzt wird, und daß sie aufhören müssen, wenn die Energiezufuhr ausbleibt und ein etwa vorhanden gewesener Vorrat an Energie erschöpft ist. Umgekehrt ist es wahrscheinlich, daß wärmeentwickelnde oder exothermische Reaktionen, einmal eingeleitet, andauern und, wenn die frei werdende Energie ihren Fortgang nicht hindert, oder, wenn sie für diesen Fall abgeführt wird, ihr Ende erst finden werden, wenn die aufeinander einwirkenden Reagenzien aufgebraucht sind.

Zur Ermöglichung der Einwirkung von Eisenoxyd auf die Reduktionsstoffe im Eisen ist die innige Berührung der Reagenzien erforderlich. Diese Bedingung wird durch die Hilfe der Schlacke erfüllt, da dieselbe Eisenoxyd auflöst.

Die Einleitung der Reaktion wird somit durch die Schlacke besorgt, und die bei der Einwirkung frei werdende Wärme kann schwerlich einen hemmenden Einfluß auf den Fortgang der Reaktionen ausüben, da sie durch Strahlung und Leitung abgeführt werden oder aber von der Kohlenstoffreaktion verbraucht werden kann. Somit müßte die Abscheidung des Siliziums, Phosphors und Mangans aus flüssigem Eisen durch eingebrachtes Eisenoxyd unter Mithilfe basischer Schlacke ohne weiteres Zutun erfolgen können.

Die vorstehenden Schlußfolgerungen werden jedoch durch einen Umstand in Frage gestellt, und zwar durch die Tatsache, daß das Verbrennungsbestreben der Stoffe durch Temperatureinflüsse Änderungen unterliegt, und daß es für den Kohlenstoff mit steigender Temperatur stärker anwächst, als das aller übrigen Stoffe. Durch die hohe Temperatur könnte es möglich geworden sein, daß der Kohlenstoff seine Vorrechte auf den Sauerstoff geltend macht und vor oder gleichzeitig mit den übrigen Stoffen aus dem Eisen ausscheidet. Aufschluß über das Verhalten der Reduktionsstoffe unter den geschilderten Verhältnissen kann daher nur das Experiment geben.

c) Einwirkung von Eisenoxyd auf die Reduktionsstoffe im flüssigen Eisen ohne Mithilfe äußerer Wärme.

Zur experimentellen Prüfung des Verhaltens von Eisenoxyd zu den im flüssigen Eisen vorhandenen Reduktionsstoffen wurden im Jahre 1902 und später auf dem südrussischen Hüttenwerke der Donetz-Jurjewka Aktiengesellschaft praktische Versuche in größerem Maßstabe angestellt. Es wurde reines Eisenerz (fast chemisch reines Eisenoxyd, welches zwar gut getrocknet, sonst aber nicht weiter vorgewärmt war) in die Transportpfannen gebracht und flüssiges Roheisen vom Hochofen oder aus dem Mischer oder Kupolofen auf dasselbe fließen gelassen. Es zeigte sich, daß eine Einwirkung tatsächlich immer erfolgte. Sie begann damit, daß sich in der Pfanne, und zwar meist an der Stelle, an welcher der einfallende Roheisenstrahl den Erzhaufen durchdrang, ein wenig Schlacke bildete, welche augenscheinlich etwas Eisenoxyd in Lösung brachte. Das gelöste Eisenoxyd aber wirkte sofort auf das Silizium im Eisen, es entstand frisches flüssiges Eisensilikat, wodurch sich die Schlackenmenge rapid vergrößerte. Sie wirkte auf das in der Pfanne befindliche Eisenerz und verwandelte es schnell in eine schaumige Flüssigkeit. Diese wurde durch den Roheisenstrahl und offenbar auch unter dem Einfluß der erfolgenden Reaktionen kräftig mit dem Eisen in der Pfanne herumgewirbelt, wodurch selbsttätig eine recht innige Mischung der Reagenzien bedingt wurde, welche die Einwirkung wesentlich unterstützte. Die Versuche wurden mit Roheisensorten von stark wechselnder Temperatur und Zusammensetzung ausgeführt, und es ergab sich dabei, daß der äußere Verlauf derselben durch Änderung der erwähnten beiden Bedingungen einigermaßen beeinflußt wurde. Bei hoher Temperatur oder hohem Siliziumgehalt des Metalles war die Einwirkung intensiver und konnte bei raschem Eisenzufluß so stürmisch werden, daß das Metall in der Pfanne wild aufwallte und man Verluste durch Herausschleudern von Materialien befürchten mußte. In solchen Fällen brauchte man den Roheisenzufluß nur zu mäßigen oder auf einen Augenblick ganz abzustellen, worauf die leichtere Schlacke sofort an die Oberfläche stieg, so daß die gegenseitige Berührung größerer Materialmengen aufhörte und damit auch die Einwirkung ihr Ende fand. Mit Erneuerung des Eisenzuflusses konnte man die Reaktion wieder in Gang bringen. Nach dem Füllen der Pfanne trennten sich Metall und Schlacke sogleich, letztere erstarrte an der Oberfläche schnell und war damit gegen das Metall unwirksam geworden.

Folgende Analysenresultate geben Auskunft über die gegenseitige Einwirkung:

	Roheisen aus	Metall				Schlacke						Angewendet Fe_2O_3 % vom Gewicht des Roheisens
		Si %	Mn %	P %	C %	SiO_2 %	Fe_2O_3 %	FeO %	Fe %	Mn %	P_2O_5 %	
1. St. u. E.	Hochofen	1,30	2,19	0,17	4,23							
1907, S. 229	Pfanne	0,37	0,81	0,14	4,21	35,35			16,2	19,62	0,43	7 %
2. do.	Hochofen	1,75	2,79	0,16	3,82							
	Pfanne	0,14	0,42	0,11	3,80	31,60			31,44	18,91	0,64	12 %
3. do.	Hochofen	3,27	1,52	0,06	3,79							
	Pfanne	0,49	0,38	0,03	3,71	36,10			41,52	6,29	0,11	20 %
4. St. u. E.	Hochofen	3,50	0,88	0,46	3,93							
1905, S. 1345	Pfanne	0,42	0,33	0,36	3,74	34,00	2,37	54,36	43,89	3,35	1,52	20,5 %

Ähnliche Resultate wurden bei allen Versuchen erhalten, wobei die zur Anwendung gelangten Temperaturen des flüssigen Eisens zwischen 1198° und 1389° (mit dem Wannerschen Pyrometer bestimmt) lagen. Man ersieht, daß innerhalb dieser Temperaturen die exothermischen Reaktionen entschieden den Vorzug vor den endothermischen Reaktionen hatten, indem besonders Silizium und Mangan aus dem Eisen in großen Mengen abgeschieden wurden, wogegen die endothermische Kohlenstoffreaktion nur in ganz geringem Maße erfolgte. Ferner erweist es sich, daß die Schlacke mit ihrem Kieselsäuregehalte im Betrage von 31—36% zwischen dem Singulosilikat (29,4% SiO_2) und dem Bisilikat (45,4 % SiO_2) steht.

Beispiel 4 ist in der angegebenen Literaturstelle näher untersucht worden, wobei sich ergab, daß von dem benützten Erz

nur etwa 3% unwirksam geblieben waren, während
aus „ 60% des ganzen Erzquantums das Fe_2O_3 zu FeO
und „ „ 37% „ „ „ „ Fe_2O_3 „ Fe

reduziert worden war.

Beiläufig sei bemerkt, daß es durch genügend hohe Erzzusätze möglich war, aus dem Roheisen das Silizium bis auf unter 0,1%, das Mangan auf unter 0,5% abzuscheiden, wofür folgendes Beispiel angeführt sei:

	Si %	Mn %
Roheisen aus dem Hochofen	0,75	2,46
„ nach der Einwirkung auf Erz . .	0,09	0,41.

Die Phosphorabscheidung war dagegen nicht bedeutend.

d) Einwirkung von Eisenoxyden auf die Reduktionsstoffe im Eisen unter Mithilfe der Ofenwärme.

Lange bevor die Energieänderungen bei der gegenseitigen Einwirkung von Eisenoxyden auf die Reduktionsstoffe im flüssigen Eisen bekannt waren, hat die Praxis verstanden, das verschiedene Verhalten von Si, Mn und P einerseits und C andererseits gegen Erzsauerstoff auszunutzen. Im Jahre 1877 nahm Alfred Krupp in Deutschland und England ein Patent auf ein Verfahren zur Entphosphorung des Eisens, welches ihm im Jahre 1880 auch in den Vereinigten Staaten von Amerika patentamtlich geschützt wurde.

Als Apparat, in welchem das Verfahren ausgeführt wurde, sollte ein Flammofen beliebigen Systems dienen, der die Bedingung zu erfüllen hatte, die Erreichung der Schmelzhitze des Roheisens zu gestatten. Der Herd dieses Ofens wurde nach dem Anwärmen des letzteren mit Eisen- und Manganoxyden ausgefüttert, welche lagenweise eingebracht und zur Sinterung erhitzt wurden. Dann wurden weitere Erze in Mengen, die von der Zusammensetzung des zu reinigenden Eisens abhängig waren, in den Ofen gebracht und solange erhitzt, bis das Material an den Wänden desselben festbackte, worauf das Eisen in flüssiger Form und so rasch als möglich darauf gegossen wurde. In der amerikanischen Patentschrift heißt es in freier Übersetzung:

„Wenn die Charge auf einmal in den Ofen gebracht worden ist, bleibt sie gewöhnlich durch 3—8 oder gar mehr Minuten ganz ruhig liegen. Dies ist die erste Reaktionsperiode, während welcher P, Si, Mn und S oxydiert werden.

Diese Oxydation bildet flüssige Produkte, nämlich Phosphate und Silikate des Eisens oder Manganoxyduls, folglich verharrt das Bad fast ganz unbeweglich und es werden nur wenig Blasen gebildet. Sobald aber die erwähnten Stoffe oxydiert sind (P und S zum größten Teil, Si und Mn vollständig oder wenigstens bis auf Spuren), beginnt der Sauerstoff mit voller Kraft auf den Kohlenstoff einzuwirken. Er bildet mit dem Kohlenstoff ein gasförmiges Produkt, das CO, und verursacht dadurch eine Bewegung innerhalb des gesamten Bades. Die geschmolzene Masse fängt an zu schäumen und zu steigen; es steigen Gasblasen auf, die an der Oberfläche des Bades mit bläulicher Flamme zu CO_2 verbrennen. Alle diese Merkmale sind so deutlich, daß jeder intelligente Arbeiter den Zeitpunkt erkennen kann, wann der Abstich zu erfolgen hat. Eine kleine Verzögerung desselben verursacht keine Nachteile, sie gibt im Gegenteil die Garantie, daß fast der gesamte Phosphorgehalt abgeschieden ist, besonders wenn das Eisen etwas Mangan enthielt.

Der Erzverbrauch beträgt bei einem Roheisen mit 0,6—2,5 % P etwa 6 % vom Gewichte des verwendeten Metalles für die Herdreparatur nach jeder Charge und etwa 12—24 % für jede einzelne Charge (also in Summa 18—30 % des Einsatzes). Mit einem Pernot-Ofen kann man in 24 Stunden etwa 16 Chargen à 5—6 T. erzielen."

Die Patentschrift sagt über die Bedingungen, die eingehalten werden müssen, folgendes:

„Niemals wird das zu reinigende Eisen in dem Reinigungsofen selbst eingeschmolzen, wie es z. B. beim Puddeln geschieht. Der Grund liegt in der Schnelligkeit, mit welcher die Reaktionen der Oxyde auf dem Phosphor verlaufen. Hierdurch würden, wollte man das Einschmelzen im Reinigungsofen besorgen, die ersten Partien bereits gereinigt und schon hochgradig entkohlt sein, bevor der letzte Rest des Eisens eingeschmolzen wäre."

An anderer Stelle:

„Beim Eingießen wird nicht viel von dem Erz von dem Boden oder den Wänden des Ofens mechanisch fortgespült; das Roheisen löst vielmehr selbst von den Oxyden so viel, als es zur Reinigung bedarf, wobei die Oxyde genötigt sind, in dem Maße als sie schmelzen, durch das Roheisenbad hindurchzugehen. Auf diese Weise veranlaßt man die Reaktion, sich nicht in zu rascher, stürmischer Weise zu entwickeln, so daß das Metall nicht aufwallt und keine Verluste durch Überlaufen über die Türschwellen usw. zu befürchten sind.

Alle diese Übelstände würden eintreten, wenn die Oxyde in geschmolzenem Zustande vor oder gleichzeitig mit dem Roheisen eingeführt würden, in welchem Falle es weder möglich wäre, große Massen zu verarbeiten, noch auch einen regelmäßigen und ökonomischen Betrieb zu sichern."

Das Verfahren ist in Amerika mehrere Jahre mit Erfolg angewendet worden und man hat damit große Mengen phosphorarmen Eisens (washed metal) hergestellt. Es hat den Beweis erbracht, daß auch der Phosphor, ebenso wie Si und Mn, also die Stoffe mit exothermischen Reaktionen, vor dem Kohlenstoffe abgeschieden werden kann. Allerdings herrschten auch beim Kruppverfahren Temperaturen, welche 1200° nicht wesentlich überschritten haben dürften.

Über das Verhalten der Stoffe bei höheren Temperaturen liegen Angaben aus neuerer Zeit vor.

Ledebur gibt in St. u. E. 1903, S. 40 Beispiele aus dem Bertrand-Thiel-Verfahren, welches im basischen Herdofen ausgeführt wird. Das Roheisen wurde in flüssiger Form in den Ofen gebracht und hier durch Erzzusätze gefrischt, wobei die volle Heizwirkung der Ofengase unausgesetzt auf den Einsatz ausgeübt wurde.

Die Zusammensetzung des Roheisens der

I. Pfanne um 10 Uhr — Minuten war

$$3{,}60\,\%\,C + 0{,}47\,\%\,Mn + 0{,}56\,\%\,Si + 1{,}33\,\%\,P.$$

II. Pfanne um 10 Uhr 11 Minuten war

$$3{,}45\,\%\,C + 0{,}42\,\%\,Mn + 0{,}46\,\%\,Si + 1{,}39\,\%\,P,$$

nach mehrfachen Zusätzen von Erz und Kalk enthielt das Metall um 12 Uhr 22 Minuten

$$2{,}50\,\%\,C + 0{,}10\,\%\,Mn + 0{,}04\,\%\,Si + 0{,}087\,\%\,P.$$

Es waren daher in etwas mehr als 2 Stunden Mangan, Silizium und Phosphor fast vollständig abgeschieden, während der Kohlenstoffgehalt sich nur um etwas mehr als 1 % ermäßigte.

Es ist zweifellos, daß im Laufe der 2 Stunden lang andauernden Ofenwirkung das Bad auf eine viel höhere Temperatur gebracht worden war, als es beim Kruppverfahren möglich war, und trotzdem behaupteten die exothermischen Reaktionen den Vorrang.

In St. u. E. 1905, S. 1343 ist ein weiteres Beispiel für die Einwirkung bei hoher Temperatur angeführt. Es wurde Roheisen im basischen Martinofen eingeschmolzen und auf sehr hohe Temperatur gebracht. Darauf wurde ein Erzzuschlag in der Höhe von 12,4 % des Metallgewichts eingebracht und nach 40 Minuten langer Einwirkung wurde eine Probe des Metalls entnommen.

Das flüssige Metall hatte die Zusammensetzung

$$1{,}33\,\%\,Si + 2{,}71\,\%\,Mn + 0{,}12\,\%\,P + 3{,}66\,\%\,C.$$

Nach 40 Minuten langer Einwirkung von Erz

$$0{,}02\,\%\,Si + 0{,}33\,\%\,Mn + 0{,}01\,\%\,P + 3{,}14\,\%\,C.$$

Dr. ing. Th. Naske führt in St. u. E. 1907, S. 233, Tab. 10 einen anderen ähnlichen Versuch an, bei welchem 20018 kg flüssiges Roheisen durch 90 Minuten der vollen Hitze des Ofens ausgesetzt und auf die höchste erreichbare Temperatur gebracht wurden. Dann wurde ein Erzzusatz von 820 kg, also nur 4,1 % gegeben. Die Zusammensetzung von Metall und Schlacke veränderte sich dabei wie folgt:

	Metall				Schlacke					
	C %	Mn %	Si %	P %	Fe %	FeO %	Fe_2O_3 %	P_2O_5 %	Mn %	SiO_2 %
Ohne Erszusatz	3,76	2,48	0,18	0,14	1,72	2,21	—	0,05	2,94	35,80
Nach 25 Min. lang. Einwirk. v. 4,1% Erz	2,98	0,87	0,05	0,06	10,85	12,05	2,11	2,29	18,97	22,90

Man sieht bei beiden Beispielen deutlich, daß die Einwirkung auf die Stoffe Si, Mn und P viel stärker ist, als die Einwirkung auf den Kohlenstoff.

Dr. ing. Th. Naske gibt ebenda, S. 232, Tabelle IX, ein Beispiel der Einwirkung von flüssigem Roheisen auf so stark vorgewärmtes Erz, daß dasselbe zu Eisen-Kalkschlacke eingeschmolzen war. Es gelangten zur Einwirkung 17843 kg flüssiges Roheisen und 3280 kg = 19 % Erz und 820 kg Kalkstein. Die Reaktion war sehr lebhaft, das Eingießen des Roheisens mußte sehr langsam erfolgen.

Das Roheisen enthielt beim Eingießen um 1 Uhr 20 Minuten

$$3{,}90\,\%\,C + 1{,}03\,\%\,Si + 1{,}56\,\%\,Mn + 0{,}14\,\%\,P.$$

Nach 15 Minuten langer Einwirkung um 1 Uhr 35 Minuten

$$3{,}35\,\%\,C + 0{,}05\,\%\,Si + 0{,}28\,\%\,Mn + 0{,}01\,\%\,P.$$

Auch hier ist die Kohlenstoffabscheidung gering, trotzdem man nach der sehr heftigen Gasentwicklung während des Eingießens auf eine energische Einwirkung auf den Kohlenstoff schließen mußte. Silizium, Mangan und Phosphor sind dagegen praktisch vollständig aus dem Eisen entfernt worden.

Eine Menge ähnlicher Versuche ergaben ein gleiches Resultat und bewiesen, daß es mit den dem Herdofenprozesse zur Verfügung stehenden Mitteln nicht möglich ist, das Verbrennungsbestreben des Kohlenstoffes so hoch zu steigern, daß derselbe die Abscheidung der Stoffe mit exothermischen Reaktionen zu hindern vermag. Im Gegenteil, diesen Reaktionen bleibt unter allen Umständen der Vorrang vor der endothermischen Kohlenstoffabscheidung gesichert, außer wenn Sauerstoffmangel eintritt. Solange sämtliche Reduktionsstoffe Sauerstoff mit Leichtigkeit zu erreichen vermögen, so lange stören sie sich in ihren allgemeinen und gegenseitigen Reaktionen nicht; sobald es aber an Sauerstoff zu mangeln beginnt, erweist sich die Macht des größeren Verbrennungsbestrebens des Kohlenstoffes, und dieser greift nun zu den Oxydationsprodukten der übrigen Stoffe und zerlegt sie in dem Maße, als sie ihm durch die Reaktionsbedingungen zugänglich gemacht werden.

Durch die Anwesenheit reichlicher Sauerstoffmengen wird die Abscheidung der Stoffe Si, Mn und P ganz außerordentlich begünstigt, und es ist bereits in der Kruppschen Patentschrift ausgedrückt, daß die Abscheidung auch großer Mengen dieser Stoffe in dem kurzen Zeitraum von 6—8 Minuten beendet sein kann. Ähnliche Resultate wurden bei den vorhin erwähnten Pfannenversuchen, und ebenso bei dem Eingießen von flüssigem Roheisen auf im Herdofen befindliches Erz, einerlei ob es kalt oder geschmolzen war, erhalten, wofür folgender Versuch (St. u. E. 1905, S. 1344 angeführt sei. Es wurden 2 Pfannen Roheisen à 10 T° auf im Herdofen befindliches Erz (22%) vom Metallgewicht) gegossen, die Zusammensetzung des Metalles war:

I. Pfanne. Probe aus Pfanne. 4 Uhr 38 Minuten

Si 1,61 + Mn 2,73 + P 0,27 + C 4,06%.

I. Pfanne. Probe aus Ofen. 4 Uhr 45 Minuten

Si 0,04 + Mn 0,24 + P 0,08 + C 3,42%.

II. Pfanne. Probe aus Pfanne. 5 Uhr

Si 1,63 + Mn 2,86 P 0,27 C 4,06%.

II. Pfanne. Probe aus Ofen. 5 Uhr 8 Minuten

Si 0,04 + Mn 0,41 P 0,08 C 3,47%.

Auch hier war die Abscheidung von Si, Mn und P in 7—8 Minuten beendet.

Wenn man aber berücksichtigt, daß man an den Ofen erst herankonnte, nachdem die Pfanne entfernt war, und es daher nicht möglich war, die Proben dem Ofen früher zu entnehmen, so kann man die Annahme nicht als unbegründet zurückweisen, daß die weitgehende Abscheidung der Stoffe Si, Mn und P bereits viel früher vollendet war; es scheint vielmehr sicher zu sein, daß diese Abscheidung momentan erfolgt und nur so viel Zeit erfordert als notwendig ist, um die Reagentien in die erforderliche innige Berührung miteinander zu bringen.

Sieht man den Vorgang in dieser Weise an, so ergeben sich neue Gesichtspunkte, die weitere Schlußfolgerungen ermöglichen.

e) Eisenoxydbedarf und Abbrand bei der Stahlerzeugung aus flüssigem Eisen.

Wenn die Abscheidung der Stoffe Si, P und Mn aus flüssigem Einsatz durch Eisenoxyde momentan geschehen kann, so vermag man durch dieses Mittel die genannten Stoffe offenbar der oxydierenden Wirkung der Ofengase zu entziehen, so daß als einziger Reduktionsstoff im Eisen, der sich letzterer entgegenstellt, der Kohlenstoff nachbleibt. Sorgt man für die Gegenwart reichlicher Mengen von Kohlenstoff im Einsatz, so kann man aus den Abscheidungsprodukten des Siliziums und Phosphors, also dem Eisensilikat und Eisenphosphat, noch den Sauerstoffgehalt derjenigen Mengen des in ihnen enthaltenen Eisenoxyduls ausnützen, welche unter dem Einfluß des Kalkes in den freien Zustand übergehen, soweit sie zur Existenz der Schlacke nicht unbedingt erforderlich sind.

Ein etwa vorhandener Überschuß an Kohlenstoff müßte zur Vermeidung einer ungebührlichen Verlängerung der Chargendauer durch weiteren Zusatz von Eisenoxyd abgeschieden werden. Verfährt man in der angegebenen Weise und wählt man dabei die Menge des Oxydzusatzes derart, daß sie den gesamten Bedarf der Schlacke an Eisenoxydul deckt, so ergibt sich für die Berechnung sowohl des Oxydbedarfes wie der Veränderungen, die das Metallgewicht nun erleiden muß, eine Vereinfachung: es wird sich alsdann die oxydierende Wirkung der Flamme einfach in der Verbrennung eines Teiles des Kohlenstoffgehaltes ausdrücken.

Der Oxydbedarf für jeden einzelnen Reduktionsstoff läßt sich nun ermitteln, indem man die gesamte, zu seiner Oxydation erforderliche Sauerstoffmenge aus Eisenoxyd entnimmt und dazu noch soviel, aber auch nicht mehr, weiteres Eisenoxyd hinzufügt, als erforderlich ist, um den Eisenoxydulgehalt der gleichzeitig entstehenden Schlackenmenge zu decken, welche der betreffende Reduktionsstoff liefert. Auf diese Weise findet man den Oxydbedarf

1. Für das Silizium.

1% Si ergibt nach (42) 10,23% Endschlacke mit 10% oder 1,023% Fe. Soll dieses Eisen aus Eisenoxyd entnommen werden, so müssen, da nach

$$\frac{Fe_2}{Fe_2O_3} = \frac{112}{160} = 0,7$$

in 1 Gew.-Tl. Eisenoxyd 0,7 Gew.-Tl. Fisen vorhanden sind,

$$1,023 : 0,7 = 1,46\,\%\ Fe_2O_3$$

angewendet werden.

In der Endschlacke ist das Eisen in der Form von Eisenoxydul vorhanden und nach der Formel

$$Fe_2O_3 + Si = SiO_3Fe + Fe$$

sind zur Reduktion von 1,46 Gew.-Tl.

Fe_2O_3 zu FeO $1,46 \times \frac{28}{160} = 0,25$ Gew.-Tl. Si erforderlich, so daß von 1% Si nun nur $1 - 0,25 = 0,75\,\%$ Si nachbleiben, deren Sauerstoff bedarf aus Fe_2O_3 unter voller Ausnützung des Sauerstoffgehaltes des letzteren nach der Formel

$$2\ Fe_2O_3 + 3\ Si = 3\ SiO_2 + 4\ Fe$$

gedeckt werden kann. Hierdurch findet man den Eisenoxydbedarf für 0,75% Si zu

$$0{,}75 \, \frac{2 \times 160}{3 \times 28} = 2{,}86\,\%.$$

Der Bedarf an Eisenoxyd für die vollständige Abscheidung von 1% Si ist somit

$$1{,}46 + 2{,}86 = 4{,}32\,\% \quad (67).$$

Die Veränderung, welche das Metallgewicht durch die Siliziumabscheidung jetzt erleiden muß, wird, da aus 2,86% Fe_2O_3

	2,86 × 0,7 =	2,00% Fe entstehen
wogegen		1,00% Si verbrennt
im ganzen gleich		+ 1,00%.

Es entsteht also ein Gewichtszuwachs, dem man, im Gegensatz zum Abbrande, häufig die Bezeichnung „Zubrand" beilegt.

1% Si ergibt somit bei seiner Abscheidung durch Eisenoxyd einen Zubrand von 1% (68).

2. Für den Phosphor.

Soll die Abscheidung des Phosphors ausschließlich durch Eisenoxyd unter vollständiger Ausnützung des Sauerstoffgehaltes des letzteren erfolgen, so muß zur Bestimmung des Oxydbedarfes die Formel

$$6\,P + 5\,Fe_2O_3 = 3\,P_2O_5 + 10\,Fe$$

angewendet werden, nach welcher für

$$1\,\%\,P \quad \frac{5 \times 160}{6 \times 31} = 4{,}30\,\%\,Fe_2O_3$$

(69) erforderlich sind.

Da die hypothetische Phosphatschlacke kein Eisenoxydul enthält, so ist für die Schlacke ein Extrazusatz von Eisenoxyd nicht erforderlich.

Die Gewichtsveränderung, welche durch die Abscheidung von 1% P durch Eisenoxyd bewirkt wird, berechnet sich wie folgt:

1% P ist die Ursache der Reduktion von $\frac{10 \times 56}{6 \times 31} = 3{,}00\,\%$ Fe aus Fe_2O_3.

dafür verschwindet aus dem Einsatz	1,00 % P
folglich ergibt sich ein Zubrand von	2,00 % (70).

3. Für das Mangan.

Der Eisenoxydbedarf für 1% Mn berechnet sich in gleicher Weise nach Formel

$$3\,Mn + Fe_2O_3 = 3\,MnO + 2\,Fe \text{ zu } \frac{160}{165} = 0{,}97\,\% \quad (71).$$

Hier scheidet aus dem Einsatze aus 1,00% Mn,

dagegen wird $\frac{2 \times 56}{3 \times 55} = 0{,}68\%$ Fe

reduziert, somit entsteht bei der Ausscheidung

von 1% Mn durch Fe_2O_3 ein Abbrand von 0,32% (72).

4. Für den Kohlenstoff.

Der Kohlenstoff des Einsatzes hat jetzt allein die oxydierende Wirkung der Flamme zu bewältigen, und diese ist nicht nur für verschiedene Öfen verschieden, sondern sie weist auch für denselben Ofen Unterschiede auf, die von der Chargendauer, der Dicke der Schlackenschicht und der größeren oder geringeren Intensität des Kochens des Bades abhängig sind. Daher ist die Bestimmung des Eisenoxydbedarfes für die Kohlenstoffabscheidung auch nur annähernd möglich. Immerhin kann man auf Grund von Erfahrungswerten annehmen, daß für Einsätze mit hohem Kohlenstoffgehalte und in scharf gehenden Öfen bei richtig geführtem Betriebe höchstens $^1/_5$ des Kohlenstoffgehaltes durch die Ofenw rkung entfernt wird, während $^4/_5$ oder etwas mehr durch Erzsauerstoff abgeschieden werden können. Somit würden auf 1% C $\sim$ 0,2% durch die oxydierende Wirkung der Flamme und 0,8% durch Eisenoxyd entfernt werden.

Auf 1% C entfällt nach S. 182 0,5% Schlacke mit 0,05% Fe.

Diese 0,05% Fe entsprechend 0,0645% FeO müßten nach der Formel

$$Fe_2O_3 + C = 2\,FeO + CO$$

aus Eisenoxyd erzeugt werden, wozu also

$$0{,}0645 \times \frac{160}{2 \times 72} = 0{,}07\%\ Fe_2O_3 \text{ erforderlich wären.}$$

Bei der Reaktion wurden $\frac{12}{160} \times 0{,}07 = 0{,}005\%$ C abgeschieden.

Somit erfolgt die Abscheidung von 1% C derart, daß

0,20 % durch die oxydierende Wirkung der Flamme,
0,005% durch die Reduktion von Fe_2O_3 zu FeO
abgeschieden werden und folglich
0,795% durch die Reduktion von Fe_2O_3 zu Fe entfernt werden müssen.
1,000%.

Der Bedarf an Eisenoxyd für die letztgenannte Reaktion beträgt nach

$$Fe_2O_3 + 3\,C = 2\,Fe + 3\,CO$$

$$0{,}795 \times \frac{160}{3 \times 12} = 3{,}53\%,$$

und der Gesamtbedarf an Fe_2O_3 ist für die Abscheidung von

$$1\%\ C = 0{,}07 + 3{,}53 = 3{,}60\%\ (73).$$

Einfluß der Abscheidung der Reduktionsstoffe durch

Aus einem Einsatze bestehend aus	1 kg Si 99 kg Fe			1 kg P 99 kg Fe		
		Kal.	Kal.		Kal.	Kal.
Entsteht Metall kg . . .	101 kg (68)	—		102 kg (70)	—	
Wärmegehalt desselben . .	101×350 =	35 350		102×350 =	35 700	
Schlacke kg	10,23 kg (42)	—		5,9 kg (38)	—	
Wärmegehalt derselben . .	10,23×525 =	5 371		5,9×525 =	3 097	
CO_2 aus Kalkstein, welche Wärme entführt	10×180 =	1 800		722×180 =	1 300	
CO aus C, welches Wärme entführt	—	—		—	—	
Sa. Wärmegehalt d. Produkte			42 521			40 097
Die Reaktionen erforderten:						
Abscheidung d. Reduktionsstoffe aus dem Eisen .	—	—		—	—	
Zersetzung des Kalksteines	10×425 =	4 250		7,22×425 =	3 068	
Reduktion von Fe_2O_3 zu Fe kg Fe	2,00 kg Fe	—		3,00 kg Fe	—	
Dazu Wärme erforderlich .	2×1796 =	3 592		3×1796 =	5 388	
Reduktion Fe_2O_3 zu FeO kg Fe	1,023 kg Fe	—		—	—	
Dazu Wärme erforderlich .	1,023×450 =	460		—	—	
Sa. Wärmebedarf f. Reaktion.			8 302			8 456
Sa. Wärmebedarf			50 823			48 553
Von den Reaktionen erzeugte Wärme:						
Verbrennungswärme der Reduktionsstoffe	1 kg Si	7 830		1 kg P	5 965	
Eigenwärme d. Reduktionsst.	0,2×1300° =	260		0,18×1300° =	234	
Verbindungswärme SiO_2 mit CaO	2,14×384 =	822		—	—	
Verbindungswärme P_2O_5 mit CaO	—	—		2,29×1131 =	2 590	
Eigenwärme des Fe_2O_3 . .	—	—		—	—	
Sa. Energiegehalt d. Reagenz.			8 912			8 789
Unterschied: Wärmebedarf.			41 911			39 764
Für die Erzeugung von 1 kg Stahl erforderlich . . .	$\frac{41\,911}{101} =$		414	$\frac{39\,764}{102} =$		389
1% Reduktionsstoff im Eisen erhöht — / vermindert + Wärmebed. f. 1 kg Stahl um	414 — 350 =		— 64	389 — 350 =		— 39

Eisenoxyd auf den Wärmebedarf beim Stahlschmelzen.

1 kg Mn 99 kg Fe			1 kg C 99 kg Fe			1 kg SiO_2 100 kg Fe		
	Kal.	Kal.		Kal.	Kal.		Kal.	Kal.
99,68 kg (72)			101,47 (74)			100 kg	—	
99,68×350 =	34 888		101,47×350=	35 514		100×350 =	35 000	
—	—		0,5 kg			4,78 kg (40)	—	
—	—		0,5×525 =	263		4,78×525 =	2 510	
—	—		—	—		4,66×180 =	839	
—	—		(51)	800		—	—	
		34 888			36 577			38 349
—	—		—	—		—	—	
—	—		—	—		4,66×425 =	1 980	
0,68 kg Fe	—		2,47 kg Fe	—		—	—	
0,68×1796 =	1 221		2,47×1796 =	4 436		—	—	
—	—		0,05 kg Fe	—		0,5 kg Fe	—	
—	—		0,05×450 =	23		0,5×450 =	225	
	1 221				4 459			2 205
		36 109			41 036			40 554
1 kg Mn	1 724		1 kg C	2 387		—	—	
0,2×1300° =	260		0,45×1300°=	586		—	—	
—	—		0,11×384 =	42		1,0×384 =	384	
—	—		—	—		—	—	
—	—		—	—		—	—	
		1 984			3 015			384
		34 125			38 021			40 170
$\frac{34\,125}{99,69} =$		343	$\frac{38\,021}{101,47} =$		374	$\frac{40\,170}{100} =$		402
343 — 350 =		+ 7	374 — 350 =		— 24	402 — 350 =		— 52

Die Veränderung des Metallgewichts durch einen C-Gehalt des Einsatzes von 1% wird nun:

Es werden aus 3,53 kg Fe_2O_3 reduziert 3,53 × 0,7 =	2,47%
Dagegen verbrennt	1,00% C
Der Zubrand beträgt für 1% C	1,47% (74)

f) Einfluß der Abscheidung der Reduktionsstoffe durch Eisenoxyd auf den Wärmebedarf für die Stahlerzeugung.

Unter Benützung der zuletzt gefundenen Zahlen läßt sich nun auch annähernd der Einfluß feststellen, den die einzelnen Verunreinigungen des Eisens auf den Wärmebedarf für die Stahlerzeugung für den Fall ausüben, daß ihre Abscheidung aus bereits flüssigem Einsatz durch Eisenoxyde unter der bestmöglichsten Ausnützung des Sauerstoffgehaltes der letzteren und folglich auch ihres Eisengehaltes geschieht. Die Berechnung ist umstehend auf S. 200 und 201 angegeben und macht ersichtlich, daß das Mangan der einzige Reduktionsstoff ist, der auch unter diesen Umständen günstig wirkt, indem er den Wärmebedarf für 1 kg Stahl um etwa 7 Kal. erniedrigt. Alle übrigen Stoffe aber machen einen erhöhten Wärmeaufwand erforderlich, und die Erhöhung beträgt

für 1% Si ~ 65 Kal. für das Kilogramm Stahl
„ 1% P ~ 40 „ „ „ „ „
„ 1% C ~ 25 „ „ „ „ „

und für 1% SiO_2 aus Verunreinigungen etwa 50 Kal.

Durch diese Zahlen sind alle Einflüsse, welche die Zusammensetzung des Einsatzes auf den Verlauf der Herdofenprozesse ausübt, annähernd ziffermäßig festgelegt.

21. Die Vorgänge im Herdofen und ihre Beurteilung.

Die großen Wärmemengen, welche im Herdofen zur Verfügung stehen, gestatten eine rasche Übertragung der Wärme auf den eingebrachten Einsatz, und befand sich dieser in festem Zustande. so gelangt er bald auf die Schmelztemperatur und geht in den flüssigen Zustand über. Mit dem Auftreten der ersten flüssigen Massen beginnen die Einwirkungen der einzelnen Bestandteile des Bades aufeinander, und unter ihnen besitzt die Kohlenstoffabscheidung die größte Bedeutung für den Erfolg des Prozesses. Sie beginnt früh und nimmt nach vollständig beendetem Einschmelzen des gesamten Einsatzes den S. 151 geschilderten Verlauf. Das regelmäßige Kochen des Bades ist ein Beweis dafür, daß Metall sowohl als Schlacke die richtige Zusammensetzung haben; es soll bei normalen Chargen etwa $^1/_2$ Stunde nach dem Einschmelzen seinen Höhepunkt erreicht haben und darauf noch ungefähr eine weitere halbe Stunde andauern. Ein Ausbleiben des Kochens oder eine Verringerung desselben deutet darauf hin, daß Metall und Schlacke sich im Zustande des Gleichgewichtes befinden, bzw. sich diesem Zustande nähern, und dann muß untersucht werden, ob das Erzeugnis die verlangten Eigenschaften besitzt und die Charge abgestochen werden kann. Hierzu ist in erster Linie festzustellen, ob das Bad die richtige Temperatur besitzt.

a) Die Beurteilung der Temperatur des Metalles.

Die Prüfung des Metalles auf seinen Wärmegrad geschieht auf rein empirische Weise, da entsprechende Apparate nicht zur Verfügung stehen, auch wohl kaum zweckmäßig wären. Die Prüfungsmethode ist auf alle geschmolzenen Stoffe anwendbar und eignet sich ebensogut für Stahl, wie für Zinn oder gar Talg. Sie beruht auf dem Umstande, daß ein geschmolzener Stoff, in eine kältere Umgebung gebracht, um so länger flüssig bleibt, je höher er über seinen Schmelzpunkt erhitzt ist. Um die Temperatur des Stahles zu prüfen, überzieht man zunächst einen eisernen Probelöffel durch Umwälzen in der Schlacke mit einer dünnen Schlackenkruste, welche das Metall des Löffels vor direkter Berührung mit dem flüssigen Metall des Bades bewahren soll, nimmt darauf eine Probe desselben aus dem Ofen und beobachtet ihr Verhalten während des Ausgießens. Das Metall soll vollkommen dünnflüssig sein und sich ganz langsam ausgießen lassen, ohne daß eine Schale im Löffel zurückbleibt. Oft verschärft man die Probe dadurch, daß man vor dem Ausgießen die Schlackendecke abstreift, die das Metall im Probelöffel bedeckt, und ihm dadurch die Möglichkeit gibt, von seiner blanken Oberfläche reichlich Wärme an die Umgebung auszustrahlen. Ist oder wird das Metall dabei dickflüssig oder hinterläßt es im Löffel eine Schale, so ist es zu kalt und muß zunächst erwärmt werden. Das sicherste Mittel hierzu ist, erneutes Kochen hervorzurufen, wodurch die Wärmewirkung des Ofens in kräftigster Weise auf das Bad übertragen wird. Das kann aber nur geschehen, wenn das Metall noch genügend Kohlenstoff enthält, und daher muß es, ebenso wie ein warmes Bad vor dem Abstich, nun auch auf seine Zusammensetzung geprüft werden.

b) Die Beurteilung des Härtegrades des Metalles.

Je mehr Reduktionsstoffe ein Eisen enthält, um so spröder ist es im allgemeinen und um so leichter geht ein daraus hergestellter Gegenstand zu Bruch. Diese Eigenschaft des Eisens gibt für sämtliche Verfahren der Gewinnung von Flußeisen und Flußstahl die Möglichkeit, rasch einigen Aufschluß über die Zusammensetzung des Metalles zu erhalten.

Die Eigentümlichkeiten bei der Abscheidung der Reduktionsstoffe bringen es mit sich, daß im Stahl meist nur zwei von ihnen in Mengen angetroffen werden, die die zulässige Norm übersteigen, nämlich Kohlenstoff und Phosphor.

Die Untersuchung auf die Zusammensetzung des Metalles kann auf zweierlei Art ausgeführt werden, indem man entweder einen gegossenen Probeblock verwendet oder aber das Material zuvor ausschmiedet.

Die erste Art der Prüfung erfordert sehr wenig Zeit. Man gießt mit dem Probelöffel etwa 1 kg Stahl in eine muldenförmige Koquille oder in eine Form von rechteckigem Querschnitt, welche man dadurch herstellt, daß man winkelförmig gebogene Stahlstücke auf einer eisernen Unterlage entsprechend zusammenstellt, und schreckt diesen Probeblock gleich nach dem Erstarren in kaltem Wasser ab. Metall mit einem Kohlenstoffgehalt von etwa 1,5 % und darüber erhält dabei Risse und läßt sich hernach leicht in Stücke zerbrechen. Bei geringerem Kohlenstoffgehalt bleibt der Probeblock ganz; man legt ihn darauf derart auf eine entsprechend geformte Unterlage, daß er hohl liegt und zerbricht ihn dann durch Hammerschläge. Je härter das Metall, um so leichter erfolgt der Bruch; je weicher es ist, um so mehr Schläge sind erforderlich und um so größer wird die Biegung, die der Probeblock erleidet.

Diese Probe gibt in wenigen Minuten Aufschluß, ob genug Kohlenstoff vorhanden ist, um nach Erhöhung des Sauerstoffgehaltes der Schlacke ein Kochen von genügender Intensität hervorzubringen, bei richtig temperiertem Metall aber läßt sie erkennen, ob die Entkohlung zum Abstich auf Flußeisen genügend weit vorgeschritten ist.

Die Probe zeigt auch an, ob der Phosphorgehalt höher ist als zulässig. Das Gefüge des Bruches einer solchen Probe muß nämlich dicht und feinkörnig sein und einen bestimmten, nicht zu grellen Metallglanz aufweisen. Phosphor aber macht das Gefüge grobkörnig oder grobstrahlig und gibt ihm einen stärkeren Glanz, und diese Erscheinungen treten um so deutlicher hervor, je höher der Phosphorgehalt ist.

Mit diesen Hinweisen ist die Leistungsfähigkeit der Probe erschöpft und alle übrigen Eigenschaften des Metalles lassen sich durch sie nicht erkennen.

Bedeutend vielseitiger sind die Ergebnisse, wenn man das zu untersuchende Metall zunächst ausschmiedet und dann weiter untersucht. Man gießt wiederum einen kleinen Probeblock, am besten von quadratischem Querschnitt, bringt ihn hellrot unter einen kleinen Dampfhammer und sucht ihn auszuschmieden. Bis zu einem Kohlenstoffgehalt von etwa 1,5 % ist dies gewöhnlich nicht möglich, der Block zerfällt in Stücke. Bei geringerem Kohlenstoffgehalte aber läßt er sich zu einem Stabe ausstrecken, dem man zweckmäßig immer den gleichen Querschnitt, und zwar etwa 14 mm im Quadrat, gibt. Von diesem Stabe schneidet man häufig ein Stück von etwa 400 mm Länge ab, welches man beiseite stellt und langsam abkühlen läßt. Der Rest wird, noch hellrot, eventuell durch Nachwärmen auf die erforderliche Temperatur gebracht, in kaltem Wasser abgelöscht. Metall mit mehr als 0,55—0,6% C. erhält dabei Härterisse oder zerspringt auch wohl gar in mehrere Stücke, wenn der Kohlenstoffgehalt sehr hoch ist, während Metall mit geringerem Kohlenstoffgehalte ganz bleibt. Letztgenannte Probestücke bricht man dann und benützt ihr Verhalten vor dem Bruch, sowie das Aussehen des letzteren zu einer annähernden Bestimmung des Kohlenstoffgehaltes.

Wenn die in Wasser abgeschreckte Probe beim ersten leichten Schlage bricht, so beträgt der Kohlenstoffgehalt mehr als 0,4% und die Bruchfläche zeigt, vorausgesetzt, daß das Metall nicht unterhalb der Hellrotglut ins Wasser gebracht wurde, um so glänzenderes Korn, je höher der Kohlenstoffgehalt ist.

Erleidet die Probe vor dem Bruch eine Biegung, indem sie erst bei dem zweiten Schlage bricht oder noch mehr Schläge aushält, und zeigen die Bruchflächen etwas matteres und gröberes Korn als die vorige Probe, sowie einen Saum aus feiner Sehne an den Rändern, so enthält das Material 0,4—0,3% C.

Brechen die Proben erst nach einer Reihe von Schlägen und nach einer Biegung, die bis zu 180° betragen kann und besitzen die Bruchflächen mattes, grobes Korn und einen sehr deutlichen Saum von Sehne, so beträgt der Kohlenstoffgehalt 0,3—0,2%.

Lassen sich die Probestäbe um 180° zusammenbiegen, ohne Risse aufzuweisen, so beträgt der Kohlenstoffgehalt weniger als 0,2%. Man kann bei Proben der letztgenannten Kategorie den Kohlenstoffgehalt noch genauer feststellen, wenn man die Stäbe mit einem scharfen Meißel einkerbt und sie dann durch Hammerschläge in der Kerbstelle zum Bruch bringt. Dieser erfolgt bis zu einem Kohlenstoffgehalte von etwa 0,15% leicht und weist wieder nur Korn auf, in dem Maße aber, als der Kohlenstoff heruntergeht, geht dem Bruch eine immer größer werdende Biegung vorher und gleichzeitig wird der Saum von Sehne, der die Bruchfläche umgibt, immer stärker, bis schließlich unterhalb 0,1% C. alles Korn verschwunden ist und nur noch Sehne erscheint.

Die erwähnten, von den ausgeschmiedeten Proben abgeschnittenen und langsam abgekühlten Stücke können als Ergänzung zu den Härteproben zuweilen gute Dienste leisten. Sie werden in kaltem Zustande durch leichte Hammerschläge derart gebogen, daß sie U-förmige Gestalt annehmen, worauf man den Abstand der inneren Flächen der beiden Schenkel durch Schläge so weit verringert bis Bruch eintritt, der im Scheitel der Biegung erfolgen muß.

Erfolgt der Bruch bei einem Abstand der beiden Flächen der Schenkel gleich etwa der	so beträgt der C-Gehalt ungefähr
3 fachen Dicke des Probestabes	0,55%
1 fachen „ „ „	0,45%.

Weicheres Material muß eine Stauchung des U-förmigen Stückes bis zur Berührung seiner Innenflächen ertragen, ohne daß Risse auftreten dürfen. Die Probe wird meist nur für die härteren Stahlsorten angewendet, und man kann als praktische Regel annehmen, daß auch die härtesten Stahlsorten eine Biegung der ungehärteten Proben um mindestens 90° aushalten müssen; bricht das Material früher, so ist es für den Gebrauch untauglich und muß weiter behandelt bzw. wieder eingeschmolzen werden.

Die Schmiedeproben lassen auch erkennen, ob das Material Rotbruch aufweist, und daher soll das Ausschmieden bei der für Rotbruch kritischen Temperatur erfolgen. Je nach dem Grade desselben zerfällt das Material entweder in Stücke oder die Stäbe erhalten größere oder geringere Kantenrisse und brechen, wenn man sie bei der erwähnten Temperatur biegt. Sehr geringe Spuren von Rotbruch lassen sich allerdings auf diese Weise nicht erkennen und man verschärft daher die Probe meist dadurch, daß man ein weiteres Stück des ausgeschmiedeten Metalles in rotwarmem Zustande mit dem Meißel

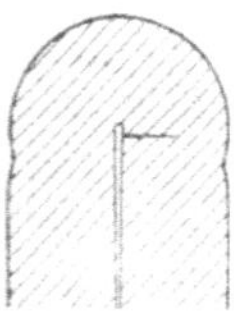

Fig. 24.

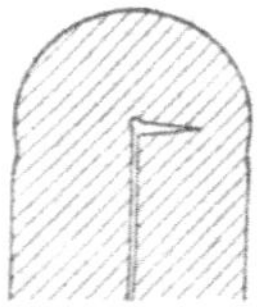

Fig. 25.

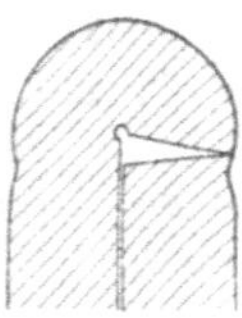

Fig. 26.

einkerbt und in der Kerbstelle umbiegt, oder man schlägt wohl auch ein Loch hindurch, das man noch etwas auftreibt und biegt das Stück in dieser Stelle um 180°, welche Biegung es aushalten muß, ohne irgendwelche Risse zu erhalten.

Die geschmiedeten Proben lassen ferner fast ebensogut wie die gegossenen den Phosphorgehalt des Metalles erkennen, so bald er 0,1% übersteigt. Am deutlichsten wird er in den ungehärteten Proben ersichtlich, aber auch in den gehärteten wird ihn ein geübtes Auge nicht übersehen. Die Proben lassen sich dann zwar um 180° bis zur Berührung der Innenflächen zusammenschlagen, sie erhalten aber an der Stelle, an welcher der gerade Teil des Stabes in die Biegung übergeht, an der Innenseite einen sehr charakteristischen Riß, der bei höherem P-Gehalte keilförmige Gestalt annimmt.

Die Beurteilung der Zusammensetzung des Metalles auf Grund der Schmiedeproben ist Sache der praktischen Erfahrung.

Da es möglich ist, im basischen Herdofen den Phosphor vollständig vor dem Kohlenstoff abzuscheiden, so ist es auch möglich, den Prozeß bei jedem beliebigen Kohlenstoffgehalte zu unterbrechen und gutes reines Material auf diese Weise zu erzeugen; aber aus gleich zu erwähnenden Gründen muß dann dafür gesorgt werden, daß sich bei Erreichung dieses C-Gehaltes Metall und Schlacke dem Gleichgewichtszustand so weit genähert haben, daß sie praktisch gegeneinander unwirksam geworden sind.

c) Gase im Eisen.

Das flüssige Metall kommt im Ofen mit den Feuergasen CO_2, CO, H, N und O in Berührung, außerdem entsteht auch in seinem Innern das CO. Das Metall nimmt daher alle diese Gase auf und läßt einen Teil davon während des Erstarrens entweichen, während ein anderer Teil auch nach dem Erstarren festgehalten wird.

A. Ruhfuß gibt in St. u. E. 1897, S. 43 folgende Analysen von Gasen, welche während des Gießens aus den Koquillen entwichen.

Nr.	CO_2	O	CO	H	Summe	Verhalten des Stahles in der Koquille
1	7,4	1,0	52,8	27,46	88,66	fiel
2	7,2	0,01	60,1	21,0	88,31	stand
3	8,2	1,10	63,8	18,0	91,10	fiel
4	2,1	0,30	69,4	16,8	88,60	fiel
5	3,9	1,0	70,0	19,0	94,00	fiel
6	8,3	0,2	73,3	13,3	95,10	stand
7	3,0	0,7	77,0	6,0	86,70	stand
8	5,2	0,5	81,7	5,3	92,70	stieg
9	4,0	0,0	82,0	4,8	90,8	stand
10	2,7	0,3	85,2	4,0	92,2	stieg

Fr. C. G. Müller (Zeitschr. d. Ver. Deutsch. Ing. 1879, S. 493, auch Wedding S. 476) bohrte festes Metall unter Wasser an und fand, daß dabei nicht unbeträchtliche Mengen von Gas entwichen. Einige der gefundenen Resultate seien hier angeführt.

Eisenart	Gasmengen in Volum %	Zusammensetzung		
		H %	N %	CO %
Bessemer vor Spiegelzusatz	60,0	88,8	10,5	0,7
Desgleichen	44,0	80,0	17,9	1,3
Bessemerschienenflußeisen	45,0	77,0	23,0	0,0
Desgleichen	51,0	78,1	20,7	0,9
Desgleichen ausgeschmiedet	5,0	52,2	48,1	0,0
Flammofenflußeisen vor Spiegelzusatz	25,0	67,0	30,8	2,2
Thomasflußeisen ohne Zusatz von FeMn	20,0	64,5	35,4	0,0
Thomasflußeisen mit Zusatz von FeMn und FeSi	22,0	86,4	12,7	0,4
Thomasflußeisen mit Zusatz von FeSi	6,0	54,7	45,3	0,0

Boudouard (St. u. E. 1908, S. 451) fand, daß man aus Drehspänen durch Auspumpen bei höherer Temperatur viel größere Gasmengen, und zwar bis zum Zehnfachen des Metallvolums erhalten kann, und ermittelte die Zusammensetzung dieses Gases zu

$$50{,}4\,\%\ H + 34{,}2\,\%\ CO + 9{,}9\,\%\ CO_2 + 4{,}1\,\%\ N.$$

Man sieht, daß in den Gasen, welche beim Vergießen des Metalles entweichen, das Kohlenoxyd den Hauptbestandteil bildet, während die Gase, welche von dem erstarrten Metall zurückgehalten werden, hauptsächlich aus Wasserstoff bestehen und nur sehr wenig Kohlenoxyd enthalten.

Nun erscheint es nicht unangebracht, zwischen Gasen zu unterscheiden, die im Metall gelöst sind, und solchen, welche nur mechanisch zurückgehalten werden. In bezug auf erstere ist es wahrscheinlich, daß uns keine Mittel zur Verfügung stehen, ihre Menge wesentlich zu beeinflussen, indem wohl sämtliches im Konverter oder im Herdofen hergestellte Metall einfach mit allen bei den Prozessen auftretenden Gasen gesättigt sein wird.

Für die mechanisch zurückgehaltenen Gase dagegen liegen die Verhältnisse anders. Der Hauptbestandteil derselben ist, wie auch die Tabelle von Ruhfuß zeigt, das Kohlenoxydgas und dieses Gas entsteht im Innern des Metalles selbst unter Umständen, welche einen sofortigen Austritt aus dem Metall nicht zulassen. Die gebildeten staubfeinen Gasbläschen müssen sich erst zu größeren Bläschen vereinigt haben ehe sie entweichen können. Damit dies aber geschehen kann, muß ihnen Zeit gelassen werden, und während derselben muß das Metall durch hohe Temperatur dünnflüssig erhalten bleiben.

Somit werden die Bedingungen für die Erzeugung eines gasarmen Metalles offenbar am günstigsten, wenn die Beendigung der Gasbildung im Ofen selbst abgewartet wird, d. h. wenn nicht früher zum Abstich geschritten wird, als bis der Gleichgewichtszustand zwischen Schlacke und Metall eingetreten ist. Zwar wird der Verlauf der Reaktionen mit der Annäherung an diesen Gleichgewichtszustand immer langsamer, und man muß daher, will man die Charge unter solchen Bedingungen beenden, eine gewisse Zeit opfern. Dann aber, und zwar nur dann, wird es möglich ein Metall zu erzeugen, welches das Minimum an mechanisch zurückgehaltenen Gasen aufweist, und welches sich deshalb beim Erstarren in der Probekoquille auch durchaus ruhig verhält. Auch Metall mit hohem Kohlenstoffgehalte erstarrt dann ruhig, während es bei stark sauerstoffhaltiger Schlacke einer schäumenden, mit Gasen übersättigten Flüssigkeit gleicht.

d) Desoxydation.

Trotz peinlichster Beobachtung aller Vorsichtsmaßregeln, die einen Überschuß an Oxyden in der Schlacke zu vermeiden geeignet sind, gelingt es nicht, den Eintritt von Sauerstoff in das Metall ganz zu verhüten, und fast immer wird der Sauerstoffgehalt desselben so groß, daß mindestens ein Teil davon wieder entfernt werden muß. Das geschieht durch die Desoxydation, indem dem Bade wieder Reduktionsstoffe zugefügt werden.

Schon vorhin ist das Mangan als derjenige Stoff bezeichnet worden, der unter den herrschenden Umständen in der günstigsten Weise auf den Sauerstoff einwirkt, und daher wird Mangan auch allgemein als Desoxydationsmittel benützt. Es besitzt zum Sauerstoff (und auch zum Schwefel) größere Verwandtschaft als das Eisen, und es entzieht demselben somit die genannten beiden schädlichen Stoffe oder paralysiert ihre Wirkung; es besitzt aber außerdem noch die angenehme Eigenschaft, bis zu einem gewissen Grade die Zähigkeit des Metalles zu erhöhen und ihm die Fähigkeit zu geben, bei höheren Temperaturen den Zusammenhang zu bewahren, auch wenn es starken Beanspruchungen ausgesetzt wird, wie sie bei der mechanischen Verarbeitung nicht zu umgehen sind.

Aus diesen Gründen gibt man zum Schluß der Charge einen Manganzusatz, der den Überschuß des Sauerstoffes an sich zieht. Die Einwirkung geschieht ohne Gasentwickelung, und das entstandene Manganoxydul benachteiligt die Qualität des Metalles nicht merklich, selbst wenn ihm nicht Zeit gelassen werden sollte, auszuscheiden, und es daher im Metall suspendiert bleibt.

Aber auch die Wirkung des Mangans ist nicht vollständig, man muß es daher im Überschuß anwenden, und dieser Überschuß erhöht den Mangangehalt des Metalls. Daher hängt der Grad der Vollständigkeit der Desoxydation von der Höhe des Manganzusatzes ab, und hierüber sagt H. H. Campbell bei der Besprechung des sauren Herdofenprozesses:

„Wenn ein Zusatz von 1% Mn zu einem Metallbade diesem einen Mn-Gehalt von beispielsweise 0,6% gibt, der Manganverbrauch also 40% beträgt, so gibt ein Manganzusatz von nur 0,5% demselben Bade einen Mangangehalt von nur 0,4%, so daß der Manganverlust in diesem Falle nur 20% beträgt. Es scheint, daß bei dem geringeren Manganzusatz die Einwirkung nicht vollständig ist, und daß mit weiteren Manganzusätzen auch weitere Mengen von Sauerstoff abgeschieden werden. Diese Tatsache wird stets bestätigt gefunden, einerlei ob der Manganzusatz in der Pfanne oder im Ofen selbst gemacht wird."

Das Gleiche gilt für den basischen Herdofen.

Das Mangan wird immer in Form einer Legierung mit Eisen zur Anwendung gebracht, und zwar meist als möglichst hochprozentiges Ferromangan, welches stets Kohlenstoff enthält. Dieser aber beteiligt sich ebenfalls an der Einwirkung, indem Kohlenoxyd neu gebildet wird, und daher ruft die Desoxydation durch Eisenmangan stets eine Erneuerung der Gasbildung hervor, die um so größer wird, je mehr Sauerstoff vom Metall aufgenommen war, und unter Umständen einen recht bedeutenden Umfang anzunehmen vermag.

Sticht man nun ein stark sauerstoffhaltiges Metall gleich nach dem Ferromanganzusatze ab, ohne dem Bade Zeit zum Ausreagieren oder zur Entgasung gelassen zu haben, so kann es vorkommen, daß die Reaktion noch in der Pfanne ihren Fortgang nimmt; mindestens aber wird die starke Bewegung, die das Metall in der Pfanne durch den einfallenden Strahl erleidet, daselbst eine verstärkte Ausscheidung der mechanisch beigemengten Gase bewirken, und dann kann das Metall in der Pfanne aufwallen und diese plötzlich zu klein für die zu fassende Menge erscheinen. Die gleiche Wirkung kann beim Einlaufen in die Koquillen nochmals erfolgen, der geringere Querschnitt derselben und der gleichzeitig eintretende Einfluß größerer Abkühlung können dann die Ursache werden, daß die Gase das Metall im Nu bis an den Rand der Koquille aufschäumen lassen, worauf es gleich wieder tief zurücksinkt. Solche Erscheinungen sind früher recht häufig beobachtet worden, sie lassen sich für Herdofenstahl vermeiden, wenn man durch richtige Zusammensetzung der Schlacke dafür sorgt, daß das Metall nicht Gelegenheit findet, größere Sauerstoffmengen aufzunehmen, und wenn man die Desoxydation im Ofen selbst vornimmt und dem Metall Zeit läßt, die etwa entstandenen Gasmengen vor dem Abstich abzustoßen.

Auf die im Metall bereits vorhandenen Gase ist Mangan ohne Einfluß.

Man hat versucht, die Desoxydation auch durch andere Reduktionsstoffe auszuführen, ist aber davon abgekommen.

Silizium hat sich aus mehreren Gründen als ungeeignet erwiesen. Zunächst erfolgt seine Einwirkung auf den Sauerstoff viel träger als die des Mangans, und daher muß zur Erreichung der gleichen Wirkung ein viel größerer Überschuß angewendet werden. Das Oxydationsprodukt, die Kieselsäure, wird nach Ledebur (Eisenhüttenkunde III, S. 11) in fein verteiltem Zustande vom Metall zurückgehalten und beeinträchtigt dadurch die Schmiedbarkeit. Der Überschuß an Si aber, der im Metall verbleibt, vermindert außerdem die Schweißbarkeit.

Aluminium wirkt zwar auf den Sauerstoff im Eisen energischer als selbst Mangan, aber es kann die guten Eigenschaften des letzteren für die Weiterverarbeitung nicht ersetzen. Außerdem hat seine Anwendung Nachteile im Gefolge; es macht das Eisen schon bei geringem Zusatze dickflüssig und erhöht die Schwindung, so daß die Neigung zur Bildung von Hohlräumen beim Erstarren größer wird.

Aluminium und Silizium besitzen beide eine Eigenschaft, welche dem Mangan fehlt, die jedoch für bestimmte Zwecke sehr geschätzt wird: sie binden die im Metall gelösten Gase fest an dasselbe, so daß diese auch beim Erstarren festgehalten werden. Aluminium wurde aus diesem Grunde früher häufig auch bei der Fabrikation weichen Stahles in größeren Mengen gebraucht, indem man während des Gießens kleine Stücke davon in die Koquillen warf und damit gasreiches Metall mit Erfolg ruhiger machte. Für den Herdofenprozeß braucht dieser Kunstgriff jedoch nicht angewendet zu werden, da man imstande ist, durch richtige Schlackenzusammensetzung und Desoxydation durch Mangan allein gasarmes Metall zu erzeugen, so daß man das teure Aluminium nur zu Spezialzwecken, und auch dann nur in geringer Menge anzuwenden braucht.

e) Die Rückkohlung.

Dem desoxydierten Metall müssen endlich noch die gewünschten Eigenschaften gegeben werden, von denen die wichtigste der richtige Härtegrad ist. Die Härte des Metalles wird in erster Linie durch den Kohlenstoffgehalt bestimmt, der daher auch jedesmal der verlangten Qualität gemäß eingestellt werden muß. Wie bereits mehrfach erwähnt, können im Herdofen alle übrigen Reduktionsstoffe vor dem Kohlenstoff abgeschieden werden, so daß es möglich erscheint, den Prozeß bei dem gewünschten Kohlenstoffgehalte zu unterbrechen und damit die Rückkohlung überhaupt entbehrlich zu machen. Es ist nun leider nicht immer möglich, die Zusammensetzung der Schlacke so genau zu regeln, daß sie gerade im gewünschten Momente an Sauerstoff erschöpft ist, daher wird man das Metall öfters etwas ärmer an Kohlenstoff werden lassen und eine Rückkohlung vornehmen müssen. Immerhin wird dieselbe meist von nur geringem Umfange zu sein brauchen und sich durch kleine Quantitäten von Spiegeleisen oder phosphorarmen Roheisen bewerkstelligen lassen, und man wird in dieser Weise auch die härtesten Stahlsorten erzeugen können, ohne zur Kohlung durch große Mengen Spiegeleisen oder gar reinen Kohlenstoff (Darbyverfahren) greifen zu müssen.

Oft müssen dem Metall für Spezialzwecke noch andere Stoffe, wie Silizium, Aluminium, Nickel, Chrom usw. zugesetzt werden, und es empfiehlt sich, alle diese Zusätze erst nach beendeter Desoxydation und soweit als möglich im Ofen selbst zu geben, sofern ihre physikalischen Eigenschaften dies nicht verbieten, und, wie beim Aluminium oder hochprozentigen Ferrosilizium, zum Zusatze erst während des Einlaufens in die Pfanne zwingen.

f) Erscheinungen beim Vergießen und Erstarren.

Stahl hat mit den meisten Stoffen die Eigenschaft gemein, in flüssigem Zustande einen größeren Raum einzunehmen als in festem Zustande. Er schwindet daher beim Erstarren.

Bei der Erzeugung von Blöcken wird der Stahl in dickwandige gußeiserne Koquillen gegossen, die dem flüssigen Metall rasch Wärme entziehen und es am Umfange schneller zum Erstarren bringen als im Innern. Die erstarrten Teile schrumpfen zwar beim Erkalten weiter, jedoch weniger, als das flüssige Innere beim Erstarren, und daher müssen in den Blöcken Hohlräume oder Fehlstellen entstehen.

Die meisten schmelzbaren Stoffe weisen dieselben Eigenschaften auf, und H. M. Howe und Bradley Stoughton haben an Probeblöckchen, die sie aus Stearinsäure gossen (siehe Referat in St. u. E.

1908, S. 116), die gleichen Erscheinungen festgestellt, die bei Stahlblöcken auftreten, und vermochten dazu die Ursachen derselben experimentell klarzustellen. Die wesentlichsten Bedingungen, welche Größe, Gestalt und Lage der Hohlräume bestimmen, sind folgende: Die absolute Größe der Hohlräume ist von dem Grade der Überhitzung abhängig, mit welcher das Schmelzgut in die Form gelangt, und zwar wächst sie mit der Überhitzung.

Erfolgt die Abkühlung in der Form durchaus gleichmäßig und in der Richtung von außen nach innen fortschreitend, so erstarrt das Material in Schichten parallel zu den Wänden der Form und es entsteht ein Hohlraum, der in der Achse des Blockes liegt und denselben auf eine gewisse Länge durchsetzt, etwa wie obenstehende Figur 27 zeigt.

Erfolgt die Abkühlung ungleichmäßig und zwar so, daß nur die seitlichen und unteren Schichten erstarren, während der obere Teil flüssig bleibt, so wird aus diesem immer wieder flüssiges Material nachsinken und die Bildung des Hohlraumes verhindern, und der gesamte Mangel an Material muß sich in einem trichterförmigen Hohlraume

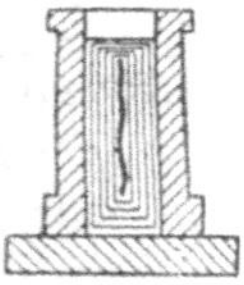

Fig. 27.

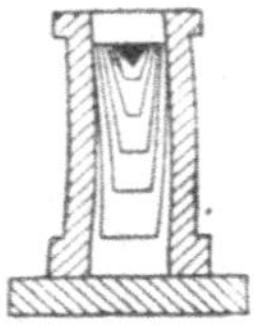

Fig. 28.

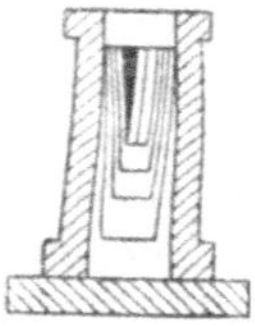

Fig. 29.

im Kopfe des Blockes äußern, bei welchem die Basis um so größer und die Höhe um so kleiner wird, je langsamer die Erstarrung des oberen Teiles vor sich geht. Umgekehrt wird, in dem Maße als der obere Teil rascher erstarrt, die Basis des Kegels kleiner, seine Höhe jedoch größer werden. (Fig. 28.)

Erfolgt endlich die Abkühlung in der Weise ungleichmäßig, daß die eine Seite des Blockes wärmer und daher länger flüssig bleibt als die andere Seite, so wird sich der Hohlraum nach dieser Seite verschieben, wie Figur 29 angibt.

Meist treten Kombinationen der drei erwähnten Grenzfälle auf und dem entsprechend muß sich das Bild ändern, das die Hohlräume nach Gestalt und Lage im Blocke aufweisen.

Die Größe der Hohlräume hängt vom Grade der Überhitzung des Metalles ab und sie läßt sich in gewissem Grade durch die Art des Vergießens beeinflussen. Gießt man sehr langsam, oder läßt man, wie es z. B. beim Syphonguß geschieht, den Stahl in den Koquillen sehr langsam aufsteigen, wobei er viel Wärme durch Strahlung verlieren kann, so setzt man die Größe des Hohlraumes oder Lunkers herab. Unter ein bestimmtes Minimum kann man aber auf diese

Weise niemals kommen und zwar wird die absolute Größe desselben um so beträchtlicher werden müssen, je schwerer die Blöcke werden.

Die Erklärung der Lunkerbildung weist auf die Mittel hin, dieselben möglichst wenig schädlich zu machen. Man muß die Erstarrung des oberen Teiles des Blockes möglichst lange hinausziehen, so daß der Lunker am Kopfe entsteht, wo er mit diesem zugleich entfernt werden kann. Um dies zu erreichen, gibt man den Koquillen für schwere Blöcke (über 5000 kg) am oberen Ende eine Ausfütterung aus feuerfestem Material, welches man vor dem Gusse anwärmt und das nachher dem flüssigen Metall viel weniger Wärme entzieht, als die darunter liegenden metallenen Koquillenwände; man hält ferner den Kopf des Blockes durch Heizung mit einer Gasflamme oder mit den sogenannten Lunkerthermit möglichst lange flüssig und gießt flüssigen heißen Stahl in dem Maße zu, als aus dem Kopfe flüssiges Material durch den erstarrenden unteren Teil des Blockes angesaugt wird. Näheres hierüber findet man in Ledeburs Eisenhüttenkunde III, S. 237, Verfahren von Riemer, auch St. u. E. 1907, 1119 u. f. (A. Obholzer, Vermeidung der Lunkerbildung durch Anwendung von Lunkerthermit) und Ledebur S. 245, Hermetverfahren, bei welchem die Stahlblöcke durch Pressen in eine sich nach oben verjüngende Form verdichtet werden, während das Innere derselben noch flüssig ist.

Für kleinere Blöcke ist zur Vermeidung der Lunkerbildung noch kein Verfahren ausfindig gemacht worden, das praktischen Erfolg sichert, und man muß sich für diese auf Verwendung der richtigen Gießtemperatur beschränken und dadurch verhindern, daß die Lunker zu große Dimensionen erreichen.

Mit dem Lunkern parallell erfolgt die Erscheinung des Saigerns, das heißt die Auscheidung von Material, welches in seiner Zusammensetzung von der Durchschnittszusammensetzung des verwendeten Metalles abweicht, und zwar die Beimengungen des Eisens in viel größerer Menge enthält. Die Saigerung macht sich gleichfalls um so mehr bemerkbar, je größer die Abmessungen der erstarrenden Stahlmassen sind, und sie tritt, gerade wie die Lunkerbildung, an den Stellen auf, die am längsten flüssig bleiben. Hierdurch ist es möglich, sie in der Hauptsache auf denjenigen Teil des Blockes zu beschränken, der später entfernt wird, d. h. auf den sogenannten verlorenen Kopf. Außerdem kann man sie dadurch weniger fühlbar machen, daß man nur möglichst reinen Stahl erzeugt.

Alle erwähnten Eigenschaften des Lunkerns und Saigerns treten natürlich nur dann rein auf, wenn das Metall ohne jegliche Gasabscheidung erstarrt. Im anderen Falle können sie zum Teil oder ganz verdeckt werden. Die Gasbildung beim Erstarren der Blöcke wird im allgemeinen für schädlich angesehen und aus diesem Grunde vielfach, und bei der Erzeugung von harten Stahlsorten immer durch Zusatz von Silizium oder Aluminium zu verhindern gesucht.

In einem Spezialfalle aber, nämlich bei der Erzeugung von weichem Flußeisen, das für viele Herdofenwerke das Haupterzeugnis bildet, kann sie von erheblichem Nutzen sein, falls sie ein gewisses Maß nicht übersteigt. Das richtig hergestellte und nur mittelst Mangan desoxydierte weiche Metall läßt nämlich beim Erstarren einen Teil der Gase in sehr regelmäßiger Weise entweichen, die Erstarrung selbst beginnt wie stets an den Koquillenwänden und schreitet in zu diesen parallelen Schichten fort. Der Rest des Metalles bleibt dabei so dünnflüssig, daß er zunächst alle sich entwickelnden Gase durchläßt, so daß die erstarrenden Metallschichten keine Gase zurückhalten und ganz dicht werden. Erst wenn die dichte Schicht eine Dicke von etwa 20—50 mm erreicht hat, wird das Metall im Innern des Blockes so dickflüssig, daß einige Gasblasen den Durchgang ins Freie nicht mehr zu finden vermögen und im Metall zurückbleiben müssen. Sie gruppieren sich nun aber recht regelmäßig, indem sie eine zu den Koquillenwänden parallele Blasenzone bilden. Das Innere des Blockes wird dann wieder recht dicht und weist nur einzelne unregelmäßig gelagerte kleine Blasen auf. Der Bruch derartiger Blöcke zeigt etwa das in Fig. 30 dargestellte Bild.

Alle Blasen zusammen beanspruchen ungefähr den Raum, der sonst vom Lunker eingenommen werden würde; während jedoch letzterer das Blockinnere in der Gegend der Achse auf eine größere Länge unganz erscheinen läßt, im besten Falle aber den Kopf des Blockes ganz unbrauchbar macht, sind diese Teile jetzt dicht. Die Fehlstellen sind in Form kleiner Blasen auf den gesamten Block verteilt, diese sind mit reinem Wasserstoff angefüllt und besitzen metallische Oberfläche. Daher verschweißen die Wände der Blasen, wenn sie durch den Druck zur gegenseitigen Berührung gelangen, der beim Walzen oder Schmieden auf den Block ausgeübt wird, oder werden doch zum mindesten unkenntlich gemacht. Man kann daher dank dieser Eigenschaft der Gasentwickelung während des Erstarrens Flußeisenblöcke erzeugen, welche beim Verwalzen am Kopfe wie am Fuße gleiches Verhalten zeigen und so wenig Abfall ergeben, daß man glauben könnte, nicht Rohblöcke, sondern vorgewalztes Material vor sich zu haben. Allerdings kann dies nur erreicht werden, wenn die Desoxydation durch Mangan praktisch vollständig geschieht und das Vergießen bei der richtigen Temperatur erfolgt. Wird das Metall bei zu niedriger Temperatur vergossen, so kann es vorkommen, daß die Blasen zu nahe der Oberfläche zu liegen kommen, daß sich sogenannte Randblasen bilden. Bei solchen Blasen brennt im Wärmofen die dünne äußere Metallschicht oft durch, es gelangen Feuergase in das Innere der Blasenräume und oxydieren die Wände derselben. Derartiges Metall erhält beim Walzen Schuppen und Schlackenlöcher und ergibt Ausschuß.

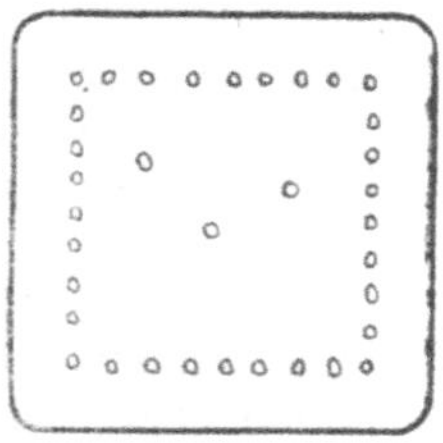
Fig. 30.

Weiches Flußeisen, welches im Herdofen aus manganreichem Einsatz rotbruchfrei hergestellt wurde und ohne Manganzusatz abgestochen wird, vergießt sich wie ein Metall, das Zusätze von Silizium oder Aluminium erhalten hat. Es fließt ruhig wie Öl und zeigt weder während des Gusses noch während des Erstarrens das Spiel der austretenden Gase, welche von der Oberfläche der Blöcke Metallteilchen mitreißen und sie unter lebhaftem Funkensprühen verbrennen lassen. Die Blöcke werden denn auch dicht, aber sie haben einen tief in das Innere hineingehenden Saugtrichter oder Lunker, oder sie zeigen schlechte Köpfe. Daher gibt man auch solchem Metall gerne einen Manganzusatz, und man erkennt aus der Wirkung desselben stets, daß auch dieses Metall Sauerstoff enthält, und zwar in so großer Menge, daß auch der Kohlenstoffgehalt des zugefügten Ferromagans von ihm angegriffen wird. Denn nun tritt beim Vergießen wiederum das Spiel in den Koquillen auf und beweist, daß Kohlenoxydbildung erfolgt ist. Man erhält dann wieder tadellose Blöcke mit gutem Inneren und guten Köpfen, aber mit der charakteristischen Anordnung der unschädlichen kleinen Gasblasen.

22. Die hauptsächlichsten Arbeitsverfahren des basischen Herdofenprozesses.

a) Der Schrottroheisenprozeß.

Die älteste und am meisten verbreitete Arbeitsweise beim Herdofenstahlschmelzen ist der Schrottroheisenprozeß. Derselbe gestattet die Verarbeitung eines hohen Prozentsatzes an Alteisen, auch Schrott genannt und gibt damit die Mittel die ungeheueren Mengen an Eisen zu regenerieren, die täglich auf allen Gebieten menschlicher Tätigkeit als unbrauchbar geworden ausgeschieden werden. Man kann jedoch im Herdofen nicht ausschließlich Schmiedeeisen- und Stahlschrott verwenden, da die in demselben enthaltenen Mengen an Reduktionsstoffen nicht genügen, die oxydierende Wirkung der Flammengase aufzuheben. Es hat sich nun bald herausgestellt, daß Roheisen das geeignetste Material ist, durch welches dem Schrott die fehlenden Reduktionsstoffe zugefügt werden können. Roheisen ist eine konzentrierte Lösung mehrerer Reduktionsstoffe in Eisen und hieraus erwachsen verschiedene Vorteile. Zunächst schmilzt Roheisen viel leichter als Schrott, es bildet sich aus ihm im Ofen daher bald ein Sumpf flüssigen Metalls, in welchen der Rest des Einsatzmaterials eintaucht, wodurch auch dieser schneller zum Schmelzen gelangt. Dabei aber verteilen sich die im Roheisen bereits im gelösten Zustande vorhandenen Reduktionsstoffe sehr schnell über die ganze flüssig gewordene Metallmasse und diese erhält so eine gleichmäßige und für den Prozeß günstige Zusammensetzung. Der Wert der einzelnen Reduktionsstoffe für den Herdofenbetrieb ist verschieden, daher hängt der Verlauf desselben auch einigermaßen von der Wahl der zu verwendenden Reduktionsstoffe bzw. Roheisensorten ab.

Das Silizium verursacht einen erhöhten Wärmebedarf und erscheint daher nicht als günstig. Andererseits oxydiert sich das Silizium sehr leicht und erleichtert, da die entstehende Kieselsäure viel Glühspan aufzulösen vermag, die Schlackenbildung erheblich. Da aber Kieselsäure außerdem, und zwar meist in nicht unbedeutenden Mengen, als Verunreinigung des metallischen Einsatzees und der Zuschläge in den Ofen gelangt und da dieser Stoff die Ursache zur Bildung großer Mengen Schlacke ist, sieht man einen hohen Siliziumgehalt im Roheisen nicht gern, hat ihn vielmehr häufig in den Lieferungsbedingungen auf 1% als Höchstbetrag festgesetzt. In Gegenden, wo der Schrott beträchtlich billiger ist als Roheisen und wo es daher vorteilhaft ist, mit möglichst wenig Roheisen zu arbeiten, kann man diese Beschränkung ruhig fallen lassen. Wenn es darauf ankommt, möglichst viel Reduktionsstoffe im Roheisen zu haben, wie in vorliegendem Falle, oder auch, wenn eine zu weich gehende Charge einen Nachsatz an Reduktionsstoffen verlangt, kann man auch siliziumreiche Roheisensorten verwenden, ohne Anstände befürchten zu müssen. Allerdings empfiehlt es sich dann ganz besonders, auf Reinheit der übrigen Materialien an kieselsäurereichen Verunreinigungen zu achten.

Das Mangan verringert den Wärmebedarf und erhöht die Widerstandsfähigkeit des Metallbades gegen das Eindringen gelösten Sauerstoffes, es hat daher einen so guten Ruf erlangt, daß man auch größere Mengen davon im Roheisen anstandslos zuließ und oft sogar 3—4% vorschrieb.

Unter allen Reduktionsstoffen spielt der Kohlenstoff die für den Herdofenprozeß wichtigste Rolle. Seine Verbrennung verringert zwar an sich den Wärmebedarf ein wenig, seine Hauptwirkung aber beruht auf der Eigenschaft, ein gasförmiges Oxydationsprodukt zu liefern, das im Innern des Metalles selbst entsteht und dadurch das Bad in Bewegung bringt, wodurch der Wärmeaustausch zwischen Flamme und Bad begünstigt und ein gutes Ausreagieren des letzteren ermöglicht wird; hierdurch allein wird der Herdofenprozeß praktisch ausführbar. Der günstigste Verlauf wird direkt dadurch erzielt, daß der Kohlenstoffgehalt des Bades richtig getroffen wird.

Nun gestatten die Bedingungen, unter welchen das Roheisen im Hochofen erzeugt wird, eine Regulierung des Kohlenstoffgehaltes nur in geringem Umfange, indem immer ein bei der angewendeten Temperatur mit Kohlenstoff gesättigtes Metall fällt. Daher können für den Kohlenstoffgehalt des Roheisens nicht gut Vorschriften gemacht werden und es bleibt Aufgabe des Herdofenbetriebes, den Kohlenstoffgehalt seiner Gattierung dadurch richtig einzustellen, daß er den Roheisenprozentsatz der Schrottqualität entsprechend wählt.

Der Phosphor ergibt im Herdofen ebenfalls einen geringen Wärmegewinn, dennoch aber ist er im Schrottroheisenprozeß auch im basischen Herdofen eine unerwünschte Beigabe. In den meisten Fällen wird zwar ein Phosporgehalt bis zu etwa 0,5% im Roheisen selbsttätig und daher mühelos entfernt, größere Phosphormengen aber machen sich stets sehr unangenehm fühlbar, wie auch aus den Seite 157 u. 173 erwähnten Versuchen von Harbord in Bilston deutlich ersichtlich wird. Der Grund dazu liegt in dem Umstande, daß eine Entphosphorung im basischen Herdofen nur dann gelingt, wenn der Phosphor nach seiner Abscheidung aus dem Eisen auch Gelegenheit findet, ungestört in die beständige Form des Kalkphosphates überzugehen. Zur Entphosphorung sind so große Mengen von Eisenoxyden erforderlich, daß nicht nur die Abscheidung des Phosphors als Eisenphosphat geschehen kann, sondern daß noch ausreichend Eisenoxyd nachbleibt, um den Kohlenstoff so lange zu beschäftigen und von dem Eisenphosphate fern zu halten, bis dessen Zerlegung durch Kalk vollendet ist. Derartige Mengen von Eisenoxyd stehen aber beim Schrottroheisenprozesse nicht zur Verfügung; daher wird etwa gebildetes Eisenphospat vom Kohlenstoffe immer wieder mindestens teilweise zersetzt, so daß eine entsprechende Menge Phosphor ins Eisen zurückgeht. Daher kann die Reinigung des Bades nur langsam erfolgen und es muß ein Endprodukt entstehen, das größere Mengen Sauerstoff aufgenommen hat und daher überoxydiert ist.

Dennoch ist die Verarbeitung hochphosphorhaltigen Roheisens im basischen Herdofen möglich, doch nur unter Anwendung eines Kunstgriffes. Man muß dem Bade nun auch einen Überschuß an Kohlenstoff geben und ihm gleich nach dem Einschmelzen eine größere Menge Erz zusetzen. Dann erfolgt die Abscheidung des Phosphors sofort und auch die Umwandlung in Kalkphosphat kann sich ohne Schwierigkeit vollziehen. Der höhere Kohlenstoffgehalt verzehrt hernach den Sauerstoff aus dem zugefügten Erz. Die Reduktion der Erze erfordert aber einen höheren Wärmebedarf und verursucht dadurch eine Verzögerung der Chargendauer.

Die Anwendung hochphosphorhaltigen Roheisens bedeutet somit eine Abweichung vom reinen Schrottroheisenprozeß und nähert das Verfahren dem später zu besprechenden Roheisenerzprozesse.

Beim eigentlichen reinen Schrottroheisenprozeß sucht man die Menge der Reduktionsstoffe, die dem Einsatz in Form von Roheisen zugefügt werden, so zu regeln, daß sie gerade der oxydierenden Wirkung der Flamme die Wage hält und daß die Anwendung größerer Erzmengen nicht erforderlich wird. Hat man dies gut getroffen, so hat man damit auch die Bedingungen für die besten Betriebsergebnisse geschaffen.

Das kann aber gleich gut durch die Anwendung der verschiedensten Roheisensorten, die hochphosphorhaltigen ausgenommen, erreicht werden, und hieraus erwächst dem Herdofenprozeß ein großer Vorteil vor den Windfrischverfahren, die nur mit Roheisensorten von ganz bestimmter, Abweichungen nur in ganz engen Grenzen zulassender Zusammensetzung mit Erfolg durchführbar sind.

Auch die chemische Zusammensetzung des Schrottes ist für den basischen Herdofenprozeß recht gleichgültig, wohl aber hat die äußere Beschaffenheit desselben eine gewisse Bedeutung. Am bequemsten sind für den Betrieb handliche, weder zu große noch zu kleine Stücke. Rostansatz kommt nur insoweit in Betracht, als durch ihn eine Erhöhung des Prozentsatzes an Reduktionsstoffen bedingt wird, also an Roheisen, und daß sich für diesen Fall zur Erzielung einer erstklassigen Qualität eine Erhöhung des Mangangehaltes der Gattierung empfiehlt.

Bis vor kurzem chargierte man die Öfen von Hand und da bedeutete guter Schrott eine Ersparnis an Zeit für das Einsetzen; bei Verwendung von Chargiermaschinen fällt dieser Umstand allerdings fort. Dennoch aber behält auch hier mittelgroßer Schrott seinen Vorteil, denn das Einschmelzen erfolgt rascher als wenn sehr große oder sehr kleine Stücke zur Verwendung gelangen.

Ein guter Einsatz schmilzt bei vollem Chargengewicht in drei bis vier Stunden; bald darauf beginnt das Kochen, welches, war der Roheisenprozentsatz richtig getroffen, nach etwa $^1/_2$ Stunde seinen Höhepunkt erreicht hat und hernach wieder abflaut. Ungefähr in einer weiteren halben Stunde ist das Kochen ganz schwach geworden, das Bad hat ausreagiert, hat dabei die zum Vergießen erforderliche Temperatur angenommen und die Schlacke ist an Oxyden erschöpft worden. In früherer Zeit schenkte man letzterem Umstande keine Aufmerksamkeit, man schrieb der Schlacke immer einen schädlichen Einfluß auf das Metall zu und suchte sie daher möglichst vollständig aus dem Ofen zu entfernen, bevor man zur Veredelung des Metalles, d. h. zur Desoxydation schritt. Das Abziehen der Schlacke kostete aber, besonders bei feststehenden Herdöfen, viel Mühe und vor allem Zeit. Später hat man erkannt, daß eine an Oxyden arme Schlacke unschädlich ist, man arbeitet daher auf eine solche hin und läßt sie nun bis zum Schlusse der Charge im Ofen. Die Desoxydation kann auch in diesem Falle durch einen Zusatz von etwa 0,75% Ferromangan mit 80% Mn in wenigen Minuten bewirkt werden, wonach die Charge zum Abstich fertig ist. Alle Reaktionen verlaufen sozusagen selbsttätig, auch die Wärmeregulierung, und der gesamte Prozeß verlangt nur geringe Beaufsichtigung oder Nachhilfe. Diese Art des Stahlschmelzens ist daher sehr leicht auszuführen und ist in jeder Beziehung bequem und angenehm.

Es ist bereits S. 169—170 erwähnt, daß durch die Ofenwirkung beim Schrottroheisenprozeß in den meisten Öfen annähernd 2,5—3% Sauerstoff, auf das Metallgewicht bezogen, auf das Bad übertragen werden, wodurch etwa 1,2% C, 0,3% Si, 0,6% Mn und 0,2% P aus dem Einsatz abgeschieden werden und außerdem etwa 1% Eisen verbrannt wird. Die Oxydation aller dieser Stoffe beeinflußt die vom Ofen zu liefernde Wärmemenge derart, daß für

1,2% C	× 14 (62)	=	16,8 Kal.
0,6% Mn	× 17 (61)	=	10,2 „
0,2% P	× 11 (60)	=	2,2 „
	in Summa		29,2 Kal. Wärmegewinn

erhalten werden, während durch

$$\underline{0{,}3\%\ \mathrm{Si}\quad \times 15\ (58) = \quad 4{,}5\ \mathrm{Kal.}}\ \text{Wärmeverlust}$$

entsteht, wonach ein Wärmegewinn von 24,7 Kal. für 1 kg Stahl

entsteht, d. h. die Ofenarbeit um obigen Betrag verringert wird, wodurch sich der Wärmebedarf für die Erzeugung von 1 kg Stahl auf etwa 325 Kal. stellt. Dieser Wärmegewinn wird aber bereits aufgehoben, wenn dem Einsatze 0,5% SiO_2 beigemischt ist, da 1% SiO_2 nach (59) einen Wärmeaufwand von 43 Kal. bedingt.

Die Abscheidung der Reduktionsstoffe aber verursacht einen Gewichtsverlust oder Abbrand von

1,2% C
0,3% Si
0,2% P
0,6% Mn
1,0% Fe
in Summa 3,3%,

so daß ein Ausbringen von 96,7% erfolgen müßte. Von diesen wird jedoch beim Vergießen immer etwas Metall verzettelt und geht für praktische Zwecke unwiederbringlich verloren, so daß man beim idealen Schrottroheisenprozeß auf nur etwa 95% Ausbringen rechnen kann.

Wenngleich es sehr häufig gelingt, den Roheisenzusatz so genau zu treffen, daß der Prozeß in der geschilderten Weise ohne Nachhilfe zu Ende geführt werden kann, so ist dies doch nicht immer möglich. Fällt er etwas zu gering aus, so kann das Bad nicht recht ins Kochen gelangen und man muß, je nach dem Grade der Mattheit der Charge, Spiegeleisen oder Roheisen nachsetzen. Dies bedeutet aber immer eine nicht unbedeutende Verlängerung der Chargendauer, und daher sucht man einen zu geringen Roheisenzusatz, der zu weich gehende oder „versetzte" Chargen zur Folge hat, durchaus zu vermeiden. Man gibt vielmehr lieber etwas zu viel Roheisen als zu wenig. Um nun rechtzeitig über die Zusammensetzung des Metalles Aufschluß zu erhalten, entnimmt man dem Bade bereits während des Kochens Proben, welche mit Hilfe der mechanischen Prüfungsmethoden auf ihren Härtegrad untersucht werden. Bemerkt man dabei, daß der Kohlenstoffgehalt des Bades höher ist als notwendig, so beschleunigt man den Prozeß durch einige Schaufeln Erz, die, einem warmen Bade zugefügt, verstärktes Kochen und erhöhte Kohlenstoffabscheidung verursachen. Auf diese Weise gelingt es, einen geringen Überschuß an Reduktionsmitteln meist ohne fühlbaren Zeitaufwand unschädlich zu machen.

Erschwert wird der Prozeß, wenn der Schrott nicht die vorhin angenommene günstige Stückgröße besitzt. Sehr große, massive Stücke schmelzen schwer, und es kommt vor, daß Stutzen von Blöcken größeren Querschnittes lange Zeit in der geschmolzenen übrigen Metallmasse liegen, ehe es gelingt, sie vollständig einzuschmelzen. Noch schwieriger aber läßt sich kleinstückiger Schrott verarbeiten, und namentlich Drehspäne bereiten leicht erhebliche Umstände. Bringt man derartiges Material in größerer Menge in den Ofen, so schmilzt die obere Schicht schnell, das Geschmolzene aber erstarrt beim Hineinsickern in den Haufen wiederum und dadurch wird der untere Teil des Einsatzes zu einer kompakten Masse, die eine ganze Menge Luft eingeschlossen enthält, welche als schlechter Wärmeleiter das Eindringen der Wärme erschwert und das Einschmelzen sehr beträchtlich verzögert. Inzwischen wird aber der Kohlenstoffgehalt des bereits geschmolzenen Materials langsam verbraucht, und das Bad kann dann überhaupt nicht mehr ins Kochen gelangen. Daher erfordert Schrott um so höheren Roheisenprozentsatz, je kleinstückiger er ist.

Einen weiteren ungünstigen Einfluß übt Kieselsäure aus, welche als Verunreinigung in den Ofen gelangt. Sie ist durch die bedeutende Erhöhung der Schlackenmenge die Ursache, daß der Ofen für die Erzeugung einer bestimmten Menge Stahl viel mehr Wärme liefern muß. Kieselsäure hängt dem Roheisen meist in größerer Menge an als man glaubt, und besonders, wenn das Roheisen in Sand gegossen wurde, ist ein Sandüberzug von zwei und mehr Prozent nichts seltenes; aber auch der Schrott bringt Sand in den Ofen, und gewöhnlich um so mehr, je kleinstückiger er ist. Scheerenabschnitte, Abfälle der Stanzwerke, Drehspäne u. dgl. lassen sich überhaupt nur mit der Schaufel vom Hüttenflur aufnehmen, und dabei ist es unvermeidlich, daß gewisse Mengen von Sand und Erde mitgegriffen werden und dann auch in den Ofen gelangen. Dem im Stahlwerke erzeugten Schrott haftet ebenfalls oft Kieselsäure in Gestalt von Resten feuerfesten Materials an, das man häufig mit in den Ofen setzt, weil man, sehr mit Unrecht, die Kosten scheut, die mit der Entfernung desselben verbunden sind.

Stärker als die erwähnte Erhöhung des Wärmebedarfes macht sich die Verringerung des Ausbringens fühlbar, die durch die Verwendung unreiner Materialien bedingt wird. Es werden nämlich Sand und Erde zum größten Teil, dagegen Rost auf dem Schrott, Farbe auf alten Dachblechen und Zinn und Lot auf Weißblechabfällen vollständig mit dem metallischen Eisen eingewogen und als solches in Rechnung gestellt, und auf diese Weise entsteht dann ein bedeutender Abbrand. Dazu muß für jedes Prozent SiO_2 nach (45) 0,5% Eisen in die Schlacke gehen, und wenn dieser Betrag auch nicht sehr bedeutend ist, ist er doch immerhin so groß, daß er nicht gut übersehen werden kann.

Denke man sich z. B. vorhin betrachteten idealen Einsatz, der 3,3% Abbrand ergab, durch 4% SiO_2 und 1% andere Beimengungen verunreinigt, so wird sich jetzt der Abbrand auf $3{,}3 + 4 + (4 \times 0{,}5) + 1 = 10{,}3\%$, und da beim Gießen etwa 1—2% verloren gehen können, auf 12% stellen, so daß das Ausbringen nur 88% beträgt.

Das ist aber ein Resultat, welches dem beim Bessemerprozeß erhaltenen gleichkommt oder noch ungünstiger ist als dieses. Es kann jedoch noch schlechter werden, wenn man den Prozeß mit einer Schlacke mit nicht vollständig ausgenütztem Eisengehalt beendet. Eine derartige Arbeitsweise wird heute noch an manchen Orten ausgeübt, wofür den besten Beweis die Schlackenanalysen geben, welche auf S. 159 aufgeführt sind, unter welchen man bis über 18% Fe findet.

Durch einen hohen Eisengehalt in der Endschlacke wird außerdem ein bedeutend höherer Verbrauch an Ferromangan und damit eine Erhöhung der Gestehungskosten verursacht. Zur Illustration aller dieser Nachteile seien einige Daten angeführt, die von einem Werke stammen, das gezwungen war, ausschließlich schlechten Schrott, darunter viel Weißblechabfälle und möglichst wenig Roheisen zu verarbeiten, das noch dazu wenig Mangan enthielt. Die Chargendauer betrug bei normalem Chargengange 7—8 Stunden, bei 12—13 T° Chargengewicht; der Abbrand betrug 10—12%, das Metall war stark sauerstoffhaltig und benötigte 1,2% Ferromangan zur Desoxydation. Die normale Endschlacke hatte (nach erfolgtem Ferromanganzusatz) die Zusammensetzung:

$$27\%\ SiO_2 + 9\%\ FeO + 5\%\ Mn + 47\%\ CaO + 8\%\ MgO + 3\%\ P_2O_5.$$

Eine Charge aus gleichem Einsatze, die aber zu weich eingeschmolzen war, erforderte mehrfache Zusätze an Spiegel- und Roheisen; da diese aber offenbar nicht richtig getroffen waren, so saß die Charge 14 Stunden im Ofen und benötigte zur Desoxydation 3,25% Ferromangan. Das Material war trotzdem von sehr geringer Qualität. Die Zusammensetzung der Endschlacke mit

$$16{,}17\%\ SiO_2 + 19{,}32\%\ Fe + 6{,}18\%\ Mn + 36{,}4\%\ CaO + 16{,}14\ MgO + 2{,}5\ P_2O_5$$

zeigt deutlich die Ursache des Mißerfolges; es herrschte stets Mangel an Reduktionsstoffen und dadurch konnte die oxydierende Wirkung der Ofengase nicht genügend aufgehoben werden.

Die großen Preisunterschiede zwischen den einzelnen Roheisen- und Schrottsorten machen es vielerorts unmöglich, den Öfen nur gutes Einsatzmaterial zukommen zu lassen, und oft muß man viel minderwertiges Material, wenn nicht gar ausschließlich solches, verarbeiten. Dabei müssen natürlich Nachteile in den Kauf genommen werden. Solche Marktbedingungen waren die Ursache, daß allmählich die unten beschriebenen Abarten des Stahlschmelzens herausgebildet wurden. Ihr Erfolg auch unter den ungünstigsten Bedingungen ist ein Beweis für das Anpassungsvermögen und die Vielseitigkeit, also auch für die Vollkommenheit des basischen Herdofens.

b) Der Schrottkohlenstoffprozeß.

Es gibt Gegenden, wo Schrott im Überfluß und zu billigen Preisen zu haben ist, während Roheisen nur zu hohen Preisen beschafft werden kann. Unter solchen Verhältnissen kann ein Verfahren gute Dienste leisten, auf welches Leopold Pszczolka in Graz im Jahre 1890 ein Patent genommen hat. Nach diesem Verfahren wird dem Mangel an Reduktionsstoffen im Einsatze durch Zusatz des wirksamsten von allen, nämlich von Kohlenstoff in einer der unten angegebenen Formen abgeholfen, indem für je 1% fehlenden Kohlenstoff 1—1,5% Graphit, Anthrazit oder Koks, oder 2% Steinkohle, 2,5—3% Braunkohle oder 5% gedörrtes Holz zugesetzt wird.

Nach Schmidthammer (St. u. E. 1906, S. 1248) nimmt man von der zu beschaffenden Kohlenstoffmenge das 1,5 bis 2fache an Koks, der gemahlen wird, damit er vom Eisen schneller aufgenommen werden kann. Um ihn möglichst vor dem Verbrennen zu schützen, soll er mit etwa der 5fachen Menge Drehspäne gemischt werden. Das so erhaltene kohlenstoffreiche Material wird zweckmäßig zu unterst in den Ofen gebracht und mit dem Rest des Schrottes zugedeckt. Auf diese Weise gelingt es, ganz ohne Roheisen mit 100% Schrott zu arbeiten. Dieser Kohlenstoff kann aber vom Metall erst aufgenommen werden, wenn dasselbe eingeschmolzen oder zum mindesten in den teigigen Zustand übergegangen ist. Da hierzu für Schrott sehr hohe Temperatur erforderlich ist, so ist es klar, daß das Einschmelzen viel länger dauert, als bei der Verwendung von Roheisen, was wiederum die Bildung größerer Mengen vom Glühspan zur Folge haben muß. Es muß also auch mehr Kohlenstoff ins Bad gebracht werden, als beim Schrottroheisenprozeß notwendig ist; dessen nachherige Abscheidung wird aber wieder länger andauern, und hieraus ergibt sich ungezwungen, daß der Verzicht auf die Mitwirkung von Roheisen nur durch Nachteile erkauft werden kann, nämlich durch längere Chargendauer und dadurch verursachten Mehraufwand an Brennstoff.

Ferner kommt das Silizium aus dem Roheisen in Fortfall, weshalb dafür zu sorgen ist, daß die zur Schlackenbildung erforderliche SiO_2-Menge dem Bade zur Verfügung steht. Ein Mangel daran ist bei Verwendung schlechten Schrottes allerdings nicht zu befürchten. Bei gutem Schrott kann er aber wohl eintreten, und dann kann ein Zusatz von guter Endschlacke, die von früheren Chargen herstammt, empfohlen werden.

Bei Chargen, deren Einsatz ausschließlich aus Schrott besteht, ist unter allen Umständen der Mangangehalt gering, was die Entstehung eines sauerstoffhaltigen Metalles zur Folge haben muß, das wiederum zur Desoxydation erhöhten Ferromanganzusatz benötigt. Diesem Übelstande kann durch Zusatz von Manganerzen einigermaßen abgeholfen werden.

Im übrigen ist der Verlauf des Schrottkohlenstoffprozesses, der übrigens nur selten zur Ausführung gelangt, der gleiche wie beim Schrottroheisenprozeß. Dr. ing. Th. Naske gibt in St. u. E. 1907, S. 191 ein Beispiel einer derartigen Charge. Es wurden 16000 kg weiche Stahlabfälle mit Briketts chargiert, die aus 320 kg Kleinkoks, 160 kg Teer und 420 kg kaukasischem Manganerz mit 50% Mn bestanden, als Zuschläge dienten ferner 320 kg Kalkstein und 10 kg Flußsand. Das Metall war nach dem Einschmelzen weich, enthielt 0,66% Mn und war frei von Rotbruch. Die Fertigprobe zeigte 0,45% Mn und 0,07% C, und die Chargendauer betrug, vom Beginn des Einsetzens bis zum Abstich gerechnet, 315 Minuten. Derselbe Ofen liefert nach dem Schrottroheisenprozeß 20000 kg Stahl in 280 Minuten.

c) Der Roheisenerzprozeß mit festem Einsatz.

Die Entwicklung des Herdofenprozesses ließ die vorhandenen Vorräte an Schrott in den großen Zentren der Eisenindustrie schnell abnehmen, so daß es am gewohnten guten Einsatzmaterial für die Öfen bald zu mangeln begann. Um sie weiter betreiben zu können, war man gezwungen, an die Verarbeitung minderwertigen Schrottes zu gehen und, da dies Material durch die Kosten für die Zufuhr aus weiter entfernten Orten zu sehr verteuert wurde, schließlich zur Erhöhung des Roheisenprozentsatzes im Einsatze zu greifen. Der Überschuß an Reduktionsstoffen, der dadurch in den Einsatz gebracht wurde, konnte rationell nur durch entsprechende Zusätze an Eisenoxyden abgeschieden werden, und man gelangte bald dahin, diese Oxyde gleichzeitig mit dem Metall in den Ofen zu bringen, so daß sie bereits während des Einschmelzens wirksam wurden. Durch solchen Kunstgriff entzog man allerdings die Details der Einwirkung der Beobachtung, aber man vermochte zu erreichen, daß das Metall nach dem Einschmelzen ungefähr die gleiche Zusammensetzung aufwies, wie eine Schrottroheisencharge in demselben Stadium des Prozesses. Nur wurden dabei viel größere Schlackenmengen erhalten als beim Schrottroheisenprozeß. Man schrieb diesen einen schädlichen Einfluß zu und suchte die Schlacke daher, sobald sie sich oberhalb des geschmolzenen Einsatzes zeigte, so viel als möglich zu entfernen. Dadurch gelangte man auch dahin, die Schlackenmenge, die in dem Ofen verblieb, soweit zu verringern, daß das Fertigmachen der Charge unter ziemlich gleichen Bedingungen erfolgen konnte, wie sie beim Schrottroheisenprozeß üblich sind. Durch derartige Arbeitsweise wurde an vielen Orten der Beweis erbracht, daß die Umwandlung von Einsätzen mit größerem Roheisenprozentsatz, ja von Roheisen allein in Stahl im basischen Herdofen möglich ist, wenn Erzsauerstoff in ausreichender Menge zu Hilfe genommen wird. Es ergaben sich dabei jedoch folgende Schwierigkeiten:

1. Litt die basische Zustellung sehr, denn häufig bildeten sich Löcher im Boden, immer aber fand eine sehr starke Abnützung der Wände statt, so daß zur Herdreparatur bedeutend mehr Material und Zeit aufgewendet werden mußte.
2. Wurden große Quantitäten an Erz benötigt; ebenso stieg der Kalkbedarf, wodurch die Einsatzkosten in die Höhe gingen.
3. Dauerte das Einschmelzen mit der Erhöhung der Roheisen und Erzsätze sehr viel länger und damit wuchs sowohl die gesamte Dauer der Chargen, wie auch der Kohlenverbrauch und die Abnützung auch der sauren Ofenzustellung.

Durch alle diese Umstände ging die Erzeugung der Anlage sehr stark herunter, während die Gestehungskosten sich in einer Weise erhöhten, daß eine Konkurrenz mit den Windfrischverfahren absolut ausgeschlossen war.

Die Ursachen aller dieser Übelstände lassen sich wohl folgendermaßen erklären. Das leichtflüssige Roheisen sickert nach dem Schmelzen nach unten und gelangt in Berührung mit dem Erz, wobei die charakteristischen Umsetzungen erfolgen, d. h. zunächst Eisensilikate und Phosphate gebildet werden, welche Eisenoxyd auflösen und nun auf den Boden des Ofens gelangen, auf welchen sie ihre Einwirkung ausüben müssen. Erst wenn die Mengen an geschmolzenem Metall größer werden, können die eisenreichen Schlacken vom Boden abgedrängt und in größerem Maßstabe zur Einwirkung auf den miteingesetzten Kalk gezwungen werden. Dazu kann es aber zunächst nicht kommen, denn die sehr eisenreiche Schlacke wirkt auf alle Reduktionsstoffe im geschmolzenen Eisen, also auch auf den Kohlenstoff, der mit ihr bekanntlich stark endothermische Reaktion gibt. Die Wärmemengen, welche mit dem oben geschmolzenen Roheisen in den Reaktionsraum gelangen, werden hier aufgebraucht, bis die Grenze der Einwirkung von Kohlenstoff auf Erz erreicht ist. Es ist daher unmöglich, ein warmes, gleichmäßig zusammengesetztes Metallbad entstehen zu lassen, vielmehr bildet sich der untere Teil des Einsatzes zu einer Paste aus, die aus eisenreicher Schlacke und Partien metallischen Eisens besteht, welche an verschiedenen Stellen verschieden stark vorgefrischt sind. Diese Masse leitet die Wärme ungefähr ebenso schlecht, wie schlechter kleinstückiger Schrott. Das Eisenoxyd der Eisenerze wird dabei hauptsächlich nur zu Eisenoxydul reduziert, und die Vorgänge lassen sich durch die beiden Formeln

$$Si + Fe_2O_3 = SiO_3Fe + Fe$$
$$C + Fe_2O_3 = 2\,FeO + CO$$

darstellen. Man sieht während des Einschmelzens auch deutlich, wie durch einzelne Kanäle, die vom Innern der Masse bis an die Oberfläche reichen, Kohlenoxyd stoßweise entweicht, welches kleine Schlackenmengen herausschleudert, die um die Austrittsstellen herum förmliche kleine Krater bilden, deren Arbeiten von den im Innern verlaufenden Reaktionen Kunde gibt. Es gelingt erst nach längerer Zeit, die Oberfläche so heiß zu bekommen, daß sich daselbst ein richtiges

Eisenbad bildet, welches hernach die unteren Schichten verflüssigt. Erst dann ist die Temperatur hoch genug geworden, um die eigentlichen, für den basischen Herdofenprozeß typischen Reaktionen hervorzurufen, nämlich den Übergang größerer Mengen von Eisensilikaten und Phosphaten in die entsprechenden Kalksalze und die Reduktion des frei gewordenen Eisenoxyduls zu metallischem Eisen. Ließ man nun die Schlacke vor Beendigung der letztgenannten Reaktionen aus dem Ofen laufen, so hat man wohl die Reduktionsstoffe aus dem Eisen abgeschieden, aber man hat ihre Abscheidungsprodukte in einer Form entfernt, welche die Ausnützung des Eisengehaltes der Erze nicht zuließ. Man hat diesen Eisengehalt fast vollständig verloren gehen lassen und andererseits einen Abbrand erreicht, der annähernd der Summe aller Reduktionsstoffe im Roheisen gleich ist.

Ist aber der Ersatz nicht genau getroffen gewesen, so ergeben sich einige andere Nachteile. War er zu gering, so enthält das Metall nach dem Einschmelzen mehr Kohlenstoff als man bei dem Schrottroheisenprozeß anzutreffen gewohnt ist, und das Bad beginnt unter dem Zusatze neuer Erzmengen zu schäumen, es bilden sich neue erhebliche Schlackenmengen und die Beendigung der Charge zieht sich stark in die Länge. War dagegen der Erzsatz zu groß, so wird das Metall so weich, daß es sich schwer einschmelzen läßt, man muß dann viel Roheisen nachsetzen und hat oft genug Mühe, die Charge überhaupt aus dem Ofen zu bringen.

Würde es gelingen, die geschilderten Übelstände beim Einschmelzen zu vermeiden und außerdem eine günstige Ausnützung des Eisengehaltes der zugesetzten Erze zu erzwingen, so würde sich dennoch ein größerer absoluter Wärmebedarf ergeben, als er für den Schrottroheisenprozeß erforderlich ist. Dieser Mehrbedarf läßt sich durch die vorhin ermittelten Zahlen für jeden beliebigen Einsatz annähernd bestimmen. Würde beispielsweise ein Roheisen mit

$$1{,}0\,\%\ \mathrm{Si} + 0{,}5\,\%\ \mathrm{P} + 2\,\%\ \mathrm{Mn} + 4\,\%\ \mathrm{C}$$

verwendet, aus welchem durch die oxydierende Wirkung des Ofens beim Einschmelzen

$$0{,}3\,\%\ \mathrm{Si} + 0{,}2\,\%\ \mathrm{P} + 0{,}6\,\%\ \mathrm{Mn} + 1{,}2\,\%\ \mathrm{C} = 2{,}3\,\%$$

abgeschieden würde, so verbliebe zur Abscheidung durch Erz und durch oxydierende Wirkung des Ofens beim Fertigmachen

$$0{,}7\,\%\ \mathrm{Si} + 0{,}3\,\%\ \mathrm{P} + 1{,}4\,\%\ \mathrm{Mn} + 2{,}8\,\%\ \mathrm{C}.$$

Durch die oxydierende Wirkung beim Einschmelzen würde der Wärmebedarf verringert um

0,2 % P	× 11 (60)	= + 22	Kal.
0,6 % Mn	× 17 (61)	= + 10	„
1,2 % C	× 14	= + 17	„
	Sa.	29	Kal.
0,3 % Si	× 15 (58)	= — 5	„
	Sa.	24	Kal.

Durch die Erzwirkung beim Fertigmachen würde der Wärmebedarf erhöht um

	0,7% Si	× 65 =		45 Kal.
	0,3% P	× 40 =		12 „
	2,8% C	× 25 =		70 „
			Sa.	127 Kal.
abzüglich	1,4% Mn	× 7 =	—	10 „
			Sa.	117 Kal.

Der Mehrbetrag an Wärme, der zur Erzeugung von 1 kg Stahl aufzuwenden wäre, würde 117 — 24 = 93 Kal. oder ~ 27% betragen; und noch bedeutend erhöht werden, wenn das verwendete Erz Kieselsäure enthält.

Dagegen müßte statt eines Abbrandes von

(1% Si + 1% Fe) + 0,5% P + 2% Mn + (4% C + 0,2% Fe) = 8,7%

jetzt ein Zubrand von

	0,7 Si × 1,00 (69)	=	+ 0,7 %	
	0,3 P × 2,00 (71)	=	+ 0,6 %	
	2,80 C × 1,47 (75)	=	+ 4,1 %	
		Sa.	5,4 %	
ab 1,4 Mn × 0,32 (73) + obige 2,3*)		=	— 2,75%	
		Sa.	2,65%	

entstehen, der einigen Ersatz für den großen Wärmebedarf wie für die höheren Einsatzkosten gewährt, welche durch den Erzbedarf bedingt werden.

Es ist nicht schwer, sich diesen letzteren Vorteil zu sichern, wenn man die Arbeitsweise einhält, die bei der Besprechung des Roheisen-Erzprozesses mit flüssigem Einsatz beschrieben ist.

Die für die Erhöhung des Wärmebedarfes ermittelten Zahlen zeigen sofort, daß eine beträchtliche Erleichterung der Ofenarbeit erfolgen muß, wenn man dem Ofen das Roheisen statt in festem Zustande bereits eingeschmolzen zuführt. Dies erscheint für Werke, welche eigene Hochöfen haben, ohne weiteres ausführbar. Es würde diesen Werken den weiteren Vorteil gewähren, daß die Hochöfen die Kosten sparen können, die ihnen das Vergießen des Roheisens in Masseln, das Zerschlagen und die Abfuhr derselben verursacht. Allerdings würde die oxydierende Wirkung des Herdofens beim Einschmelzen in Fortfall kommen, wodurch der Erzsatz eine weitere Erhöhung erfahren müßte. Man hätte für das vorstehend angenommene Roheisen von der Zusammensetzung 1% Si, 2% Mn, 0,5% P, 4% C auszugehen. Ein derartiges Metall müßte einen Zubrand von

*) Oxydierende Wirkung des Ofens beim Einschmelzen.

	1 % Si	× 1,00 =	1,00 %
	0,5 % P	× 2,00 =	1,00 %
	4 % C	× 1,47 =	5,88 %
		Sa.	7,88 %
ab	2 % Mn	× 0,32 =	— 0,64 %
		Sa.	7,24 %

also um 4,59 % mehr als vorhin ergeben, während die Erhöhung des Wärmebedarfs sich auf

	1 % Si	× 65 =	65 Kal.
	0,5 % P	× 40 =	20 „
	4 % C	× 25 =	100 „
		Sa.	185 Kal.
ab	2 % Mn	× 7 =	— 14 „
		Sa.	171 Kal.

für das kg Stahl stellen müßte.

Brächte man aber das Roheisen mit einem Wärmegehalt von 250 Kal. in den Ofen, so würde man aus dem flüssigen Roheisen nunmehr $\frac{250}{107{,}24} = 233$ Kal. für das kg Stahl erhalten. Somit erscheint der Roheisenprozeß mit flüssigem Einsatz in bezug auf die vom Ofen zu leistende Wärmearbeit zum mindesten nicht unvorteilhafter, als der Schrottroheisenprozeß.

d) Der Roheisen-Erzprozeß mit flüssigem Einsatz.

Der Roheisen-Erzprozeß mit flüssigem Einsatz ist an vielen Orten versucht worden, doch hat er meist wenig befriedigende Resultate ergeben. H. H. Campbell sieht die hauptsächlichsten Schwierigkeiten bei diesem Prozeß in dem starken Schäumen des Bades während der ersten Periode der Entkohlung, durch welches die Arbeit im gewöhnlichen feststehenden Herdofen sehr unbequem wird. Das Bad steigt, und Schlacke, ja auch Metall gelangen an die sauer zugestellten Ofenteile, zuweilen selbst in die Kammern, und bringen den Ofen zum baldigen Erliegen, wenn man nicht vorzieht, sie über die Türschwellen auf das Arbeitsplateau laufen zu lassen, wodurch man wieder den Zugang zum Ofen erschwert oder gar ganz unmöglich macht. Campbell umging diese Schwierigkeiten dadurch, daß er einen von ihm konstruierten Kippofen anwendete, der sich von der Wellmannschen Konstruktion dadurch unterscheidet, daß die Gas- und Luftzuführung und damit die Heizwirkung nicht unterbrochen zu werden brauchen, wenn der Ofen gekippt wird. Das flüssige Roheisen wurde in diesen mit Erz und Kalk in genügender Menge beschickten Ofen direkt vom Hochofen gebracht. Campbell beschreibt den Verlauf des Prozesses wie folgt:

„Während der Verbrennung des Siliziums findet keine heftige Reaktion statt, aber gleich nachher gerät das gesamte Bad in Bewegung, worauf der Ofen soweit gekippt wird, daß das Metall von den Türen abgezogen und mehr auf die Rückwand gebettet wird. Hierdurch wird das Fassungsvermögen des Ofens praktisch auf das Doppelte gebracht, während die Flamme ihre Einwirkung wie gewöhnlich ausübt. In dieser Stellung wird der Ofen 2—3 und mehr Stunden gehalten, bis das Bad ruhiger geworden ist. Inzwischen sucht die Schlacke an den Köpfen überzuschäumen, muß dabei aber über eine zwischen Köpfen und Herd angebrachte Öffnung fließen. Diese Stelle ist zwar nicht breit, aber es ist speziell vorgesehen, daß die Schlacke dort durch ein kleines Loch in einen Schlackenfang abfließen kann. In dieser Weise wird eine recht beträchtliche Menge Schlacke entfernt und die Chargendauer erheblich abgekürzt.“

Weiter heißt es:

„Diese Methode der Verarbeitung von direktem Metall war in 50 t Öfen einige Jahre hindurch in mehr oder weniger beständiger Anwendung. Bei derartiger Arbeitsweise wurde der Eisengehalt der Erze in so großer Menge reduziert, daß das erhaltene Stahlgewicht, d. h. Blöcke plus Schrott das Gewicht des chargierten Roheisens um 4—6 % überstieg, wenn die Charge vollständig aus Roheisen bestand.“

Campbell erzielte somit sehr gute Resultate, aber er fand in denselben augenscheinlich keinen sehr in die Augen springenden Vorteil, denn er behauptet, ziemlich gleich gute Resultate auch mit kalt eingesetztem Roheisen erhalten zu haben. Ein 50 t Ofen, der mit kaltem, aus 97,5% Roheisen bestehendem Einsatz beschickt wurde, erzeugte im Jahre 1896 in einer Woche 437 t Stahl, was einer Monatsproduktion von 1894 t gleich kommt. Campbell behauptet weiter, daß die Verarbeitung von direktem Metall weder eine Umwälzung in der Stahlindustrie bedeute, noch auch neu sei; sie böte Vorteile bis zu gewissem Grade, erspare aber nicht soviel Zeit, als man erwarten möchte. Die Versuche an vielen anderen Orten ergaben, soweit Verf. bekannt, viel weniger günstige Resultate. Der erste, der behauptete, mit der Verarbeitung flüssigen Roheisens höhere Produktionen zu erzielen, als bei Verwendung von festem Einsatz, war Talbot. Dieser wies auch nachdrücklich auf das höhere Ausbringen und die Vorteile desselben hin, die bei seiner Methode erreicht werden.

1. Der Talbotprozeß.

Talbot ging von der allgemeinen Annahme aus, daß die Entkohlung mit der größten Intensität verläuft, wenn der Kohlenstoffgehalt des Metalles unter 1,5 % beträgt. Um den hohen Kohlenstoffgehalt des Roheisens auf diesen Betrag herunterzudrücken, benützte er den Kunstgriff, das Roheisen durch eine größere Menge von flüssigem Stahl zu verdünnen. Als Apparat wählte er einen größeren Kippofen, anfänglich von 75 t Inhalt, in welchem zunächst etwa 40 t

Stahl in gewöhnlicher Weise erzeugt wurden. Nach vollständiger Entkohlung wurden dem Bade Eisenoxyde in Form von Erzen oder Walzsinter und Kalk zugeführt und erhitzt, worauf dann etwa 10000 kg Roheisen in flüssiger Form eingeführt wurden. Dabei erfolgte eine sehr lebhafte Reaktion, bei welcher Si, Mn und P vollständig und Kohlenstoff in einem Maße abgeschieden wurde, das der aufgespeicherten Wärme entsprach. Die Einwirkung war immer so heftig, daß während des Eingießens des Roheisens Gas und Luft abgesperrt werden mußten, und daß trotzdem aus dem gebildeten Kohlenoxyd eine Flamme entstand, die aus den Ofentüren herausblies. Das Metall wurde darauf der Ofenwirkung ausgesetzt und in kurzer Zeit vollständig entkohlt. War der Ofen in dieser Weise mit Stahl angefüllt, so begann man denselben in regelmäßigen Perioden abzugießen, während entsprechende Mengen Erz und Roheisen nachgefüllt wurden. Der Prozeß wird in der geschilderten Weise zu einem ununterbrochenen. Man erhält jedoch im Ofen nur entkohltes Metall und muß die Desoxydation in der Pfanne ausführen, da sonst der Ferromanganverbrauch ungebührlich gesteigert werden würde.

Anfangs befürchtete man, daß durch Bodenbeschädigungen viele Störungen verursacht werden müßten. Es hat sich aber erwiesen, daß diese Befürchtungen unbegründet waren, indem die Reaktionen nur im oberen Teile des Bades verlaufen und den eigentlichen Boden nicht in Mitleidenschaft ziehen. Dagegen werden die Wände in der Schlackenlinie angegriffen und müssen nach jeder Charge repariert werden, was aber ohne Schwierigkeiten ausführbar ist.

Da bei derartiger Arbeit das Einschmelzen erspart wird, das Metall der Behandlung aber in einer Zusammensetzung ausgesetzt wird, in welcher es der Schrottroheisencharge nach beendetem Einschmelzen durchaus ähnlich ist, und da diese Zusammensetzung ein Fertigmachen in kurzer Zeit zuläßt, so schrieb man dem Talbotprozeß die Fähigkeit zu, sehr große Produktionen zu erzielen. Man übersah, daß die Kohlenstoffabscheidung durch Erz einen großen Wärmebedarf hervorruft, worauf H. H. Campbell in der Folge hingewiesen hat. Außerdem muß aber auch das Eisen von der Temperatur des flüssigen Roheisens auf die höhere Temperatur des vergießbaren Stahles erwärmt werden und diesen gesamten Wärmebetrag muß der Ofen eben liefern. Dazu gehört aber Zeit. Aus diesem Grunde haben sich die Erwartungen, die man an den Talbotprozeß in bezug auf Produktionsfähigkeit knüpfte, auch nicht ganz erfüllt, und man suchte das Ziel dadurch zu erzwingen, daß man den Fassungsraum der Öfen vergrößerte.

K. Poech beschreibt in St. u. E. 1906, S. 1301 und ff. die neuesten Talbotanlagen der Cargo Fleetworks in Middlesborough und der Jones u. Laughlin Steel Co. in Pittsburg.

Erstere umfaßt drei Kippöfen von je 175 t Fassungsvermögen, letztere hat Öfen mit einem Fassungsvermögen von sogar 200 t. Die Arbeitsweise ist im laufenden Betriebe für beide Anlagen im wesentlichen dieselbe. Nach dem Abgießen von 50 t Stahl werden zunächst die Zuschläge an Erz und Kalk eingesetzt und erhitzt und während sie schmelzen, werden die in der Schlackenlinie erforderlichen Reparaturen ausgeführt, welche viel geringer sein sollen als bei feststehenden Öfen. Sobald die Zuschläge eingescholzen sind, wird die erste Pfanne Roheisen eingegossen. Hierauf werden wieder Zuschläge gesetzt und auf diese wird die zweite Pfanne, welche immer eine weit geringere Reaktion ausübt, nachgegossen. Besonderer Wert wird darauf gelegt, nach dem Eingießen des Roheisens eine möglichst vollkommene Reaktion zu bekommen. Nach einer solchen enthält das Bad nur mehr rund 0,3 % C. Je größer die auf einmal eingegossene Menge an Roheisen und je höher der Siliziumgehalt desselben ist, desto lebhafter findet die Reaktion statt. Wenn das Bad sich nach dem zweiten Roheisenzusatz einigermaßen beruhigt hat, wird ein Teil der Schlacke entfernt, da eine zu dicke Schlackendecke das Fertigmachen verzögert. Das Ferromangan wird in der Gießpfanne zugegeben. Trotzdem nach der vorstehenden Beschreibung die Entkohlung sehr schnell zu erfolgen scheint, soll doch nur alle 6 Stunden eine Charge von 50 t abgestochen werden, was also einer Produktion von 200 t pro Tag gleichkäme. Der erste Ofen erzeugte in den ersten 12 Betriebswochen etwas weniger, nämlich rund 1000 t pro Woche, oder 120 kg Stahl für die Minute. Der Kohlenverbrauch betrug annähernd 25 %, das Ausbringen 105,7 %, auf das Gewicht des eingesetzten Metalles bezogen.

Des Umstand, daß kippbare Öfen erfordert werden, deren Bau sehr teuer ist, ist wohl hauptsächlich die Ursache, daß das Verfahren relativ geringe Verbreitung gefunden hat. A. Surzycki suchte es auch für feststehende Öfen verwendbar zu machen, indem er diese mit mehreren, in verschiedener Höhenlage befindlichen Abstichlöchern versah.

2. Die kombinierten Verfahren.

Zwei andere Verfahren, welche den Herdofen in den Stand setzen sollen, Roheisen ohne Schrott zu verarbeiten, sind die kombinierten Verfahren, nämlich der Witkowitzer Duplexprozeß und das Verfahren von Pszczolka-Daelen. Beiden liegt der Gedanke zugrunde, dem Roheisen den größten Teil der Reduktionsstoffe zu entziehen, bevor es in den Herdofen eingeführt wird. Als für diesen Prozeß geeignetes Roheisen benützte Witkowitz ein solches, das genügend viel Silizium enthält, um sich im sauer ausgekleideten Konverter entkohlen zu lassen, ohne dabei zu kalt zu werden, während andererseits der Phosphorgehalt so hoch ist, daß eine Behandlung auf basischem Herde erfolgen muß, und doch zu niedrig ist, um eine Behandlung im Thomaskonverter zu gestatten. Die Ausführung geschah in der Weise, daß das dem Hochofen entnommene Metall in der sauren Birne entsiliziert und bis auf etwa 1 % Kohlenstoff entkohlt wurde, worauf man es in den Herdofen überführte und dort durch Erzzusätze entphosphorte, und gleichzeitig die Entkohlung zu Ende führte. Dadurch wurden die Anforderungen an den Herdofen bedeutend herabgemindert, der Chargengang war kurz und die Öfen erreichten wohl die doppelte Produktion, die sie beim gewöhnlichen Schrottroheisenprozeß mit kaltem Einsatze herausbringen konnten. Das Verfahren verlangt aber eine vollständige Bessemeranlage, welche in Bau und Betrieb sehr teuer ist, weshalb es wenig Nachahmer gefunden hat.

L. Pszczolka suchte diesem Übelstande dadurch abzuhelfen, daß er zum Vorblasen statt des feststehenden Konverters die Transportpfanne verwendete, die das flüssige Roheisen vom Hochofen zum Herdofen schafft. Die erforderliche Gebläsemaschine ersparte er ebenfalls, indem er den Wind aus der Windleitung des Hochofens entnahm. Um diesen Wind trotz der geringen Pressung zum Vorblasen benutzen zu können, ließ er ihn nicht, wie es im Bessemerkonverter geschieht, durch das Eisen hindurchgehen, sondern auf die Oberfläche desselben einwirken. Da ferner die Gestehungskosten im Hochofen geringer sind, wenn der Siliziumgehalt des Roheisens niedrig ist, man für kalten Wind aber nicht gut ein Roheisen mit weniger als 1 % Si verwenden kann, so benutzten Pszczolka-Daelen den Wind aus der Heißwindleitung, durch dessen Eigenwärme sowie durch die Wärme des aus dem Eisen entwickelten und in Berührung mit dem heißen Winde verbrennenden Kohlenoxydes der Mangel an Silizium im Roheisen ausgeglichen werden sollte. Das Verfahren ist jedoch augenscheinlich mit größeren Schwierigkeiten verknüpft, jedenfalls hat es sich nicht einzubürgern vermocht. Ihm haftet gleich dem Witkowitzer Verfahren der Nachteil an, daß die Reduktionsstoffe im Eisen vollständig verloren werden und daß außerdem noch ein nicht unbeträchtlicher Abbrand an metallischem Eisen auftritt. Beide Verfahren gehören jetzt wohl schon der Geschichte an.

3. Das Bertraud Thiel-Verfahren.

Dieses Verfahren, auf welches das erste Patent im Jahre 1894 genommen, wurde zunächst mit festem Einsatze ausgeführt, wie auch das weiter unten angegebene Verfahren von Monell. Es erreichte jedoch größere Erfolge erst nach dem Übergang auf flüssigen Einsatz.

Es entstand aus der Annahme, daß die großen bei der Abscheidung der Reduktionsstoffe entstehenden Schlackenmengen den Prozeß ungünstig beeinflussen müssen, wenn sie bis zum Schluß der Charge mitgeschleppt werden; und diese Annahme ließ es vorteilhaft erscheinen, den Prozeß in zwei Operationen zu zerlegen, wodurch die Entfernung der Schlacken, die bei der ersten Operation fielen, ermöglicht wurde. Dabei erwies es sich denn, daß bei der ersten Operation in der Hauptsache Si, Mn und P abgeschieden werden, während vom Kohlenstoffgehalte nur etwa $^1/_3$ entfernt wird. Dieser erste Teil des Prozesses ist daher dem Kruppverfahren ungemein ähnlich; da er jedoch in einem basischen Herdofen ausgeführt wird, der die Erreichung höherer Temperaturen gestattet, so gelingt es nun, die sogleich gebildeten Eisensilikate und Phosphate fast vollständig in die Kalksalze umzusetzen und den Eisengehalt der entstandenen Schlacken bis auf ein Minimum zu erschöpfen. Dadurch erwächst natürlich die Möglichkeit besserer Ausnützung der Einsatzmaterialien unter gleichzeitiger Erhöhung des Metallausbringens.

Wie die Angaben auf S. 164 zeigen, kann man für den Fall der nur teilweisen Entkohlung die Schlackenmenge, die aus einem Gewichtsteil SiO_2 entsteht, auf 2,9 Gewichtsteile beschränken, während sie für den Fall der vollständigen Entkohlung auf 4,78 Gewichtsteile anwächst. Daher bedeutet eine Unterbrechung des Prozesses bei nur geringer Entkohlung die Überführung der Abscheidungsprodukte des Si, Mn und P in eine viel konzentriertere Form, als es sonst möglich ist, und damit anscheinend eine Verringerung der Schlackenmenge und folglich auch des gesamten Wärmebedarfes an sich. Der erstere Vorteil, nämlich die größere Konzentration von SiO_2 und P_2O_5 in der Schlacke, wird tatsächlich voll erreicht, der zweite jedoch, also die Verringerung der Gesamtmenge der Schlacke und ihr Einfluß auf den gesamten Wärmebedarf wird durch einen anderen Umstand illusorisch gemacht. Nach Beendigung der ersten Operation wird das Bad nämlich abgestochen und dabei das Metall in der rationellsten Weise von der Schlacke befreit; es gelangt schlackenfrei in den zweiten Ofen. Hier soll es von dem Reste des Kohlenstoffgehaltes befreit werden, dazu ist aber eine bestimmte größere Schlackenmenge erforderlich, damit dem Kohlenstoff genügende Mengen gelöster Eisenoxyde zur Verfügung stehen. Diese Schlackenmenge muß also neu geschaffen werden. Da jetzt im Metall kein Silizium mehr vorhanden ist, welches allein aus Eisenoxyd selbsttätig flüssiges Eisensilikat entstehen läßt, so muß dieses erst im Ofen aus Eisenoxyd und Kieselsäure gebildet werden und hierzu ist wiederum ein größerer Wärmeaufwand erforderlich. Außerdem kann es nun, bei Verwendung sehr reiner Erze, vorkommen, daß zu wenig Kieselsäure vorhanden ist und sich eine neue Kieselsäurezufuhr empfiehlt.

Das Verfahren, zu welchem ursprünglich zwei Öfen verwendet wurden, von denen der eine höher lag und direkt in den unteren abstach, wurde später dahin abgeändert, daß man die Öfen nebeneinander legte, die Charge des ersten Ofens in eine Pfanne abstach und diese dann anhob und ihren Inhalt in den zweiten Ofen überführte. Jetzt kann das Verfahren nach dem Patente von Hösch in einem einzigen Ofen ausgeführt werden, aus welchem das Metall nach der ersten Operation abgestochen wird, um sogleich nach Entfernung der Schlacke wieder in demselben Ofen zurückgeführt zu werden.

Über Betriebsresultat, die nach dem Verfahren in neuerer Zeit erzielt worden sind, berichteten H. Darby und G. Hatton dem Iron u. Steel Institute (s. St. u. E. 1905, S. 677), daß die Produktion einer Gruppe von 2 Öfen, von welchen der erste 15 t und der Fertigofen 20 t faßte, in 5 Tagen 908,435 kg Stahl betrug, was für 1 Ofen und Tag 91 t ausmacht, wobei verbraucht wurden: 26,7% Kohle für die

Generatoren, 5,1% basische Masse, 8,3% Kalk und 6,3% Kalkstein, 22,3% schwedische Erze und 3,4% Walzschlacke, wogegen ein Ausbringen von 104,02% bei einer anderen Versuchsserie von 104,5% erreicht wurde.

Die Schlacke des ersten Ofens ist bei Verwendung von hochphosphorhaltigem Roheisen sehr reich an Phosphorsäure und ist daher ebenso wertvoll, wenn nicht noch wertvoller, als die Thomasschlacke. Hierüber wird später eingehender gesprochen werden.

4. Der Monellprozeß.

Im Jahre 1900 nahm Ambrose Monell in Pittsburg ein Patent auf ein Verfahren, welches die Umwandlung von Roheisen in Stahl im gewöhnlichen feststehenden Herdofen ermöglichen soll. Dasselbe ist dadurch charakterisiert, daß eine Entphosphorung des Roheisens vor der Abscheidung größerer Mengen von Kohlenstoff erfolgt, wenn auf dasselbe Erze in genügend großer Menge zur Einwirkung gebracht werden. Zur Ausführung des Verfahrens wurde zuerst empfohlen, einen Teil der Charge kalt in den Ofen zu setzen, dann den gewöhnlichen Kalkzuschlag nebst 20% vom Eisengewichte an Erz zu geben. Nachdem diese gesamte Beschickung zur Rotglut angewärmt war, sollte der Rest des Roheisens in flüssiger Form darauf gebracht werden. Dabei sollte eine lebhafte Bildung basischer Schlacke unter rapider Oxydation des Phosphors, Siliziums und Mangans und eines Teiles des Kohlenstoffes erfolgen.

Offenbar wird auch hier das Verbleiben der erhaltenen Schlacke im Ofen für schädlich gehalten, denn es wird vorgeschrieben, von dieser Schlacke nach etwa einer Stunde bis zu 80% abzuziehen und das Metall fast unbedeckt zurückbleiben zu lassen. Dasselbe wird dann durch Zusatz neuer Mengen von Erz in etwa 5 Stunden entkohlt. Das Verfahren soll gegenüber dem gewöhnlichen einen Zeitgewinn ergeben, der in 40 t-Öfen statt 11 Chargen nunmehr 18 Chargen pro Woche zu machen gestattet.

Im Jahre 1902 verbesserten Monell und Rees James das Verfahren dahin, daß die gesamte Menge an Roheisen in flüssiger Form zur Anwendung gelangt, und zwar erst dann in den Ofen gebracht werden soll, wenn die Zuschläge (auf 100 Roheisen 25 Sinter und 6—7 Kalk) bereits auf Weißglut erhitzt sind. Es wird wiederum nach kurzer Zeit 80% der Schlacke entfernt und dann die Entkohlung unter Steigerung der Temperatur und weiterem Zusatz von Sinter in 4 Stunden oder mehr beendet.

5. Roheisenerzprozeß mit flüssigem Roheisen im gewöhnlichen feststehenden Herdofen.

Schrottmangel war auch auf dem südrussischen Hüttenwerke der Donetz-Jurjewka Aktiengesellschaft die Ursache zum allmählichen Übergang auf den Roheisenerzprozeß. Dabei regte der Wunsch, die großen Wärmemengen einigermaßen nutzbar zu machen, die dem aus dem Hochofen fließenden Roheisen anhaften und die bei der gewöhnlichen Arbeitsweise glatt verloren gingen, zu theoretischen Studien über das Wärmeproblem beim Herdofenprozeß an. Das erste Ergebnis derselben war die Erkenntnis der Unterschiede in den Energieänderungen, die bei den Reaktionen zwischen Eisenerz und den Reduktionsstoffen im flüssigen Roheisen auftreten, und aus ihnen wurde geschlossen, daß die Abscheidung der Stoffe mit exothermischen Reaktionen keinerlei Ansprüche an die Wärmeleistung der Öfen stellen dürfte, daß die dabei frei werdende Wärme eher nützlich sein müßte, indem sie zur Unterstützung der endothermischen Kohlenstoffreaktion beitragen könnte. Da weiter im allgemeinen zwei Stoffe aufeinander mit um so größerer Intensität einwirken, je größer die Konzentration ihrer Lösungen ist, wurde vermutet, daß es nicht notwendig sein müßte, zwecks erfolgreicher Abscheidung des Kohlenstoffes den Kohlenstoffgehalt des zu benützenden Metalles auf annähernd 1% zu verdünnen, wie es Talbot tat, dessen Verfahren damals schon bekannt war. Da sich die Richtigkeit obiger Vermutungen in der Hauptsache bei Versuchen bestätigte, bei welchen zunächst festes Roheisen ohne Schrottzusatz und ohne Zuschläge im Herdofen selbst eingeschmolzen, und hernach durch Erzzusätze gefrischt wurde, wurde auf den Einsatz flüssigen, direkt dem Hochofen entnommenen Roheisens übergegangen, und damit die Wärme gespart, welche zum Einschmelzen des festen Roheisens aufzuwenden ist. Das Verfahren ergab gleich anfangs günstige Resultate.

Bei der weiteren Ausbildung desselben wurde nun Wert darauf gelegt, alle benützten Einsatzmaterialien möglichst weit auszunützen, somit auch mit dem Eisengehalte der erforderlichen Eisenerze möglichst sparsam zu wirtschaften. Dabei erwies es sich denn, daß es durchaus nicht notwendig ist, die zu Anfang des Prozesses entstehenden sehr eisenreichen Schlacken zu entfernen. Es festigt sich im Gegenteil die Erkenntnis immer mehr, daß die Schlacke nichts weiter ist als das Lösungsmittel für den erforderlichen chemisch gebundenen Sauerstoff, und daß eine größere Schlackenmenge durchaus nicht die schädlichen Einwirkungen ausübt, die ihr offenbar sonst allgemein zugeschrieben wurden. Eine reichliche Schlackenmenge erwies sich vielmehr, wenn sie nicht ganz außergewöhnlich groß wurde, als nützlich. Man erkannte weiter, daß die Entfernung hocheisenhaltiger Schlacke aus dem Ofen nicht nur den Verlust einer entsprechenden Menge Eisen aus den Erzen bedeutet, sondern auch eine Verringerung des Zubrandes, den die Reduktionsstoffe im Eisen zu liefern vermögen. Die abgezogene Schlacke enthält ja das Eisen hauptsächlich in der Oxydulform, welche sich aus dem zugesetzten Eisenoxyde dadurch bildete, daß ein entsprechender Anteil an Reduktionsstoffen aus dem Metall oxydiert wurde, der natürlich glatt verloren gehen, d. h. Abbrand ergeben muß. Zubrand kann erst entstehen, wenn das Oxydul zu Metall reduziert wird. Daher ist erst Eisenoxydul das wirklich wertvolle Oxydationsmittel für den Herdofenprozeß, welches, nachdem es einmal im Ofen mit Opfern an Material erzeugt worden ist, nun auch voll ausgenützt werden soll. Aus diesem Grunde wurden denn auch, im Gegensatze zu den übrigen bekannt gewordenen Verfahren, Vorkehrungen getroffen, die einen Verlust an solchen eisenreichen Schlacken zu verhüten vermochten.

Die Ausführung des Verfahrens geschah in gewöhnlichen, für den Schrottroheisenprozeß gebauten 25 t-Öfen unter Verwendung von 20 t flüssigem Einsatz. In der Folge vergrößerte man die Badtiefe durch Höherlegen der Köpfe und Türöffnungen und brachte dadurch das Fassungsvermögen der Öfen auf 30 t-flüssiges Roheisen, ohne Änderungen an den Kammerabmessungen vorzunehmen.

Zu Beginn des Prozesses wurden zunächt die erforderlichen Zuschläge an Kalkstein und Erz in den Ofen gebracht und die Türschwellen mit grob gemahlenem Kalkstein so hoch angeschüttet, daß ein Überschäumen des Bades auch bei lebhafter Reaktion nicht zu befürchten war. Möglichst ohne Zeitverlust wurde dann das flüssige Roheisen in den Ofen gegossen, damit eine stärkere Vorwärmung des Erzes vermieden blieb. Sofort bei Berührung von flüssigem Roheisen und Erz erfolgten die exothermischen Reaktionen, und zwar so ruhig, daß die Flammenführung ungestört blieb. Nach kurzer Zeit setzte dann die Kohlenstoffabscheidung ein, um bald zu voller Intensität anzuwachsen. Die Schlacke stieg hoch und wurde schaumig und ihrer Oberfläche entströmte Kohlenoxydgas in großen Massen. Dabei konnte man sehr gut die Einflüsse beobachten, die einerseits die Bildung von Kohlenoxydgas aus dem Bade, andererseits der Druck der Flammengase im Herdraum auf den Grad der Auflockerung der Schlacke ausübten. Zwischen beiden Faktoren stellte sich ein Gleichgewichtszustand ein, der sich in einer bestimmten Höhe der Schlackenschicht ausdrückte. Verringerte man den Druck der Gase im Herdraume, so stieg diese Höhe, und zuweilen kam es beim Umschalten, wenn Gas und Luft abgestellt waren und der Kaminzug daselbst auf einen Augenblick Unterdruck erzeugte, vor, daß die Schlacke bis über die Höhe der Aufschüttung aufschäumte und teilweise über der Türschwelle abfloß, um bei Wiedereintritt der Flamme und damit der früheren Druckverhältnisse auf das alte Niveau zurückzusinken. Die auf diese Weise verlorenen kleinen Schlackenmengen wurden dann wieder in den Ofen zurückgegeben. Die Kohlenstoffabscheidung hält bei derartiger Arbeitsweise mehrere Stunden an und ihre Stärke hängt von der Menge der zugeführten Wärme ab. Dabei wird das eingesetzte Erz allmählich von der Schlacke gelöst, so daß diese eine Zeitlang eine Eisenoxydullösung von hoher Konzentration darstellt, aus welcher reichlich Eisen reduziert und vom Metallbade aufgenommen wird. Nachdem sämtliches Erz gelöst ist, sinkt der Eisengehalt der Schlacke bald und die Charge kann unter Verhältnissen beendet werden, die denen am Schlusse der Schrottroheisenchargen durchaus analog sind, nur daß die Schlackenmenge größer ist.

Ein Erzüberschuß verursacht den gleichen Nachteil wie beim Roheisenerzprozeß mit festem Einsatz oder wie ein Mangel an Reduktionsstoffen im Einsatz beim Schrottroheisenprozeß und muß daher sorgsam vermieden werden. Am einfachsten geschieht dies dadurch, daß man den anfänglichen Erzsatz etwas zu gering wählt und dann nach Bedarf nachsetzt. Bei richtig getroffenem Ersatze erreicht der Zubrand die Werte, die vorhin ermittelt wurden, und die Schlacke ist zum Schlusse so arm an Oxyden geworden, daß zur Desoxydation nicht mehr Ferromangan erforderlich ist als bei Chargen, die nach dem Schrottroheisenprozeß unter Verwendung der besten Einsatzmaterialien erzeugt worden sind. Die Aufsicht bei dem Verfahren ist ebenfalls einfach, nur müssen hier häufig Proben genommen und auf ihre Härte untersucht werden, wobei darauf zu achten ist, daß das Kochen stets mit einer dem Kohlenstoffgehalte des Metalles entsprechenden Intensität verläuft; einem vorzeitigen Nachlassen desselben ist durch Erzzusätze abzuhelfen. Wird diese Bedingung richtig eingehalten, so ist die Regulierung der Temperatur eine sehr einfache Sache, denn sie erfolgt fast selbsttätig. Man kann das Maximum an Gas und Luft (natürlich beide im richtigen Verhältnis zueinander) geben, das der Ofen zu fassen vermag, ohne eine Überhitzung desselben befürchten zu müssen, denn der große Wärmebedarf der endothermischen Kohlenstoffreaktion läßt es zum Auftreten eines Wärmeüberschusses nicht kommen. Die Temperatur stellt sich dem jeweiligen Kohlenstoffgehalt des Bades gemäß ein und nur die Kohlenstoffabscheidung erfolgt um so schneller, je mehr Wärme dem Bade zugeführt wird. Gefahr für den Ofen kann erst eintreten, wenn es an Kohlenstoff im Metall oder an Eisenoxydul in der Schlacke zu fehlen beginnt.

Als gutes Beispiel einer derartigen Charge mit regelmäßigem Verlauf sieht Verfasser die in St. u. E. 1905, S. 1434 angeführte Charge 8996 v. 16. IX. 1904 an, die daher auch hier angeführt sei.

Charge 8996.

Nr. der Probe	Zeit der Probenahme Uhr	Minuten seit Beginn	Metall C %	Metall Si %	Metall P %	Metall Mn %	Schlacke Fe %	Schlacke Mn %	Schlacke SiO_2 %	Schlacke CaO %	Schlacke MgO %	Schlacke P %	Bemerkungen
1	9^{25} / 9^{40}	— / 15	4,26	1,03	0,16	1,92	—	—	—	—	—	—	Roheisen aus beiden Pfannen
2	10	35	4.04	0,19	0,06	0,50	34,25	14,80	20,68	11,32	1,22	0,62	
3	10^{15}	50	3,84	0,04	0,02	0,28	31,60	14,87	20,42	13,32	2,23	0,77	
4	10^{45}	80	2,78	0,04	0,01	0,30	33,41	13,12	18,30	14,71	1,73	0,82	
5	11^{15}	110	2,38	Sp.	0.01	0,26	31,35	12,76	18,54	18,07	3,53	0,77	
6	11^{45}	140	1,77	„	0.01	0,28	27,96	11,91	18,06	21,49	4,61	0,77	
7	12^{15}	170	1,50	„	0,02	0,26	26,75	11,30	17,40	25,30	3,89	0,76	12 Uhr 330 kg Erz zugesetzt.
8	12^{45}	200	0,70	„	0,02	0,36	14,76	12,19	21,58	34.26	4,75	0,79	180 kg Erz zugesetzt.
9	1^{15}	230	0,12	„	0,02	0,46	11,50	11,62	21,10	37,57	5,83	0,77	20 kg Sand zugesetzt.
10	1^{45}	260	0,09	„	0,02	0,71	9,93	12,12	20,92	39,54	6,41	0,68	200 kg Ferromangan, um 1^{50} Uhr Abstich.

Benützt wurden 26 200 kg flüssiges Roheisen,
welche auf 2 330 „ = 8,5 % Kalkstein
und 5 720 „ = 21,8 % Erz mit 99 % Fe_2O_3
gegossen wurden.

Nachgesetzt wurden 330 kg und 180 „ } = 1,94 % Erz.

Zur Desoxydation wurden benützt 200 kg = 0,76 % Ferromangan mit 80 % Mn.

Um den Verlauf des Prozesses deutlicher zu machen, sind die vielen Zahlen der aufgeführten Analysen in den Diagrammen auf Seite 239 zusammengefaßt, von denen das erste die Abscheidung der Reduktionsstoffe in der Weise angibt, wie sie allgemein üblich ist, während das zweite die Arbeit des Sauerstoffes verdeutlichen soll. Die Zahlenwerte für das letztere sind in der früher angegebenen Weise aus den Analysenresultaten berechnet worden. Der gesamte Verbrauch dieser Charge an Sauerstoff wurde wiederum aus der Veränderung der Metallzusammensetzung und dem an Eisen gebundenen Sauerstoff in der Schlacke bestimmt. Die Menge der Endschlacke wurde hierzu auf Grund der wirksam gewesenen Menge Kieselsäure ermittelt. Für das vorstehende Beispiel wurde gefunden, daß dem Bade aus der Ofenzustellung für die Minute 1,2 kg SiO_2 zugefükrt wurde, somit in 260 M. $260 \times 1{,}2 = 312\ \text{kg} = \frac{312 \times 100}{26200} = 1{,}19\ \%$ vom Gewichte des eingesetzten Metalles. In der Endschlacke war daher Kieselsäure

1. von der Ofenzustellung stammten .	1,19 %
2. aus 1,03 % Si entstanden × 2,14 .	2,20 %
3. aus 8,5 % Kalkstein kamen à 1,65 %	0,14 %
4. aus 23,8 % Erz kamen à 1,0 % . .	0,24 %
5. aus 20 kg Sand	0,08 %
Total	3,85 % SiO_2.

Hieraus, sowie aus dem Gehalt der Endschlacke an SiO_2 im Betrage von 20,92 % ermittelt sich das Gewicht der letzteren zu

$$x : 3{,}85 = 100 : 20{,}92$$
$$x = 18{,}40\ \%.$$

Die Schlacke enthält 9,93 % Fe und an Fe sind 0,29 O gebunden, somit ist der Gehalt der Endschlacke an an Eisen gebundenen Sauerstoff $18{,}40 \times 0{,}993 \times 0{,}29 = 0{,}53\ \%$

Die Sauerstoffmenge, welche zur Veränderung der Metallzusammensetzung aufgewendet wurde, ist (unter Berücksichtigung der Zusätze an Ferromangan und Spiegel)

4,21 % C	× 1,33	= 5,60 % O	
1,03 % Si	× 1,14	= 1,17 % O	
0,14 % P	× 1,29	= 0,18 % O	
1,82 % Mn	× 0,29	= 0,53 % O	
		Zusammen	7,48 %
		der gesamte O-Verbrauch ist daher	8,01 %

Alle soeben gefundenen Sauerstoffmengen sind auf der Linie *kf* des zweiten Diagramms (siehe S. 239) aufgetragen und in der gleichen Weise sind die betreffenden Sauerstoffmengen für alle Zwischenstufen ermittelt worden.

Um nun auch die oxydierende Wirkung der Ofengase festzustellen, ist von dem gesamten Sauerstoffverbrauch 8,01%
der Sauerstoffgehalt des Erzes abzuziehen, nämlich . . . . $23{,}74 \times 0{,}99 \times 0{,}3 = 7{,}06\%$
Somit ist die Ofenwirkung 0,95% O.

Dieser Betrag ist in dem Stück *kh* auf der Ordinate *kf* aufgetragen, worauf Punkt *h* durch eine Gerade mit *o* verbunden wurde. Bei der Annahme, daß die oxydierende Wirkung des Ofens während der gesamten Chargendauer konstant gewesen ist, repräsentiert somit der Abstand der Punkte der Linie *oh* von der Abszissenachse die Ofenwirkung.

Ferner sind die Sauerstoffmengen, die mit den Erzen in den Ofen gelangten, auf die Ordinaten aufgetragen worden, welche der Zeit der Zusätze entsprechen und zwar von dem Schnittpunkte dieser Ordinaten mit der Linie *oh* der Ofenwirkung, und von den so erhaltenen Punkten *a*, *c* und *e* sind Parallele zur Linie der Ofenwirkung gezogen. Auf diese Weise geben die Linien *ab*, *cd* und *ef* an, wieviel Sauerstoff überhaupt dem Bade bis zu jedem Augenblicke zur Verfügung gestanden hat, und aus den einzelnen Ordinaten erkennt man, wieviel davon ausgenützt wurde, sowie wozu er verbraucht wurde.

Die von den Linien *ofgo* begrenzte Fläche, welche zur Charakterisierung einfach gestrichelt ist, begrenzt die Ordinatenstücke, welche die Menge Sauerstoff angeben, die in der Schlacke in Form von Eisenoxydul enthalten ist. Da jedoch dieser Sauerstoff unwirksam wird, sobald der Eisengehalt der Schlacke auf etwa 10% heruntergegangen ist, so wurde auch diejenige Sauerstoffmenge ermittelt, welche an die Eisenmenge gebunden ist, die 10% des Schlackengewichtes übersteigt, und auf diese Weise wurde die Trennungslinie der beiden verschieden gestrichelten Flächen gefunden. Nun zeigen die Ordinatenstücke innerhalb der unteren gestrichelten Fläche den Gehalt der Schlacke an wirksamem Sauerstoff. Man sieht, daß die Stoffe Si, P und Mn ihren Sauerstoffbedarf in den ersten 50 Minuten voll befriedigt haben und daß die später stattfindenden Änderungen so gering sind, daß sie in der graphischen Darstellung bei dem gewählten Maßstabe überhaupt nicht mehr sichtbar werden. Nur die Manganreduktion ist zum Schlusse der Charge ein wenig bemerkbar. Dagegen begnügt sich der Kohlenstoff anfangs mit einer relativ geringen Menge an Sauerstoff, um bald nachher der einzige und dabei große Konsument desselben zu werden.

Charge 8996.

Flüssiges Roheisen . . .	26200 kg		
Kalkstein	2330 „	=	8,5 %
Erz	5720 „	=	21,8 %
„	330 „	=	1,26 %
„	118 „	=	0,69 %
Ferromangan	200 „	=	0,76 %.

Diagramm I: Abscheidung der Reduktionsstoffe.

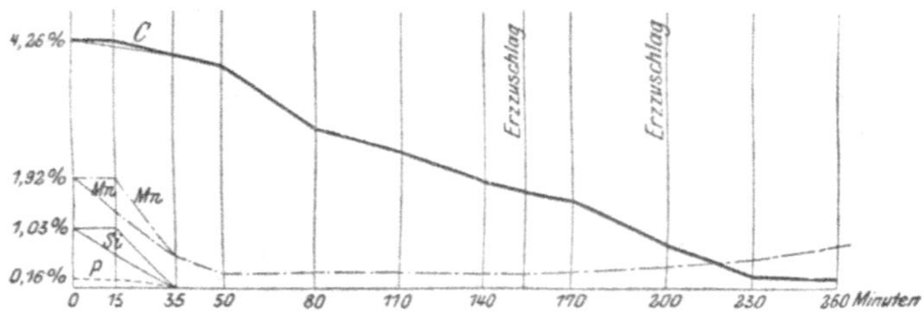

Fig. 31.

Diagramm II: Arbeit des Sauerstoffes.

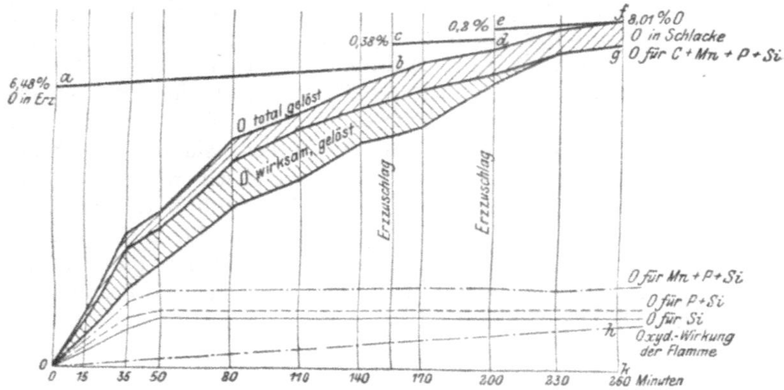

Fig. 32.

Zur Kritik des Resultates dieser Charge seien aus den angeführten Daten einige weitere abgeleitet:

Mit den Erzen wurde in den Ofen
einführt . . . , ... 23,74 × 0,99 × 0,7 = 16,47 % Fe
In der Endschlacke enthalten . 18,4 × 0,0993 = 1,83 % Fe
Somit, da von der Schlacke nichts verloren ging,
reduziert Eisen . . . . 14,64 % Fe

Abgeschieden wurden 4,21 % C
1,03 % Si
0,14 % P
1,82 % Mn 7,20 %
Somit betrug der Metallzubrand 7,44 %.

Der Zubrand hätte aber nach den früher ermittelten Werten betragen sollen:

$$
\begin{array}{rllr}
 & 4{,}21\,\%\ C & \times\ 1{,}47\ (74) = & 6{,}18 \\
 & 1{,}03\,\%\ Si & \times\ 1{,}00\ (68) = & 1{,}03 \\
 & 0{,}14\,\%\ P & \times\ 2{,}00\ (70) = & 0{,}28 \\
\hline
 & & & 7{,}49 \\
- & 1{,}82\,\%\ Mn & \ \ \ 0{,}32\ (72) & 0{,}58 \\
\hline
 & & \text{Sa.} & 6{,}91\,\%.
\end{array}
$$

Es ist also tatsächlich um 0,5 % höher gewesen, als nach den Formeln zu erwarten war. Es ist dies dadurch erreicht worden, daß der angewandte Erzsatz statt

$$
\begin{array}{llr}
4{,}21\ C & \times\ 3{,}60\ (73) = & 15{,}49 \\
1{,}03\ Si & \times\ 4{,}32\ (67) = & 4{,}45 \\
0{,}14\ P & \times\ 4{,}30\ (69) = & 0{,}60 \\
1{,}82\ Mn & \times\ 0{,}97\ (71) = & 1{,}76 \\
\hline
 & & 22{,}30\,\%\ Fe_2O_3
\end{array}
$$

$$= 22{,}3 : 0{,}99 = 22{,}5\,\%\ \text{Erz},$$

wie er theoretisch verlangt war, in Wirklichkeit 23,77 betragen hatte, und dies wurde unter Einhaltung der Bedingung der Endschlacke mit nicht über 10 % Fe nur dadurch möglich, daß der Charge stets genügend Sauerstoff aus Erz zur Verfügung stand, das Frischen daher mit voller Energie verlaufen konnte, wodurch sich die oxydierende Wirkung der Ofengase weiter erniedrigen ließ, als bei den früheren Berechnungen angenommen war. Zum Vergleich mit den späteren Beispielen seien noch zwei Daten ermittelt, nämlich die pro Minute nutzbar gemachte Sauerstoffmenge und das auf die gleiche Zeit bezogene Quantum an erzeugtem Stahl. Es sind im ganzen 7,48 % Sauerstoff, auf das Einsatzgewicht bezogen, zur Verbrennung der Reduktionsstoffe nutzbar gemacht worden, also

$$26\,200 \times 0{,}0748 = 1959\ \text{kg},$$

und zwar in 260 Minuten, daher für die Minute

$$\frac{1959}{260} = \sim 7{,}8\ \text{kg O}.$$

Aus den 26200 kg Roheisen wurden 26200 × 1,0744 = 28149 kg Stahl in 260 Minuten erzeugt, was einer Produktion von

$$\frac{28\,149}{260} = \sim 108\ \text{kg Stahl}$$

pro Minute gleichkommt.

Dr.-ing. Th. Naske gibt aus der großen Fülle von Material, das er mit unermüdlichem Fleiße gesammelt hat, in St. u. E. 1907 weitere sehr interessante Beispiele, von denen einige untenstehend aufgeführt sind. Bei diesen waren die verschiedenen Bedingungen absichtlich geändert worden, um den Einfluß der einzelnen Faktoren auf den Verlauf des Prozesses feststellen zu können.

Das erste Beispiel (St. u. E. 1907, Seite 231, Tabelle 6) weist ähnliche Bedingungen auf, wie die vorhin betrachtete Charge 8996, es wurde nämlich ein größerer Erzsatz in den Ofen gebracht und mit flüssigem Roheisen übergossen, bevor das Erz Zeit gehabt hatte, stärker vorgewärmt zu werden. Der Erzsatz betrug jedoch nur 16,1% gegen 21,8% beim vorigen Beispiel. Die verwendete Roheisenmenge betrug 20 t, wie sie auch bei den folgenden Beispielen geringer ist als bei Ch. 8996. Aus diesem Grunde kann man die Zahlen für die durchschnittliche Erzeugung für die Minute sowie für die in der Zeiteinheit im Durchschnitte nutzbar gemachte Sauerstoffmenge nicht direkt vergleichen, da größere Chargengewichte in dieser Hinsicht bessere Resultate aufweisen. Dagegen muß die Chargendauer bei kleineren Einsätzen kürzer sein als bei großen, wenn auch die Zeitersparnis nicht in direktem Verhältnis zur Verringerung des Chargengewichtes steht.

Dr.-ing. Naske, Tabelle 6.

Probe Nr.	Zeit Uhr	Minuten seit Beginn	Eisen C %	Eisen Si %	Eisen Mn %	Eisen P %	Eisen S %	Schlacke Fe %	Schlacke FeO %	Schlacke Fe_2O_3 %	Schlacke Mn %	Schlacke P_2O_5 %	Schlacke SiO_2 %	Bemerkungen
1	2^{40}	—	4,61	0,84	2,20	0,15	0,02	—	—	—	—	—	—	Zusammensetzung des Roheisens
2	3^{00}	20	4,56	0,19	0,45	0,05	0,01	41,51	47,88	6,10	15,22	2,36	17,68	
3	3^{20}	40	3,82	0,09	0,45	0,03	0,02	31,67	36,29	4,91	15,71	2,93	19,05	
4	5^{00}	140	2,04	0,06	0,45	0,02	0,01	14,71	16,67	2,71	13,96	2,44	21,66	
5	5^{15}	155	1,56	0,05	0,52	0,03	0,04	10,79	12,04	2,03	13,51	2,50	23,05	
6	5^{40}	180	1,47	0,05	0,63	0,03	0,02	10,32	10,36	3,23	12,67	2,35	23,00	820 kg Erz zugesetzt
7	6^{15}	215	0,42	0,05	0,49	0,03	0,05	10,56	11,44	2,37	12,04	2,03	22,90	81 „ „ „
8	7^{10}	270	0,08	0,05	0,86	0,03	0,05	9,25	9,76	2,87	11,80	2,03	23,60	Nach Zuschlag von 100 kg Spiegel
9	7^{30}	290	0,07	0,02	0,91	0,03	0,03	7,35	7,47	2,20	14,49	1,72	22,25	Fertigprobe 245 kg Ferromangan

Einsatz:	20303 kg flüssiges Roheisen	
	984 „ Kalkstein	= 4,84%
	3280 kg Erz = 16,1%	= 4,75% O
nach 180 Minuten:	820 „ „ = 4,04%	= 1,18% O
„ 215 „	81 „ „ = 0,40%	= 0,12% O
	4181 kg Erz = 20,54%	= 6,05% O.

Diagramm I: Abscheidung der Reduktionstoffe.

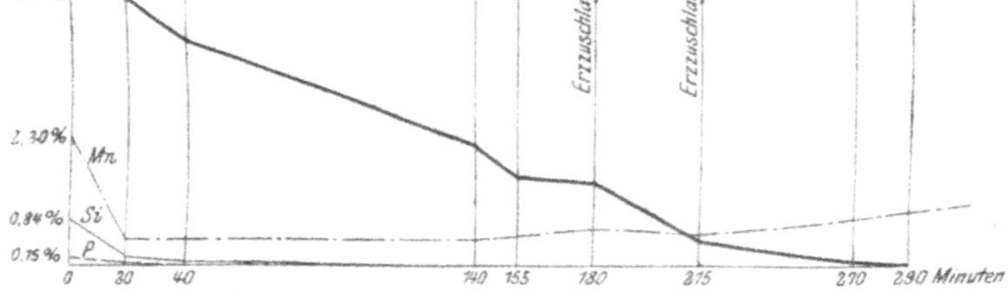

Fig. 33.

Diagramm II: Arbeit des Sauerstoffes.

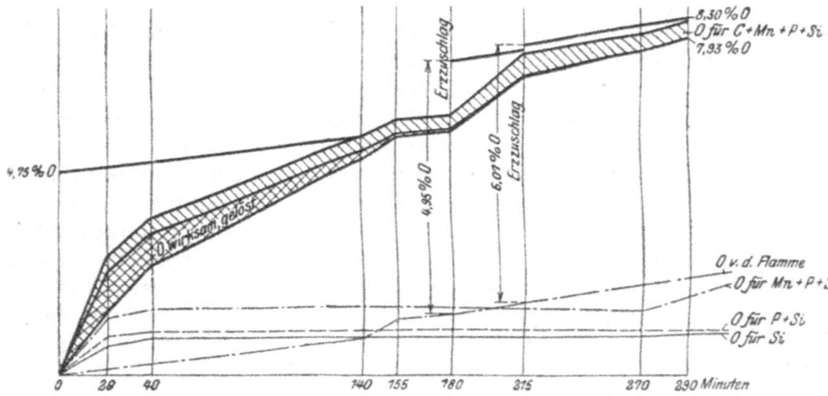

Fig. 34.

Zur betreffenden Charge (Tabelle 6) wurden 20 303 kg flüssiges Roheisen und 4181 kg Erz mit 98 % Fe_2O_3 verbraucht. Der chemische Verlauf derselben ist durch die auf S. 241 gegebene Tabelle illustriert.

Man sieht zunächst aus den Analysen, daß das Metall jetzt nur kürzere Zeit hindurch der Einwirkung einer stark eisenhaltigen Schlacke ausgesetzt war, und daß es sich in der Zeit von 140 Minuten nach Beginn bis zum Schlusse mit einer eisenarmen Schlacke begnügen mußte, trotzdem Erz nachgesetzt wurde.

Das Ausbringen bei dieser Charge ermittelt sich wie vorhin, nämlich:

Mit den Erzen eingebrachtes Eisen	20,54 % × 0,98 × 0,7	= 14,08 %
In der Endschlacke (Gewicht derselben ergibt sich zu 17,5 %) enthalten	17,50 % × 0,073	= 1,28 %
Aus den Erzen reduziertes Eisen		12,80 %
Aus dem Eisen abgeschiedene Reduktionsstoffe 4,64 % C + 0,82 % Si + 2,35 % Mn + 0,12 % P		= 7,93 %
	Somit Zubrand	4,87 %

Der Zubrand hätte sein sollen

$$4{,}64\,\%\ \mathrm{C} \times 1{,}47 + 0{,}82\,\%\ \mathrm{Si} \times 1{,}0 + 0{,}12\,\%\ \mathrm{P} \times 2{,}0$$
$$- 2{,}35\,\%\ \mathrm{Mn} \times 0{,}32 = 7{,}13\,\%.$$

Er ist somit um mehr als 2 % hinter dem theoretischen zurückgeblieben. Worin liegt die Ursache dazu?

Der Erzverbrauch hätte sein sollen

$$4{,}64\,\%\ \mathrm{C} \times 3{,}60 + 0{,}82\,\%\ \mathrm{Si} \times 4{,}32 + 0{,}12\,\%\ \mathrm{P} \times 4{,}30$$
$$+ 2{,}35\,\%\ \mathrm{Mn} \times 0{,}97 = 23{,}03 : 0{,}98 = 23.5\,\%;$$

ist aber nur 20,54 % gewesen. Somit war die angewendete Erzmenge zu gering und es wurden größere Ansprüche an die oxydierende Wirkung der Flamme gestellt, wodurch gleichzeitig auch eine Verlängerung der Chargendauer bedingt wurde.

Aus dem Diagramm der Sauerstoffarbeit (Seite 242) ersieht man, daß das Metall in der Zeit von 155—180 Minuten und von etwa 225—290 Minuten nur durch die oxydierende Wirkung der Flammengase gefrischt wurde, was natürlich langsamen Chargengang und Abbrand verursachen mußte. Man sieht ferner, daß die Anfangstemperaturen niedrig waren, indem ganz wie bei Beispiel 8996 der Kohlenstoff in den ersten 20 Minuten (bzw. 35) nur wenig Sauerstoff verbrauchte und den Löwenanteil den übrigen Reduktionsstoffen überließ.

Bei dieser Charge wurden für die Minute nutzbar gemacht

$$\frac{0{,}0793 \times 20303}{290} = 5{,}5 \text{ kg O}$$

und Stahl erzeugt

$$\frac{20{,}303 \times 1{,}0487}{290} = 73 \text{ kg},$$

also um so viel weniger gegen das vorige Beispiel, daß das geringere Einsatzgewicht allein zur Erklärung des Unterschiedes nicht ausreichend ist.

Das folgende Beispiel (Tabelle 7, Seite 231, ebenda) zeigt den Verlauf einer Charge, der man die Erzzusätze in kleinen Mengen und dem Bedarf entsprechenden Zeitabschnitten zuzufügen suchte. Der chemische Verlauf ist in nachstehender Tabelle wiedergegeben.

Tabelle 7 (St. u. E. 1907, S. 231).

Einsatz: 2460 kg Erz und 820 kg Kalkstein, darauf gegossen 20580 kg flüssiges Roheisen.

Probe-Nr.	Zeit	Minuten seit Beginn	Metall					Schlacke						Bemerkungen
	Uhr		C %	Si %	Mn %	P %	S %	Fe %	FeO %	Fe_2O_3 %	Mn %	P_2O_5 %	SiO_2 %	
1	4^{00}	—	4,26	1,26	2,83	0,18	0,02	—	—	—	—	—	—	Zusammensetzung des Roheisens
2	4^{15}	15	3,87	0,14	0,56	0,07	0,02	18,62	22,41	1,70	18,43	2,05	25,20	
3	4^{40}	40	3,74	0,07	0,35	0,02	0,02	14,59	16,47	2,54	17,80	2,35	24,70	820 kg Erz zugesetzt
4	5^{45}	105	3,14	0,05	0,35	0,01	0,02	22,06	25,00	3,73	14,59	2,13	21,65	820 „ „ „
5	6^{55}	175	1,91	0,05	0,[illegible]5	0,01	0,04	13,64	16,00	1,70	13,06	1,73	22,20	410 „ „ „
6	7^{20}	200	1,25	0,04	0,42	0,03	0,04	12,10	14,02	1,70	12,74	1,67	23,75	410 „ „ „
7	7^{40}	220	0,71	0,02	0,42	0,05	0,08	10,67	12,51	1,34	12,43	1,53	24,30	
8	9^{00}	300	0,05	0,01	0,56	0,05	0,06	—	—	—	—	—	—	Vorprobe

Hier ist die Schlacke während des ganzen Verlaufes der Charge recht arm an Eisen, ausgenommen vielleicht die Perioden von Beginn bis 40 Minuten und zwischen 105 und 175 Minuten.

Mit dem Erz (23,9 %) wurde in den Ofen gebracht	$23{,}9 \times 0{,}98 \times 0{,}7$	= 16,39 % Fe
In 18,3 % Endschlacke waren enthalten	$18{,}3 \times 0{,}1067$	= 1,95 % „
Somit wurden reduziert		14,44 % Fe
Abgeschieden wurden 3,55 % C + 1,24 % Si + 2,41 % Mn + 0,13 % P		= 7,33 %
Somit entstand ein Zubrand von		7,11 %.

Der Erzzusatz ist mit 23,9 % für den betrachteten Zeitraum von 220 Minuten wiederum, analog dem ersten Beispiel Charge 8996, größer gewesen als der theoretische, der sich auf nur 21,4 % stellt. Aus diesem Grunde ist auch der Zubrand von 7,11 % größer als der theoretisch nach den angenommenen Formeln errechnete, der nur 6 % ausmacht. Leider ist die Zusammensetzung der Endschlacke nicht angegeben, daher ist es nicht möglich, die Vorgänge während des Zeitraumes 220—300 Minuten, d. i. der Entkohlung von 0,71 % auf 0,05 % zu verfolgen. Das Steigen des Mangangehaltes des Metalls in dieser Periode und die lange Dauer derselben lassen vermuten, daß kein Erz mehr zugesetzt wurde und daß die Einwirkung nur durch die oxydierende Wirkung der Flamme unter sauerstoffarmer Schlacke erfolgte. Dadurch wird denn das Ausbringen am Schlusse der Charge wieder herabgedrückt worden sein.

Frischen mit wiederholten Erzzusätzen.

St. u. E., S. 231, Tabelle 7.

Flüssiges Roheisen	20580 kg		
Kalkstein	820 „	=	4 %
Erz mit 2 % SiO_2 98 % Fe_2O_3: Anfangssatz	2460 „	=	3,5 % O
Zusätze: 40 Min.	820 „	=	1,17 % O
105 „	820 „	=	1,17 % O
175 „	410 „	=	0,58 % O
200 „	410 „	=	0,58 % O.

Diagramm I: Abscheidung der Reduktionsstoffe.

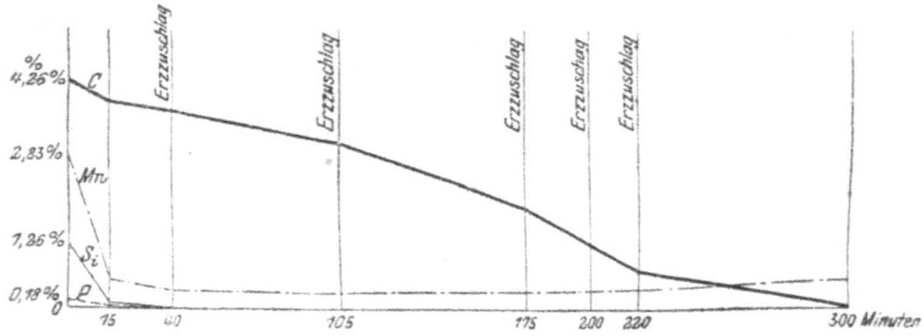

Fig. 35.

Diagramm II: Arbeit des Sauerstoffes.

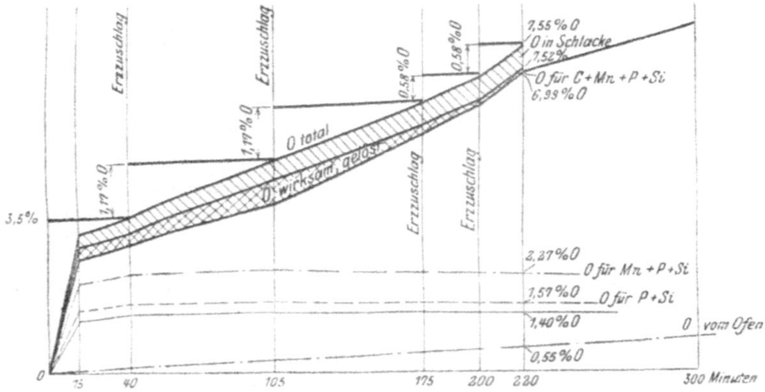

Fig. 36.

An Sauerstoff wurde bis zum Schlusse der 220. Minute nutzbar gemacht 6,6 kg für die Minute, während die Stahlerzeugung auf die gesamte Chargendauer bezogen werden muß und sich auf 73 kg für die Minute stellt. Hätte man einen weiteren kleinen Erzzusatz gegeben, so hätte man das Ende der Charge um reichlich 20 Minuten früher erreichen und die Produktion auf 80 kg für die Minute bringen, also um 10% erhöhen können.

Ein anderes, sehr interessantes Beispiel, bei welchem das Roheisen zunächst durch 90 Minuten ohne Zusätze erhitzt wurde, um es auf hohe Temperatur zu bringen und den Einfluß der letzteren auf den Chargengang beobachten zu können, zeigen die Tabellen 5 und 10 (ebenda S. 230 und 233) auf S. 246.

Aus dem Sauerstoffdiagramm (S. 247) ersieht man zunächst, daß in der Zeit der Erhitzung des Roheisens ohne Zuschläge eine kleine plötzliche Abscheidung von Reduktionsstoffen gleich beim Eintritt des Roheisens in den Ofen erfolgte, die nur darauf zurückgeführt werden kann, daß daselbst etwas Schlacke von der vorhergehenden Charge vorhanden war, deren Oxyde diese Umwandlung verursachten. Der größte Teil der Sauerstoffmenge, welche durch die Linie *o a b* angegeben wird, muß auf Rechnung dieser Schlacke gesetzt werden, durch welche wiederum hauptsächlich Si, P und Mn angegriffen werden. Nach 30 Minuten beginnt aber der Kohlenstoff, dank der sauerstoffarmen Schlacke, das gebildete Manganoxydul zu reduzieren, während er dem Abscheidungsprodukt des Siliziums nichts anhaben konnte. Die in der Vorwärmperiode ziemlich heftige oxydierende Wirkung der Flamme wird durch die Linie *o b c d* zum Ausdruck gebracht, deren angegebene Punkte in der bekannten Weise bestimmt wurden. Nach 90 Minuten langer Erhitzung erhält das Bad den ersten, allerdings zu kleinen, Erzzusatz, dem dann aber in richtigen Zeitpunkten weitere,

Dr. ing. Th. Naske, Tab. 5 u. 10 (St. u. E. 1907, S. 230 u. 233).

20018 kg flüssiges Roheisen durch 90 Minuten ohne Zusätze erhitzt, hernach Erzzusätze gegeben und das Metall in Flußeisen umgearbeitet.

Probe-Nr.	Zeit Uhr	Minuten seit Beginn	Metall C %	Metall Si %	Metall Mn %	Metall P %	Metall S %	Schlacke Fe %	Schlacke FeO %	Schlacke Fe_2O_3 %	Schlacke Mn %	Schlacke P_2O_5 %	Schlacke SiO_2 %	Bemerkungen
1	10^{00}	—	4,47	0,70	2,31	0,15	0,04	—	—	—	—	—	—	Probe v. d. Einkippen in d. Martinofen
2	10^{05}	5	4,45	0,44	2,17	0,12	0,03	4,86	n. b.	n. b.	16,96	1,65	27,70	Proben aus dem Martinofen
3	10^{30}	30	4,31	0,40	2,27	0,15	0,03	3,14	n. b.	n. b.	7,42	0,21	34,60	
4	10^{50}	50	4,14	0,33	2,41	0,15	0,02	1,07	n. b.	n. b.	3,71	0,05	41,30	
5	11^{15}	75	4.04	0,23	2,48	0,14	0,02	0,95	n. b.	n. b.	2,94	0,02	39,80	
6	11^{30}	90	3,76	0,18	2,48	0,14	0,02	1,72	n. b.	n. b.	2,94	0,05	35,80	Charge sehr heiß 820 kg Erz
7	11^{55}	115	2,98	0,05	0,87	0,06	—	10,85	12,05	2,11	18,97	2,29	22,90	Nach Probe 1640 „ „
8	12^{20}	140	2,56	0,05	0,35	0,02	—	26,03	29,43	4,48	16,24	2,00	18,50	„ „ 820 „ „
9	1^{15}	195	1,60	0,05	0,31	0,04	—	14,88	17,55	1,77	14,42	1,74	22,80	„ „ 820 „ „
10	2^{05}	245	0,46	0,02	0.28	0.01	—	—	—	—	—	—	—	Charge überfüttert
11	2^{35}	275	0,22	0,02	0,28	0,01	—	14.88	17,83	1,44	11,76	1,85	20,70	
12	3^{00}	300	0,05	0,01	—	0,01	—	13,52	14,82	2,87	10,85	1,58	18,70	Bad kalt, Vorprobe rotbrüchig

reichlich bemessene Zusätze folgen, durch welche das Sauerstoffbedürfnis der Charge mehr als gedeckt ist. Man sieht daher auch, daß die oxydierende Wirkung der Flamme in dem Zeitraume zwischen 90 und 300 Minuten nur noch den sehr geringen Betrag von 0,3 % aufweist, so daß die Linie, welche dieselbe darstellt, der Abszissenachse fast parallel verläuft.

St. u. E. 1907, S. 230 u. 232, Tab. 5 u. 10.

Einsatz: 20013 kg flüssiges Roheisen durch 90 Minuten ohne Zusätze erhitzt,
darauf nach 90 Min.: 820 kg Erz = 4,1 % Erz = 1,205 % O
„ 115 „ 1640 „ „ = 8,2 % „ = 2,41 % O
„ 140 „ 820 „ „ = 4,1 % „ = 1,205 % O
„ 195 „ 820 „ „ = 4,1 % „ = 1,205 % O
Summa: 4100 kg Erz = 20,5 % Erz = 6,025 % O.

Diagramm I: Abscheidung der Reduktionsstoffe.

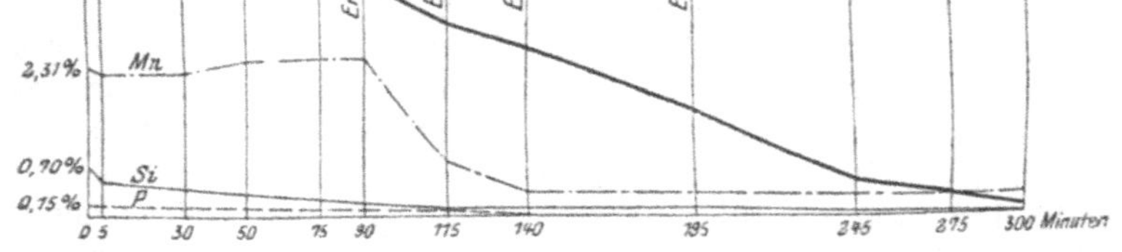

Fig. 37.

Diagramm II: Arbeit des Sauerstoffes.

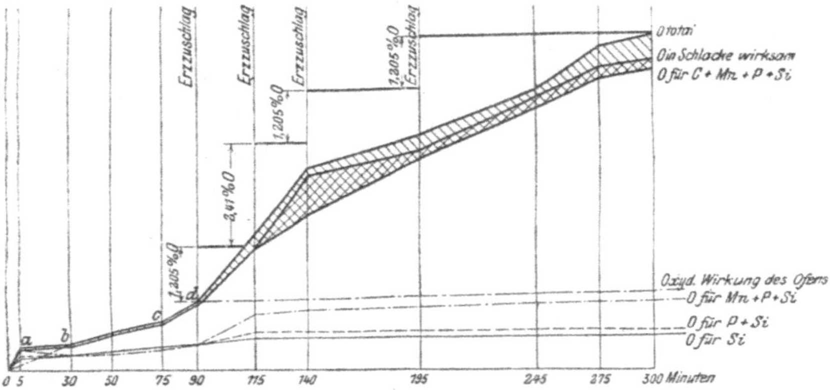

Fig. 38.

Der erste Erzzusatz entfernt auch aus diesem und zwar sehr heißen Bade das Silizium und den Phosphor in dem Zeitraum zwischen 90 und 115 Minuten vollständig, während von Mangan kleine Mengen sich noch weiter 15 Minuten halten. Nachher wird das Erz, wahrscheinlich infolge hoher Temperatur des Metalles und guter Wärmeübertragung, vom Kohlenstoffe ebenso schnell reduziert, als es von der Schlacke gelöst werden kann, so daß der Gehalt der letzteren an Eisen nicht steigt.

Betrachtet man diese Charge von dem Augenblicke des ersten Erzzusatzes, also von 90 Minuten bis zum Schlusse derselben, so findet man:

In 20,5 % Erz waren enthalten $20{,}5 \times 0{,}98 \times 0{,}7 = 14{,}0\,\%$ Fe
In 20 % Endschlacke sind verblieben $20 \times 0{,}1352 = 2{,}7\,\%$ Fe
Somit sind reduziert $11{,}3\,\%$ Fe

Abgeschieden wurden:
$3{,}71\,\%\,\mathrm{C} + 2{,}20\,\%\,\mathrm{Mn} + 0{,}17\,\%\,\mathrm{Si} + 0{,}13\,\%\,\mathrm{P} = 6{,}31\,\%$
Der Zubrand ist daher $5{,}0\,\%$

Er hätte sein sollen

$$3{,}71\,\%\,\mathrm{C} \times 1{,}47 + 0{,}17\,\%\,\mathrm{Si} \times 1 + 0{,}13\,\%\,\mathrm{P} \times 2 - 2{,}20\,\%\,\mathrm{Mn} \times 0{,}97 = 5{,}18\,\%,$$

ist also etwas zu gering ausgefallen, und zwar dadurch, daß statt des erforderlichen Erzsatzes von 17,7 % diesmal 20,5 % verwendet wurden. Der zu große Ersatz hat also dem Ausbringen nur wenig geschadet, aber das Erz ist schlecht ausgenützt worden und außerdem sind die früher erwähnten Übelstände des stark abgekühlten und überoxydierten Metalles eingetreten, wie aus den Bemerkungen bei den Analysenresultaten zu ersehen ist.

Pro Minute wurden $\frac{20018 \times 1{,}05}{210} = \sim 100$ kg Stahl erzeugt,

und diese hohe Ziffer zeigt den Nutzen deutlich, den die Vorwärmung durch Beschleunigung der endothermischen Kohlenstoffreaktion ausübt. Man sieht auch im Diagramm einen Unterschied gegen früher, denn nun beansprucht der Kohlenstoff schon innerhalb der ersten 15 Minuten mehr als die Hälfte des ausgenützten Sauerstoffes für sich, während er sich bei den vorher betrachteten Beispielen mit weniger als $^1/_3$ begnügte.

Die für die Minute nutzbar gemachte Sauerstoffmenge beträgt

aber jetzt $\frac{20018 \times (0{,}0704 - 0{,}0152)}{210}$ nur $\sim 5{,}2$ kg und ist damit

geringer, als bei allen vorhin betrachteten Beispielen. Der Grund dieses anscheinend merkwürdigen Ergebnisses ist einfach: das Metall enthielt zur Zeit des ersten Erzzusatzes, von welchem ja ausgegangen wird, von Reduktionsstoffen fast ausschließlich nur noch Kohlenstoff, während die übrigen Sauerstoffverbraucher bereits ausgeschieden waren. Ein solches Metall bedarf daher weniger Sauerstoff. Dieser Umstand zeigt aber, daß das von Dr. ing. Naske gewählte Charakteristikum, die zur Abscheidung der Reduktionsstoffe verbrauchte Sauerstoffmenge, nicht gut als allgemeiner Vergleichswert für die Ofenleistung benützt werden kann.

Ähnliche Resultate, d. h. Beschleunigung der Kohlenstoffabscheidung zeigt auch das nächste Beispiel (siehe umstehend), bei welchem das Erz vor dem Einbringen des Roheisens den höchsten im Herdofen erreichbaren Vorwärmungsgrad erhalten hatte, nämlich eingeschmolzen war.

Dr. ing. Th. Naske, Tab. 9 (St. u. E. 1907, S. 232).

Auf 3280 kg eingeschmolzenes Erz (185%) wurden 17843 kg flüssiges Roheisen zur Einwirkung gebracht.

Probe-Nr.	Zeit	Minuten seit Beginn	Metall					Schlacke						Bemerkungen
			C	Si	Mn	P	S	Fe	FeO	Fe_2O_3	Mn	P_2O_5	SiO_2	
	Uhr		%	%	%	%	%	%	%	%	%	%	%	
1	1^{20}	—	3,90	1,03	1,56	0,14		Nicht untersucht						Analyse des Roheisens
2	1^{35}	15	3,35	0,05	0,28	0,01								
3	2^{15}	55	2,51	0,05	0,24	0,01								Nach Probe 820 kg Erz
4	2^{40}	80	1,69	0,05	0,24	0,01								
5	3^{20}	120	0,66	0,05	0,31	0,01								Nach Probe 820 kg Erz
6	3^{50}	150	0,29	0,05	0,35	0,01								
7	4^{10}	170	0,07	0,02	0,39	0,02								Vorprobe rotbrüchig. 50 kg Spiegel
8	4^{30}	190	0,07	0,02	0,39	0,02								Fertigprobe

Leider sind hier die Schlackenanalysen nicht angegeben, so daß man das Beispiel nicht vollständig untersuchen kann.

Man sieht aus dem nachfolgenden Diagramm auf S. 250, daß auch hier die Kohlenstoffabscheidung von Hause aus einen größeren Teil Sauerstoff an sich reißt, obgleich die übrigen Reduktionsstoffe dessen ungeachtet sofort vollständig abgeschieden werden. Die Wirkung des eingeschmolzenen Erzes äußert sich in der großen Produktion von 99 kg für die Minute, trotzdem der Einsatz nur 17800 kg betrug, wobei bei der jetzt vorliegenden Zusammensetzung des Roheisens 6,4 kg Sauerstoff nutzbar gemacht wurden.

Die angeführten Beispiele dürften genügen, um den Prozeß und die Bedingungen zu charakterisieren, bei welchen die besten Resultate erzielt werden. Man sieht, daß richtige Bemessung des Erzsatzes das höchste Ausbringen und den kürzesten Chargengang ergibt, wobei es ziemlich gleichgültig ist, ob man das Erz gleich anfangs auf einmal, oder ob man es sukzessive in kleinen Raten zusetzt. Das erstere aber ist mehr zu empfehlen, da man dadurch Perioden mit Erzmangel leichter vermeiden kann. Anwesenheit genügender Mengen Erz verringert die Ofenwirkung stark, ja schaltet sie fast vollkommen aus, während Erzmangel sie sofort wieder in Wirksamkeit treten läßt. Durch die oxydierende Wirkung des Ofens wird aber gleichzeitig das Ausbringen verringert und die Chargendauer in die Länge gezogen.

Die Nachteile zu großer Erzzusätze sind bereits mehrfach erwähnt worden.

Die Geschwindigkeit des Verlaufes des Prozesses steht ferner in direkter Abhängigkeit von den größeren oder geringeren Mengen an Wärme, welche zur Verfügung stehen. Heißes Roheisen und vorgewärmtes Erz lassen die Kohlenstoffabscheidung mit entsprechend verstärkter Intensität beginnen und verlaufen. Daher ist es für den Prozeß von Vorteil, wenn die Eigenwärme, die dem aus dem Hochofen kommenden Roheisen anhaftet, möglichst voll in den Herdofen gelangt. Man wird sich zu Maßregeln, die Wärmeverluste verhüten können, um so leichter entschließen, als ein hoher Wärmegrad des Roheisens keinerlei Nachteile verursacht. Wenigstens hat sich in mehr als fünfjähriger Betriebsdauer nach dieser Methode kein einziger Fall ergeben, der das Gegenteil bewiesen hätte.

Eine Vorwärmung des Erzes kann aber kaum in Frage kommen, denn die Ausnützung der Heizwirkung der Öfen dürfte beim Einschmelzen der Erze wesentlich ungünstiger sein, als während des Frischens des Metalles mit Erzsauerstoff. Wenn jedoch nicht genügend flüssiges Roheisen vorhanden ist und die Herdöfen auf dasselbe warten müssen, hat der Gedanke an Vorwärmung des Erzes viel Verlockendes. Man hätte dann keine Betriebspausen mehr, denn man könnte in solchen die Ofenwirkung auf das Erz ausüben und in ihm die betreffenden Wärmemengen aufspeichern, um hernach imstande zu sein, die Chargen entsprechend schneller fertig zu machen. Eine derartige

Arbeitsweise erscheint nicht unmöglich, wird sie doch beim Talbotverfahren tatsächlich eingehalten. Sie hat aber ihre großen Nachteile, denn wenn das flüssige Roheisen auf hocherhitztes Erz trifft, erfolgt

St. u. E. 1907, S.232, Tab. 9.

Flüssiges Roheisen	17843 kg auf		
Kalkstein	820 „ = 4,6%		
und eingeschmolzenes Erz . .	3280 kg = 18,5%	Erz = 5,44% O	
nach 55 Minuten	830 „ = 4,6%	„ = 1,25% O	
„ 120 „	81 „ = 0,45%	„ = 0,13% O	
Summa: Erz	4181 kg = 23,55%	Erz = 6,92% O.	

Diagramm I: Abscheidung der Reduktionsstoffe.

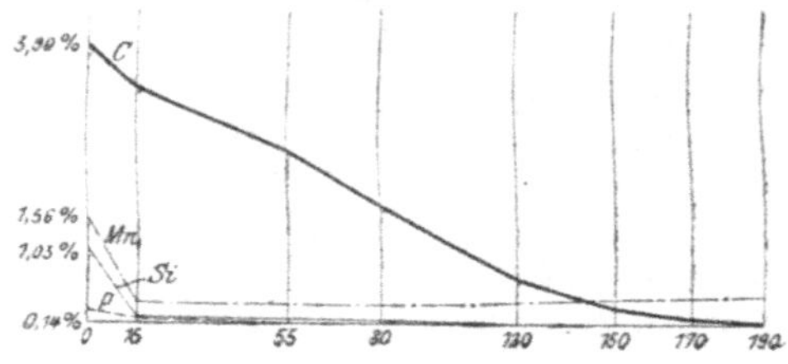

Fig. 39.

Diagramm II: Arbeit des Sauerstoffes.

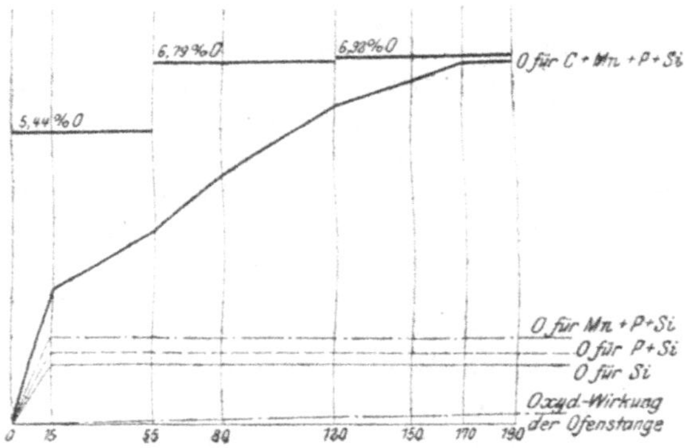

Fig. 40.

sogleich die Einwirkung des Kohlenstoffes auf dasselbe in so heftiger Weise, daß der Ofen die entwickelten Gase nicht mehr zu bewältigen vermag. Man muß Gas und Luft abstellen und das Roheisen sehr langsam eingießen. Trotzdem blasen die Gase zu den Ofentüren heraus, und sie entweichen mit solcher Heftigkeit aus dem Bade, daß Fetzen der zähflüssigen Schlacke an Decke und Köpfe geschleudert werden, deren Lebensdauer durch solche direkte Behandlung mit basischen Materialien stark leiden muß, ja es kommt vor, daß Teile des Ofeninhaltes sogar herausgeworfen werden. Öfen, denen man häufiger solche Aufgaben stellt, werden schnell zum Erliegen gebracht. Dr. ing. Naske meint zwar in seinem Aufsatze, daß „durch entsprechende Konstruktion des Herdes, noch mehr aber durch sachgemäße Arbeit mit den vorerhitzten Materialien diesem Einwande begegnet und Beschädigungen des Ofens vollständig hintangestellt werden können", aber es dürfte nicht leicht sein, den praktischen Beweis für die Richtigkeit obiger Behauptung zu erbringen.

Sehr günstig für die Erzielung großer Produktionen ist die Verwendung großer Einsätze, wie auch das erste angeführte Beispiel der Charge 8996 zeigt. In den Öfen des erwähnten südrussischen Hüttenwerkes, welche beim Schrottroheisenprozesse im besten Falle 17 bis 18000 kg Stahl in 4 Stunden zu erzeugen vermochten, werden jetzt laufend Chargen von 30 t flüssigem Roheisen verarbeitet und in der gleichen Zeit in Stahl umgewandelt. Diese große Produktion erfolgt nicht etwa auf Kosten der guten Qualität, sondern es wird dabei ein Metall gewonnen, das auf Grund der mechanischen Proben sowohl als auch des Verhaltens bei der Weiterverarbeitung und nicht zuletzt der Urteile seiner Konsumenten tadellos ist, und dem früher nach dem Schrottroheisenprozesse erzeugten eher überlegen erscheint. Der Grund dazu liegt offenbar in dem geringeren Gehalte an Sauerstoff und letzterer wird dadurch wahrscheinlich, daß bei allen richtig geführten Chargen zum Schlusse Mangan aus der Schlacke ins Metall reduziert wird, so daß zur Desoxydation trotz der großen Schlackenmenge nicht mehr Ferromangan aufzuwenden ist, als bei Chargen, die nach irgend einem anderen Verfahren aus den besten Einsatzmaterialien hergestellt werden. Daß der Zubrand tatsächlich den vorhin auf rechnerischem Wege ermittelten Betrag erreicht, ist und wird durch Wägung auch direkt festgestellt, wobei man natürlich die kleinen Verluste berücksichtigen muß, die sowohl durch die in der Schlacke verbliebenen als auch durch die beim Gießen verspritzten Metallteilchen verursacht werden.

Bezüglich der Qualität des zu verwendenden Roheisens war man anfangs der Meinung, daß möglichst geringe Gehalte desselben an Reduktionsstoffen die besten Resultate geben müßten. Diese Anschauung hat sich als irrtümlich erwiesen, indem Chargen aus weißem Roheisen einen sehr matten Gang aufweisen, lange nicht kochen wollen und daher geraume Zeit im Ofen sitzen. Wahrscheinlich ist der geringe Siliziumgehalt des weißen Roheisens die Ursache, denn es ist denkbar, daß ein solcher eine zu geringe Menge an Schlacke oder eine ungünstige Zusammensetzung derselben in den ersten Stadien des Prozesses entstehen läßt, und das sind Ursachen, die einem flotten Chargengange hinderlich sind. Am besten verarbeitet sich Roheisen mit 1—1,5% Si. Höhere Gehalte daran sind wegen der großen entstehenden Schlackenmengen ungünstiger, doch verursachen sie, wenn sie nur zeitweise angewendet werden und wenn man entsprechend mehr Erz und Kalk zugibt, keine besonderen Schwierigkeiten. Größere Abnützung des basischen Bodens kommt, gerade wie beim Talbotverfahren überhaupt nicht vor, aber die Schlackenzone ist auch hier der Abnützung unterworfen, die um so größer wird, je mehr Si im Einsatze und je mehr SiO_2 in den Zuschlägen vorhanden sind. Um die Schwierigkeiten, die bei der Verarbeitung siliziumreichen Eisens auftreten können, festzustellen, wurde bereits im Jahre 1903 folgender Einsatz verarbeitet, dessen Gewicht absichtlich kleiner gewählt wurde als gewöhnlich. (Siehe Tabelle S. 253 und Diagramme S. 253 u. 254.)

Man sieht, daß der Ofen auch diesen ganz außergewöhnlich ungünstigen Einsatz zu verarbeiten imstande war und zwar trotz der Fehler, die dabei gemacht wurden. Denn es hat einmal an Kalk gefehlt, was man daraus sieht, daß die Schlacke einen viel zu hohen Kieselsäuregehalt aufweist. Sie mußte daher die Ofenwände sehr stark angreifen, zumal ihre Menge abnorm groß war, was man aus den Zahlen in der Rubrik „Schlackenmenge“ der nachstehenden Tabelle entnehmen kann, die in der bekannten Weise ermittelt wurden. Der zweite Fehler bestand darin, daß man die Chargen fast die Hälfte der Zeit über (nämlich von 138 Minuten bis zum Schlusse) Mangel an Sauerstoff leiden ließ, was zur Folge hatte, daß der Eisengehalt der Schlacke bis auf 4,8% herausreduziert wurde, was natürlich nur unter Aufwand einer großen Menge an Zeit geschehen konnte. Durch kleine Erzzusätze während der angegebenen Periode hätte man die Chargendauer erheblich herabsetzen können.

Das Beispiel zeigt weiter abermals, daß die Sauerstoffmenge, welche für die Zeiteinheit zur Oxydation aller Reduktionsstoffe ausgenützt wird, nicht als Maß für die Ofenleistung angesehen werden kann. Diese Sauerstoffmenge erreicht nämlich bei vorstehendem Beispiel in den ersten 31 Minuten die kolossale Höhe von

$$\frac{16213 \times 0,0421}{31} = 22 \text{ kg}$$

für die Minute, von welcher nur 2,3 kg auf den Kohlenstoff, 1,7 kg auf Mangan und Phosphor und ganze 18 kg allein auf das Silizium kommen, während die nutzbar gemachte Sauerstoffmenge für die gesamte Chargendauer sich auf nur 5,36 kg für die Minute stellt.

Charge 1093 vom 1. II. 1903.

Eingesetzt: 16213 kg flüssiges Roheisen mit 3,78% Si
5000 „ Erz mit etwa 95% Fe_2O_3 und 5% SiO_2,
1500 „ Kalkstein.
Nachgesetzt wurden nach 221 Minuten noch 80 kg Erz.

Zeit	Minuten seit Beginn	Metall				Schlacke						Berechnete Schlackenmenge % vom Einsatzgewicht	Bemerkungen
		C	Si	P	Mn	Fe	FeO	Fe_2O_3	Mn	P_2O_5	SiO_2		
Uhr		%	%	%	%	%	%	%	%	%	%		
11^{27} 11^{45}	—	3,32	3,78	0,05	1,34	—	—	—	—	—	—	—	Roheisen aus beiden Pfannen
11^{58}	31	2,98	0,75	0,01	0,45	28,81	30,85	6,87	3,96	0,38	34,00	24,6	Bad heiß, Reaktion heftig Schlacke dick
12^{15}	48	2,88	0,19	0,01	0,28	26,04	30,24	3,60	4,17	0,52	29,15	33,3	Reaktion gleich heftig, 12^{25} Schlacke steigt
12^{30}	63	2,67	0,05	0,01	0,17	23,52	27,62	2,91	4,24	0,64	28,60	35,3	Reaktion sehr heftig 12^{40} Bad gesunken, Reaktion schwächer
12^{45}	78	2,50	0,05	0,01	0,10	22,80	26,54	3,08	4,27	0,63	28,20	36,1	Reaktion nachgelassen
1^{15}	108	1,50	0,02	0,01	0,21	16,32	18,82	2,40	4,66	0,66	30,00	34,9	Charge kalt, 600 kg Kalkstein zugesetzt
1^{45}	138	0,85	0,02	0,01	0,17	10,20	12,03	1,20	4,87	0,64	32,00	33,5	400 kg Kalkstein zugesetzt 2^{10} Charge kalt, Reaktion vorhanden 2^{20} Bad wärmer 2^{25} 110 kg Kalkstein, Schlacke dünn, weitere 100 kg Kalkstein zugesetzt 2^{40} 80 kg Erz und 150 kg Kalkstein zugesetzt
3^{08}	221	0,08	0,02	0,01	0,28	6,24	6,48	1,71	4,42	0,59	31,40	36,4	Charge warm, 100 kg Kalkstein, Probe nicht schmiedbar, 50 kg FeMn zugesetzt 3^{040} Probe schmiedbar, rotbruchfrei 3^{45} 160 kg Ferromangan zugeführt
4^{00}	273	0,09	0,02	0,01	1,02	4,80	4,94	1,37	6,25	0,47	30,40	38,9	Abstich

Hermatilroheisen mit 3,78% Si.

Einsatz: 16213 kg flüssiges Roheisen
1500 „ Kalkstein = 9,3%

nach 193 Minuten: 5000 kg = 30,3% Erz mit 95% Fe = 8,63% O
80 „ = 0,5% „ „ 95% „ = 0.14% „

Sa. 5080 kg = 30,8% Erz = 8,77% O.

Diagramm I: Abscheidung der Reduktionsstoffe.

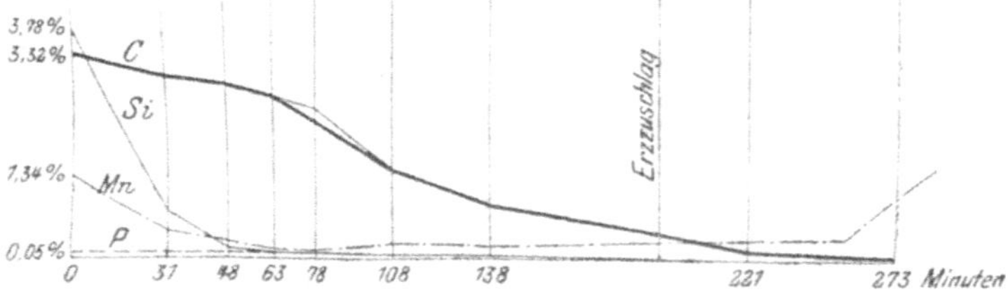

Fig. 41.

Diagramm II: Arbeit des Sauerstoffes.

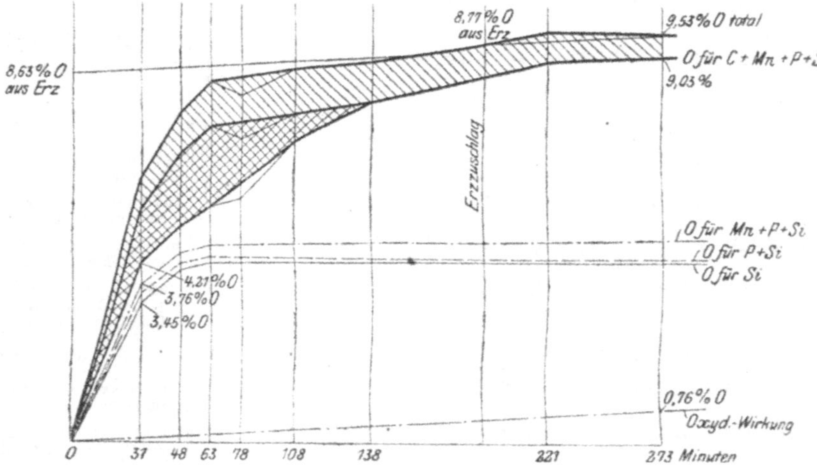

Fig. 42.

Es hat sich tatsächlich ergeben, daß Abweichungen in der Zusammensetzung des Roheisens, wie sie beim Hochofenbetriebe zuweilen unvermeidlich sind, auf die Produktion der Herdöfen nur in geringem Maße Einfluß zu haben brauchen. Man erhielt, von Abstich zu Abstich gerechnet, also Herdreparatur mit inbegriffen:

aus	Roheisen	mit 0,6 % Si	im Durchschnitt	v.	8	Chargen	4440	kg	Stahl	pro	Stunde
„	„	„ 1,0 % „	„	„	„	15	„	4820	„	„	„	„
„	„	„ 1,5 % „	„	„	„	14	„	4590	„	„	„	„
„	„	„ 2 % „	„	„	„	4	„	4540	„	„	„	„
„	„	mit 2,5–2,8 % Si	im	„	„	7	„	4490	„	„	„	„

Dies ist ein Beweis dafür, daß der Herdofen nicht nur ein sehr geduldiger, sondern auch ein sehr vollkommener Apparat ist: er vermag mit nur geringen Mehranstrengungen Material der verschiedensten Zusammensetzung aufzuarbeiten und ist in dieser Hinsicht der Bessemer oder Thomasbirne weit überlegen.

Verfasser hat inzwischen Gelegenheit gehabt, den Roheisenerzprozeß mit flüssigem Einsatz auf verschiedenen Werken näher zu studieren, und da ist ihm ein Umstand aufgefallen, der übrigens auch schon in Jurjewka bemerkbar wurde, wenn auch nicht in so hohem Grade, ein Umstand, für den sich eine vollständig befriedigende Erklärung noch nicht hat finden lassen. Es hat sich nämlich gezeigt, daß Roheisen, trotz genau gleicher Analyse, bei der Verarbeitung in der angegebenen Weise nicht immer das gleiche Verhalten aufweist. Einmal gehen die Chargen wunderbar glatt, es ist fast so, als ob jede folgende die vorhergehende an Dauer unterbieten wollte, und das andere Mal zeigen sie einen so matten Verlauf, daß man fast daran zweifeln möchte sie überhaupt glücklich herauszubringen.

Der Anfangsverlauf, d. h. die Abscheidung von Si, Mn und P geht allerdings fast immer tadellos; es muß das Roheisen sowohl als der Ofen schon sehr kalt sein, wenn die erste Einwirkung, und mit ihr die Bildung einer reichlichen Schlackenmenge, nicht in wenigen Minuten erfolgt ist. Meist sind auch die starken Eruptionen von CO vorhanden, welche aus der Schlacke große Klumpen nach oben steigen lassen, die wie Pilze ausschauen, und sofort wieder in die Schlackendecke zurücksinken, und welche die Gewähr dafür zu sein scheinen, daß ein rascher Chargengang erfolgen wird. Bald jedoch lassen diese starken Gasausbrüche nach, die Gasentwicklung wird schwächer, die Schlacke wird mehr und mehr locker und beginnt zu schäumen, und dieser Zustand kann stundenlang andauern, ohne daß das Personal etwas daran zu ändern vermöchte.

Es wurde die Vermutung laut, daß die Konsistenz der Schlacke die Ursache sein könnte, indem bei zu großer Dünnflüssigkeit derselben sie sich möglicherweise durch das entstehende Gas in diese dicke Schaumschicht verwandeln ließ, wodurch gleichzeitig die gesamte Berührungsfläche zwischen Metall und Schlacke entsprechend verringert und die Einwirkung damit in die Länge gezogen würde. Aber weder eine Verdickung der Schlacke durch Kalkzusätze, noch auch das Gegenteil, nämlich eine Verflüssigung, die in der Ratlosigkeit durch Kieselsäure und Flußspat versucht wurde, konnten etwas an dem matten Chargengange ändern.

Da fiel denn weiter auf, daß mit dem Augenblicke, wo das Schäumen einsetzte, im Ofen, in den außer Erz und Kalkstein in verhältnismäßig kleinen Stücken, nur flüssiges Roheisen eingebracht worden war, jetzt Klumpen von festem Material zu erscheinen begannen, die sich zu immer größeren Schollen vereinigten, während das Schäumen und die Mattigkeit des Chargenganges in dem Maße zunahmen, als sich der Umfang der Schollen vergrößerte. Schließlich kam es oft so weit, daß man sowohl mit dem Probelöffel, als auch mit dem Haken, der zum Sondieren des Ofeninhaltes sowie der Bodenbeschaffenheit das wichtigste Werkzeug des Schmelzers ist, flüssiges Material nur mit großer Mühe erreichen konnte. Die Schmelzer fanden denn auch bald eine treffende Bezeichnung für einen solchen Zustand der Charge, sie nannten sie nämlich alsdann „noch nicht eingeschmolzen".

Anfangs wurde dieser sonderbar anmutenden Bezeichnung keine Bedeutung beigemessen, aber später, als auch die Betriebsleitung sich überzeugt hatte, daß der Praktiker hier wieder einmal das Richtige getroffen hatte, wurden Teile jener festen Massen herausgeholt und näher betrachtet. Auf den ersten Blick erwiesen sie sich als „Schlacke", d. i. als aus Erz, Kalk und Schlacke zusammengeschmolzene Masse. Die Ofenleute konnten ja etwas anderes auch nicht erwarten.

Ließ man aber diese Schlackenklumpen erkalten und schlug man dann Stücke ab, dann bemerkte man auf den frischen Bruchflächen schon mit bloßem Auge eine Menge metallisch glänzender, nadelförmiger Gebilde. Diese Nadeln nun erwiesen sich unter dem Mikroskop als metallisches, und zwar kohlenstoffreies Eisen.

Darin ist denn sofort die Erklärung gefunden, warum jetzt die Anforderungen, welche an die Wärmelieferung durch den Ofen gestellt werden, bedeutend erhöht werden: kohlenstoffarmes Eisen ist eben sehr schwer schmelzbar, und wird es noch mehr, wenn seine kleinsten Teilchen durch schlechte Wärmeleiter, wie es die Schlacke ist, voneinander getrennt werden. Damit wird eben die gute Leitfähigkeit für Wärme, die die Metalle auszeichnet, aufgehoben.

Dies kohlenstoffarme Eisen ist aber der Kitt für die erwähnten Schlackenklumpen, und in dem Maße, als diese sich vergrößern, verringern sie die Berührungsfläche zwischen dem Metallbade und der eigentlichen wirksamen Schlacke, nämlich der flüßigen. Also die Einwirkung wird durch eine rein mechanische Ursache verlangsamt.

So weit ist die Sache wohl ziemlich klar, es fehlt aber die Erklärung dafür, warum sich diese Klumpen das eine Mal bilden und das andere Mal nicht?

Hier ist nun die Erkenntnis bis zur Stunde zu Ende und dahinter liegt unbekanntes Gebiet, für welches einzig Vermutungen gegeben werden können, ohne jegliche Gewähr für deren Richtigkeit.

Bei den Chargen, welche raschen Verlauf zeigen, wird offenbar alles aus dem Erz reduzierte Eisen sofort vom Bade aufgelöst, gewissermaßen aus der Schlacke ausgelaugt oder ausgewaschen, so daß immer eine reinliche Scheidung zwischen Metall und Schlacke besteht. Ob dabei, um die Auflösung des reduzierten Eisens zu erleichtern, dieses gleich bei seiner Entstehung auch Kohlenstoff aufgenommen hat und damit leichter zur Verflüssigung befähigt worden ist, bleibe dahingestellt, obgleich es wahrscheinlich erscheint.

Bei den Chargen mit mattem Gang ist die Sache, wie erwähnt, anders. Hier nimmt das Bad das abgeschiedene Eisen nicht sofort auf, und aus der Schlacke entsteht ein Zwischenprodukt, das der Wärmebehandlung große Schwierigkeiten entgegenstellt. Es ist bei diesem Roheisen so, als sei der Kohlenstoff nur sehr lose festgehalten und hätte das Bestreben, sich sofort vom Eisen zu lösen, sowie er einen anderen Gefährten, diesmal den Sauerstoff aus dem Erz, zu erreichen imstande ist. Und als sei ihm das alte Bündnis verhaßt, wartet er nicht ab, bis er das frisch reduzierte Eisen in die gewünschte Form gebracht und dem großen Eisenbade zugeführt hat, sondern entflieht so rasch als möglich aus der flüssigen Form, in der er festgehalten war.

Die Ursache des matten Chargenganges wäre also, die Richtigkeit obiger Annahme vorausgesetzt, nicht in der Abneigung des Kohlenstoffes zu suchen, sich vom Eisen zu trennen, und auch nicht in dem großen Wärmebedarf, der für die Reaktion erforderlich ist, sondern ganz im Gegenteile, in der schwachen Bindung desselben an das Eisen und in dem Bestreben, von ihm so schnell als möglich wieder loszukommen. Mit anderen Worten: es scheint mindestens zwei Arten von Bindung zu geben, in denen der Kohlenstoff mit dem Eisen vereinigt ist.

Für diese, den Chemiker allerdings sonderbar anmutende Annahme scheinen mehrere Gründe zu sprechen. Der Chargengang ist nicht etwa rascher, wenn der Kohlenstoffgehalt des Roheisens, wie es vom Hochofen kommt, von angenommen 4% auf 3,5 oder gar 3% fällt, sondern es ist umgekehrt: gerade das Roheisen mit 4% C verarbeitet sich viel schneller und glatter. Das Kochen dauert die ganze Zeit über gleichmäßig an und die Abnahme des Kohlenstoffgehaltes erfolgt ebenfalls gleichmäßig, entsprechend der verflossenen Zeit und der zugeführten Wärme.

Bei dem Roheisen mit 3% C ist nur die erste Einwirkung ähnlich wie beim vorigen, nach Abscheidung von etwa 0,5% C ist die Energie des Prozesses erlahmt. Er gleicht einem Gefährt, welches in flottem Trabe eine Anhöhe nehmen will, wozu aber die Kräfte nicht ausreichen. Trotz des Anlaufes muß das Tempo bald gemäßigt werden, und schließlich kommt das Gefährt fast zum Stillstande.

Das Roheisen mit 4% C stellt ein Gefährt dar, dessen treibende Kraft über einen größeren Vorrat an Energie verfügt, oder aber sparsamer und gleichmäßiger mit dieser umzugehen weiß. Es kommt bei seiner Fahrt schließlich an dieselbe Anhöhe mit 2,5% C, aber eben dank jenen Eigenschaften braucht es jetzt seinen Lauf nicht zu mäßigen, sondern eilt weiter im gleichen Tempo.

Verfasser hat wenig Hochofenwerke gesehen, wo das Roheisen soviel Grafit zeigte als in Jurjewka. Beim Abstich war die Luft in der ganzen Umgebung mit Grafitstaub erfüllt, und das Personal, welches das flüssige Roheisen anbrachte, sowie alle dabei verwendeten Apparate und Geräte waren mit glitzernden Schuppen und Blättchen förmlich überpudert. Jedesmal aber, wo diese Grafitausscheidung geringer wurde, wurde der Chargengang im Herdofen matter.

Auf anderen Werken, wo im allgemeinen die Grafitausscheidung in viel geringerem Grade bemerkbar wurde, und wo, nebenbei gesagt, der Chargengang erheblich langsamer war, gab es doch Zeiten, wo das Roheisen im Herdofen besser ging, und solche, wo es sich schwerer verarbeiten ließ. Da war es denn merkwürdig, daß die Hochöfner gleichzeitig mit der im Martinwerk zu bemerkenden Änderung auch im Hochofen eine solche gemerkt zu haben behaupteten, allerdings ohne imstande zu sein, näheres darüber anzugeben, es war dort eben mehr Sache des Gefühls. Verf. kommt dabei immer wieder der Ausspruch eines alten, erfahrenen Hochöfners in die Erinnerung, daß nämlich die gleiche Analyse längst noch keine Gewähr dafür sei, daß auch alle Eigenschaften des Roheisens die gleichen sein würden. Es sei ein gewaltiger Unterschied darin, ob das Roheisen „gar“ oder „ungar erblasen“ sei. Dieser Ausspruch gibt ja nun zwar auch keine Erklärung, aber er regt zu einer solchen an, denn er besagt, daß hier eine dunkle Stelle ist, deren Einfluß sich auf verschiedenen Gebieten deutlich bemerkbar macht.

23. Die Verwertung des Phosphorgehaltes des Roheisens.

Der Wunsch, die Rohmaterialien in möglichst vollkommener Weise auszunützen, lenkt die Aufmerksamkeit auf den Gehalt des Roheisens an Phosphor, der im Thomasprozeß ein gut verkäufliches Nebenprodukt liefert, dessen Wert die Gestehungskosten des Stahles nicht unbeträchtlich erniedrigt. Im basischen Herdofen geschieht die Abscheidung des Phosphors unter ähnlichen Bedingungen wie in der Thomasbirne, daher scheint die Möglichkeit durchaus vorzuliegen, ihn auch hier in nutzbarer Form zu gewinnen. Folgende Überlegung soll klarlegen, welche Zusammensetzung das Roheisen besitzen muß, um die Erzeugung verkäuflicher Phosphatschlacke möglich zu machen.

Der Markt verlangt ein Produkt mit möglichst hohem Phosphorsäuregehalt, der keinesfalls unter 14 % P_2O_5 betragen darf. Setzt man als niedrigste Grenze 17 % P_2O_5 an, so bedeutet dies, daß die Schlacke

$$17 \times \frac{P_2O_9Ca_4}{P_2O_5} = 17 \times \frac{366}{142} = 45\,\%\ P_2O_9Ca_4$$

enthalten muß.

Der Rest, also 55 % der Schlacke, würde aus hypothetischer Silikatschlacke bestehen. Letztere muß nun bei der gewöhnlichen Arbeitsweise im Herdofen etwa 21 % SiO_2 enthalten, und somit würde der Kieselsäuregehalt der Gesamtschlacke

$$55 \times 0{,}21 = \sim 11\,\%$$

betragen. Es würden also auf 11 % SiO_2 17 % P_2O_5 oder auf 1 % SiO_2 1,56 % P_2O_5 kommen.

Da nun die Phosphorsäure für gewöhnlich nur aus dem Phosphorgehalt des Roheisens herstammt, so muß für jeden Gewichtsteil SiO_2, der in die Schlacke gelangt, $\frac{1{,}56}{2{,}29} = 0{,}68$ Gewichtsteile Phosphor im Roheisen vorhanden sein.

Berücksichtigt man nun die einzelnen Mengen von Kieselsäure, welche dem Bade während der Operation aus den verschiedenen Quellen zufließen, und berechnet man aus diesen die zugehörigen Phosphormengen, welche der Einsatz aufweisen müßte, um der Schlacke den gewünschten Gehalt an Phosphorsäure zu geben, so erhält man folgendes Bild:

Bei der gewöhnlichen Arbeitsweise gelangen in das Bad aus der Ofenzustellung 0,45 % SiO_2 und folglich muß das Roheisen für diese SiO_2-Menge enthalten	$0{,}45 \times 0{,}68 = 0{,}30\,\%$ P
Das Roheisen darf ferner, will man dem Hochofenbetriebe nicht gar zu ungünstige Bedingungen stellen, nicht unter 0,6 % Si enthalten, diese aber ergeben $0{,}6 \times 2{,}14 = 1{,}3\,\%$ SiO_2, welche wiederum verlangen $1{,}3 \times 0{,}68$	0,9 % P
	in Summa 1,2 % P.

Ein Roheisen mit 0,6% Si müßte daher einen Phosphorgehalt von mindestens 1,2% besitzen. Da nun aber zum Frischen desselben häufig bis zu 30% Erz erforderlich ist, und da man im Erz wohl bis zu 5% SiO_2 zulassen wird, so werden aus diesem noch $0,5 \times 30 = 1,5\%$ SiO_2, auf das Gewicht des Roheisens bezogen, in das Bad gelangen und daher müßte der Phosphorgehalt des Roheisens um $1,5 \times 0,68 = 1\%$ höher gewählt werden und mindestens $1,2 + 1 = 2,2\%$ betragen.

Es ist das Verdienst des Bertrand-Thiel-Verfahrens, zuerst praktisch gezeigt zu haben, daß die Erzeugung einer der Thomasschlacke gleichwertigen phosphorhaltigen Herdofenschlacke aus Einsätzen mit 1,5—2,7% P durchaus möglich ist. Die dabei gewonnenen Erfahrungen lassen auch die Bedingungen erkennen, welche die beste Ausnützung des Phosphorgehaltes des Roheisens gestatten.

Man weiß, daß der Phosphor vor dem Kohlenstoff aus dem Eisen abgeschieden werden kann, und ferner, daß die Schlacke, welche die entstandene Phosphorsäure aufnimmt, ihre Menge mit fortschreitender Entkohlung vergrößert. Dabei wird die Phosphorsäure in der höchsten Konzentration in der Schlacke vorhanden sein, wenn die Entkohlung während der Gewinnung der Phosphorsäure auf das geringste mögliche Maß beschränkt bleibt.

Bei geringer Entkohlung enthält die hypothetische Silikatschlacke (nach 40a) 34—35% SiO_2. Wenn man nun wieder 17% P_2O_5 in der Schlacke haben will, denen 45% $Ca_4P_2O_9$ entsprechen, so bestände die Schlacke

aus 45 Teilen $Ca_4P_2O_9$
und 55 „ hypoth. Silikatschlacke mit obigen 34% SiO_2;

100 Teile Gesamtschlacke

enthielten somit $55\% \times 0,34 = 18,7\%$ SiO_2 neben 17% P_2O_5 und auf 1 Teil SiO_2 kämen $\frac{17}{18,7} = 0,91$ Teile P_2O_5, zu deren Erzeugung $\frac{0,91}{2,29}$ = nur 0,4 Teile P im Einsatz vorhanden zu sein brauchten.

Ein weiterer Vorteil bei derartiger Ausführung der Entphosphorung wird dadurch bedingt, daß sich nun auch eine geringere Menge Kieselsäure an den Vorgängen beteiligt. Zunächst wird die Ofenzustellung weniger angegriffen, da ja die Einwirkung kürzere Zeit währt, doch sei dieser Umstand außer acht gelassen und die Kieselsäurezufuhr aus dem Ofen, der Sicherheit wegen, in dem vollen vorhin gerechneten Betrage angesetzt. Man erhält dann

	zur Reaktien gelangende SiO_2-Menge	dafür erforderlich P aus Einsatz
aus der Ofenzustellung	0,45%	$0,45 \times 0,4 = 0,18\%$ P
aus 0,6% Si	1,30%	$1,30 \times 0,4 = 0,52\%$ P
		in Summa im Minimum 0,70% P.

Der Erzzuschlag darf jetzt nur der Menge der Reduktionsstoffe entsprechen, welche mit dem Phosphor zugleich abgeschieden werden muß. Für ein Roheisen mit 0,6 % Si, 2 % Mn und etwa 1 % P ist erforderlich

für 0,6	Si	nach	(63)	$0,6 \times 7,62 =$	4,6 % Fe_2O_3
„ 2	Mn	„	(65)	$2 \times 0,97 =$	1,9 % Fe_2O_3
„ 1	P	„	(64)	$1 \times 7,80 =$	7,8 % Fe_2O_3
				in Summa	14,3 % Fe_2O_3

und wenn im Erz wiederum 5 % SiO_2 zugelassen werden, ist der Erzbedarf

$$14,3 : 0,95 = 15\%,$$

welche

$$15 \times 0,05 = 0,75\%\ SiO_2$$

in die Schlacke bringen und daher

$$0,75 \times 0,4 = 0,3\%\ P$$

im Einsatz verlangen.

Man könnte also Schlacke mit 17 % Phosphorsäure erzeugen, wenn das Roheisen bei einem Siliziumgehalt von Maximum 0,6 % nicht weniger als $0,7 + 0,3 =$ rund 1 % Phosphor enthält, und zwar wäre das möglich unter Verwendung eines Erzes, das selbst frei von Phosphor ist.

Vorstehender Schluß bedarf einer Korrektur, denn es ist der Einfluß der Massenwirkung unberücksichtigt geblieben. Wie bei allen chemischen Umsetzungen, so ist es auch hier unmöglich, mit der theoretischen Menge an Reagens die Einwirkung vollständig zu machen. Wenn man das Maximum der Konzentration der Phosphorsäure in der Schlacke, sowie das Maximum der Ausnützung des Metallgehaltes des zugesetzten Erzes erreichen will, dann wird man sich damit abzufinden haben, daß sich ein gewisser Prozentsatz an P der Abscheidung aus dem Eisen widersetzt. Dieser Prozentsatz wird in Beziehung zu dem Phosphorgehalt des verwendeten Roheisens stehen. Bei einem Roheisen mit 1,75 % P blieben bei der angestrebten Arbeitsweise im Bade zu Ende der Entphosphorungsperiode gewöhnlich zwischen 0,3 und 0,4 % P zurück, so daß man für ein phosphorärmeres Roheisen voraussichtlich mit einem Betrage von 0,20 bis 0,25 % wird rechnen müssen.

Es wird also ein Roheisen, welches zur Gewinnung von Schlacke mit 17 % P_2O_5 geeignet sein soll, nicht nur etwa 1 %, sondern etwas mehr und zwar gegen 1,25 % P enthalten müssen, wenn man nicht ganz besondere Vorsichtsmaßregeln anwenden will, um die Kieselsäuremenge, die bei der ersten Operation beteiligt ist, möglichst gering zu halten.

Dagegen kann die erforderliche Menge an Erz nach der Menge des Phosphors berechnet werden, die in der ersten Operation tatsächlich abgeschieden wird, so daß alle ermittelten Zahlenwerte als richtig anzusehen sind. Nur für die zweite Operation müßte entsprechend mehr Erz zugegeben werden, damit außer der Entkohlung auch die vollständige Entfernung des Phosphors aus dem Eisen erfolgt.

Man hätte also dem Roheisen im Herdofen so viel Erz zuzusetzen als zur Abscheidung der Stoffe Si, Mn und P bis zu der durch die Massenwirkung bestimmten Grenze nach den Formeln 63—65 nötig ist, und so viel Kalk, daß die Oxydationsprodukte des Phosphors und Siliziums aus den ursprünglich entstandenen Verbindungen mit Eisenoxydul in die Kalksalze übergehen können, wobei der Eisengehalt der Schlacke auf das Minimum heruntergehen und die Ausnützung auch der Erze das Maximum erreichen wird.

Mit dem Eintritt des Gleichgewichtszustandes zwischen Metall und Schlacke wäre die Schlackenmenge die geringste und die Konzentration der Phosphorsäurelösung daher die größte, die überhaupt zu erreichen ist.

Für ein Roheisen der vorstehend betrachteten Zusammensetzung läßt sich die Schlackenmenge in folgender Weise berechnen:

1% P ergibt $\times$ 5,9 = 5,9% Kalziumphosphat
0,45% SiO_2 aus Ofenzustellung
1,30% SiO_2 „ Si im Eisen
0,75% SiO_2 „ Erz

Zusammen 2,50% SiO_2 ergeben $\times$ 2,9 (40) = 7,25%

hypoth. Silikatschlacke, man erhält somit im ganzen 5,9 + 7,25 = 13,15% Gesamtschlacke, bezogen auf das Gewicht des verwendeten metallischen Einsatzes.

Die Zusammensetzung dieser Schlacke würde annähernd sein:

a) Kalkphosphat 45% der Gesamtmasse, ergibt 17% P_2O_5 + 28% CaO,

b) hypothetische Silikatschlacke, 55% der Gesamtmasse

mit 55 $\times$ 0,34 = 11,7% SiO_2
„ 55 $\times$ 0,13 = 7,1% FeO
„ 55 $\times$ 0,13 = 7,1% MnO
„ 55 $\times$ 0,49 = 27,0% CaO + MgO
„ 55 $\times$ 0,04 = 2,1% Al_2O_3 usw.

Die volle Analyse der Schlacke würde also annähernd sein

17% P_2O_5 + 11,7% SiO_2 + 7,1% FeO + 7,1% MnO
+ 55% (CaO + MgO) + 2,3% Al_2O_4 usw.

Die Schlacke müßte jetzt vom Metall abgezogen werden. Dies läßt sich am einfachsten ausführen, wenn man das ganze Bad absticht, wobei dann die Schlacke gewonnen wird, während das Metall weiter entkohlt und daher wieder in einen Herdofen zurückgebracht werden müßte.

Der Grad der Entkohlung, die das Metall während der Gewinnung der phosphorsäurehaltigen Schlacke durchzumachen hätte, hängt von der Zusammensetzung des verwendeten Roheisens ab und läßt sich leicht folgendermaßen berechnen. Enthält das Roheisen beispielsweise wie oben 0,64 Si + 1,25% P + 2% Mn + 4% C, so wird zur Abscheidung der Stoffe Si, Mn und P nach S. 260 14,3% Fe_2O_3 bebenötigt, während diese Stoffe zu ihrer Abscheidung bei vollständiger Entkohlung nur benötigen würden 0,6 Si × 4,32 + 1 P × 4,3 + 2 Mn × 0,97 = 8,84% Fe_2O_3, es wäre also ein Überschuß von 14,3 — 8,84 = 5,46% Fe_2O_3 angewendet worden, welcher nach (73) 5,46 : 3,60 = 1,52% C abzuscheiden vermag. Der Kohlenstoffgehalt des Metalles müßte also beim ersten Abstich 4 — 1,52 = rund 2,5% betragen.

Für jedes Prozent Phosphor mehr im Einsatz müßte sich der Eisenoxydüberschuß von der Gewinnung der Phosphorsäure um

$$7{,}8\ (64) - 4{,}3\ (69) = 3{,}5\%$$

erhöhen, und dadurch würde der Kohlenstoffgehalt im entphosphorten Metall um weiter rund $\frac{3{,}5}{3{,}6} = 1\ \%$ erniedrigt werden.

Man sieht, daß das Bertrand-Thiel-Verfahren tatsächlich alle Bedingungen erfüllt, welche die vollständige Ausnützung des Phosphors ermöglichen, und erkennt weiter, daß es einen Vorzug vor dem Thomasverfahren darin besitzt, daß Verluste von Phosphor durch Verflüchtigung vollständig ausgeschlossen sind. Ähnliches trifft zu für den Vergleich mit dem Hösch-Verfahren. Es verbleibt nämlich beim Abstich ein nicht unbeträchtlicher Teil (bis 25 %) der Schlacke im Ofen zurück, und das macht nichts aus, wenn der Ofen immer nur für die gleiche Operation verwandt wird, weil dann diese Schlackenmenge beim nächsten Abstich gewonnen wird. Wird aber der Ofen, wie es beim Höschprozeß geschieht, zuerst zur Entphosphorung, und unmittelbar darauf zum Fertigmachen benutzt, indem man das Metall nach der Trennung von der Schlacke wieder in diesen selben Ofen zurückbringt, so geht natürlich der Phosphorsäuregehalt jenes darin verbliebenen Restes an Schlacke von der ersten Operation der Gewinnung verloren. Es entsteht sogar noch ein zweiter Nachteil: die Schlacke der Fertigperiode erhält dadurch erheblich mehr Phosphorsäure, als sonst der Fall wäre und als durch die Zusammensetzung des Metalles bedingt wird, und daher hat man, wiederum infolge der Massenwirkung, erheblich größere Schwierigkeiten, das Metall genügend vom Phosphor zu befreien.

Auf vielen Werken liegen die Verhältnisse derart, daß man das Roheisen am billigsten erzeugen könnte, wenn ein Phosphorgehalt desselben von annähernd 1 % gestattet wäre. Derartiges Roheisen aber bietet bis jetzt solche Schwierigkeiten bei der Verarbeitung, daß man sich meist gezwungen sieht, den Phosphorgehalt zu ändern, was oft nur mit erheblichen Kosten geschehen kann. Vielfach erhöht man ihn so weit, daß das Roheisen für den Thomasprozeß brauchbar wird. Wo man aber diese Erhöhung unterläßt, da betrachtet man den Phosphor als ein unvermeidliches Übel und ist froh, in Puddelofen und basischem Herdofen Apparate gefunden zu haben, die es gestatten ihn unschädlich zu machen, wenn er dabei auch nicht nur selbst vollständig verloren geht, sondern seine Entfernung obendrein erhebliche Unkosten verursacht. Der basische Herdofen ist nun berufen, hier Wandel zu schaffen; er vermag den Phosphor ohne Materialverlust in ein wertvolles Produkt umzuwandeln und den erwähnten Werken damit neue Einnahmequellen zu erschließen.

Das hochkohlenstoffhaltige Metall, welches bei der Gewinnung der Phosphatschlacke erhalten wird, muß nach Zurückführung in den Ofen zur Abscheidung des Kohlenstoffes Zusätze von Eisenoxyd in der erforderlichen Höhe erhalten. Dieses Eisenoxyd aber muß gelöst werden und dazu gehört Kieselsäure, welche jetzt nicht mehr von dem Metall geliefert werden kann, weil das Silizium bei der ersten Operation bereits vollständig abgeschieden wurde. Die Entkohlung kann weiter nur dann intensiven Verlauf nehmen, wenn genügende Mengen gelösten Eisenoxydes zur Verfügung stehen, und aus diesem Grunde ist ein Zusatz auch von Kieselsäure nötig. Man könnte jetzt wohl Erze mit höherem Kieselsäuregehalt verwenden, als für die Entphosphorung zulässig war, doch spricht ein anderer Umstand dagegen. Es fehlt nämlich nun auch der Mangangehalt des Roheisens, welcher ebenfalls im ersten Ofen zur Abscheidung gelangte. Man muß daher für einen Mangangehalt der Schlacke sorgen, um das Auftreten von Rotbruch zu verhindern. Man könnte nun Kieselsäure sowie einen großen Teil des erforderlichen Mangans aus Endschlacken entnehmen, die von vollständig entkohltem Metall früherer Chargen stammen, was O. Goldstein (St. u. E. 1905, S. 1230) und andere für ähnliche Fälle vorgeschlagen haben. Solche Schlacken bieten den Vorteil, die Kieselsäure bereits in gebundener Form darzubieten. Dieser Schlacke braucht man dann außer den erforderlichen Eisenerzen nur wenig Kalk und nur soviel Manganverbindungen zuzufügen, als der Manganreduktion entspricht, die man während der Entkohlung eintreten lassen will.

Das Abstechen des Metalles am Ende der ersten Operation und das Zurückführen desselben in den Ofen bedingen Wärmeverluste, die ersetzt werden müssen. Weiter ist Wärme zur Erzeugung der zweiten Schlacke nötig, und dieser gesamte Mehrbetrag an Wärme sowie der Zeitverlust, der durch alle erwähnten Operationen verursacht wird, bedingen gegenüber dem gewöhnlichen Verfahren des Herdofenprozesses Mehrkosten, die aber sehr reichlich durch den Nutzen eingebracht werden, den die als Nebenprodukt gewonnene Phosphatschlacke bringen muß.

Es wird zuweilen vorkommen, daß die Hochöfen nicht imstande sein werden, den erforderlichen geringen Siliziumgehalt des Roheisens einzuhalten. Man braucht für diesen Fall noch nicht auf die Gewinnung brauchbarer Herdofenschlacke zu verzichten, sondern man könnte den Überschuß an Silizium durch Zusatz entsprechender Erzmengen in die Transportpfanne während des Hochofenabstiches aus dem Roheisen entfernen und die Zusammensetzung desselben ohne

Schwierigkeiten richtig stellen. Die entstandene Pfannenschlacke aber könnte man für die vollständige Entkohlung bei der zweiten Operation im Herdofen nutzbar machen, denn diese Schlacke enthält neben Kieselsäure und Eisenoxydul auch meist reichlich Mangan, das aus dem Roheisen abgeschieden wurde. Die Kosten einer derartigen Operation brauchten daher weder den Hochofen- noch den Herdofenbetrieb zu belasten, vorausgesetzt, daß dieselbe nicht in zu großem Umfange und nicht zu häufig verlangt wird.

24. Der basische Herdofenprozeß und die Windfrischverfahren.

Mit dem praktischen Beweise der Möglichkeit, Flußeisen und Stahl im Herdofen aus Roheisen ohne Schrottzusatz zu erzeugen, ist den Windfrischverfahren in rein technischer Hinsicht die bisher ausgeübte Alleinherrschaft auf dem Gebiete der Stahlerzeugung aus Roheisen genommen worden. Diese Tatsache hatte jedoch bisher wenig praktische Bedeutung, denn die Windfrischverfahren haben, dank der Unterstützung, die ihnen allseitig und in ganz besonderem Maße durch das Großkapital zuteil geworden ist, eine ungeahnte Entwickelung erfahren, die in einer fast märchenhaften Erhöhung ihrer Erzeugungsfähigkeit zum Ausdruck kommt und deren Folge wiederum eine ganz außerordentliche Verbilligung der Erzeugungskosten gewesen ist. Damit haben diese Verfahren Erfolge erreicht, welche sie in den Augen Vieler einfach konkurrenzlos dastehen lassen.

Inzwischen hat auch das Herdfrischverfahren Fortschritte gemacht, und es sind bereits Stimmen laut geworden, die da behaupteten, daß das Herdfrischen nicht nur berufen ist, den Wettbewerb mit dem Windfrischen erfolgreich aufzunehmen, sondern dasselbe gar zu überflügeln.

Der wirtschaftliche Erfolg eines Verfahrens wird durch die Gestehungskosten seiner Erzeugnisse bedingt. Ein Vergleich der Gestehungskosten müßte daher sofort vollen Aufschluß darüber ergeben, welchem Verfahren der Vorzug in wirtschaftlicher Hinsicht gebührt. Leider ist es aber nicht leicht, auch nur für einen speziellen Fall die Gestehungskosten für die verschiedenen Verfahren einwandfrei aufzustellen, und ganz unmöglich auf diesem Wege allgemein gültige Angaben zu erhalten. Denn die Gestehungskosten setzen sich aus einer großen Masse von Posten zusammen, deren Höhe von den örtlichen Bedingungen abhängig ist und mit den Preisen für Materialien und Arbeitslöhne auf und ab schwankt und außerdem sehr stark von der Vollkommenheit der mechanischen Hilfsmittel abhängt, welche für die Arbeiten zur Verfügung stehen. Daher erscheint es für die aufzuklärende Frage richtiger zu sein, die Gestehungskosten nur zum Teil zu ermitteln, und zwar derart, daß man einen Teil x derselben offen läßt, der durch alle diejenigen Posten auszufüllen ist, welche bei allen dem Vergleich unterzogenen Verfahren den gleichen Wert besitzen oder doch auf gleichen Wert gebracht werden können.

Zu dieser Größe x gehören zweifellos die gesamten Kosten für das Vergießen des fertigen Stahles, denn es ist für diese Operation absolut gleichgültig, nach welcher Methode das Metall gewonnen ist, wenn es nur in gleichen Zeiträumen und in gleicher Menge geliefert wird, und wenn es auf die gleichen Produkte vergossen werden soll.

Zum Posten x kann man ferner die Kosten für die Desoxydation bringen, denn es ist bei allen Verfahren möglich, die Prozesse so zu leiten, daß der Zweck mit der gleichen Ferromanganmenge erreicht wird.

Ferner kann man mit einiger Berechtigung auch die Kosten für die Bewegung aller Materialien innerhalb der Hütte auf diesen Posten bringen, denn bei der zweckmäßigen Disposition und den vorzüglichen mechanischen Einrichtungen, welche man den heutigen modern eingerichteten Hüttenwerken gibt, nehmen diese Kosten überhaupt keinen großen Betrag an, außerdem sind die Materialmengen bei den zu vergleichenden Windfrisch- und Herdfrischverfahren nicht sehr verschieden, wie später ersichtlich gemacht werden wird.

Endlich kann man auch noch die allgemeinen Unkosten inkl. Amortisation als ungefähr gleich annehmen und den vorigen zurechnen.

In bezug auf die Arbeitslöhne scheinen die Windfrischanlagen auf den ersten Blick im Vorteil zu sein, denn man sieht in ihren Fabrikationsräumen nur sehr wenig Leute, während die Herdöfen ein recht zahlreiches Personal aufzuweisen haben. Aber die Windfrischanlagen besitzen eine recht umfangreiche Apparatur, und die Leute, welche dieselbe bedienen müssen, arbeiten sozusagen hinter den Kulissen. Rechnet man sie mit, wie es doch geschehen muß, so wird der Unterschied gar nicht mehr so groß. Ingenieur O. Thiel hat sogar nachgewiesen (St. u. E. 1901, S. 1306), daß der basische Herdofen weniger Leute braucht und daher billigere Löhne haben kann als der Thomasprozeß. Nun betragen die gesamten Löhne für die Tonne Stahl nur etwa 3 Mark, und man wird daher keinen sehr großen Fehler machen, wenn man auch die Löhne für beide Verfahren dem Posten x zurechnet.

Die Ausfütterung der Apparate wird bei den Prozessen sehr stark abgenützt, und die Kosten für deren Instandhaltung sind bei allen Verfahren verschieden. Man kann aber auch hier wohl einen Teil der Kosten unter die Rubrik x bringen, ohne die Resultate beträchtlich zu trüben, wenn man annimmt, daß die Kosten für die Erneuerung des Futters der Konverter annähernd gleich sein werden den Kosten für Dolomit und anderes feuerfestes Material, welches zum laufenden Unterhalt der Herdöfen während des Betriebes verbraucht wird, so daß dem Herdofenbetriebe nur die gesamten Kosten für die große Ofenremonte zum Schlusse jeder Ofenkampagne zur Last geschrieben werden müssen, während bei den Windfrischverfahren diese Ausgaben in den Posten x enthalten sind.

Der Brennstoffaufwand ist bei beiden Verfahren nicht unbedeutend. Die Konverter brauchen Koks zum Anwärmen, das recht häufig erfolgen muß, und zur Erzeugung des starkgepreßten Windes ist Maschinenkraft nötig. Nun kann es aber vorkommen, daß der dazu erforderliche Brennstoff in Form von Hochofengasen gratis geliefert wird. Eine solche Annahme ist eigentlich nicht gerechtfertigt, da dieser Brennstoff anderweitige lohnende Verwendung finden könnte, wenn der Stahlwerksbetrieb seiner nicht bedürfte. Um jedoch den Vergleich nicht zu günstig für den Herdofenprozeß zu machen, sei angenommen, daß der Brennstoff für das Windfrischverfahren tatsächlich nichts koste.

Der Herdofen braucht dagegen Gas, welches aus speziell dazu geeignetem Brennmaterial hergestellt werden muß. Durch Erfahrungen, die bereits an mehreren Orten gemacht worden sind, ist nachgewiesen, daß man bei Verarbeitung von flüssigem Roheisen jetzt schon mit 20% Gaskohle auskommen kann. Das macht bei einem Preise von 12 Mark für die Tonne Kohlen auf die Tonne Stahl 2,4 Mark, welche dem Herdofenprozesse voll in Rechnung zu stellen sind.

Die eigentlichen Schmelzmaterialien werden, trotz gleicher Preise für die Gewichtseinheit, in den Gestehungskosten für jedes Verfahren andere Werte aufweisen, da aus dem Roheisen verschiedene Mengen Fertigprodukte entstehen und auch verschiedene Zuschläge angewendet werden müssen. Das saure Bessemerverfahren verzichtet auf letztere ganz, der Thomasprozeß verlangt Kalk und der basische Herdofen außer diesem Material, welches er sich selbst aus Kalkstein herzustellen vermag, noch bedeutende Mengen Eisenerze.

Auf derartiger Grundlage läßt sich nun mit Hilfe der früher gefundenen Werte für spezielle Fälle leicht ermitteln, welchem Verfahren der Vorrang in wirtschaftlicher Beziehung gehört.

Um eine bessere Übersichtlichkeit über die Resultate der folgenden Berechnungen zu erhalten, sei angenommen, daß für alle Fälle die gleiche Roheisenmenge, und zwar 1000 Tonnen in 24 Stunden, zur Verarbeitung gelangen soll.

Hat nun dies Roheisen die Zusammensetzung

$$1{,}0\,\%\ \mathrm{Si} + 0{,}5\,\% + 0{,}08\,\%\ \mathrm{P} + 4{,}0\,\%\ \mathrm{C},$$

so ist für die Verarbeitung desselben im Herdofen erforderlich:

1. Erz.

$$\begin{array}{lllr}
1{,}00\,\%\ \mathrm{Si} & \times\ 4{,}32 & (67) = & 4{,}32\,\%\ \mathrm{Fe_2O_3} \\
0{,}50\,\%\ \mathrm{Mn} & \times\ 0{,}97 & (71) = & 0{,}49\,\%\ \mathrm{Fe_2O_3} \\
0{,}08\,\%\ \mathrm{P} & \times\ 4{,}30 & (69) = & 0{,}34\,\%\ \mathrm{Fe_2O_3} \\
4{,}00\,\%\ \mathrm{C} & \times\ 3{,}60 & (73) = & 14{,}40\,\%\ \mathrm{Fe_2O_3} \\
\hline
 & & \text{Total} & 19{,}55\,\%\ \mathrm{Fe_2O_3};
\end{array}$$

von einem Erz, welches 95% Fe_2O_3 und 5% SiO_2 enthält, müßten daher verwendet werden $19{,}55 : 0{,}95 = \sim 20\,\%$ Erz.

Anmerkung: Hier wie auch später sollen die geringen Mengen von Reduktionsstoffen unberücksichtigt bleiben, welche das Metall nach vollendetem Frischen noch enthält. Der Erzbedarf wird daher einfach aus der Gesamtmenge der Reduktionsstoffe bestimmt.

2. Kalkstein.

Für die Bindung der Phosphorsäure erforderlich

$$0{,}08 \times 3{,}61\ (38) = 0{,}30\%\ CaO.$$

Für die Bindung der Kieselsäure, nämlich:

	2,14% SiO_2 aus Si im Roheisen		
	1,00% SiO_2 „ dem Erz		
	0,45% SiO_2 „ der Ofenzustellung,		
also für Total	3,59% SiO_2 × 2,33 (41) =		8,40% CaO
		In Summa	8,70% CaO
	von der Ofenzustellung kommen (31 a bedingt)		4,50% CaO
	folglich müssen zugesetzt werden		4,20% CaO,

welche 4,2 × 2 = 8,4% Kalkstein entsprechen.

3. Aus der Abscheidung der Reduktionsstoffe erwächst hier ein Zubrand von

	4,00% C × 1,47 (74) =	5,88%
	1,00% Si × 1,00 (68) =	1,00%
	0,08% P × 2,00 (70) =	0,16%
	Summa	7,04%
Ab: Abbrand	0,5% Mn × 0,32 (72) =	0,16%
	Somit Zubrand	6,88%.

Vorstehend betrachtetes Roheisen eignet sich für den sauren Bessemerprozeß, seiner Zusammensetzung nach ist es nach Campbell und Ledebur sogar derjenige Einsatz, der bei diesem Verfahren die allerbesten Resultate ergibt, nämlich die höchste Produktion und einen Abbrand von nur 8%.

Unter Annahme der Preise

für die Tonne Roheisen 75 M.
„ „ „ Kalkstein 5 „
„ „ „ Erz . . 25 „

ergibt sich folgendes Vergleichsbild:

Einsatz:	Saurer Bessemerprozeß:	Basischer Herdofen:
a) Roheisen	1000 t à 75 M. = 75000 M.	1000 t à 75 M. = 75000 M.
b) Zuschläge		
Kalkstein . . .	—	84 t à 5 „ = 420 „
Erz	—	200 t à 25 „ = 5000 „
Hilfsmaterialien:		
Ofenreparatur . . .	—	1070 t à 2 „ = 2140 „
Brennmaterial . . .	—	214 t à 12 „ = 2570 „
Wert der betrachteten Materialien	75000 M.	85130 M.
Erzeugter Stahl . . .	920 t	1068 t
Wert der betrachteten Materialien f. 1 t Stahl	$\frac{75000}{920} = 81{,}50$ M.	$\frac{85130}{1068} = 79{,}71$ M.

Es ergibt sich das gewiß unerwartete Resultat, daß man unter Umständen mit dem basischen Herdofen billiger arbeiten kann, als selbst nach dem sauren Bessemerverfahren. Natürlich müssen bei derartigen Untersuchungen jedesmal die genauen Preise für Roheisen und Erz berücksichtigt werden.

Vorstehende Untersuchung gibt auch Aufschluß über die für jeden Prozeß zu behandelnden Materialmengen. Dieselben betragen für die Tonne Stahl:

$$\text{beim sauren Bessemerprozeß } \frac{1000}{920} = 1{,}09 \text{ t},$$

$$\text{beim basischen Herdofenprozeß } \frac{1284}{1068} = 1{,}21 \text{ t}.$$

Die Materialbewegung ist also für den letztgenannten Prozeß nicht viel ungünstiger.

Besitzt dagegen das zur Verfügung stehende Roheisen die Zusammensetzung:

$$1{,}8\% \text{ P} + 0{,}5\% \text{ Si} + 2\% \text{ Mn} + 4\% \text{ C},$$

nach welcher es sich für den Thomasprozeß eignet, so würde für die Verarbeitung desselben im Herdofen unter Gewinnung der Phosphorsäure in konzentriertester Form erforderlich sein:

1. Eisenoxyd für die Entphosphorung

für	0,5% Si	× 7,62 (63)	=	3,81% Fe_2O_3
„	1,8% P	× 7,80 (64)	=	14,04% Fe_2O_3
„	2,0% Mn	× 0,97 (65)	=	1,94% Fe_2O_3
			Summa	19,79% Fe_2O_3.

Für die Abscheidung derselben Reduktionsstoffe bei vollständiger Entkohlung würden aber nur nötig sein

für	0,5% Si	× 4,32 (67)	=	2,16% Fe_2O_3
„	1,8% P	× 4,30 (69)	=	7,74% Fe_2O_3
„	2,0% Mn	× 0,97 (71)	=	1,94% Fe_2O_3
			Summa	11,84% Fe_2O_3.

Somit bliebe aus dem zuerst berechneten Eisenoxydbedarf ein Überschuß von 19,79 — 11,84 = 7,95% Fe_2O_3, der zur Abscheidung eines Teiles des Kohlenstoffgehaltes dienen würde. Die vorhandenen 4% C benötigen insgesamt

$$4 \times 3{,}60 \ (73) = 14{,}4\% \ Fe_2O_3,$$

so daß für die Entkohlung im zweiten Stadium des Prozesses noch 14,4 — 7,95 = 6,45% Fe_2O_3 hinzuzufügen wären. Der gesamte Bedarf an Eisenoxyd beträgt daher

$$19{,}79 + 6{,}45 = 26{,}24\% \ Fe_2O_3$$

und der Erzbedarf ist bei Verwendung eines Erzes mit 95% Fe_2O_3

$$26{,}24 : 0{,}95 = \sim 28\%.$$

Für die zweite Operation käme noch etwa 1% Manganerz hinzu.

2. Der Bedarf an **Kalk** ist

für den Phosphor 1,8% P × 3,61 (38) =		6,50% CaO
für die Kieselsäure, nämlich:		
0,45% SiO_2 a. d. Ofenzustellung		
1,07% SiO_2 „ „ Roheisen (0,5% × 2,14)		
1,00% SiO_2 „ „ Erz (0,05 × 19,79)		
Total 2,52% SiO_2 × 2,33 (41)		5,87% CaO
	Summa	12,37% CaO
Aus der Ofenzustellung kamen (31 a) . .		4,50% CaO + MgO
	somit müssen zugesetzt werden	7,87% CaO

oder 7,87 × 2 = 16% Kalkstein.

Auf Grund der vorstehenden Zahlen läßt sich nun auch

3. Die Menge und die Zusammensetzung der **phosphorsäurehaltigen Schlacke** ermitteln.

Man erhält

aus 2,52% SiO_2 × 2,9 (40 a) =	7,31%	hypothetische Silikatschlacke
„ 1,50% P × 5,9 (38) =	8,58%	Kalziumphosphat
Zusammen	16,16%	Schlacke

von der ersten Operation. Es sei angenommen, daß von dieser Schlackenmenge 1,16% verzettelt werden, so daß man nur rund 15% gewinnt.

Auf 100 Teile Schlacke umgerechnet, findet man dieselbe zusammengesetzt aus

54,7% Kalziumphosphat mit 21,2% P_2O_5 und 33,5% CaO, und
45,3% Silikatschlacke mit

$$\begin{aligned} 45{,}3 \times 0{,}34 &= 15{,}4\%\ SiO_2\ (40a) \\ \times 0{,}13 &= 5{,}9\%\ FeO\ (37) \\ \times 0{,}13 &= 5{,}9\%\ MnO\ (37) \\ \times 0{,}04 &= 1{,}8\%\ Al_2O_3\ \text{usw.} \\ \times 0{,}36 &= 16{,}3\%\ (CaO + MgO) \end{aligned} \Bigg\}\ \text{s. S. 164.}$$

Die vollständige Zusammensetzung wird daher annähernd sein

$$21{,}2\%\ P_2O_5 + 15{,}4\%\ SiO_2 + 5{,}9\%\ FeO + 5{,}9\%\ MnO + 49{,}8\%\ (CaO + MgO) + 1{,}8\%\ Al_2O_3.$$

4. Der **Zubrand** wird

0,5% Si × 1,00 (68) =	0,50%
1,8% P × 2,00 (70) =	3,60%
4,0% C × 1,47 (74) =	5,88%
Summa	9,88%
Ab Abbrand für 2% Mn × 0,32) (72)	0,64%
Ergibt Zubrand	9,34%.

Setzt man für die Materialien die gleichen Preise wie vorhin, und nimmt man für den Thomasprozeß einen Abbrand von nur 12% an, so ergibt sich folgende Aufstellung:

Einsatz:	Thomasprozeß:	Basischer Herdofen:
a) Roheisen	1000 t à 75 M. = 75000 M.	1000 t à 75 M. = 75000 M.
b) Zuschläge		
Kalk	125 t à 12 „ = 1500 „	—
Kalkstein . . .	—	160 t à 5 M. = 800 M.
Erze	—	280 t à 25 „ = 7000 „
Manganerz . . .	—	10 t à 60 „ = 600 „
		1450 t
Hilfsmeteralien:		
Ofenreparatur	—	1093 t à 2 M. = 2200 M.
Kohle für Generatoren	—	220 t à 12 „ = 2640 „
Summa	76500 M.	88240 M.
Ab für Nebenprodukte Schlacke mit . .	18% P_2O_5 170 t à 20 M. = 3400 M.	21% P_2O_5 150 t à 20 M. = 3000 M.
Sa. d. betrachtet. Werte	73100 M.	85240 M.
Erzeugter Stahl . . .	880 t	1093 t
Sa. d. betrachtet. Werte für 1 t Stahl . .	$\frac{73100}{800} = 83{,}00$ M.	$\frac{85240}{1093} = \sim 78$ M.

Bei den angenommenen Preisen ergibt sich ein Unterschied zugunsten des Herdofens von ∼ 5 M. für die Tonne Stahl. Bei einem Roheisenpreise von 60 M. für die Tonne und gleichem Erzpreise (25 M.) verringert sich dieser Unterschied auf 1,20 M. zugunsten des Herdofens.

Die Materialbewegung beträgt für die Tonne Stahl:

$$\text{beim Thomasprozeß . . } \frac{1125}{880} = \sim 1{,}30 \text{ t,}$$

$$\text{beim Herdofenverfahren } \frac{1450}{1093} = \sim 1{,}33 \text{ t.}$$

Diese Ergebnisse, die auf Grund von Annahmen gefunden wurden, welche gewiß nicht sonderlich günstig für den Herdofenprozeß angesetzt wurden, zeigen, daß letzterer wohl nur in Ausnahmefällen die Konkurrenz mit dem Thomasprozeß zu scheuen haben wird. Sie erhalten eine noch größere Bedeutung, wenn man die Vorteile berücksichtigt, welche dem Hochofen aus dem Zusammenarbeiten mit dem Herdofen erwachsen. H. H. Campbell schreibt, daß in Werken, welche flüssiges Roheisen direkt aus dem Hochofen weiter verarbeiten, der Konvertierungsapparat nur die eine Hälfte der Arbeit verrichte, während die andere Hälfte vom Hochofen verrichtet wird. Bei derartiger Arbeitsweise bilden beide Apparate eigentlich auch tatsächlich ein organisches Ganzes, und jede Erleichterung der Aufgabe, die man dem einen Teile verschaffen kann, kommt dem Ganzen zugute. Die Benützung des Herdofens zur Konvertierung gewährt nun folgende Annehmlichkeiten:

1. Kann man den Phosphorgehalt des Roheisens niedriger oder höher belassen als es der Thomasprozeß gestattet, und dadurch oft die Gestehungskosten des Roheisens niedriger gestalten, ohne dabei doch auf den Vorteil verzichten zu müssen, den die Gewinnung der verkäuflichen Phosphatschlacke mit sich bringt.

2. Kann man alle vom Markte verlangten Stahlsorten ohne Schwierigkeit herstellen.

3. Kann man die Produktionsfähigkeit der Anlage zu Zeiten schlechter Konjunktur mit Leichtigkeit herabsetzen, ohne die Gestehungskosten besonders ungünstig zu beeinflussen. Man brauchte nur eine entsprechende Anzahl Öfen außer Betrieb zu stellen; dadurch würden allerdings die Generalia anwachsen, aber da die übrigen Öfen mit voller Intensität weiter betrieben werden können, so brauchen die reinen Betriebskosten nicht in die Höhe zu gehen. Ein Thomaswerk kann dagegen nur dann gute Resultate erzielen, wenn der Betrieb forziert werden kann, und jede Einschränkung desselben läßt die Gestehungskosten sofort in empfindlicher Weise in die Höhe schnellen.

4. Der größte Vorteil aber, den die Kombination Hochofen-Herdofen bietet, besteht in der größeren Erzeugungsfähigkeit der Gesamtanlage, die in den angeführten Beispielen aus dem Mehrausbringen an fertigem Stahl aus der gleichen Menge verarbeiteten Roheisens ersichtlich ist. Diese Mehrausbeute beträgt gegenüber dem Thomaskonverter auf 1000 t Roheisen 1093 — 880 = 213 t Stahl, und eine derartige Erhöhung der Produktion wäre in einem Thomaswerke im günstigsten Falle nur durch die Anlage mindestens eines neuen Hochofens zu erreichen.

Alle diese Vorteile sind bereits vor 16—18 Jahren von Ingenieur O. Thiel hervorgehoben worden, sie haben aber dem Herdofenprozeß die Wege bisher nur wenig geebnet. Die Gründe mögen zum Teil wohl darin zu suchen sein, daß man die Schwierigkeiten überschätzt, die die Erzeugung so großer Mengen von Stahl in Herdofenanlagen bereitet. Allerdings, würde ein Herdofen heute noch in 24 Stunden nicht mehr als 50—60 t Stahl erzeugen, wie es früher der Fall war, so könnte man den Bedenken, sehr große Mengen von Roheisen in Herdöfen aufzuarbeiten, eine gewisse Berechtigung zugestehen, aber die Verhältnisse sind auch hier anders geworden, worauf übrigens O. Thiel ebenfalls schon hingewiesen hat. Heute liegen Daten vor, nach welchen Produktionen von 130—150 t Blöcke in 24 Stunden in gewöhnlichen feststehenden 30 Tonnen-Herdöfen schlank erzielt werden, und damit ist es klar, daß auch eine Anlage zur Verarbeitung von 1000 t Roheisen pro Tag nicht außergewöhnlich groß und damit in ihrer Übersichtlichkeit beeinträchtigt wird, reichen doch 10 Herdöfen für diese Roheisenmenge aus, von denen nur 8 zu arbeiten brauchen und 2 in Reserve stehen. Die Anlage aller dieser 10 Öfen dürfte kaum teurer sein, als die Anlage auch nur eines neuen Hochofens.

Ein weiterer Umstand, der die Meinungen über den Herdofenprozeß ungünstig beeinflußt, liegt in der allgemein verbreiteten Ansicht, daß der Eisengehalt der verwendeten sehr teuren, weil reinen, Erze im Herdofen nur sehr unvollkommen ausgenützt wird. Um diese Ansicht auf ihre Berechtigung zu prüfen, sei das letzte Beispiel, die Verarbeitung von Thomasroheisen im Herdofen, nochmals herangezogen.

In den Schlacken des Entphosphorungsprozesses im Herdofen im Gewichte von rund 18% des eingesetzten Metalles sind rund

0,7 % Fe, wiederum auf das Einsatzgewicht bezogen, enthalten. Bei der zweiten Operation beträgt die Schlackenmenge 10—15 % vom Eisengewicht, und diese Schlacke enthält 10 % Fe. Somit werden hier 1—1,5 % Fe, auf das Einsatzgewicht bezogen, verloren. Der Gesamtverlust beträgt somit 0,7 + 1,0 bis 1,5 % = 1,7 bis 2,2 % Fe.

Da nun 26,24 % Fe_2O_3 entsprechend 26,24 × 0,7 = 18,37 % Fe in Form reiner Erze dem behandelten Roheisen zugefügt wurden, so sind nur 12—10 % dieses Eisens in der Schlacke verblieben, 88 bis 90 % dagegen nutzbar gemacht worden.

Man wird nun sicher einwenden, daß dieses Resultat durchaus nicht glänzend sei, daß der Hochofen dieses Eisen viel besser ausgenützt hätte, indem dort nichts oder so gut wie nichts verloren worden wäre. Zur Prüfung dieses Einwandes sieht man am besten wiederum Hochofen und Konvertierungsapparat als ein Ganzes an und stellt eine Bilanz auf über die Eisenmengen, die sich an dem gesamten Prozeß (d. h. von der Gewinnung des Roheisens bis zur Vollendung der Konvertierung gerechnet) beteiligen. Angenommen, im Hochofen gehe absolut nichts verloren, so gelangt das ganze, in den Erzen vorhanden gewesene Eisen aus dem Hochofen in den Konvertierungsapparat.

Beim betrachteten Beispiel des Thomasprozesses wurde ein Roheisen mit 1,8 % P + 0,5 % Si + 2 % Mn + 4 % C und folglich mit 91,7 % Fe (aus der Differenz bestimmt) verwendet,

mit 100 kg Roheisen bringt man also . .	91,7 kg Fe
zur Anwendung und erhält daraus . . .	88,0 „ Stahl,
hat also	3,7 kg Fe

verloren oder einen Eisenverlust von $\frac{3,7 \times 100}{91,7} = 4\%$ der gesamten behandelten Eisenmenge erlitten.

Beim Herdofen verwendet man wiederum

auf 100 kg Roheisen	91,7 kg Fe
bringt aber in 26,24 kg Eisenoxyd noch . . .	18,37 „ Fe hinzu.
Man behandelt jetzt also	110,07 kg Fe
und gewinnt	109,34 „ Fe Stahl.
Der Verlust beträgt daher	0,73 kg

oder 0,7 % der gesamten zur Verarbeitung angewendeten Eisenmenge. Bei Verarbeitung von Bessemerroheisen stellt sich der Eisenverlust

in der Birne auf . . ~ 2,6 %
im Herdofen auf nur ~ 1,1 %.

Es ist daher zweifellos, daß die Ausnützung sämtlicher Materialien im Herdofen die vollkommenere ist.

Diese ausgezeichneten Resultate lassen es gerechtfertigt erscheinen, die Vorzüge des basischen Herdofens aufs neue hervorzuheben. Um sie voll ausnützen zu können, muß allerdings auch die theoretische Seite des Prozesses gebührend gewürdigt werden.

Anhang.

Tabellen und Formeln.

1. Verbrennungswärmen. (Th. Beckert.)

Verbrannter Stoff		Verbrennungs-Erzeugnis	Verbrannte Menge 1 kg ergibt Kal.	Verbrannte Menge 1 cbm ergibt Kal.
Kohlenstoff	C_2	2 CO	2387	—
„	C_2	$2\,CO_2$	8080	—
Kohlenoxyd	CO	CO_2	2440	3 063
Wasserstoff	H_2	H_2O flüssig 0° C.	34600	3 110
„	H_2	H_2O dampfförmig 0° C.	29140	2 620
Methan	CH_4	mH_2O dampfförmig	11980	8 600
Aethylen	C_2H_4	$+ nCO_2$, 0° 760 mm	11295	14 185
Aluminium	Al_2	Al_2O_3	7090	—
Eisen	Fe_2	2 FeO	1353	—
	Fe_2	Fe_3O_4	1644	—
	Fe_2	Fe_2O_3	1796	—
	Mn_2	2 MnO	1724	—
	Mn_2	2 MnO	2115	—
	P_2	P_2O_5	5965	—
	Si_2	$2\,SiO_2$	7830	—
	S_2	$2\,SO_2$	2221	—

2. Beziehungen zwischen Volum und Gewicht einiger Gase bei 0° und 760 mm Druck unter 51° Br.

Volum von 1 kg in cbm.

Luft	O	N	H	CH_4	C_2H_4	CO	CO_2	SO_2	H_2O
0,7729	0,6991	0,7958	11,1236	1,3931	0,7998	0,7965	0,5055	0,3482	1,2421

Gewicht von 1 cbm in kg.

Luft	O	N	H	CH_4	C_2H_4	CO	CO_2	SO_2	H_2O
1,2937	1,4304	1,2567	0,0899	0,7178	1,2503	1,2555	1,9781	2,8723	0,8051

Mittlere spezifische Wärme C_0t für 1 kg

Temperatur	1 Kilogramm: Luft	Sauerstoff	Stickstoff	Wasserstoff	Kohlenoxyd	Methan	Wasserdampf	Kohlendioxyd
0	0,2375	0,2175	0,2438	3,4090	0,2425	0,5930	0,4415	0,1952
100	2405	2202	2468	4517	2455	6004	4702	2079
200	2434	2229	2499	4943	2486	6078	4989	2206
300	2464	2257	2529	5369	2516	6152	5276	2333
400	2494	2284	2560	5795	2546	6226	5562	2460
500	2523	2311	2590	6221	2577	6300	5850	2586
600	2553	2338	2621	6647	2607	6374	6137	2713
700	2583	2366	2651	7073	2637	6448	6424	2840
800	2612	2393	2682	7499	2667	6522	6711	2967
900	2642	2420	2712	7925	2698	6596	6998	3094
1000	0,2672	0,2447	0,2743	3,8351	0,2728	0,6671	0,7285	0,3221
1100	2702	2474	2773	8777	2758	6745	7572	3348
1200	2731	2501	2804	9204	2789	6819	7859	3475
1300	2761	2528	2834	9630	2819	6893	8146	3602
1400	2791	2556	2865	4,0056	2849	6967	8433	3728
1500	2820	2583	2895	0482	2880	7041	8720	3855
1600	2850	2610	2926	0908	2910	7115	9007	3982
1700	2880	2637	2956	1334	2940	7189	9294	4109
1800	2909	2664	2986	1761	4970	7264	9581	4236
1900	2939	2691	3016	2187	3000	7338	9868	4363
2000	0,2969	0,2719	0,3047	4,2613	0,3031	0,7412	1,0155	0,4490
D =	0,00297	0,00272	0,00305	0,04262	0,00303	0,00741	0,02870	0,01269

Spezifische Wärme von

bezogen auf gleiches Gewicht Wasser		
	Holzkohle	0,1653
	Graphit	0,3555
	Steinkohle	0,201
	Koks	0,203
	Asche, Schlacke	0,215.

Nach Violle wächst die mittlere spez. Wärme des C unterhalb 1000° in geradem Verhältnisse zur Temperatur

$$C_0t = 0,355 + 0,00006\, t.$$

Verhältnis von Luftstickstoff : Luftsauerstoff.

	Seite
1. $N = 3,762\ O$	18
2. $C + \boxed{\begin{matrix}1\ \text{cbm}\\ O\end{matrix}} = \boxed{\begin{matrix}1\ \text{cbm}\\ CO_2\end{matrix}}$	20
3. $N = 3,762\ CO_2$	20
4. 1 kg C ergibt 1,86 cbm CO_2 0°/760 mm	21
5. 1 kg C ergibt mit Luft 1,86 cbm CO_2 + 7,00 cbm N = 8,86 cbm Gas 0°/760 mm	21

bzw. 1 cbm Gas von 0 bis 2000° C. (Th. Beckert.)

1 Kilogramm		1 Kubikmeter					
Schwefeldioxyd	Äthylen	Luft O, N, H, CO	CH_4	H_2O-Dampf	CO_2	SO_2	C_2H_4
0,1450	0,3710	0,3073	0,4256	0,3555	0,3861	0,4164	0,2967
1544	3951	3111	4310	3786	4112	4435	3160
1638	4092	3149	4362	4017	4363	4705	3353
1732	4433	3188	4416	4248	4614	4976	3546
1827	4675	3226	4469	4479	4865	5247	3739
1921	4916	3265	4522	4710	5116	5517	3932
2015	5157	3303	4575	4941	5367	5788	4124
2109	5398	3341	4629	5172	5618	6059	4317
2204	5639	3380	4682	5403	5869	6329	4510
2298	5880	3418	4735	5634	6120	6600	4703
0,2392	0,6121	0,3457	0,4788	0,5865	0,6371	0,6871	0,4896
2486	6363	3496	4841	6096	6624	7141	5089
2580	6604	3534	4895	6327	6873	7412	5282
2675	6845	3572	4948	6558	7124	7682	5475
2769	7086	3610	5001	6789	7375	7953	5667
2863	7327	3649	5054	7020	7626	8224	5860
2957	7568	3688	5107	7251	7877	8495	6053
3052	7809	3725	5161	7482	8128	8765	6246
3146	8051	3764	5214	7713	8379	9036	6439
3240	8292	3801	5265	7944	8630	9307	6632
0,3334	0,8533	0,3841	0,5320	0,8175	0,8881	0,9577	0,6825
0,00942	0,02412	0,00384	0,00532	0,02311	0,02510	0,02707	0,01929

27. Verbrennung von C_2H_4 und CH_4: Seite

1 cbm C_2H_4	+	3 cbm O	=	2 cbm CO_2	+	2 cbm H_2O-Dampf
1 cbm CH_4	+	2 cbm O	=	1 cbm CO_2	+	2 cbm H_2O-Dampf 59

Schlackenbildung.

28. Fe_2SiO_4 enthält 29,4 % SiO_2 und 70,6 % FeO
oder auf 1 Gewt. SiO_2 kommen 2,4 Gewt. FeO 137
29. $FeSiO_3$ enthält 45,5 % SiO_2 und 54,5 % FeO
oder auf 1 Gewt. SiO_2 kommen 1,2 Gewt. FeO 137

Hilfsstoffe für die Schlackenbildung.

30. a) Kieselsäure als Verunreinigung des Einsatzes, jedesmal zu bestimmen 140
b) 1 % Si im Metall ergibt 2,14 % SiO_2 140
c) (bedingt) aus der sauren Zustellung des basischen Herdofens gelangen in die Schlacke, auf das Einsatzgewicht bzg. ~0,15 % SiO_2 140
d) (bedingt) aus der basischen Zustellung gelangen in die Schlacke ~0,30 % SiO_2 141
e) (bedingt) aus der Ofenzustellung gelangen in die Schlacke insgesamt ~0,45 % SiO_2 141
31. a) (bedingt) aus der Ofenzustellung gelangen in die Schlacke insgesamt ~4,5 % Erdbasen CaO + MgO 141
b) Für 1 Gewt. CaO benötigt man ~2 Gewt. Kalkstein 141

Sauerstoffbedarf der Reduktionsstoffe.

32. 1 % Si erfordert 1,14 % O und ergibt 2,14 % SiO_2 143
33. 1 % P „ 1,29 % O „ „ 2,29 % P_2O_5 145
34. 1 % Mn „ 0,29 % O „ „ 1,29 % MnO 147
35. 1 % C „ 1,33 % O „ „ 2,33 % CO 150
36. 1 % Fe „ 0,29 % O „ „ 1,29 % FeO 155

Gleichgewichtszustand zwischen Metall und Schlacke tritt ein, wenn die Schlacke

37. ~10 % Fe entsprechend 13 % FeO 160
und ~10 % Mn entsprechend 13 % MnO enthält 160

Mengenverhältnisse der einzelnen Stoffe in der Schlacke.

38. 1 % P braucht 3,61 % CaO und gibt 5,9 % $P_2O_9Ca_4$ 161
39. Auf 1 % P muß vorhanden sein 1,603 SiO_2 für die Schlackenbildung . 164
40. Auf 1 % SiO_2 kommen
bei vollständiger Entkohlung 4,78 % Silikatschlacke mit 20,92 % SiO_2 164
a) bei teilweiser Entkohlung 2,9 % Silikatschlacke mit 34–35 % SiO_2 164
41. 1 % SiO_2 verlangt
bei vollständiger Entkohlung 2,33 % CaO + MgO 164
a) bei teilweiser Entkohlung 1,06 % CaO + MgO 164

Die Schlackenmenge.

42. 1 % Si ergibt 10,23 % Endschlacke
(1 % P ergibt 5,9 % Endschlacke) 166
43. Der C-Gehalt des Bades ergibt (bedingt) 2,15 % Schlacke, bezogen auf das Einsatzgewicht 166
a) jedes 1 % SiO_2 als Verunreinigung des Einsatzes
ergibt 4,78 % Endschlacke 166

Abbrand.

44. Der C-Gehalt des Bades verursacht einen Abbrand von C + 0,2 % Fe 167
45. 1 % Si des Bades verursacht einen Abbrand von Si + 1 Fe = 2,0 % . 167
45a. 1 % SiO_2 als Verunreinigung einen Abbrand von 0,5 % Fe 167
P und Mn verursachen einen Abbrand gleich der abgeschiedenen Menge dieser Stoffe 167

Tabelle

zur Bestimmung der zueinander gehörenden Werte O:N:Luft.

Verhältnis O : N : Luft.

O	N	Luft	O	N	Luft
1	3,76	4,76	51	191,86	242,86
2	7,52	9,52	52	195,62	247,62
3	11,28	14,28	53	199,39	252,39
4	15,05	19,05	54	203,15	257,15
5	18,81	23,81	55	206,91	261,91
6	22,57	28,57	56	210,67	266,67
7	26,33	33,33	57	214,43	271,43
8	30,10	38,10	58	218,19	276,19
9	33,86	42,86	59	221,96	280,96
10	37,62	47,62	60	225,72	285,72
11	41,38	52,38	61	229,48	290,48
12	45,12	57,14	62	233,24	295,24
13	48,91	61,91	63	237.01	300,00
14	52,67	66,67	64	240,77	304,77
15	56,43	71,43	65	244,53	309,53
16	60,19	76,19	66	248,29	314,29
17	63,95	80,95	67	252,05	319,05
18	67,72	85,72	68	255,82	323,82
19	71,48	90,48	69	259,58	328,58
20	75,24	95,24	70	263,34	333,34
21	79,00	100.00	71	267,10	338,10
22	82,76	104,76	72	270,86	342,86
23	86,53	109,53	73	274,63	347,63
24	90.29	114,29	74	278,39	352,39
25	94,05	119,05	75	282,15	357,15
26	97,81	123,81	76	285,91	361,91
27	101,57	128,57	77	289,67	366,67
28	105,34	133,34	78	293,44	371,44
29	109,10	138,10	79	297,20	376,20
30	112,86	142,86	80	300,96	380,96
31	116,62	147,62	81	304,72	385,72
32	120,38	152,38	82	308,48	390,48
33	124,15	157,15	83	312,24	395,24
34	127,91	161,91	84	316,01	400,00
35	131,67	166,67	85	319,77	404,77
36	135,43	171,43	86	323,53	409,53
37	139,19	176,19	87	327,29	414,29
38	142,96	180,96	88	331,06	419,06
39	146,72	185,72	89	334,82	423,82
40	150,48	190,48	90	338,58	428,58
41	154,24	195,24	91	342,34	433,34
42	158,00	200,00	92	346,10	438,10
43	161,77	204.77	93	349,87	442,87
44	165,53	209,53	94	353,63	447,63
45	169,29	214,29	95	357,39	452,39
46	173.05	219,05	96	361,15	457,15
47	176,81	223.81	97	364,92	461,92
48	180,57	228.57	98	368,67	466,67
49	184,34	233,34	99	372,44	471,44
50	188,10	238,10	100	376,20	476,20

Verhältnis O:N:Luft.

O	N	Luft	O	N	Luft
101	379,96	480,96	156	586,9	742,9
102	383,72	485,72	157	590,6	747,6
103	387,49	490,49	158	594,4	752,4
104	391,25	495,25	159	598,2	757,2
105	395,01	500,00	160	601,9	761,9
106	398,77	504,77	161	605,7	766,7
107	402,53	509,53	162	609,4	771,4
108	406,30	514,30	163	613,2	776,2
109	410,06	519,06	164	617,0	781,0
110	413,82	523,82	165	620,7	785,7
111	417,58	528,58	166	624,4	790,4
112	421,34	533,34	167	628,2	795,2
113	425,10	538,10	168	632,0	800,0
114	428,87	542,87	169	635,8	804,8
115	432,63	547.63	170	639,5	809,5
116	436,39	552,39	171	643,3	814,3
117	440,15	557,15	172	647,1	819,1
118	443,92	561,92	173	650,8	823,8
119	447,68	566,68	174	654,6	828,6
120	451,44	571,44	175	658,3	833,3
121	455,2	576,2	176	662,1	838,1
122	459,0	581,0	177	665,9	842,9
123	462,7	585,7	178	669,6	847,6
124	466,5	590,5	179	673,4	852,4
125	470,2	595,2	180	677,2	857,2
126	474,0	600,0	181	680,9	861,9
127	477,8	604,8	182	684,7	866,7
128	481,5	609,5	183	688,4	871,4
129	485,3	614,3	184	692,2	876,2
130	489,1	619,1	185	696,0	881,0
131	492,8	623,8	186	699,7	885,7
132	496,6	628,6	187	703,5	890,5
133	500,2	633,2	188	707,2	895,2
134	504,0	638,0	189	711,0	900,0
135	507,8	642,8	190	714,8	904,8
136	511,5	647,5	191	718,5	909,5
137	515,3	652,3	192	722,3	914,3
138	519,1	657,1	193	726,1	919,1
139	522,8	661,8	194	729,8	923,8
140	526,7	666,7	195	733,6	928,6
141	530,4	671,4	196	737,5	933,5
142	534,2	676,2	197	741,1	938,1
143	538,0	681,0	198	744,9	942,9
144	541,7	685,7	199	748,6	947,6
145	545,5	690,5	200	752,4	952,4
146	549,2	695,2	201	756,2	957,2
147	553,0	700,0	202	759,9	961,9
148	556,8	704,8	203	763,7	966,7
149	560,5	709,5	204	767,4	971,4
150	564,3	714,3	205	771,2	976,2
151	568,1	719,1	206	774,9	980,9
152	571,8	723,8	207	778,7	985,7
153	575,6	728,6	208	782,5	990,5
154	579,3	733,3	209	786,2	995,2
155	583,1	738,1	210	790,0	1000,0

Verhältnis O:N:Luft.

O	N	Luft	O	N	Luft
211	793.8	1004.8	266	1000	1266
212	797,5	1009,5	267	1004	1271
213	801,3	1014,3	268	1008	1276
214	805,1	1019.1	269	1012	1281
215	808.8	1023,8	270	1016	1286
216	812.6	1028,6	271	1019	1290
217	816,3	1033.3	272	1023	1295
218	820,1	1038,1	273	1027	1300
219	823,9	1042,9	274	1030	1304
220	827,6	1047,6	275	1034	1309
221	831,4	1052,4	276	1038	1314
222	835,2	1057.2	277	1042	1319
223	838,9	1061,9	278	1046	1324
224	842,7	1066,7	279	1050	1329
225	846,4	1071,4	280	1053	1333
226	850.2	1076,2	281	1057	1338
227	854,0	1081,0	282	1061	1343
228	857,7	1085,7	283	1065	1348
229	861,5	1090,5	284	1068	1352
230	865.3	1095,3	285	1072	1357
231	869.0	1100,0	286	1076	1362
232	872.8	1104,8	287	1080	1367
233	876,6	1109,6	288	1083	1371
234	880,3	1114,3	289	1087	1376
235	884,1	1119,1	290	1091	1381
236	887,8	1123,8	291	1095	1386
237	891,6	1128.6	292	1098	1390
238	895,4	1133.4	293	1102	1395
239	899,1	1138,1	294	1106	1400
240	902,9	1142,9	295	1110	1405
241	906,6	1147,6	296	1114	1410
242	910,4	1152,4	297	1117	1414
243	914,2	1157,2	298	1121	1419
244	917,9	1161,9	299	1125	1424
245	921,7	1166,7	300	1129	1429
246	925,5	1171,5	301	1132	1433
247	929,2	1176,2	302	1136	1438
248	933,0	1181,0	303	1140	1443
249	936,7	1185,7	304	1144	1448
250	940,5	1190,5	305	1147	1452
251	944,3	1195,3	306	1151	1457
252	948,0	1200,0	307	1155	1462
253	951,8	1204,8	308	1159	1467
254	955,6	1209,6	309	1162	1471
255	959,3	1214,3	310	1166	1476
256	963,1	1219,1	311	1170	1481
257	966,8	1223,8	312	1174	1486
258	970,6	1228,6	313	1177	1490
259	974,4	1233,4	314	1181	1495
260	978,1	1238,1	315	1185	1500
261	981,9	1242.9	316	1189	1505
262	985,6	1247,6	317	1193	1510
263	989,4	1252,4	318	1196	1514
264	993.2	1257,2	319	1200	1519
265	996,9	1261,9	320	1204	1524

Verhältnis O:N:Luft.

O	N	Luft	O	N	Luft
321	1208	1529	376	1414	1790
322	1211	1533	377	1418	1795
323	1215	1538	378	1422	1800
324	1219	1543	379	1426	1805
325	1223	1548	380	1430	1810
326	1226	1552	381	1433	1814
327	1230	1557	382	1437	1819
328	1234	1562	383	1441	1824
329	1238	1567	384	1444	1828
330	1241	1571	385	1448	1833
331	1245	1576	386	1452	1838
332	1249	1581	387	1456	1843
333	1253	1586	388	1460	1848
334	1257	1591	389	1463	1852
335	1260	1595	390	1467	1857
336	1264	1600	391	1471	1862
337	1268	1605	392	1475	1867
338	1271	1609	393	1478	1871
339	1275	1614	394	1482	1876
340	1279	1619	395	1486	1881
341	1283	1624	396	1490	1886
342	1287	1629	397	1493	1890
343	1290	1633	398	1497	1895
344	1294	1638	399	1501	1900
345	1298	1643	400	1505	1905
346	1302	1648	401	1509	1910
347	1305	1652	402	1512	1914
348	1309	1657	403	1516	1919
349	1313	1662	404	1520	1924
350	1317	1667	405	1524	1929
351	1321	1672	406	1527	1933
352	1324	1676	407	1531	1938
353	1328	1681	408	1535	1943
354	1332	1686	409	1539	1948
355	1335	1690	410	1542	1952
356	1339	1695	411	1546	1957
357	1343	1700	412	1549	1961
358	1347	1705	413	1554	1967
359	1350	1709	414	1557	1971
360	1354	1714	415	1561	1976
361	1358	1719	416	1565	1981
362	1362	1724	417	1569	1986
363	1366	1729	418	1572	1990
364	1369	1733	419	1576	1995
365	1373	1738	420	1580	2000
366	1377	1743	421	1584	2005
367	1381	1748	422	1588	2010
368	1384	1752	423	1591	2014
369	1388	1757	424	1595	2019
370	1392	1762	425	1599	2024
371	1396	1767	426	1603	2029
372	1400	1772	427	1606	2033
373	1403	1776	428	1610	2038
374	1407	1781	429	1614	2043
375	1411	1786	430	1618	2048

O	N	Luft	O	N	Luft
431	1621	2052	486	1828	2314
432	1625	2057	487	1832	2319
433	1629	2062	488	1836	2324
434	1633	2067	489	1840	2329
435	1636	2071	490	1843	2333
436	1640	2076	491	1847	2338
437	1644	2081	492	1851	2343
438	1648	2086	493	1855	2348
439	1651	2090	494	1858	2352
440	1655	2095	495	1862	2357
441	1659	2100	496	1866	2362
442	1663	2105	497	1870	2367
443	1667	2110	498	1873	2371
444	1670	2114	499	1877	2376
445	1674	2119	500	1881	2381
446	1678	2124	501	1885	2386
447	1682	2129	502	1888	2390
448	1685	2133	503	1892	2395
449	1689	2138	504	1896	2400
450	1693	2143	505	1900	2405
451	1697	2148	506	1904	2410
452	1700	2152	507	1907	2414
453	1704	2157	508	1911	2419
454	1708	2162	509	1915	2424
455	1712	2167	510	1919	2429
456	1715	2171	511	1922	2433
457	1719	2176	512	1926	2438
458	1723	2181	513	1930	2443
459	1727	2186	514	1934	2448
460	1730	2190	515	1937	2452
461	1734	2195	516	1941	2457
462	1738	2200	517	1945	2462
463	1742	2205	518	1949	2467
464	1746	2210	519	1952	2471
465	1749	2214	520	1956	2476
466	1753	2219	521	1960	2481
467	1757	2224	522	1964	2486
468	1761	2229	523	1967	2490
469	1764	2233	524	1971	2495
470	1768	2238	525	1975	2500
471	1772	2243	526	1979	2505
472	1776	2248	527	1983	2510
473	1779	2252	528	1986	2514
474	1783	2257	529	1990	2519
475	1787	2262	530	1994	2524
476	1791	2267	531	1997	2528
477	1794	2271	532	2001	2533
478	1798	2276	533	2005	2538
479	1802	2281	534	2008	2542
480	1806	2286	535	2013	2548
481	1809	2290	536	2016	2552
482	1813	2295	537	2020	2557
483	1817	2300	538	2024	2562
484	1821	2305	539	2028	2567
485	1825	2310	540	2031	2571

Verhältnis O:N:Luft.

O	N	Luft	O	N	Luft
541	2035	2576	596	2242	2838
542	2039	2581	597	2246	2843
543	2043	2586	598	2250	2848
544	2046	2590	599	2253	2852
545	2050	2595	600	2257	2857
546	2053	2599	601	2261	2862
547	2058	2605	602	2265	2867
548	2061	2609	603	2268	2871
549	2065	2614	604	2272	2876
550	2069	2619	605	2276	2881
551	2073	2624	606	2280	2886
552	2076	2628	607	2283	2890
553	2080	2633	608	2287	2895
554	2084	2638	609	2291	2900
555	2087	2642	610	2295	2905
556	2092	2648	611	2299	2910
557	2095	2652	612	2302	2914
558	2099	2657	613	2306	2919
559	2103	2662	614	2309	2923
560	2107	2667	615	2314	2929
561	2110	2671	616	2317	2933
562	2114	2676	617	2321	2938
563	2118	2681	618	2325	2943
564	2122	2686	619	2329	2948
565	2125	2690	620	2332	2952
566	2129	2695	621	2336	2957
567	2133	2700	622	2340	2962
568	2137	2705	623	2344	2967
569	2140	2709	624	2347	2971
570	2144	2714	625	2351	2976
571	2148	2719	626	2355	2981
572	2152	2724	627	2359	2986
573	2155	2728	628	2364	2992
574	2159	2733	629	2366	2995
575	2163	2738	630	2370	3000
576	2167	2743	631	2374	3005
577	2171	2748	632	2378	3010
578	2174	2752	633	2381	3014
579	2178	2757	634	2385	3019
580	2182	2762	635	2389	3024
581	2186	2767	636	2393	3029
582	2189	2771	637	2396	3033
583	2193	2776	638	2400	3038
584	2197	2781	639	2404	3043
585	2201	2786	640	2408	3048
586	2204	2790	641	2412	3053
587	2208	2795	642	2415	3057
588	2212	2800	643	2419	3062
589	2216	2805	644	2423	3067
590	2220	2810	645	2426	3071
591	2223	2814	646	2430	3076
592	2227	2819	647	2434	3081
593	2231	2824	648	2438	3086
594	2234	2828	649	2441	3090
595	2238	2833	650	2445	3095

O	N	Luft	O	N	Luft
651	2449	3100	706	2656	3362
652	2453	3105	707	2660	3367
653	2457	3110	708	2663	3371
654	2460	3114	709	2667	3376
655	2464	3119	710	2671	3381
656	2468	3124	711	2675	3386
657	2472	3129	712	2678	3390
658	2475	3133	713	2682	3395
659	2479	3138	714	2686	3400
660	2483	3143	715	2690	3405
661	2487	3148	716	2694	3410
662	2490	3152	717	2697	3414
663	2494	3157	718	2701	3419
664	2498	3162	719	2705	3424
665	2502	3167	720	2709	3429
666	2505	3171	721	2712	3433
667	2509	3176	722	2716	3438
668	2513	3181	723	2720	3443
669	2517	3186	724	2724	3448
670	2520	3191	725	2727	3452
671	2524	3195	726	2731	3457
672	2528	3200	727	2735	3462
673	2532	3205	728	2739	3467
674	2536	3210	729	2742	3471
675	2539	3214	730	2746	3476
676	2543	3219	731	2750	3481
677	2546	3223	732	2754	3486
678	2550	3228	733	2757	3490
679	2554	3233	734	2761	3495
680	2558	3238	735	2765	3500
681	2562	3243	736	2769	3505
682	2566	3248	737	2773	3510
683	2569	3252	738	2776	3514
684	2573	3257	739	2780	3519
685	2577	3262	740	2784	3524
686	2581	3267	741	2788	3529
687	2584	3271	742	2791	3533
688	2588	3275	743	2795	3538
689	2592	3281	744	2799	3543
690	2596	3286	745	2803	3548
691	2599	3290	746	2806	3552
692	2603	3295	747	2810	3557
693	2607	3300	748	2814	3562
694	2611	3305	749	2818	3567
695	2615	3310	750	2821	3571
696	2618	3314	751	2825	3576
697	2622	3319	752	2829	3581
698	2626	3324	753	2833	3586
699	2630	3329	754	2836	3590
700	2633	3333	755	2840	3595
701	2637	3338	756	2844	3600
702	2641	3343	757	2848	3605
703	2645	3348	758	2852	3610
704	2648	3352	759	2855	3614
705	2652	3357	760	2859	3619

Verhältnis O:N:Luft.

O	N	Luft	O	N	Luft
761	2863	3624	816	3070	3886
762	2867	3629	817	3074	3891
763	2870	3633	818	3077	3895
764	2874	3638	819	3081	3900
765	2878	3643	820	3085	3905
766	2882	3648	821	3088	3909
767	2885	3652	822	3092	3914
768	2889	3657	823	3096	3919
769	2893	3662	824	3100	3924
770	2897	3667	825	3103	3928
771	2900	3671	826	3107	3933
772	2904	3676	827	3111	3938
773	2908	3681	828	3115	3943
774	2912	3686	829	3119	3948
775	2916	3691	830	3122	3952
776	2919	3695	831	3126	3957
777	2923	3700	832	3130	3962
778	2927	3705	833	3134	3967
779	2931	3710	834	3137	3971
780	2934	3714	835	3141	3976
781	2938	3719	836	3145	3981
782	2942	3724	837	3149	3986
783	2946	3729	838	3152	3990
784	2949	3733	839	3156	3995
785	2953	3738	840	3160	4000
786	2957	3743	841	3164	4005
787	2961	3748	842	3167	4009
788	2964	3752	843	3171	4014
789	2968	3757	844	3175	4019
790	2972	3762	845	3179	4024
791	2976	3767	846	3183	4029
792	2979	3771	847	3186	4033
793	2983	3776	848	3190	4038
794	2987	3781	849	3194	4043
795	2991	3786	850	3198	4048
796	2995	3791	851	3201	4052
797	2998	3795	852	3205	4057
798	3002	3800	853	3209	4062
799	3006	3805	854	3213	4067
800	3009	3809	855	3216	4071
801	3013	3814	856	3220	4076
802	3017	3819	857	3224	4081
803	3021	3824	858	3227	4085
804	3024	3828	859	3231	4090
805	3028	3833	860	3235	4095
806	3032	3838	861	3239	4100
807	3036	3843	862	3243	4105
808	3040	3848	863	3247	4110
809	3043	3852	864	3250	4114
810	3047	3857	865	3254	4119
811	3051	3862	866	3258	4124
812	3055	3867	867	3262	4129
813	3058	3871	868	3265	4133
814	3062	3876	869	3269	4138
815	3066	3881	870	3273	4143

O	N	Luft	O	N	Luft
871	3277	4148	926	3484	4410
872	3280	4152	927	3487	4414
873	3284	4157	928	3491	4419
874	3288	4162	929	3495	4424
875	3292	4167	930	3499	4429
876	3296	4172	931	3502	4433
877	3299	4176	932	3506	4438
878	3303	4181	933	3510	4443
879	3307	4186	934	3514	4448
880	3311	4191	935	3517	4451
881	3314	4195	936	3521	4457
882	3318	4200	937	3525	4462
883	3322	4205	938	3529	4467
884	3326	4210	939	3532	4471
885	3329	4214	940	3536	4476
886	3333	4219	941	3540	4481
887	3336	4223	942	3544	4486
888	3341	4229	943	3548	4491
889	3344	4233	944	3551	4495
890	3348	4238	945	3555	4500
891	3352	4243	946	3558	4504
892	3356	4248	947	3562	4509
893	3359	4252	948	3566	4514
894	3363	4257	949	3570	4519
895	3367	4262	950	3574	4524
896	3371	4267	951	3578	4529
897	3374	4271	952	3581	4533
898	3378	4276	953	3585	4538
899	3382	4281	954	3589	4543
900	3386	4286	955	3593	4548
901	3390	4291	956	3596	4552
902	3393	4295	957	3600	4557
903	3397	4300	958	3604	4562
904	3401	4305	959	3608	4567
905	3405	4310	960	3611	4571
906	3408	4314	961	3615	4576
907	3412	4319	962	3619	4581
908	3416	4324	963	3623	4586
909	3420	4329	964	3627	4591
910	3423	4333	965	3630	4595
911	3427	4338	966	3634	4600
912	3431	4343	967	3638	4605
913	3435	4348	968	3641	4609
914	3438	4352	969	3645	4614
915	3442	4357	970	3649	4619
916	3446	4362	971	3653	4624
917	3450	4367	972	3657	4629
918	3453	4371	973	3660	4633
919	3457	4376	974	3664	4638
920	3461	4381	975	3668	4643
921	3465	4386	976	3672	4648
922	3469	4391	977	3675	4652
923	3472	4395	978	3679	4657
924	3476	4400	979	3683	4662
925	3480	4405	980	3687	4667

Verhältnis O:N:Luft.

O	N	Luft	O	N	Luft
981	3690	4671	991	3728	4719
982	3694	4676	992	3732	4724
983	3698	4681	993	3736	4729
984	3702	4686	994	3739	4733
985	3705	4690	995	3743	4738
986	3709	4695	996	3747	4743
987	3713	4700	997	3751	4748
988	3717	4705	998	3754	4752
989	3720	4709	999	3758	4757
990	3724	4714	1000	3762	4762

Tabelle

zur Bestimmung des Kohlenstoffgehaltes der Gase und des Gasvolums, enthaltend 1 kg C aus den Resultaten der Gasanalyse.

C-Gehalt der Gase und Gasvolumen.

Vielfaches von 0,538 und Gasvolum von 1 kg C.

C-haltige Gase in %	kg C in 100 cbm Gas	Gasmenge von 1 kg C	C-haltige Gase in %	kg C in 100 cbm Gas	Gasmenge von 1 kg C
1,0	0,538	186 cbm	6,0	3,228	31,0 cbm
1,1	0,592		6,1	3,282	
1,2	0,646		6,2	3,336	
1,3	0,699		6,3	3,389	
1,4	0,753		6,4	3,443	
1,5	0,807		6,5	3,497	
1,6	0,861		6,6	3,551	
1,7	0,915		6,7	3,606	
1,8	0,968		6,8	3,658	
1,9	1,022		6,9	3,712	
2,0	1,076	93,0	7,0	3,766	26,5
2,1	1,130		7,1	3,820	
2,2	1,184		7,2	3,874	
2,3	1,237		7,3	3,927	
2,4	1,291		7,4	3,985	
2,5	1,345		7,5	4,035	
2,6	1,399		7,6	4,088	
2,7	1,453		7,7	4,142	
2,8	1,506		7,8	4,196	
2,9	1,560		7,9	4,250	
3,0	1,614	62,1	8,0	4,304	23,2
3,1	1,668		8,1	4,358	
3,2	1,721		8,2	4,411	
3,3	1,775		8,3	4,465	
3,4	1,829		8,4	4,519	
3,5	1,883		8,5	4,573	
3,6	1,937		8,6	4,626	
3,7	1,991		8,7	4,680	
3,8	2,044		8,8	4,734	
3,9	2,098		8,9	4,788	
4,0	2,152	46,5	9,0	4,842	20,6
4,1	2,206		9,1	4,896	
4,2	2,260		9,2	4,950	
4,3	2,313		9,3	5,003	
4,4	2,367		9,4	5,057	
4,5	2,421		9,5	5,111	
4,6	2,475		9,6	5,165	
4,7	2,529		9,7	5,219	
4.8	2,582		9,8	5,272	
4,9	2,636		9,9	5,326	
5,0	2,690	37,2	10,0	5,380	18,6
5,1	2,744		10,1	5,434	
5,2	2,797		10,2	5,488	
5,3	2,851		10,3	5,541	
5,4	2,905		10,4	5,595	
5,5	2,959		10,5	5,649	
5,6	3,013		10,6	5,702	
5,7	3,066		10,7	5,757	
5,8	3,120		10,8	5,810	
5,9	3,174		10,9	5,864	

C-haltige Gase in %	kg C in 100 cbm Gas	Gasmenge von 1 kg C	C-haltige Gase in %	kg C in 100 cbm Gas	Gasmenge von 1 kg C
11,0	5,918	16,9 cbm	16,5	8,877	
11,1	5,972		16,6	8,931	
11,2	6,026		16,7	8,985	
11,3	6,079		16,8	9,038	
11,4	6,133		16,9	9,092	
11,5	6,187		17,0	9,146	10,9 cbm
11,6	6,204		17,1	9,200	
11,7	6,294		17,2	9,254	
11,8	6,348		17,3	9,307	
11,9	6,402		17,4	9,361	
12,0	6,456	15,4	17,5	9,415	
12,1	6,510		17,6	9,469	
12,2	6,564		17,7	9,527	
12,3	6,617		17,8	9,571	
12,4	6,671		17,9	9,630	
12,5	6,725		18,0	9,684	10,3
12,6	6,779		18,1	9,738	
12,7	6,833		18,2	9,792	
12,8	6,886		18,3	9,845	
12,9	6,940		18,4	9,899	
13,0	6,994	14,3	18,5	9,953	
13,1	7,048		18,6	10,007	
13,2	7,102		18,7	10,061	
13,3	7,155		18,8	10,114	
13,4	7,209		18,9	10,168	
13,5	7,263		19,0	10,222	9,79
13,6	7,317		19,1	10,276	
13,7	7,371		19,2	10,330	
13,8	7,424		19,3	10,383	
13,9	7,478		19,4	10,437	
14,0	7,532	13,3	19,5	10,491	
14,1	7,586		19,6	10,545	
14,2	7,637		19,7	10,599	
14,3	7,693		19,8	10,652	
14,4	7,747		19,9	10,706	
14,5	7,801		20,0	10,760	9,29
14,6	7,855		20,1	10,814	
14,7	7,909		20,2	10,867	
14,8	7,962		20,3	10,921	
14,9	8,016		20,4	10,975	
15,0	8,070	12,4	20,5	11,029	
15,1	8,124		20,6	11,083	
15,2	8,178		20,7	11,137	
15,3	8,231		20,8	11,190	
15,4	8,285		20,9	11,244	
15,5	8,339		21,0	11,298	8,86
15,6	8,393		21,1	11,352	8,81
15,7	8,447		21,2	11,406	8,77
15,8	8,500		21,3	11,459	8,73
15,9	8,554		21,4	11,513	8,69
16,0	8,608	11,6	21,5	11,567	8,65
16,1	8,662		21,6	11,621	8,61
16,2	8,716		21,7	11,675	8,57
16,3	8,769		21,8	11,728	8,53
16,4	8,823		21,9	11,782	8,49

C-Gehalt der Gase und Gasvolumen.

C-haltige Gase in %	kg C in 100 cbm Gas	Gasmenge von 1 kg C	C-haltige Gase in %	kg C in 100 cbm Gas	Gasmenge von 1 kg C
22,0	11,836	8,45 cbm	27,5	14,79	6,76 cbm
22,1	11,890	8,41	27,6	14,85	6,74
22,2	11,944	8,38	27,7	14,90	6,71
22,3	11,997	8,34	27,8	14,96	6,68
22,4	12,051	8,31	27,9	15,01	6,66
22,5	12,105	8,27	28,0	15,06	6,64
22,6	12,159	8,23	28,1	15,12	6,62
22,7	12,213	8,20	28,2	15,17	6,59
22,8	12,266	8,16	28,3	15,22	6,57
22,9	12,320	8,13	28,4	15,28	6,55
23,0	12,374	8,09	28,5	15,33	6,52
23,1	12,428	8,05	28,6	15,39	6,50
23,2	12,482	8,02	28,7	15,44	6,48
23,3	12,535	7,98	28,8	15,49	6,46
23,4	12,589	7,95	28,9	15,55	6,43
23,5	12,643	7,91	29,0	15,60	6,41
23,6	12,697	7,87	29,1	15,66	6,39
23,7	12,751	7,84	29,2	15,71	6,37
23,8	12,804	7,81	29,3	15,76	6,34
23,9	12,858	7,77	29,4	15,82	6,32
24,0	12,912	7,74	29,5	15,87	6,30
24,1	12,966	7,71	29,6	15,92	6,28
24,2	13,020	7,68	29,7	15,98	6,26
24,3	13,073	7,65	29,8	16,03	6,23
24,4	13,127	7,62	29,9	16,09	6,21
24,5	13,181	7,58	30,0	16,14	6,19
24,6	13,235	7,55	30,1	16,19	6,17
24,7	13,289	7,52	30,2	16,25	6,15
24,8	13,344	7,49	30,3	16,30	6,13
24,9	13,396	7,46	30,4	16,36	6,11
25,0	13,45	7,43	30,5	16,41	6,09
25,1	13,50	7,40	30,6	16,46	6,08
25,2	13,56	7,38	30,7	16,52	6,06
25,3	13,61	7,35	30,8	16,57	6,04
25,4	13,66	7,32	30,9	16,62	6,02
25,5	13,72	7,29	31,0	16,68	6,00
25,6	18,77	7,26	31,1	16,73	5,98
25,7	13.83	7,23	31,2	16,78	5,96
25,8	13,88	7,20	31,3	16,84	5,94
25,9	13,93	7,17	31,4	16,89	5,92
26,0	13.99	7,14	31,5	16,95	5,90
26,1	14,04	7,12	31,6	17,00	5,88
26,2	14,09	7,09	31,7	17,05	5,86
26,3	14,15	7,06	31,8	17,11	5,84
26,4	14,20	7,04	31,9	17,16	5,82
26,5	14,26	7,01	32,0	17,22	5,81
26,6	14,31	6,98	32,1	17.27	5,79
26,7	14,36	6,96	32,2	17,32	5,77
26,8	14,42	6,93	32,3	17,38	5,75
26,9	14,47	6,91	32,4	17,41	5,73
27,0	14,53	6,88	32,5	17,48	5,72
27,1	14,58	6,86	32,6	17,54	5,70
27,2	14,63	6,84	32,7	17,59	5,68
27,3	14,69	6,82	32,8	17,65	5,66
27,4	14,74	6,79	32,9	17,70	5,65

C-Gehalt der Gase und Gasvolumen.

C-haltige Gase in %	kg C in 100 cbm Gas	Gasmenge von 1 kg C	C-haltige Gase in %	kg C in 100 cbm Gas	Gasmenge von 1 kg C
33,0	17,75	5,64 cbm	38,5	20,71	
33,1	17,81	5,62	38,6	20.77	
33,2	17,86	5,60	38.7	20.82	
33,3	17,91	5,59	38,8	20,87	
33,4	17,97	5,57	38,9	20,93	
33,5	18,02	5,55	39,0	20,98	4,76 cbm
33,6	18,08	5,53	39,1	21,03	
33,7	18,13	5,51	39,2	21,09	
33,8	18,18	5,50	39,3	21,14	
33,9	18,24	5,48	39,4	21,20	
34,0	18,29	5,46	39,5	21,25	
34,1	18,34	5,44	39,6	21,30	
34.2	18,39	5.43	39.7	21,36	
34,3	18,45	5,41	39.8	21,41	
34,4	18,51	5,40	39,9	21,46	
34,5	18,56	5,38	40,0	21,52	4,65
34,6	18,61	5,37	40,1	21,57	
34,7	18,67	5,35	40,2	21.63	
34,8	18.72	5.34	40,3	21,68	
34.9	18,78	5,32	40,4	21,73	
35,0	18,83	5,31	40,5	21,79	
35,1	18,88	5,29	40.6	21,84	
35,2	18,94	5,28	40,7	21,90	
35,3	18,99	5,26	40,8	21.95	
35,4	19,04	5,25	40,9	22,00	
35,5	19,10	5.23	41.0	22,06	4,55
35,6	19,15	5,20	41,1	22,11	
35,7	19,21	5,19	41,2	22.16	
35,8	19,26	5,18	41,3	22,22	
35,9	19,31	5,17	41,4	22,27	
36,0	19,37	5,16	41,5	22,33	
36,1	19,42	5,15	41,6	22,38	
36,2	19,48	5,13	41,7	22.43	
36.3	19,53	5,12	41,8	22,49	
36,4	19,58	5,10	41.9	22,54	
36.5	19,64	5,09	42,0	22,59	4,42
36,6	19.69	5,08	42,1	22,65	
36,7	19,74	5,06	42,2	22.70	
36,8	19,80	5,05	42,3	22,76	
36,9	19,85	5,03	42,4	22.81	
37,0	19,91	5,02	42,5	22.86	
37,1	19.96		42,6	22,92	
37,2	20.01		42,7	22,97	
37,3	20.06		42,8	23,03	
37.4	20.12		42,9	23,08	
37,5	20.17		43,0	23.14	4,33
37,6	20,22		43.1	23.19	
37,7	20,28		43,2	23.24	
37.8	20,33		43.3	23,29	
37,9	20.39		43,4	23,35	
38,0	20.44	4,88	43,5	23,40	
38,1	20,50		43,6	23,46	
38,2	20,55		43,7	23,51	
38,3	20,60		43,8	23,56	
38,4	20,66		43,9	23,62	

C-Gehalt der Gase und Gasvolumen.

C-haltige Gase in %	kg C in 100 cbm Gas	Gasmenge von 1 kg C	C-haltige Gase in %	kg C in 100 cbm Gas	Gasmenge von 1 kg C
44,0	23,67	4,22 cbm	47,0	25,29	3,95 cbm
44,1	23,73		47,1	25,34	
44,2	23,78		47,2	25,39	
44,3	23,83		47.3	25.45	
44,4	23.88		47,4	25,50	
44.5	23,94		47,5	25.55	
44,6	24,00		47,6	25.60	
44.7	24,05		47,7	25,66	
44,8	24,10		47.8	25,71	
44.9	24.16		47,9	25,77	
45,0	24.21	4.13	48,0	25.82	3,87
45,1	24,26		48,1	25,88	
45.2	24,31		48,2	25,93	
45,3	24,37		48,3	25,98	
45.4	24,42		48,4	26,04	
45.5	24,48		48,5	26.09	
45,6	24.53		48,6	26,14	
45,7	24,58		48,7	26,20	
45,8	24.64		48.8	26,25	
45.9	24,69		48,9	26,31	
46,0	24,75	4,05	49,0	26,36	3,79
46,1	24,80		49,1	26,41	
46.2	24.86		49.2	26,47	
46,3	24,91		49,3	26,52	
46,4	24,96		49,4	26,57	
46.5	25.01		49.5	26,63	
46.6	25,07		49,6	26,68	
46,7	25,12		49,7	26,74	
46.8	25,17		49,8	26,79	
46.9	25,23		49,9	26,85	
			50,0	26,90	3,72

GPSR Compliance

The European Union's (EU) General Product Safety Regulation (GPSR) is a set of rules that requires consumer products to be safe and our obligations to ensure this.

If you have any concerns about our products, you can contact us on ProductSafety@springernature.com

In case Publisher is established outside the EU, the EU authorized representative is:

Springer Nature Customer Service Center GmbH
Europaplatz 3
69115 Heidelberg, Germany

Batch number: 10682323

Printed by Printforce, the Netherlands